> 华为ICT认证系列丛书

华为技术认证

HCNA-WLAN
学习指南

高　峰 李盼星 杨文良 潘　翔 王　静 ◎ 编著

人民邮电出版社

北　京

图书在版编目（CIP）数据

HCNA-WLAN学习指南 / 高峰等编著. -- 北京 : 人民
邮电出版社, 2016.1
ISBN 978-7-115-40803-7

Ⅰ. ①H… Ⅱ. ①高… Ⅲ. ①无线电通信－局域网－
指南 Ⅳ. ①TN92-62

中国版本图书馆CIP数据核字(2015)第273843号

内 容 提 要

本书是配套华为 HCNA-WLAN 认证的学习指导用书，旨在帮助读者掌握 WLAN 基础知识及相关原理，并具备使用华为 WLAN 设备组建和维护中小型企业无线局域网络的能力。本书对重点和难点做了详细的讲解，是一本非常系统性和实用性的教材。

内容包括：WLAN 基础知识、CAPWAP 协议、WLAN 组网、华为 WLAN 产品特性、WLAN 接入安全及配置、天线技术、WLAN 基础网络规划、网管 eSight 以及 WLAN 故障处理等。

本书的基本定位是一本配套华为 HCNA-WLAN 认证的学习指导用书，特别适合于学习和备考 HCNA-WLAN 认证的读者朋友。本书对于 WLAN 基础知识中的要点和难点进行了非常详细而透彻的讲解，对于希望准确而深刻地理解 WLAN 原理和产品知识的高校学生、ICT 从业人员以及网络技术爱好者，阅读本书无疑是一种很好的选择。

◆ 编　　著　高　峰　李盼星　杨文良　潘　翔　王　静
　　责任编辑　李　强
　　责任印制　彭志环
◆ 人民邮电出版社出版发行　　北京市丰台区成寿寺路 11 号
　　邮编　100164　　电子邮件　315@ptpress.com.cn
　　网址　http://www.ptpress.com.cn
　　固安县铭成印刷有限公司印刷
◆ 开本：787×1092　1/16
　　印张：30　　　　　　　　　　2016 年 1 月第 1 版
　　字数：711 千字　　　　　　　2025 年 1 月河北第 42 次印刷

定价：99.80 元

读者服务热线：(010)53913866　印装质量热线：(010)81055316
反盗版热线：(010)81055315

本书编委会

主　　编：高　峰

编委人员：李盼星、杨文良、潘　翔、王　静

审　稿　人：闫建刚、莫　雯、姚贤斌、王　栋

华为认证简介

华为认证是华为公司凭借多年信息通信技术人才培养经验，以及对行业发展的深刻理解，基于 ICT（Information Communication Technology，信息通信技术）产业链人才个人职业发展生命周期，搭载华为"云—管—端"融合技术，推出的覆盖 IP、IT、CT 以及 ICT 融合技术领域的认证体系，是业界唯一的 ICT 全技术领域认证体系。

华为技术有限公司经过 20 多年在 ICT 行业培训和认证领域的积累，已经在全球形成了完整的培训认证体系，包括自有的培训中心、授权的培训中心以及与高校合作的教育项目，累计参加华为培训的人次已超过 300 万，培训与考试服务覆盖 160 多个国家。

对行业不同领域的人才，华为均有与之匹配的知识和技能培养解决方案，对其进行准确合理的能力评估。针对个人的职业发展历程，华为提供从工程师到资深工程师、专家、架构师层级，以及从单一的技术领域到 ICT 融合的职业技术认证体系。

如果希望全面了解华为认证培训相关信息，敬请访问华为培训认证主页（http://support.huawei.com/learning）；如果希望了解华为认证最新动态，敬请关注华为认证官方微博（http://e.weibo.com/hwcertification）；如果希望和广大用户一起进行技术问题的探讨，以及考试学习资料的分享，可通过华为官方论坛链接（http://support.huawei.com/ecommunity/bbs）点击进入华为认证版块。华为职业技术认证包含的内容如图 1 所示。

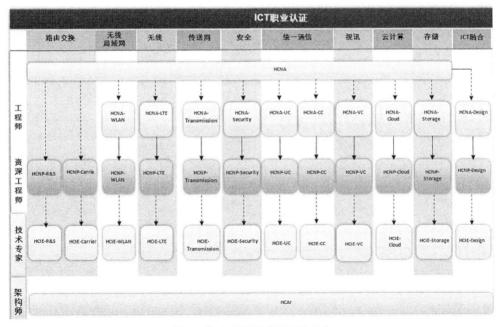

图 1　华为职业技术认证的内容

序

随着移动互联网的普及，越来越多的人习惯并且喜欢使用无线网络，随时随地享受高速网络带来的便捷。但是大家有没有遇到过这样的问题：在人流如潮的火车站，看见WLAN标志却无法接入；在异国他乡的酒店，有WLAN服务却无法搜索到WLAN信号；在精彩纷呈的体育馆，想和朋友在网上分享自己的心情，却什么也发不出去。这些无线网络都怎么了？

其实，无线网络是个相对比较复杂的网络系统，相比有线网络，它看不见、摸不着。一个好的WLAN网络必须具备三个条件：第一是要有高可靠、高性能的WLAN产品；二是要有完善的网络规划、设计；三是严格按照网络规划方案进行高质量地部署、实施，三者缺一不可。因此，如何降低无线侧的干扰，优化无线侧的性能，高质量部署无线网络，就需要深入了解WLAN原理，懂得如何选择和使用WLAN产品以及如何对WLAN进行科学、系统地规划。

《HCNA-WLAN学习指南》深入浅出地讲解了WLAN的基础知识和相关原理，是一本系统性极强的书籍，也是学习HCNA-WLAN认证课程的首选资料。本书通过图例化的方式描述了WLAN的配置和维护步骤，使读者在学习时能事半功倍，让你快速成为一名具备使用华为WLAN产品，组建和维护中小型企业无线局域网络能力的专业人员。

我相信这本书能够在WLAN从业人员和学生学习和掌握WLAN技术时起到非常大的作用，也祝愿更多的人能够读到这本好书，加入到华为WLAN专家的队伍中来。

奔跑吧，华为WLAN！

付洁

华为交换机与企业通信产品线WLAN产品总监
2015年12月

前　言

特别声明

本书是一本配套华为 HCNA-WLAN 认证的学习指导用书，旨在帮助读者朋友们学习并理解 WLAN 技术及华为 WLAN 产品的要点和难点。本书中无线控制器 AC6605 的配置举例全部基于 V200R005 版本完成，其中 AP 和 eSight 的版本也为 V200R005。如果读者需要学习其他版本的产品配置，可以访问 e.huawei.com，下载对应版本的产品文档。

本书内容组织

本书共分 27 章，采用了章、节、小节三级结构，分别对应了一级、二级、三级目录。

第 1 章：WLAN 技术概述

学习 WLAN 技术，首先要了解什么是 WLAN（Wireless Local Area Networks），本章通过回顾无线网络的发展历程主要介绍了 802.11 协议、Wi-Fi 技术演进的规律以及 WLAN 产品的演进，同时对 WLAN 的典型应用也做了详细的阐述。

第 2 章：WLAN 标准组织介绍

本章主要对于 WLAN 相关的标准组织进行了详细的介绍，包括：中国的无线电管理委员会，美国的 FCC，欧洲的 ETSI，同时也对 Wi-Fi 联盟、IETF 与 WLAN 的关系进行了阐述，最后介绍了中国的标准 WAPI。

第 3 章：无线射频基础知识介绍

如果要更好的掌握 WLAN 技术，无线射频基础知识的学习尤为重要，基础知识就像房子的地基，没有坚实牢固的地基，房子就缺乏稳定性。本章主要介绍与无线射频直接或间接相关的基础知识，了解这些知识将更有助于理解无线通信的工作方式以及无线通信相关术语。

第 4 章：WLAN 频段介绍

为了规范无线电波的使用，通常以频段（frequency band）来配置频率，使得无线设备被设定在某个特定频段上操作。本章将着重介绍 WLAN 的工作频段及信道的基础概念以及国家的工作频段和信道的相关规定。

第 5 章：华为 WLAN 产品介绍

本章主要针对华为 WLAN 产品，具体介绍了华为无线接入控制器、无线接入点设备和室外接入终端的技术指标、产品特性、应用场景以及供电方式。同时对华为推出的面向企业园区和分支网络管理系统 eSight 做了简单的阐述，为第 25 章、26 章的详细介绍如何使用 eSight 管理 WLAN 打下了基础。

第 6 章：VRP 介绍以及 AC 初始化配置

华为 VRP 系统已经有十余年的发展历程，是多种产品的软件核心引擎。维护人员熟悉 VRP 的链接配置与命令行是日常维护的基本功。熟悉了 VRP 的相关功能后，可以更快地掌握 AC6605 的基本属性以及相关配置，能对 AC 设备和 AP 设备常用的系统升级和状态查看等命令有着更好的掌握，大大提高日常维护的工作效率。AC 同样也运行在 VRP 系统之上，本章将着重介绍华为 VRP 基本命令以及 AC 基本属性的配置，最后对如何升级 AC 和 AP 进行了阐述。

第 7 章：WLAN 拓扑介绍

802.11-2012 标准共定义了 4 种称为服务集（Service Set）的标准拓扑结构，其中 3 种为早期 802.11 标准定义的，802.11s-2011 定义了一种新的拓扑结构 MBSS，之后被并入 802.11-2012 标准中。本章将介绍各种 WLAN 网络中的拓扑结构，并讨论各种拓扑结构的特性及应用场景。

第 8 章：802.11 物理层技术

国际标准化组织（ISO）建议的开放系统互联参考模型（OSI）将网络通信协议体系分为七层，局域网协议标准的结构主要包括物理层和数据链路层。其中，最底层为物理层，局域网采用不同传输介质，对应不同的物理层，如有线网的传输介质是双绞线或光缆，而无线网的传输介质是空气。

本章将着重介绍 802.11 物理层的关键技术涉及采用的传输介质、选择的频段及调制方式。

第 9 章：IEEE 802.11 协议介绍

在 WLAN 的发展历程中，一度涌现了很多技术和协议，如 IrDA、Blue Tooth 和 HyperLAN2 等。但发展至今，在 WLAN 领域被大规模推广和商用的是 IEEE 802.11 系列标准协议。本章以 IEEE 802.11a/b/g/n/ac 协议为主，重点介绍了这几种常见 802.11 协议的基本内容以及 802.11n/ac 中先进的物理层和 MAC 层关键技术。

第 10 章：CAPWAP 基础原理

随着 WLAN 技术的愈加成熟，传统的以胖 AP 为主要组成部分的自治型 WLAN 网络逐渐演变为以瘦 AP+AC 为架构的汇聚型 WLAN 网络。在瘦 AP+AC 为架构的 WLAN 网络下，AP 与 AC 间通信接口的定义成为整个汇聚型网络的关键。国际标准化组织以及部分厂商为统一 AP 与 AC 的接口制定了一些规范，其中包括 RFC 系列的关于 CAPWAP 的规范。

本章将主要介绍胖 AP 架构与瘦 AP+AC 架构的区别以及 CAPWAP 隧道建立机制。

第 11 章：WLAN 组网介绍

无线局域网的组网方式根据实际的应用场景可以采用不同的组网方式，对于大多数家庭和小型企业办公室来说更多采用无线路由器或胖 AP 组网，但是对于大型的局域网来说就必须采用瘦 AP 组网。WLAN 的数据转发方式也和组网有关，包括直连式直接转发和隧道转发，旁挂式直接转发和隧道转发。本章将对以上内容展开阐述。

第 12 章：WLAN 组网配置

在完成网络搭建和网络连接之后，可以进行 WLAN 组网的配置工作了，这是满足 WLAN 网络正常工作的必然需要。本章介绍的 WLAN 的组网配置工作主要是基于 AC6605、汇聚交换机、接入交换机和 AP 的配置工作。在配置数据之前首先要做好相关数据的规划工作，然后严格按照业务配置流程来完成 WLAN 组网的配置。配置完成后还要检查相关数据是否正确和完备。

第 13 章：向导化配置 WLAN 业务

为了方便管理员对 WLAN 网络设备进行操作和维护，华为推出了 WLAN 网络的 Web 网管功能，基于 Web 的网络管理是一种全新的网络管理模式，具有灵活性高、易操作等优点，这项功能可以使管理员通过图形化 Web 界面直观地管理和维护网络设备，大大地减小了网络管理员的工作量。

本章将通过一个实际案例来介绍如何使用 Web 界面向导化配置 AC+瘦 AP 组网模式下的 WLAN 基本业务。

第 14 章：华为 WLAN 产品特性介绍

华为 WLAN 产品形态丰富，兼容 IEEE 802.11 b/a/g/n/ac 标准，满足企业办公、校园、医院、大型商场、会展中心、机场车站、数字列车、体育场馆等各种应用场景，以及数字港口、无线数据回传、无线视频监控、车地回传等桥接场景，可为客户提供完整的无线局域网产品解决方案，提供高速、安全和可靠的无线网络连接。

本章主要介绍华为 WLAN 产品关键特性，主要包括 AP 产品及 AC 产品。

第 15 章：WLAN 漫游

当无线局域网存在多个无线 AP 时，IEEE 802.11 标准提供一种功能使 STA 从一个 AP 过渡到另一个 AP 时仍保持上层应用程序的网络连接，这种功能称为漫游（Roaming）。本章针对 WLAN 特性，从简介、原理描述和应用三个方面介绍 WLAN 漫游。

第 16 章：WLAN 安全介绍

WLAN 以无线信道作为传输媒介，利用电磁波在空气中收发数据实现了传统有线局域网的功能，和传统的有线接入方式相比，WLAN 网络布放和实施相对简单，维护成本也相对低廉，因此应用前景十分广阔。然而由于 WLAN 传输媒介的特殊性和其固有的安全缺陷，用户的数据面临被窃听和篡改的威胁，因此 WLAN 的安全问题成为制约其推广的最大问题。有关产品生产厂家和标准化组织为解决 WLAN 的安全问题也采取了各种手段，制订了一系列安全协议。

本章首先介绍 WLAN 可能受到的威胁，其次介绍降低威胁的方法，然后重点介绍无线系统防护技术 WIDS/WIPS，最后介绍了 AAA 和 RADIUS 协议。

第 17 章：WLAN 接入安全及配置介绍

在无线传播环境下为网络提供安全保障是部署无线局域网的一大挑战。尽管没有任何安全机制能够保证网络的绝对安全，但是部署合适的认证与加密解决方案可以使无线局域网的安全性得到极大的增强。本章详细介绍了各种 WLAN 认证技术和加密技术的基本原理，在此基础上列举了常见的 WLAN 接入安全策略并提供了相应的华为安全模板配置方法。

第 18 章：802.11 MAC 架构

当数据在计算机间传递的过程中，它从 OSI 模型上层逐步向下移至物理层，最终在物理层被转移到其他设备。数据按 OSI 模型传输时，每层都将在数据上添加包头信息。这使得它被另一台计算机接收时可以重新组合数据。在网络层，来自 4～7 层的数据被添加 IP 报头。第 3 层的 IP 数据包封装了来自更高层的数据。IEEE 802.11 标准主要定义了 MAC 子层的操作功能。最终，当帧到达物理层时，会被增加携带大量信息的物理层报头。

本章主要介绍上层信息如何进行 802.11 帧的封装，802.11 帧的三种类型和主要子类型。本章还会介绍在 MAC 层完成的功能及完成这些功能所需要的特定 802.11 帧。

第 19 章：802.11 媒体访问

网络通信都需要一套有效可控的网络媒体访问规则，WLAN 也不例外。媒体访问方法有很多种，媒体访问控制（MAC）是描述各种不同媒体访问方法的通用术语。早期的大型主机使用轮询方法，按顺序检查每一个终端有无数据需要处理，之后令牌传送和竞争的方法也被用于媒体访问。

本章重点介绍 802.11 媒体访问控制机制及媒体访问过程。

第 20 章：WLAN QoS 介绍

QoS（Quality of Service）即服务质量，是我们日常生活中熟悉的字眼，它体现了消费者对服务者所提供的服务的满意程度，是对服务者服务水平的度量和评价。计算机系统，特别是计算机网络系统，作为计算和信息等服务的提供者，同样存在服务质量优劣的问题。从计算机诞生到互联网的出现，再到后来的移动互联网的普及，人们一直孜孜不倦地致力于提高系统的服务性能和服务质量。目前，网络的 QoS 问题已经成为国际网络研究领域最重要、最富有魅力的研究领域之一，并且和网络安全等问题一道被称为新一代计算机网络最重要的研究领域。同样 QoS 在 WLAN 领域的作用也是举足轻重。

本章将在回顾 QoS 概念的基础上着重对华为 WLAN QoS 模板以及配置进行详细的介绍。

第 21 章：天线技术介绍

在无线通信系统中，天线是收发信机与外界传播介质之间的接口，同一副天线既可以辐射又可以接收无线电波。WLAN 系统发射机输出的射频信号功率由天线以电磁波形式辐射出去。电磁波传输到接收端后，由接收天线接收，输送到 WLAN 接收机。

本章介绍 WLAN 网络天馈系统相关知识，主要包括天线基本概念、天线主要性能指标及常见无源器件。

第 22 章：WLAN 基础网络规划介绍

完整的 WLAN 网络建设过程包括规划、设计、部署、运维和优化五大阶段。网络规划是整个建设过程中的关键阶段，决定了系统的投资规模，规划结果确立了网络的基本架构，且基本决定了网络的效果。合理的网络规划可以节省投资成本和建成后网络的运营成本，提高网络的服务等级和用户满意度。

本章将介绍 WLAN 基础网络规划，主要包括 WLAN 网络规划基本流程、WLAN 网络常见干扰因素及 WLAN 基本的负载均衡方式。

第 23 章：WLAN 网络规划方法及典型案例

WLAN 网络可以应用于校园、公共场所、会展中心等多种场景，随着市场的不断发展，WLAN 热点和用户在不断增多，若网络规划不合理，容易造成网络之间的相互干扰，影响用户体验。本章首先介绍 WLAN 的典型应用场景，其次重点介绍 WLAN 网络规划方法，最后介绍 WLAN 的几个典型应用案例。

第 24 章：华为 WLAN 规划工具

目前 WLAN 网络规划部署存在工程覆盖设备数量计算困难、效率低下、准确性差、前期投入以及后期维护成本高等问题，为解决以上问题，华为研发了一款无线网络规划辅助工具，该工具具有现场环境规划、AP 布放、网络信号仿真和报告输出功能。服务工程师使用 WLAN 规划工具，能够提高网络规划的效率和准确性，有效提高工作效率。

本章首先介绍华为 WLAN 规划工具的主要功能，然后通过一个规划案例详细介绍其规划流程。

第 25 章：网管 eSight 功能及向导配置介绍

随着企业网络应用的不断增长，网络规模的不断扩大，大量的多业务路由器、网关、WLAN AP 等终端接入设备被广泛的应用于企业园区、企业分支等分散的网络。企业出现多厂家网络设备共存、IT&IP 设备日益增多的现象，不同厂家设备又有自己配套的网管，如何降低人员学习成本以及如何实现全网设备统一管理等问题的解决都需要统一的企业管理平台。同时，企业正由单地点办公向跨地域办公演进，企业业务越来越多样化，管理需要越来越精细化，因此企业需要对所有设备进行统一管理，需要更轻松高效的运维，需要保证网络的稳定，了解网络上承载的业务，实时掌握网络质量。华为 eSight WLAN 网管系统为企业提供了有线无线一体化的解决方案，实现了有线网络和无线网络的融合管理，同时帮助用户实现业务的批量部署、调整、故障恢复及日常的运行维护。

本章将介绍华为 eSight 系统的基础功能、组网方式、技术指标以及如何通过向导配置基本 WLAN 业务。

第 26 章：网管 eSight WLAN 日常维护

随着 WLAN 网络规模的快速增加，企业在 WLAN 网络维护方面面临严峻挑战，维护不到位会影响 WLAN 服务质量，降低用户体验。为了减轻维护压力和维护支出，eSight 网管系统提供了 WLAN 设备资源管理、故障诊断和故障恢复等日常维护功能，从而节约企业人力成本，提升 WLAN 维护效率。eSight 网管系统分别从数据管理效率提升、热点开通效率提升、故障应急效率提升以及性能管理效率提升等几方面进行优化。

第 27 章：WLAN 故障处理

20 世纪 90 年代，计算机专业人员有如医师一般，必须为计算机诊断疑难杂症。有线网络会停摆，无线网络也不例外。WLAN 在提供方便的网络接入的同时，出现故障的风险也相对较高，构建无线局域网后，网络工程师必须准备就绪，随时解决可能发生的问题。

本章讲解 WLAN 故障排除基本方法，包括分块故障排除法、分段故障排除法及替换故障排除法。此外，重点介绍 WLAN 常用诊断命令及工具。在深入研究网络分析工具后，介绍 WLAN 故障具体排除方法流程。

本书常用图标

 核心交换机

 汇聚交换机

 接入交换机

 路由器

 AC

 Radius
服务器

 DHCP
服务器

 Portal
服务器

 PC终端

 AP

 eSight

 笔记本电脑

 PDA

 无线电波

 网络

目　　录

第1章
WLAN技术概述

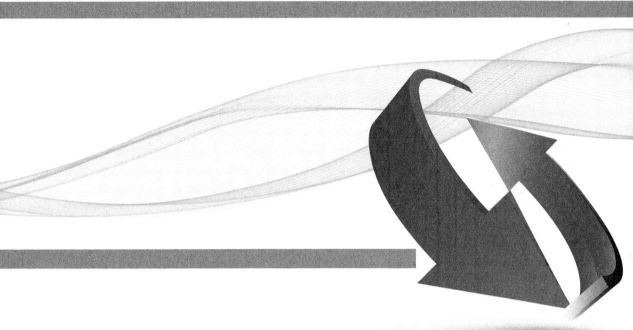

关于本章

无线局域网（Wireless Local Area Networks，WLAN）是指利用无线通信技术在一定的局部范围内建立的网络，是计算机网络与无线通信技术相结合的产物。WLAN以无线多址信道为传输媒介，提供传统有线局域网（Local Area Network，LAN）的功能，使用户摆脱线缆的桎梏，可随时随地接入Internet。凭借传输速率高、成本低廉、部署简单等优点，WLAN已逐步成为使用最广泛的无线宽带接入方式之一，在教育、金融、酒店以及零售业、制造业等各领域有了广泛的应用。

通过本章的学习，读者将会掌握以下内容。

- 描述什么是无线网络
- 描述WLAN技术的发展历程
- 列举WLAN技术的典型应用场景

1.1　无线网络介绍

1.1.1　无线网络发展历程

无线网络漫长的发展历史可追溯到 20 世纪 70 年代，其根源可追溯到 19 世纪。19 世纪时期，包括迈克尔·法拉第、詹姆斯·克拉克·麦克斯韦、海英里希·鲁道夫·赫兹、尼古拉·特斯拉、大卫·爱德华·休斯、托马斯·爱迪生和伽利尔摩·马可尼在内的众多发明家与科学家开始进行无线通信的实验。这些先驱者发现并创立了与电磁射频概念有关的诸多理论。

就人类探索利用电磁波的历程，以下三个事件具有里程碑意义。

- 1831 年，迈克尔·法拉第发现电磁感应。
- 1864 年，詹姆斯·克拉克·麦克斯韦建立电磁方程。
- 1888 年，海英里希·鲁道夫·赫兹验证了电磁波的发射与传播。

迈克尔·法拉第（Michael Faraday，1791—1867）是英国物理学家、化学家，也是著名的自学成才的科学家。1791 年 9 月 22 日，法拉第降生在英国萨里郡纽因顿一个贫苦铁匠家庭，由于贫困，家里无法供他上学，因而法拉第幼年时没有受过正规教育，只读了两年小学。

1803 年，为生计所迫，法拉第走上街头当了报童。第二年又到一个书商兼订书匠的家里当学徒。订书店里书籍堆积如山，法拉第带着强烈的求知欲望，如饥似渴地阅读各类书籍，汲取了许多自然科学方面的知识。法拉第的好学精神感动了一位书店的老主顾，在他的帮助下，法拉第有幸聆听了著名化学家汉弗莱·戴维的演讲。他把演讲内容全部记录下来，整理清楚后送给戴维，并且附信，表明自己愿意献身科学事业。结果他如愿以偿，22 岁做上了戴维的实验助手。从此，法拉第开始了他的科学生涯。

图 1-1　迈克尔·法拉第

1820 年，奥斯特发现电流的磁效应，受到科学界的关注。1821 年，英国《哲学年鉴》的主编约请戴维撰写一篇文章，评述自奥斯特的发现以来电磁学实验的理论发展概况。戴维把这一工作交给了法拉第。法拉第在收集资料的过程中，对电磁现象产生了极大的热情，并开始转向电磁学的研究。他仔细地分析了电流的磁效应等现象，认为既然电能够产生磁，反过来，磁也应该能产生电。于是，他试图从静止的磁力对导线或线圈的作用中产生电流，但是努力失败了。经过近 10 年的不断实验，到 1831 年 10 月 17 日，法拉第首次发现当通电线圈的电流刚接通或中断的时候，另一个线圈中的电流计指针有微小偏转。经过反复实验，都证实了当磁作用力发生变化时，另一个线圈中就有电流产生。他又设计了各种各样的实验，比如两个线圈发生相对运动时，磁作用力的变化同样也能产生电流。这样，法拉第终于用实验揭开了电磁感应定律。

　　根据这个实验，1831 年 10 月 28 日法拉第发明了圆盘发电机，这是法拉第第二项重大的电发明。这个圆盘发电机，结构虽然简单，但它却是人类创造出的第一个发电机。现代世界上产生电力的发电机就是从它开始的。

　　詹姆斯·克拉克·麦克斯韦（James Clerk Maxwell，1831—1879）是英国科学家。科学史上称牛顿把天上和地上的运动规律统一起来，是实现第一次大综合。麦克斯韦总结了法拉第、安培、高斯、库仑等前人的工作，创立了电磁理论学说，这一学说以他于 1864 年在英国皇家学会上宣读的论文《电磁场的动力学理论》为标志，这些工作把电、光统一起来，是实现第二次大综合，因此应与牛顿齐名。1873 年出版的《论电和磁》，也被尊为继牛顿《自然哲学的数学原理》之后的一部最重要的物理学经典。麦克斯韦被普遍认为是对二十世纪最有影响力的十九世纪物理学家。他的理论开启了第二次和第三次科技革命，对于第二次科技革命，如果没有麦克斯韦方程，就造不出发电机和电动机。对于第三次科技革命，如果没有麦克斯韦方程，也就没有现代无线电技术、微电子技术。麦克斯韦从理论上预测了光也是一种电磁波，并且推导得到了光速的数值。

　　科技史的研究指出，麦克斯韦在创立电磁学方程时，大量借鉴了当时已经比较成熟的流体力学理论。这说明伟大的创新是有继承的，抽样的理论往往是有具体基础的。

　　图 1-2　詹姆斯·克拉克·麦克斯韦　　　　　图 1-3　海英里希·鲁道夫·赫兹

　　22 年之后，1886 年德国科学家赫兹（Heinrich Hertz，1857—1894）完成了著名的电磁波辐射实验，证明了麦克斯韦的电磁理论学说以及电磁波存在的预言。赫兹实验的装置如图 1-4 所示。为了纪念赫兹的贡献，后世将频率的单位命名为赫兹（Hz）。

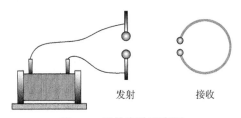

发射　　　接收

图 1-4　赫兹实验示意图

　　无线网络的初步应用，可以追溯到第二次世界大战期间，当时美国陆军采用无线电信号进行作战计划及战场情报的传输。

　　1943 年，加尔文制造公司（摩托罗拉公司前身，1947 年加尔文公司更名为摩托罗拉公司）设计出全球首个背负式调频步话机——SCR300，如图 1-5 所示。这款对讲机重 16kg，通话范围约 16km，供美国陆军通信兵使用。

图 1-5　SCR300 步话机

　　与此同时，加尔文制造公司开始规模化生产早先设计的"手持式"电台——SCR-536，其外形如图 1-6 所示。

图 1-6　SCR-536 "手持式" 电台

　　这个"超级大哥大"重 2.3kg，工作于 3.5～6MHz 的短波波段内，使用 2.5m 长的鞭状天线，功率 360mW，具备防水能力。在开阔地带通信范围 1.5km，在树林中只有 300m。当年的秘密档案显示，在二战开始之前，可靠而高效的 SCR-536 即被小批量生产，装备给保护罗斯福总统的美国特工们。根据战后的统计，SCR-536 生产量不低于 13 万部，加尔文公司也因此名声大噪，收益颇丰。

　　当年使用 SCR300 与 SCR-536 的美军及盟军战士也许没有想到，这项技术会在 50 年后改变我们的生活。

　　许多学者从中得到灵感，到 1971 年时，美国夏威夷大学的研究员创造了第一个基于分组交换技术的无线通信网络，取名 ALOHANET。ALOHA 是夏威夷人表示致意的问候语，这项研究计划的目的是要解决夏威夷群岛之间的通信问题。

　　ALOHANET 使分散在 4 个岛上的 7 个校园里的计算机可以利用无线电连接方式与

位于瓦胡岛的中心计算机进行通信。ALOHANET 可以算是相当早期的无线局域网络（WLAN），其通过星型拓扑将中心计算机和远程工作站连接起来，提供双向数据通信功能。

ALOHA 协议处于开放系统互连（Open System Interconnection，OSI）模型中的第 2 层——数据链路层，它属于随机存取协议（Random Access Protocol，RAP）中的一种。在 ALOHA 协议基础上，随后衍生出了 802.3 以太网的 CSMA/CD 介质访问控制技术，以及 802.11 无线局域网的 CSMA/CA 介质访问控制技术。

1985 年，美国联邦通信委员会（Federal Communications Commission，FCC）允许在工业、科学和医疗（Industrial Scientific Medical，ISM）无线电频段进行商业扩频技术的使用，这成为了 WLAN 发展的一个里程碑。

20 世纪 90 年代，类似于 Bell Labs 的 WaveLAN 等 WLAN 设备就已经出现，但是由于价格、性能、通用性等种种原因，并没有得到广泛应用。

1990 年，IEEE 802 标准化委员会成立了 IEEE 802.11 标准工作组。1997 年，IEEE 802.11-1997 标准发布，成为 WLAN 发展的又一个里程碑。IEEE 802.11-1997 部署时间为 1997—1999 年，主要用于仓储与制造业环境，使用无线条码扫描仪进行低速数据采集。

1999 年，IEEE 批准通过了数据速率更高的 802.11b 修订案，最高速率支持 11Mbit/s，且成本更低。802.11b 产品早在 2000 年年初就登陆市场。2.4GHz 的 ISM 频段为世界上绝大多数国家通用，因此 802.11b 得到了广泛的应用。Wi-Fi 联盟，当时叫作无线以太网兼容联盟（Wireless Ethernet Compatibility Alliance，WECA），为了给 802.11b 取一个更能让人记住的名字，便雇用了著名的商标公司 Interbrand，由 Interbrand 创造出了"Wi-Fi"这个名字。其创意灵感来自于大众耳熟能详的高保真度（High Fidelity，Hi-Fi），运用 Wi-Fi 则可以从文字上展现无线保真（Wireless Fidelity）的效果。但实际上，Wi-Fi 仅仅是一个商标名称而已（Wi-Fi 联盟认证标志如图 1-7 所示），没有任何含义。如今，随着 IEEE 802.11 系列标准的出台，并逐渐成为世界上最热门的 WLAN 标准，Wi-Fi 已经不单只代表 802.11b 这一种标准了，而被人们广泛地用于代表整个 IEEE 802.11 系列标准。

图 1-7　Wi-Fi 联盟认证标志

2001 年美国 FCC 允许在 2.4GHz 频段上使用 OFDM（Orthogonal Frequency Division Multiplexing）技术，因此 802.11 工作组在 2003 年制定了 802.11g 修订案。其最高可实现 54Mbit/s 的传输速率，并能够与 802.11 后向兼容。早在 2003 年年初，市面上就已经有 802.11g 产品出售了。紧接着，越来越多的兼容性 Wi-Fi 设备陆续推出，随后 802.11b/g 的双模网络设备很普遍，其直接促成了 WLAN 技术的普及。

2009 年 9 月，802.11n 修订案获得批准，其同时支持 2.4GHz 频段和 5GHz 频段。在此之前已经有多个版本的草案出台。802.11n 的物理层数据速率相对于 802.11a 和 802.11g 有显著的增长，主要归功于使用 MIMO（Multiple Input Multiple Output）进行空分复用及 40MHz 带宽操作特性。为了利用这些技术所提供的高数据速率，对 MAC 的效率也通过帧聚合（Aggregation）和块确认（Block Acknowledgement，BA）协议进行了提升。

这些特性叠加在一起，提供了 802.11n 相对于 802.11a 和 802.11g 所能达到的吞吐率提升的绝大部分。

802.11ac 作为 802.11n 标准的延续，于 2008 年上半年启动标准化工作。802.11ac 被称为 "甚高吞吐量（Very High Throughput，VHT）"，其工作频带被设计为 5GHz 频段，理论数据吞吐量最高可达到 6.933Gbit/s。经过 5 年的修改完善，802.11ac 修订案于 2013 年 12 月正式发布。

802.11ac 的核心技术主要基于 802.11n，继续工作在 5GHz 频段上以保证后向兼容性，但数据传输通道会大幅扩充。安全性方面，它将完全遵循 802.11i 安全标准的所有内容，使得 WLAN 能够在安全性方面满足企业级用户的需求。

经过近 20 年的发展，如今 802.11 逐渐形成了一个家族，其中既有正式标准，又有对标准的修正案。这其中就包括刚刚介绍过的 802.11-1997、802.11b、802.11g、802.11n 及 802.11ac。也包括 802.11e、802.11h、802.11i、802.11j、802.11y、802.11z 等众多修订案，关于修订案的具体细节，请参见 1.2.1 节。

智能终端技术的飞速发展和新型数据应用的不断涌现推动了移动互联网的兴起。以苹果公司 "iPhone" 为代表的智能终端改变了用户传统通信习惯，移动用户不再满足于能够随时随地语音通话，更期待随时随地的高带宽数据服务。另外，社交网络以及视频业务逐渐成为移动互联网时期最强势的两类应用，移动业务呈现多样化、宽带化的趋势。而这些都驱动了移动业务量的飞速增长。面对增长如此迅速的移动数据量，电信运营商、企业及个人用户纷纷开始寻找高带宽的无线接入方式，作为典型的无线宽带技术，WLAN 获得了大家的青睐。

WLAN 最终能够从各种无线宽带接入方式中脱颖而出，其根本原因在于 Wi-Fi 终端的成熟度和其高普及率。最早在笔记本电脑市场，以 802.11b/g/n 为代表的 WLAN 接入设备就已成为大部分笔记本电脑的必备项。而近年来智能手机，也将 Wi-Fi 作为其标配，据 WBA 2012 年的统计结果（如图 1-8 所示），WLAN 智能手机的数量已超过了 WLAN 笔记本电脑数量。

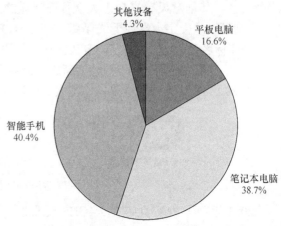

图 1-8　Wi-Fi 各类终端占比

根据 ABI 报告统计，预计到 2015 年具有 Wi-Fi 功能的便携设备将达到 22 亿以上，约占所有便携设备的 28%。而在平板和笔记本电脑中，Wi-Fi 的渗透率已接近 100%。面对 Wi-Fi 终端的如此高普及率，拥有广泛终端支持的 WLAN 已成为全球企业发展移动数据业务不得不关注的技术。与此同时，很多商店、餐馆等公共场所提供的 Wi-Fi 无线热点，也成为了我们生活中不可缺少的一部分。

1.1.2　无线网络分类

无线网络有多种分类方式，按照其覆盖范围的差异，可分为无线个域网（Wireless

Personal Area Network，WPAN）、无线局域网（Wireless Local Area Network，WLAN）、无线城域网（Wireless Metro Area Network，WMAN）和无线广域网（Wireless Wide Area Network，WWAN），如图 1-9 所示。

图 1-9　无线网络的分类

1. WPAN

随着通信技术的迅速发展，人们提出了在自身附近几米范围之内通信的需求，这样就出现了个人区域网络（Personal Area Network，PAN）和无线个人区域网络（Wireless Personal Area Network，WPAN）的概念。WPAN 网络为近距离范围内的设备建立无线连接，把几米范围内的多个设备通过无线方式连接在一起，使其可以相互通信甚至接入 LAN 或 Internet。

1998 年 3 月，IEEE 标准化协会正式批准成立 IEEE 802.15 工作组。这个工作组致力于 WPAN 网络的物理层（PHY）和媒体访问控制层（Medium Access Control，MAC）的标准化工作，目标是为在个人操作空间（Personal Operating Space，POS）内相互通信的无线通信设备提供通信标准。

注：POS 一般是指用户附近 10m 左右的空间范围，在这个范围内用户可以是固定的，也可以是移动的。

在 IEEE 802.15 工作组内有四个任务组（Task Group，TG），分别制定适合不同应用的标准。这些标准在传输速率、功耗和支持的服务等方面存在差异。下面是四个任务组各自的主要任务。

① 任务组 TG1：制定 IEEE 802.15.1 标准，又称蓝牙（Blue Tooth）无线个人区域网络标准。这是一个中等速率、近距离的 WPAN 网络标准，通常用于手机、PDA 等设备的短距离通信。

② 任务组 TG2：制定 IEEE 802.15.2 标准，研究 IEEE 802.15.1 与 IEEE 802.11（无线局域网标准）的共存问题。

③ 任务组 TG3：制定 IEEE 802.15.3 标准，研究高传输速率 WPAN 标准。该标准主要考虑 WPAN 在多媒体方面的应用，追求更高的传输速率与服务品质。

④ 任务组 TG4：制定 IEEE 802.15.4 标准，针对低速无线个人区域网络（Low-Rate Wireless Personal Area Network，LR-WPAN）制定标准。该标准把低能量消耗、低速率传输、低成本作为重点目标，旨在为个人或者家庭范围内不同设备之间的低速互连提供统一标准。LR-WPAN 网络是一种结构简单、成本低廉的无线通信网络，LR-WPAN 使在低电能和低吞吐量的应用环境中使用无线连接成为可能。与 WLAN 相比，LR-WPAN 网络只需很少的基础设施，甚至不需要基础设施。IEEE 802.15.4 标准为 LR-WPAN 网络制定了物理层和 MAC 子层协议。

IEEE 802.15.4 标准定义的 LR-WPAN 网络具有如下特点。

① 在不同的载波频率下实现了 20kbit/s、40kbit/s 和 250kbit/s 三种不同的传输速率；

② 支持星型和点对点两种网络拓扑结构；

③ 有 16 位和 64 位两种地址格式，其中 64 位地址是全球唯一的扩展地址；

④ 支持冲突避免的载波多路侦听技术（Carrier Sense Multiple Access with Collision Avoidance，CSMA/CA）；

⑤ 支持确认（ACK）机制，保证传输可靠性。

2. WLAN

随着 Internet 的飞速发展，信息网络从传统的布线网络发展到了无线网络，作为无线网络之一的无线局域网 WLAN（Wireless Local Area Network），满足了人们摆脱线缆束缚的梦想。

WLAN 是利用无线通信技术在一定的局部范围内建立的网络，是计算机网络与无线通信技术相结合的产物，它以无线多址信道作为传输媒介，提供传统有线局域网 LAN（Local Area Network）的功能，能够使用户真正实现随时、随地、随意的宽带网络接入。

WLAN 开始是作为有线局域网络的延伸而存在的，各团体、企事业单位广泛地采用了 WLAN 技术来构建其办公网络。但随着应用的进一步发展，WLAN 正逐渐从传统意义上的局域网技术发展成为"公共无线局域网"，成为国际互联网 Internet 的宽带接入手段。WLAN 具有易安装、易扩展、易管理、易维护、高移动性、保密性强、抗干扰等特点。

基于上述优势，WLAN 能够实现更多的特色应用。也正是由于这些应用，带动了 WLAN 的迅速发展。随着技术的进一步发展和行业用户市场的持续扩大，WLAN 设备市场将继续快速增长。中国公众 WLAN 网络得到了进一步的发展，WLAN 热点地区数量扩大，越来越多的用户开始了解并使用 WLAN。同时，中国企业和家庭及 SOHO 用户的 WLAN 应用也得到快速启动，成长速度很快，发展潜力远超公共运营市场。

在 IEEE 的 802 系列标准中，WLAN 对应的是 IEEE 802.11 标准，包括 802.11a、802.11b、802.11g、802.11n、802.11ac 等具体的修订案。

IEEE 802.11 标准定义的 WLAN 网络具有如下特点。

① 可以在 2.4GHz 及 5GHz ISM 频段上工作；

② 提供高于同期移动蜂窝网的数据速率，且数据成本较低；

③ 移动性支持能力相对较差；

④ 支持冲突避免的载波多路侦听技术（Carrier Sense Multiple Access with Collision Avoidance，CSMA/CA）；

⑤ 支持确认（ACK）机制，保证传输可靠性。

3. WMAN

宽带无线接入技术从 20 世纪 90 年代开始快速地发展起来，但是一直没有统一的全球性标准。IEEE 802.16 是为制定无线城域网标准而专门成立的工作组，其目的是建立一个全球统一的宽带无线接入标准。为了促进这一目标的达成，几家世界知名企业于 2001 年 4 月发起成立了 WiMAX 论坛，力争在全球范围推广这一标准。WiMAX 的成立很快得到了厂商和运营商的关注，他们积极加入到其中，很好地促进了 IEEE 802.16 标准的推广和发展。

IEEE 802.16 标准定义了 WMAN 的空中接口规范。这一无线宽带接入标准可以为无线城域网中的"最后一公里"连接提供缺少的一环。目前，对于许多家用及商用客户而言，通过 DSL 或有线技术的宽带接入仍然不可行。许多客户都在 DSL 服务范围之外或不能得到宽带有线基础设施的支持。但是依靠无线宽带，这些问题都可迎刃而解。无线组网的 802.16 部署速度更快，扩展能力更强，灵活度更高，因而能够为那些无法享受到或不满意其有线宽带接入的客户提供服务。

为发展 802.16 系统对移动性的支持，IEEE 随后发展了 IEEE 802.16e。与 IEEE 802.16d 仅是一种固定无线接入技术不同，IEEE 802.16e 是一种移动宽带接入技术，其支持车速 120km/h；可以提供每秒几十兆比特的接入速率，并且覆盖范围可达几公里。

IEEE 802.16 标准定义的 WMAN 网络具有如下特点。

① 采用 OFDM 技术，能有效对抗多径干扰；

② 采用自适应编码调制技术，实现覆盖范围和传输速率的折中；

③ 提供面向连接的、具有完善 QoS（Ouality of Service）保障的电信级服务；

④ 系统安全性较好；

⑤ 可以应用于广域接入、企业宽带接入、家庭"最后一公里"接入、热点覆盖、移动宽带接入以及数据回传（Backhaul）等所有宽带接入市场。

注：什么是 WiMAX 联盟？

在 2001 年 4 月，英特尔、富士通和诺基亚等公司共同发起建立了非营利组织——WiMAX Forum。作为无线宽带接入的领导者，该组织最初旨在对基于 IEEE 802.16 标准和 ETSI HiperMAN 标准的宽带无线接入产品进行一致性和互操作性认证，确保 WiMAX 产品的互通和互兼容性，同时降低芯片和设备成本。通过 WiMAX 认证的产品都会拥有"WiMAX Certified"标识。随着业界对 IEEE 802.16 技术越来越关注，加入该组织的成员越来越多，WiMAX Forum 陆续成立了认证工作组（CWG）、技术工作组（TWG）、频谱工作组（RWG）、市场工作组（MWG）、需求工作组（SPWG）、网络工作组（NWG）和应用研究工作组（AWG）。与此同时，该组织的目标也逐步扩展，除认证工作外，还致力于可运营的宽带无线接入系统的需求分析、应用场景探索和 WiMAX 网络架构研究等工作，有力地促进和推动了宽带无线接入技术和市场的发展。

4. WWAN

传统蜂窝移动通信系统可支持高移动性，但数据传输速率低，难以应对高速下载和实时多媒体业务的应用。而 WLAN 等宽带无线接入系统，虽然拥有较高的数据传输速率，但其移动性能差，只能用于游牧式的无线接入。IEEE 802.20 技术致力于有效地解决移动性与传输速率相互矛盾的问题，使用户可以在高速移动中享受宽带接入服务。

IEEE 802.20 技术，即移动宽带无线接入（Mobile Broadband Wireless Access，MBWA）。这个概念最初由 IEEE 802.16 工作组于 2002 年 3 月提出，并成立了相应的研究组，其目标是为了实现在高速移动环境下的高速率数据传输，以弥补 IEEE 802.1x 协议族在移动性上的劣势。随后，由于在目标市场定位上的分歧，该研究组脱离 IEEE 802.16 工作组，并于同年 9 月宣告成立 IEEE 802.20 工作组。

在技术的制定时间上，因 IEEE 802.20 远远晚于 3G，可以充分发挥其后发优势：在物理层技术上，以 OFDM 和 MIMO 为核心，充分挖掘时域、频域和空间域的资源，大大提高了系统的频谱效率；在设计理念上，基于分组数据的纯 IP 架构应对突发性数据业务的性能也优于传统 3G 技术，与 3.5G（HSDPA、EV-DO）性能相当；另外，在实现、部署成本上也具有较大的优势。

IEEE 802.20 标准定义的 WWAN 网络具有如下特点。

① 全面支持实时和非实时业务，在空中接口中不存在电路域和分组域的区分；

② 能保持持续的连通性；

③ 频率统一，可复用；

④ 支持小区间和扇区间的无缝切换，以及与其他无线技术（802.16、802.11 等）间的切换；

⑤ 融入了对 QoS 的支持，与核心网级别的端到端 QoS 相一致；

⑥ 为上下行链路快速分配所需资源，并根据信道环境的变化自动选择最优的数据传输速率。

802.20 在移动性上优于 802.16 和 802.11，在数据吞吐量上强于 3G 技术，其设计理念也符合下一代技术的发展方向，本是一种非常有前景的无线技术。但是，因为其正式标准迟迟未出台，导致产业链发展停滞，随着 3GPP LTE 的全球部署，基本可以确定 802.20 失去了实际应用机会。

1.1.3　其他网络技术

1. Ir DA

红外线是波长在 750nm～1mm 的电磁波，其频率高于微波而低于可见光，是一种人眼看不到的光线。红外通信一般采用红外波段内的近红外线，波长在 0.75um～25um。在红外通信技术发展早期，存在好几个红外通信标准，不同标准之间的设备不能进行互通。

1993 年，为了使各种红外设备能够互联互通，由惠普、康柏电脑、英特尔等二十多个大厂商发起了红外数据协会（Infrared Data Association，IrDA），将红外数据通信所采用的光波波长限定在 850nm～900nm 范围内，统一了红外通信的标准。

1994 年，第一个 IrDA 的红外数据通信标准发布，即 IrDA1.0，可支持最高 115.2kbit/s 的通信速率。1996 年，IrDA 发布了 IrDA1.1 标准，其最高通信速率有了质的飞跃，可达到 4Mbit/s 的水平。随后 IrDA 又发布了通信速率高达 16Mbit/s 的 VFIR（Very Fast InfraRed）技术，并将它作为补充纳入 IrDA1.1 标准之中。更高的通信速率使红外通信在那些需要进行大数据量传输的设备上也可以占有一席之地，而不再仅仅是连接线的替代。

由于红外线的波长较短，对障碍物的衍射能力差，所以更适合应用在需要短距离无线通信的场合，进行点对点的直线数据传输。凭借着成本低廉、连接方便、简单易用和结构紧凑的特点，红外通信在小型的移动设备中获得了广泛的应用。

2. Blue Tooth

蓝牙（Blue Tooth）是一种支持短距离通信（一般 10m 内）的无线电技术。能在包括移动电话、PDA、无线耳机、笔记本电脑、相关外设等众多设备之间进行无线信息交换。

蓝牙最初由爱立信公司于 1994 年创立,如今由蓝牙技术联盟(Bluetooth Special Interest Group,SIG)管理。IEEE 将蓝牙技术列为 IEEE 802.15.1 标准,但如今已不再维持该标准。而蓝牙技术联盟负责监督蓝牙规范的开发,管理认证项目,并维护商标权益。

蓝牙工作于 2.4GHz ISM 频段,采用 FHSS 技术,一般使用 79 个信道,每信道带宽为 1MHz,跳频速率为 1600Hz。

蓝牙主要负责处理移动设备间的小范围连接,可以用来在较短距离内取代线缆连接方案,并且克服了红外技术的缺陷,可穿透墙壁等障碍,通过统一的短距离无线链路,在各种数字设备之间实现灵活、安全、低成本、小功耗的话音和数据通信。

3. Home RF

1998 年,由因特尔、IBM、康柏电脑、3Com、飞利浦、微软、摩托罗拉等公司成立家用射频工作组(Home RF Working Group,HRFWG)。这个工作组由美国家用射频委员会领导,主要任务是为家庭用户建立具有互操作性的话音和数据通信网络。Home RF 是 802.11 与数字增强型无绳(Digital Enhanced Cordless,DECT)技术的结合,工作频段为 2.4GHz,数据传输速率可达到 2Mbit/s。

当进行数据通信时,采用 802.11 规范,而进行语音通信时,则采用 DECT 通信标准。但是 Home RF 与 802.11b 不兼容,并占据了 802.11b 和蓝牙相同的 2.4GHz 频段,所以适用范围上会受到限制,更多是在家庭网络中使用。

4. GSM、UMTS、LTE

(1)GSM

GSM(Global System for Mobile Communications,全球移动通信系统)是 ETSI(European Telecommunications Standards Institute,欧洲电信标准委员会)制定的第二代移动通信系统。现阶段,GSM 包括两个并行的系统:GSM900 和 DCS1800(Digital Cellular System at 1800MHz,1800MHz 数字蜂窝系统),两个系统功能相同,而工作频率有所差别。

GPRS(General Packet Radio Service,通用分组无线业务)是从 GSM 系统基础上发展起来的分组无线数据业务,GPRS 与 GSM 共用频段、共用基站并共享 GSM 系统网络中的一些设备和设施,例如两者可以共用载波。

GPRS 的主要功能是在移动蜂窝网中支持分组交换业务(区别于 GSM 的电路交换),利用分组传送提高网络效率,快速建立通信线路,缩短用户呼叫建立时间,实现了几乎"永远在线"的服务。

EDGE(Enhanced Data Rate for GSM Evolution,增强型数据速率 GSM 演进技术)是一种从 GSM 到 3G 的过渡技术(俗称 2.75G)。EDGE 是 GPRS 的扩展,只要 MS(Mobile Station,移动台)和 BTS(Base Transceiver Station,基站收发台)做一些简单的升级,就可以工作在任何已部署的 GPRS 网络中。

(2)UMTS

UMTS(Universal Mobile Telecommunications System,通用移动通信系统)是国际标准化组织 3GPP(the 3rd Generation Partnership Project,第三代移动通信合作伙伴项目)

制定的全球 3G 标准。作为一个完整的 3G 移动通信技术标准，UMTS 并不仅限于定义空中接口。它的主体包括 CDMA 接入网络和分组化的核心网络等一系列技术规范和接口协议。除 WCDMA 作为首选空中接口技术获得不断完善外，UMTS 还相继引入了 TD-SCDMA 和 HSDPA 技术。

WCDMA（Wideband Code Division Multiple Access，宽带码分多址）是一个 ITU（International Telecommunications Union，国际电信联盟）标准，是 IMT-2000（International Mobile Telecom System-2000，国际移动电话系统-2000）的直接扩展。

HSDPA（High-Speed Downlink Packet Access，高速下行分组接入）是 3GPP R5 版本引入的增强性技术，旨在提高下行分组数据业务速率。其主要技术特点如下。

- TTI（Transmission Time Interval，发送时间间隔）从 R99 的 10/20/40/80ms 缩短为 2ms，并且采用了共享数据信道结构，可以充分跟踪信道的动态变化，这极大地提高了链路适配性能和无线信道调度效率。
- 通过调整信道编码码率，动态选择 QPSK、16QAM（Quadrature Amplitude Modulation，正交振幅调制）两种调制方式，实现速率控制。同时系统可以提供更高的数据速率，更加有效地利用带宽。
- 分组调度器不再位于 RNC（Radio Network Controller，无线网络控制器），而是位于 NodeB，减少 NodeB 与 RNC 之间 Iub 接口的信令交互，从而提高分组调度的速度，降低了信令开销。
- 采用给予软合并的 HARQ（Hybrid Automatic Repeat Request，混合自动重传请求）机制，从而能够快速调整链路传输的有效码率，补偿由于链路自适应机制导致的差错。

HSUPA（High-Speed Uplink Packet Access，高速上行分组接入）是 3GPP R6 引入的增强性技术，旨在提高上行链路的传输速率。HSUPA 和 HSDPA 合称 HSPA，是对 WCDMA 整体系统性能的增强。其主要技术特点如下。

- 采用 2ms 和 10ms 两种 TTI 配置。
- 引入一种新的传输信道 E-DCH（Enhanced Dedicated Channel，增强专用信道），相比于 DCH，该信道支持快速 HARQ 和基于 NodeB 的快速分组调度。
- 在上行链路，采用 BPSK 调制，通过码率调整，已经能够获得功率效率与频谱效率的折中，不需要进行高阶调制。
- 采用同步多重停等 HARQ 机制，该机制中重传时间预先确定，数据块传输格式已知，不需要进行重新调度，从而减少了控制信令的开销。

尽管 R6 版本定义的 HSPA 系统能够极大提高 WCDMA 对于分组数据的传输能力，但在 R7 及其以后的版本中，3GPP 又引入了以 MIMO 为代表的先进技术，使链路速率有了进一步提升，称为 HSPA+系统。其技术特点主要有以下几点。

- 引入 MIMO 技术，在 MIMO 模式下，R7 对编码复用方案、速率控制机制与 HARQ 方式都进行了扩展。
- 在下行链路引入 64QAM 调制，上行引入 16QAM 调制，进一步提升数据速率。
- 下行链路速率最高可达 28Mbit/s（2×2 MIMO，16QAM 调制），采用 64QAM 调

制的下行链路速率为 21Mbit/s（单天线传输），上行峰值速率为 11.5Mbit/s。

HSPA+ R8 版本引入了下行载波聚合技术（Dual-Cell HSDPA，DC-HSDPA），并将其与 64QAM 相结合，使其下行最高速率达到 42Mbit/s；HSPA+ R9 版本将载波聚合技术与 MIMO 技术相结合，使下行最高速率达到了 84Mbit/s。但是，据 GSA 网站统计报告显示，截至 2013 年 10 月，世界范围内尚无 HSPA+ R9 版本的商用实例，报告中统计的 572 家 HSPA 运营商中，多数运营商选择演进到 R8 版本后转而建设 LTE，仅有澳大利亚 Telstra、丹麦 3 Denmark，以色列 Cellcom，斯洛伐克 T-Mobile Slovakia，瑞典 Sunrise，土耳其 Turkcell 以及阿联酋 Etisalat 承诺演进至 R9 版本，但均无后续网络建设消息。因此可以推断，LTE 是 HSPA 演进至 DC-HSPA+后，进一步演进的最佳选择。

（3）LTE

LTE（Long Term Evolution，长期演进）是由 3GPP（the 3rd Generation Partnership Project，第三代移动通信合作伙伴项目）组织制定的 UMTS（Universal Mobile Telecommunications System，通用移动通信系统）技术标准的长期演进。2004 年 12 月，在 3GPP 的多伦多会议上 LTE 正式立项并启动，并于 2009 年 3 月发布第一个版本（Release 8）。为满足高速数据业务的需求，LTE 系统采用了 OFDM（Orthogonal Frequency Division Multiplexing，正交频分复用）和 MIMO（Multiple Input Multiple Output，多入多出）等关键技术，在网络架构和多址接入技术方面较 3G 网络有了革命性的变化，因此被业界通俗地称为 4G。

LTE 系统的设计目标是以 OFDM 和 MIMO 为主要技术基础，开发出一套满足更低传输时延、提供更高用户传输速率、增加系统容量、增强网络覆盖、减少运营费用、优化网络架构、采用更大载波带宽并以优化分组数据域业务传输为目标的新一代移动通信系统，其关键性能需求有以下几点。

① 峰值速率和峰值频谱效率。

LTE 系统在 20MHz 带宽内的上/下行数据峰值速率分别为 50Mbit/s 和 100Mbit/s，对应的频谱效率分别为 2.5（bit/s）/Hz 和 5（bit/s）/Hz。（这里的基本假设是终端具有两根接收天线和一根发射天线。）

② 小区性能。

小区性能是一个重要指标，因为它直接关系到运营商所需要部署的小区数量及部署整个系统的成本。

LTE 需求规定的小区上/下行平均频谱效率分别为 0.66～1.0（bit/s）/Hz/cell 和 1.6～2.1（bit/s）/Hz/cell，小区边缘上/下行频谱效率为 0.02～0.03（bit/s）/Hz/user 和 0.04～0.06（bit/s）/Hz/user。

③ 移动性。

从移动性的角度考虑，LTE 系统需要在终端移动速度达到 350km/h 的情况下支持通信，或根据使用的频段在更高速（如 500km/h）时仍能支持通信。

④ 时延。

用户平面时延对于实时业务和交互业务来说是一个非常重要的性能指标，LTE 系统要求该时延小于 10ms；控制平面时延由执行不同 LTE 状态过渡所需的时间来衡量，

LTE 系统要求从空闲状态到激活状态的过渡时间小于 100ms。

⑤ 带宽配置。

LTE 系统的上行和下行信道都可适应各种的带宽配置。LTE 的信道带宽可以为 1.4MHz、3MHz、5MHz、10MHz、15MHz、20MHz。

⑥ 网络结构需求。

LTE 对无线接入网络结构设计的改进包括以下内容。

- 单一形式的节点结构，在 LTE 中称为 eNodeB；
- 支持分组交换业务的高效协议；
- 开放式接口，支持多厂商设备间的互操作性；
- 操作和维护的有效机制，包括自配置、自维护、自优化功能；
- 支持简易部署和配置，例如家庭基站（Home NodeB，HNB）。

1.2　WLAN 发展历程

WLAN 的两个典型标准分别是由电气和电子工程师协会（Institute of Electrical and Electronics Engineers，IEEE）802 标准化委员会下第 11 标准工作组制定的 IEEE 802.11 系列标准和欧洲电信标准化协会（European Telecommunications Standards Institute，ETSI）下的宽带无线电接入网络（Broadband Radio Access Networks，BRAN）小组制定的 HiperLAN 系列标准。IEEE 802.11 系列标准由 Wi-Fi（Wireless Fidelity） 联盟负责推广，本书中所有研究仅针对 IEEE 802.11 系列标准，并且用 Wi-Fi 代指 IEEE 802.11 技术。

1.2.1　IEEE 802.11 系列标准

1980 年成立的 IEEE 802 委员会专门从事局域网和城域网协议的标准化工作，其给出的基于开放系统互连（Open System Interconnect，OSI）模型的局域网标准只涉及 OSI 的物理层（PHY）和数据链路层（Data Link Layer，DLL），数据链路层又被分为两个子层，即逻辑链路控制（Logical Link Control，LLC）子层和媒体访问控制（Medium Access Control，MAC）子层，并加强了数据链路层的功能，把网络层中的寻址、排序、流量控制和差错控制等功能放在 LLC 子层来实现。

IEEE 802.11 系列标准的协议体系结构如图 1-10 所示。IEEE 802.11 工作组为多个物理层（PHY）制定了一个通用的 MAC 层以标准化无线局域网。作为 IEEE 下 802 局域网和城域网标准家族的一员，IEEE 802.11 与 IEEE 802.1 标准的架构、管理、联网以及 IEEE 802.2 标准的 LLC 相关联。

IEEE 802.11 MAC 子层支持的物理层标准有以下几种。

① IEEE 802.11 FHSS 物理层，在 2.4GHz 频段上提供 1～2Mbit/s 的传输速率；

② IEEE 802.11 DSSS 物理层，在 2.4GHz 频段上提供 1～2Mbit/s 的传输速率；

③ IEEE 802.11 IR 物理层，在 2.4GHz 频段上提供 1～2Mbit/s 的传输速率；

④ IEEE 802.11a 物理层，在 5GHz 频段上提供 6～54Mbit/s 的传输速率；

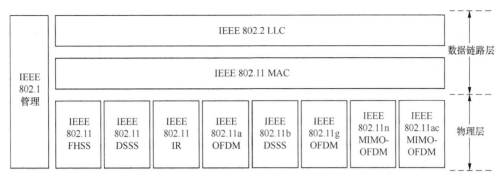

图 1-10　IEEE 802.11 模型与 OSI 模型的对照关系

⑤ IEEE 802.11b 物理层，在 2.4GHz 频段上提供 1～11Mbit/s 的传输速率；

⑥ IEEE 802.11g 物理层，在 2.4GHz 频段上提供 6～54Mbit/s 的传输速率；

⑦ IEEE 802.11n 物理层，在 2.4GHz 频段和 5GHz 频段上提供 6.5～600Mbit/s 的传输速率；

⑧ IEEE 802.11ac 物理层，在 5GHz 频段上提供 6.5～6933Mbit/s 的传输速率。

在 IEEE 802.11 系列标准中，通常把相对复杂的物理层进一步划分为物理层会聚过程（Physical Layer Convergence Procedure，PLCP）子层、物理层媒体依赖（Physical Media Dependent，PMD）子层和物理层管理（Physical Layer Management，PLM）子层。PLCP 子层将 MAC 帧映射到媒体上，主要进行载波侦听的分析和针对不同物理层形成相应格式的分组。PMD 子层用于识别相关媒体传输的信号所使用的调制和编码技术，完成这些帧的发送。物理层管理子层为物理层进行信道选择和协调。

MAC 层也分为 MAC 子层和 MAC 管理子层。MAC 子层负责访问机制的实现和分组的拆分与重组。MAC 管理子层负责 ESS 管理、电源管理，以及关联过程中的关联、解除关联和重新关联等过程的管理。

1．已发布标准及修订案

目前，除保留字母外，IEEE 802.11 已经将 "a-z" 26 个英文字母使用完毕，接下来的标准修正案将使用两个字母来进行标注，如 IEEE 802.11aa、IEEE 802.11ac。

① IEEE 802.11-1997 在 1997 年 6 月获得通过，定义了在 2.4GHz ISM 频段的物理层（PHY）和媒体访问控制（Media Access Control，MAC）层规范。需要说明的是，除了 IEEE 802.11F 和 IEEE 802.11T 这两个操作规程建议及 IEEE 802.11-2007 标准之外，以下所有标准都是对 IEEE 802.11 的修正案。IEEE 802.11F 和 IEEE 802.11T 之所以将字母 F 和 T 大写，是因为它们不属于标准，只是操作规程建议。

② IEEE 802.11a 在 1999 年 9 月获得通过，其引入正交频分复用（Orthogonal Frequency Division Multiplexing，OFDM）技术，定义了 5GHz 频段高速物理层规范。

③ IEEE 802.11b 在 1999 年 9 月获得通过，其引入补码键控（Complementary Code Keying，CCK）技术对 2.4GHz 频段的物理层进行高速扩展。

④ IEEE 802.11c 在 1998 年 9 月获得通过，修订了 IEEE 802.1D 的 MAC 层桥接标准，加入了与 IEEE 802.11 无线设备相关的桥接标准，目前已经是 IEEE 802.1D-2004 的一部分。

⑤ IEEE 802.11d 在 2001 年 6 月获得通过，在 PHY 层加入了必要的需求和定义，使其设备能根据各国的无线电规定进行调整，从而能在不适合 IEEE 802.11 现有标准的国家和地区中使用。

⑥ IEEE 802.11e 在 2005 年 9 月获得通过，定义了 MAC 层对服务质量（Quality of Service，QoS）支持的特性。

⑦ IEEE 802.11F 在 2003 年 6 月获得通过，定义了接入点互操作协议（Inter-Access Point Protocol，IAPP），以实现不同供应商的接入点（Access Point，AP）间的互操作性，确保用户端在不同厂商 AP 间的漫游。它是一个试验用的操作规程建议，于 2006 年 2 月 3 日被 IEEE 802 执行委员会批准撤销。

⑧ IEEE 802.11g 在 2003 年 6 月获得通过，将 IEEE 802.11a OFDM PHY 扩展到 2.4GHz 频带上，并且同 IEEE 802.11b 设备保持了后向兼容性和互操作性，在市场上取得了巨大成功。

⑨ IEEE 802.11h 在 2003 年 9 月获得通过。因为美国和欧洲在 5GHz 频段上的规划、应用存在差异，制定这一修订案的目的，是为了减少对同处于 5GHz 频段的卫星、雷达的干扰。它在 IEEE 802.11a 的基础上增加了动态频率选择（Dynamic Frequency Selection，DFS）和发送功率控制（Transmit Power Control，TPC）特性。

⑩ IEEE 802.11i 在 2004 年 6 月获得通过，是 IEEE 为了弥补 802.11 以往脆弱的安全加密功能而制定的修正案，与 IEEE 802.1X 一起，为 Wi-Fi 提供认证和安全机制。

⑪ IEEE 802.11j 在 2004 年 9 月获得通过，是专门针对日本 4.9～5GHz 无线应用所做的修订，融合了日本对 IEEE 802.11a 标准的扩展规则。

⑫ IEEE 802.11k 在 2008 年获得通过，其在无线电资源管理方面进行修订，为 Wi-Fi 信道选择、漫游服务和传输功率控制提供标准。

⑬ IEEE 802.11l 由于"11l"字样与安全规范的"11i"容易混淆，并且很像阿拉伯数字"111"，因此被放弃编列使用。

⑭ IEEE 802.11n 在 2009 年 9 月获得通过，其同时支持 2.4GHz 频段和 5GHz 频段，通过使用多输入多输出（Multiple Input Multiple Output，MIMO）进行空分复用及 40MHz 带宽操作特性，使物理层传输速度可达 300Mbit/s，双频点同时工作最高可达 600Mbit/s，并可向下兼容 IEEE 802.11b/a/g 标准。

⑮ IEEE 802.11o 因为字母"o"与阿拉伯数字"0"很相似，容易混淆而被保留不被采用。

⑯ IEEE 802.11p 在 2010 年获得通过，是针对汽车无线通信的特殊环境而出炉的标准，因此 IEEE 802.11p 修正案也称为车载环境下的无线接入（Wireless Access for the Vehicular Environment，WAVE），其工作于 5.9GHz 频段，支持智能交通系统（Intelligent Transportation Systems，ITS）的应用。

⑰ IEEE 802.11q 由于会与 IEEE 802.1Q 虚拟局域网中继（VLAN trunking）混淆，被保留而不被采用。

⑱ IEEE 802.11r 在 2008 年获得通过，其致力于进行快速基本服务设置转换（Fast Basic Service Set Transition，FBSST）的研究，主要目的是解决延迟性要求较高的应用（比如语音和视频）在 AP 之间漫游时的切换问题。其能保证 Wi-Fi 设备在两个 AP 之间的迁

移时间少于 50ms，从而满足语音漫游的要求。

⑲ IEEE 802.11s 在 2011 年获得通过，其是一个 IEEE 802.11 无线网状网（Wireless Mesh Network，WMN）的修正案。其建立在现有的 IEEE 802.11a，b，g 和 IEEE 802.11i 的基础上，同时具有"自动发现""自动配置"和"自愈"的功能。

⑳ IEEE 802.11T 定义了测试 Wi-Fi 无线性能的方法，以对其性能进行预测。目前已经被撤销。

㉑ IEEE 802.11u 在 2011 年 2 月获得通过，其定义了 WLAN 与外部网络（比如 GSM、EDGE、cdma2000 1X EV-DO、WiMAX）的互联和集成，它有时也被称为与外网的无线互联（Wireless InterWorking with External Networks，WIEN）。

㉒ IEEE 802.11v 在 2011 年 2 月获得通过，这个标准的目标是实现可管理的 Wi-Fi，改善 Wi-Fi 的可靠性、吞吐量和服务质量，同时增加节能的特性。

㉓ IEEE 802.11w 在 2009 年获得通过，其致力于改进 IEEE 802.11 的 MAC 层以提高管理帧的安全性。

㉔ IEEE 802.11x 常常被用于表示 IEEE 802.11 系列标准，而且 IEEE 802.11x 容易与基于端口的网络接入控制标准 IEEE 802.1x 混淆，因此被保留而不被采用。

㉕ IEEE 802.11y 在 2008 年获得通过，其致力于研究使采用 OFDM 技术的 Wi-Fi 设备能够在美国的 3.65～3.7GHz 频段工作，当前这个频段中已经存在多种无线设备。

㉖ IEEE 802.11z 在 2010 年 9 月获得通过，致力于直接链接设置（Direct Link Setup，DLS）的研究。全名为 IEEE Std. 802.11z-2010。IEEE 802.11z 标准主要定义了客户端之间不通过 AP 相互通信的协议。

㉗ IEEE 802.11aa 在 2012 年 5 月获得通过，主要针对 Wi-Fi 网络中视频传输应用进行了增强和优化。

㉘ IEEE 802.11ac 在 2013 年 12 月获得通过，定义了具有吉比特速率的甚高吞吐量（Very High Throughput，VHT）传输模式。

㉙ IEEE 802.11ad 在 2012 年 12 月获得通过，主要在 60GHz 频段范围内定义了短距离甚高吞吐量（VHT）传输模式，将被用于实现家庭内部无线高清音视频信号的传输，为家庭多媒体应用带来更完备的高清视频解决方案。

㉚ IEEE 802.11ae 在 2012 年 3 月获得通过，主要针对管理帧的 QoS 进行增强性研究。

㉛ IEEE 802.11af 致力于研究 Wi-Fi 技术在美国近期开放的 TV 空闲频段（TV White Space，TVWS）的使用方式，有人称此为"White-Fi"。

2. 制定中的标准及修订案

① IEEE 802.11m 主要是对 IEEE 802.11 家族规范进行维护、修正、改进，以及为其提供解释文件。IEEE 802.11m 中的 m 表示 maintenance。

② IEEE 802.11ab 为了避免与使用 IEEE 802.11a 和 802.11b PHY 技术（通常缩写为 IEEE 802.11a/b）的设备造成混淆，被保留而不被采用。

③ IEEE 802.11ag 与 IEEE 802.11ab 类似，为了避免与使用 IEEE 802.11a 和 802.11g PHY 技术（通常缩写为 IEEE 802.11a/g）的设备造成混淆，被保留而不被采用。

④ IEEE 802.11ah 致力于研究 1GHz 以下非授权频段 Wi-Fi 技术的使用方式。主要用于无线传感器网络（Wireless Sensor Network，WSN）及物联网（Internet of Thing，IoT）

等应用，即类似 ZigBee 的功效应用。

⑤ IEEE 802.11ai 主要目的是在不降低安全性的前提下减少 802.11 系统初始链路建立时间，并支持大量用户同时接入扩展服务集（ESS）。

⑥ IEEE 802.11aj 主要面向中国市场，对 802.11ad 的物理层（以及 802.11 的 MAC层）进行调整，以便能够在中国许可的 60GHz 频带中使用。不仅要确保与 11ad 的兼容性，还要加入预定今后可在中国使用的 45GHz 频带（43.5GHz～47GHz）的相关规定。

⑦ IEEE 802.11ak 主要通过修订 802.11 标准，提供协议、标准及管理实体以增强802.11 媒体与其他类型媒体的内部连接的能力。

1.2.2　Wi-Fi 技术演进的规律

IEEE 802.11 委员会于 1997 年 6 月颁布了具有里程碑意义的无线局域网标准 IEEE 802.11-1997。IEEE 802.11 标准由很多子集构成，详细定义了从物理层到 MAC 层的 WLAN 通信协议。以此为基础，IEEE802.11 委员会又先后推出了 IEEE 802.11b、a、g、n 及 ac 等多个修订案，以对其性能进行提升。IEEE 802.11 系列标准修订案的技术指标如表 1-1 所示。

表 1-1　　　　　　　　　　　　IEEE 802.11 系列标准技术指标

标准版本		IEEE 802.11b	IEEE 802.11a	IEEE 802.11g	IEEE 802.11n	IEEE 802.11ac
发布时间		1999 年 9 月	1999 年 9 月	2003 年 6 月	2009 年 9 月	2013 年 12 月
工作频段		2.4GHz	5GHz	2.4GHz	2.4GHz/5GHz	5GHz
信道带宽		22MHz	20MHz	22MHz	20MHz/40MHz	20MHz/40MHz/80MHz/160MHz/80+80MHz
理论速率		11Mbit/s	54Mbit/s	54Mbit/s	600Mbit/s	6.933Gbit/s
编码	编码方式	—	卷积码	卷积码	卷积码/LDPC	卷积码/LDPC
	编码码率		1/2、2/3、3/4	1/2、2/3、3/4	1/2、2/3、3/4、5/6	1/2、2/3、3/4、5/6
调制技术		DSSS	OFDM	OFDM/DSSS	MIMO-OFDM	MIMO-OFDM
调制方式		CCK	BPSK/QPSK/16QAM/64QAM	CCK/BPSK/QPSK/16QAM/64QAM/DBPSK/DQPSK	BPSK/QPSK/16QAM/64QAM	BPSK/QPSK/16QAM/64QAM/256QAM
天线结构		1×1 SISO	1×1 SISO	1×1 SISO	4×4 MIMO	8×8 MIMO

由表 1-1 可见，在 1999 年 IEEE 制定了两个标准修订案：基于 DSSS 以提高 2.4GHz 频段上数据速率的 802.11b 以及在 5GHz 频段上建立一个基于 OFDM 技术的新 PHY 的 802.11a。802.11b 使用补码键控（CCK）对 DSSS 进行增强时的数据速率可以达到 11Mbit/s。具有了高数据速率的优势，802.11b 设备取得了巨大的成功，而 IR 和 FHSS PHY 市场则逐渐衰落。

802.11a 将 OFDM 技术引入 802.11，尽管 802.11a 可以达到最高 54Mbit/s 的数据速率，但其受限于 5GHz 频带，设备成本较 802.11b 高 25%，所以在当年并没有获得广泛的部署。

2003 年，802.11 工作组制定了 802.11g 修订案，将 802.11a OFDM PHY 搬迁到 2.4GHz

频带上。此外，802.11g 和 802.11b 设备之间保存了后向兼容性和互操作性。这样 802.11g 的网卡可以在现有的 802.11b 热点中工作，而 802.11b 的旧设备也可以连接 802.11g 接入点。因为兼容性好且能够达到最高 54Mbit/s 的速率，802.11g 在市场上取得了巨大的成功。

2009 年，802.11 工作组制定了 802.11n 修订案，其 PHY 数据速率相对于 802.11a 和 802.11g 有了显著增长，主要归功于使用 MIMO 进行空分复用以及 40MHz 带宽运行。为了利用这些技术所提供的高得多的数据速率，对 MAC 层效率也通过帧聚合和增强块确认协议进行了提升，使其最高速率可达 600Mbit/s。

2013 年年底，802.11 工作组制定了 802.11ac 修订案。802.11ac 的核心技术主要基于 802.11n，继续工作在 5GHz 频段上以保证后向兼容性，但数据传输通道会大幅扩充，通过信道绑定增加信道带宽，最高可达 160MHz。802.11ac 引入更高阶编码调制方式，将 802.11n 中最高 64QAM 调制提升至 256QAM。同时引入增强 MIMO 技术，增加天线数量，最高支持 8×8MIMO 天线结构，最终使得 11ac 的峰值速率可到 1300～7000Mbit/s。

纵观 802.11 系列标准的发展，可以得到如下结论：IEEE 802.11 工作组大概每隔 5 年推出新一代 802.11 技术，而每代新技术的可用速率都会比前一代标准修订案提高 5 倍左右。这个规律延续到 802.11ac，仍然生效。各代标准数据速率的几何增长，如图 1-11 所示。

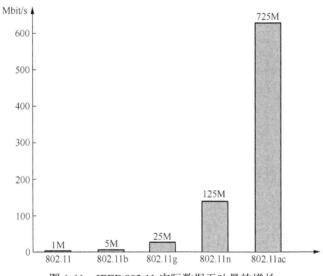

图 1-11　IEEE 802.11 实际数据吞吐量的增长

1.2.3　WLAN 产品的演进

经过十几年的发展，WLAN 技术目前已经历了三代技术和产品的更迭。

第一代 WLAN 主要是采用 FAT AP（即"胖"AP），每一个接入点（AP）都要单独进行配置，费时、费力且成本较高；

第二代 WLAN 融入了无线网关功能，但还是不能集中进行管理和配置。其管理能力、安全性以及对有线网络的依赖成为了第一代和第二代 WLAN 产品发展的瓶颈，由于这一代技术的 AP 储存了大量的网络和安全的配置，而 AP 又是分散在建筑物中的各个位置，一旦 AP 的配置被盗取读出并修改，其无线网络系统就失去了安全性。在这样的背景下，基于无线网络控制器技术的第三代 WLAN 产品应运而生。

第三代 WLAN 采用接入控制器（Access Control，AC）和 FIT AP（即"瘦"AP）的架构，对传统 WLAN 设备的功能做了重新划分，将密集型的无线网络安全处理功能转移到集中的 WLAN 网络控制器中实现，同时加入了许多重要的新功能，诸如无线网管、AP 间自适应、射频（Radio Frequency，RF）监测、无缝漫游以及服务质量（Quality of Service，QoS）控制，使得 WLAN 的网络性能、网络管理和安全管理能力得以大幅提高。

目前 WLAN 企业网络建设除利旧外，基本不再部署传统"胖"AP 设备，而是采用"瘦 AP+AC"架构。该架构中 AC 负责网络的接入控制、转发和统计、AP 的配置监控、漫游管理、AP 的网管代理以及安全控制等功能；"瘦"AP 负责 IEEE 802.11 报文的加解密、无线物理层（PHY）射频功能、空口的统计等功能。

"胖""瘦"AP 技术是两种不同的发展思路方向，"瘦"AP 代表了 WLAN 集中式智能与控制的发展趋势。两种技术方案的区别如下。

（1）集中管理配置

"胖"AP 的管理只存在于自身，没有全局的统一管理，更没有对无线链路和无线用户的监测与管理。"瘦 AP+AC"架构的管理权全部集中在 AC 上，并通过网管平台，可以直观地对全网 AP 设备进行统一批量地发现、升级和配置，甚至包括对无线链路的监测、对无线用户的管理。

（2）安全策略控制

"胖"AP 的安全策略只有很少的一部分，且只能存在于自身，而对于大规模无线网络，安全策略是要经常性批量配置和下发的，"胖"AP 的这种现状无法支撑全局的统一安全。"瘦 AP+AC"架构中所有用户和"瘦"AP 的安全策略都存在于 AC 上，安全策略的部署非常容易。

（3）信道间干扰

AC 具备动态的 RF 管理功能，即通过监测网内的每个 AP 的无线信号质量，根据设定的算法自动调整 AP 的工作信道和功率，以降低 AP 之间的干扰。（注：目前各厂商都有自己设定的信道和功率调整算法，尚无统一的算法标准。）

（4）设备自身的安全性

"胖"AP 本身拥有全部的配置，一旦被盗窃，网络入侵者很容易通过串口或网络口获取无线网络配置信息，是大规模部署无线网络的巨大隐患。"瘦 AP+AC"架构的"瘦"AP 设备本身并不保存配置，即"零配置"，全部配置都保存在 AC 上。因此，即便是部署于用户现场的"瘦"AP 被盗，非法入侵者也无法获得任何配置，杜绝了网络入侵的可能。

1.3 WLAN 典型应用

1.3.1 WLAN 的优势

WLAN 相对于目前的有线宽带网络主要具备以下优点。

- 移动性：数据使用者有四处移动的需要，WLAN 能够让使用者在移动中访问数据，可大幅提高生产效率。
- 灵活性：对传统有线网络而言，要在某些场所布线相当困难。因为建筑物老旧，或因当时的建筑设计蓝图不知去向，要在旧式的石材建筑中穿墙布线十分困难。而 WLAN 在这些场合布放就显得非常灵活。
- 可扩展性：既然没有网线，就没有重新布线的烦恼。利用无线网络，可以迅速构建小型临时性的群组网络供会议使用，随意游走于办公室隔断之间也变得易如反掌。WLAN 的扩充十分方便，因为无线传播介质无处不在。使用者不再需要到处拉线、接线、绕线。无线 AP 还可以部署在旅馆、宾馆、火车站、机场等任意地点。
- 经济性：采用 WLAN 技术可以节约不少成本。首先网线的成本就节约下来。另外比如在两栋建筑间搭建 WDS 进行传输，虽然初期采购户外设备、无线 AP 以及无线网卡有部分成本，但是扣除这类初期的固定资本投入，后期每月支付的运营成本微乎其微。长期而言，这种点对点的无线链路远比租用运营商的专线便宜得多。

1.3.2　WLAN 业务分类

现阶段 WLAN 业务主要包括以下几个方面。

（1）互联网无线宽带接入

WLAN 为用户访问互联网提供了一个无线宽带接入方式，通过 WLAN 接入设备，用户能够方便地实现各种因特网上的业务。

（2）多媒体数据业务

WLAN 可为用户提供多媒体业务服务，如视频点播、数字视频广播、视频会议、远程医疗和远程教育等。

（3）基于 WLAN 的增值业务

基于 WLAN 接入方式的数据业务可以和现有的其他业务（如短信、IP 电话、娱乐游戏、位置服务等）相结合，电信运营商可以利用业务控制手段，来引导用户对增值业务的使用。

（4）热点地区的服务

在展览和会议等热点地区，WLAN 可以使工作人员在极短的时间内方便地得到计算机网络的服务，连接因特网并获得所需要的资料，也可以使用移动计算机互通信息、传递稿件和制作报告。

（5）虚拟专用网（VPN）业务

移动办公者可以通过 WLAN 接入的方式，高速访问企业内部的网络资源，如企业内部网页、内部邮件系统、内部文件系统，实现 VPN 业务。

1.3.3　WLAN 应用场景

在教育、旅游、金融服务、医疗、库管、会展等领域，无线网络有着广阔的应用前景。随着开放式办公的流行和手持设备的普及，人们对移动性访问和存储信息的需求越来越多，因而 WLAN 将会在办公、生产和家庭等领域不断获得更广泛的应用。

下面具体介绍 WLAN 在各个领域的典型业务应用。

① WLAN 让工作更高效，在行业中提供更加灵活的网络部署，如图 1-12 所示。

• 在体育场馆部署 WLAN 网络后，便于现场记者进行现场新闻的实时报道。

• 展馆和证券大厅通过部署 WLAN 网络，进行业务和监控数据的实时交互。

• 工厂和生产线上通过部署 WLAN 网络，进行生产仪器的远程控制和监控。

• 物流和港口上部署 WLAN 网络，可以通过无线网络达到中远距离的通信沟通。

体育场馆新闻中心　　　　　　　展馆与证券大厅

制造车间　　　　　　　　　　物流运输

图 1-12　WLAN 典型应用场景（1）

② WLAN 让网络使用更自由，让用户随时随地地接入网络，如图 1-13 所示。

• 写字楼内部署 WLAN 网络，实现无线办公，免去网线的约束。

• 候机厅、风景区、咖啡厅内部署 WLAN 网络，使得用户随时随地上网。

写字楼　　　　　　　　　　候机厅

风景区　　　　　　　　　　咖啡店

图 1-13　WLAN 典型应用场景（2）

第2章
WLAN标准组织介绍

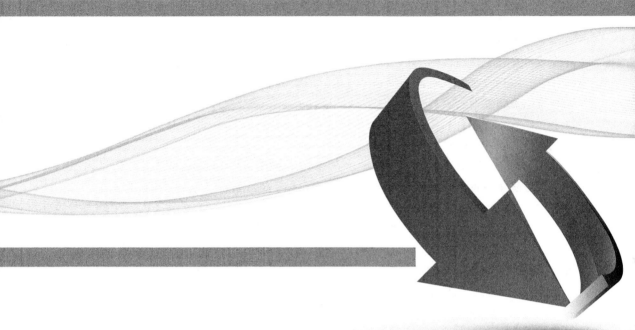

关于本章

我国的无线电管理委员会、美国联邦通信委员会（Federal Communications Commission，FCC）等各国的通信监管机构负责制定规章制度，管理通信频率、发射功率和传输方式等。IEEE、IETF、ETSI等标准组织负责制定通信协议，协议必须遵循各国通信监管机构的相关规定。而Wi-Fi联盟（Wi-Fi Alliance，WFA）负责对无线网络设备进行认证测试与Wi-Fi商标授权的工作，在全球范围内推行Wi-Fi产品的兼容认证，发展基于IEEE 802.11标准的无线局域网技术。这些监管机构和标准组织共同对WLAN行业进行监管和规范。

通过本章的学习，读者将会掌握以下内容。

- 各种WLAN标准组织职能及作用

2.1　无线电管理委员会

无线电管理委员会，即国家无线电管理委员会，是国务院、中央军委领导下负责全国无线电管理工作的机构。1998 年，《国务院关于议事协调机构和临时机构设置的通知》（国发［1998］7 号）决定撤销国家无线电管理委员会，工作改由信息产业部承担。原国家无线电管理委员会及其办公室的行政职能，并入信息产业部。信息产业部根据国务院赋予的任务，组建了无线电管理局（国家无线电办公室），为信息产业部主管全国无线电管理工作的职能机构。

2008 年，信息产业部和其他工业管理和信息化相关部门一起组成工业和信息化部，成为国务院组成部门。无线电管理局（国家无线电办公室）成为工业和信息化部的 24 个内设机构之一。工业和信息化部无线电管理局（国家无线电办公室）的主要职责是：编制无线电频谱规划；负责无线电频率的划分、分配与指配；依法监督管理无线电台（站）；负责卫星轨道位置协调和管理；协调处理军地间无线电管理相关事宜；负责无线电监测、检测、干扰查处，协调处理电磁干扰事宜，维护空中电波秩序；依法组织实施无线电管制；负责涉外无线电管理工作。

在中国大陆境内生产无线电发射设备或向中国大陆出口的无线电发射设备，均须经工业和信息化部无线电管理局对其发射特性进行型号核准，核发"无线电发射设备型号核准证"和型号核准代码。无线电发射设备，包括无线电通信、导航、定位、测向、雷达、遥控、遥测、广播、电视等各种发射无线电波的设备，但不包含可辐射电磁波的工业、科研、医疗设备、电气化运输系统、高压电力线及其他电气装置等。因此，凡是发射无线电波的设备，均须进行型号核准认证。目前，主要核准十类设备：公众移动通信设备、无线接入设备、专网设备、微波设备、卫星设备、广电设备、2.4GHz/5.8GHz 无线接入设备、短距离无线电设备、雷达设备、其他无线电发射设备。

型号核准检测主要针对无线电发射设备工作的频率、频段、发射功率、频率容限、占用带宽（或发射信号的频谱特性）、带外发射及杂散发射等频谱参数进行核定。这些频谱参数直接关系到有限的频谱资源能否得到科学利用，空中电波秩序能否得到有效维护，无线电安全能否得到有力保障。

对于 WLAN 系统，工业和信息化部无线电管理局规定，WLAN 设备使用 5.8GHz 频段时限制发射功率为 500mW。WLAN 设备使用 2.4GHz 频段时所允许的等效全向辐射功率（Equivalent Isotropic Radiated Power，EIRP）限值为：当天线增益＜10dBi 时，EIRP ≤100mW；当天线增益≥10dBi 时，EIRP≤500mW。

2.2　FCC

FCC 是美国国会所属的一个独立政府机构。FCC 根据《美国通信法》于 1934 年成立，负责监管美国各州与国际间的无线电、电视、电话、卫星和电报通信。FCC 对 50

个州、哥伦比亚特区以及美国属地拥有通信管辖权。

在无线网络领域，FCC 负责管理两类无线通信：需要许可频段与免许可频段通信。二者的区别在于，免许可频段上可以免费进行通信，即安装无线系统之前不需要进行申请牌照的程序。FCC 从以下 5 个方面管理需要许可频段与免许可频段的通信：频率、带宽、主动辐射器（Intentional Radiator，IR）的最大输出功率、最大等效全向辐射功率（Equivalent Isotropically Radiated Power，EIRP）及用途（包括室内和室外）。

FCC 与其他监管机构负责制定约束用户射频传输行为的规定，标准组织根据这些规定制定相应的标准。监管机构和标准组织相互合作，以满足无线行业迅速增长的需求。FCC 制定的规则公布在《美国联邦监管法典》（Code of Federal Regulations，CFR）中，该法典分为 50 个主题，第 47 主题"无线电通信"是无线网络相关的内容，其第 15 部分"射频设备"描述了 802.11 无线网络的规则条例。具体而言，第 15 部分法规又可以划分为适用范围，通用运行条件，通用技术要求，测量标准，辐射测量的频率范围，无意辐射体的设备认证、传导限值、辐射发射限值等若干个子部分。第 15 部分法规规定了对所有射频设备的要求，是作为射频设备进入北美市场必须遵循的要求。

2.3　ETSI

欧洲电信标准协会（European Telecommunications Standards Institute，ETSI）是一个非营利组织，负责制定可以在欧洲或者更广范围使用的通信标准，其标志如图 2-1 所示。ETSI 本部位于法国南部 Sophia Antipolis，拥有来自欧洲 54 个国家的 912 个成员。ETSI 的成员包括政府管制机构、网络运营商、制造商、服务提供商、研究机构和用户。ETSI 致力于研究在欧洲和世界各地应用的电信、广播和信息技术，其主要目标是通过一个所有主要成员都能参与进来的论坛在全球范围内进行联合。

图 2-1　ETSI 标志

ETSI 下的宽带无线电接入网络（Broadband Radio Access Networks，BRAN）小组制定的 HiperLAN 系列标准是目前 WLAN 的两个典型标准之一。HiperLAN 包括 HiperLAN1 和 HiperLAN2。HiperLAN1 采用高斯最小相移键控（Gaussian Filtered Minimum Shift Keying，GMSK）调制技术，为用户提供高速无线局域网连接。HiperLAN2 采用正交频分复用（Orthogonal Frequency Division Multiplexing，OFDM）调制技术，其物理层与 IEEE 802.11a 极为相近，可以有效对抗多径干扰，提高数据速率。虽然 HiperLAN 具有高传输速率、支持 QoS、高安全性等特点，但技术过于复杂，不利于推广。

2.4　IEEE

电气和电子工程师协会（Institute of Electrical and Electronics Engineers，IEEE）是一个国际性的电子技术与信息科学工程师的协会，由美国无线电工程师协会和美国电气工程师协会在 1963 年 1 月 1 日合并而成，是世界上最大的专业技术组织之一。IEEE 在 150 多个国家中拥有 300 多个地方分会，会员超过 40 万名，总部在美国纽约市，其使命是"鼓励技术创新，谋求人类福祉"。IEEE 成立的目的在于为电气电子方面的科学家、工程师、制造商提供国际联络交流的场合，并提供专业教育和提高专业能力的服务。协会的主要活动是召开会议、出版期刊杂志、制定标准、继续教育、颁发奖项、认证等。

　　IEEE 最广为人知的是其制定的局域网标准，即 IEEE 802 项目（802 项目只是 IEEE 众多项目之一）。IEEE 项目划分为若干个工作组，工作组致力于开发解决特定问题或需求的标准。例如，IEEE 802.3 工作组负责制定以太网标准，IEEE 802.11 负责制定无线局域网标准。IEEE 在成立每个工作组时都会为其分配一个数字，分配给无线工作组的数字 11 表示该工作组属于 IEEE 802 项目成立的第 11 个工作组。

　　IEEE 成立的任务组负责对工作组制定的现有标准进行补充和完善，按顺序给每个任务组分配一个单字母（如果所有单字母都已使用，就为任务组分配多个字母），将字母添加到标准数字后面（如 802.11a、802.11g、802.11af）。部分字母闲置不用，例如，不使用字母 o 和 l，以免与数字 0 和 1 混淆。为避免与其他标准混淆，IEEE 未将字母 x 分配给 802.11 任务组，因为 802.11x 容易与 802.1X 标准混淆。

2.5　Wi-Fi 联盟

　　Wi-Fi 联盟是一个全球性的非营利行业协会，拥有 350 多家会员企业，致力于推动无线局域网的发展。Wi-Fi 联盟的主要任务之一是向市场推广 Wi-Fi 品牌，并增进消费者对新兴 802.11 技术的了解。由于 Wi-Fi 联盟获得了巨大的市场成功，全球 4.5 亿 Wi-Fi 用户在第一时间就认可了 Wi-Fi 标志，如图 2-2 所示。

　　Wi-Fi 联盟成立于 1999 年 8 月，总部位于美国德州奥斯汀（Austin），其负责对无线网络设备进行认证测试与 Wi-Fi 商标授权的工作，主要目的是在全球范围内推行 Wi-Fi 产品的兼容认证，发展基于 IEEE 802.11 标准的无线局域网技术。

图 2-2　Wi-Fi 联盟认证标志

截止到 2013 年 5 月，该联盟成员企业已达到 550 多家。在 Wi-Fi 联盟 550 家会员企业中，理事会成员企业包括苹果（Apple）、博通（Broadcom）、思科（Cisco）、康卡斯特（COMCAST）、戴尔（DELL）、华为（HUAWEI）、英特尔（Intel）、乐金（LG）、微软（Microsoft）、摩托罗拉（MOTOROLA）、诺基亚（Nokia）、高通（Qualcomm）、三星（SAMSUNG）、索尼（Sony）、得州仪器（TI）、T-Mobile 等 16 家企业。

　　自 2000 年 Wi-Fi 联盟开展此项认证以来，已经启用的 Wi-Fi 认证在全球范围内得到了广泛的认可。Wi-Fi 联盟在世界范围内授权 8 个国家 14 个独立的测试实验室对厂商设备进行互操作性测试，至今已经有超过 15000 种产品获得了 Wi-Fi CERTIFIED™ 指定认证，有力地推动了 Wi-Fi 产品和服务在消费者市场和企业市场两方面的全面开展。

　　Wi-Fi CERTIFIED™ 主要包括以下认证项目。

　　核心技术与安全：对 802.11a/b/g/n 技术进行互操作性认证测试，以确保基本的无线数据传输符合要求。对设备是否支持 WPA/WPA2 无线网络安全性机制进行验证，企业级设备须支持 EAP 协议。

WMM（Wi-Fi MultiMedia，Wi-Fi 多媒体）：使用 WMM 的 Wi-Fi 网络将各种应用产生的流量划分为不同优先级。如果网络中的接入点与用户设备均支持 WMM，语音或视频等对时延敏感的应用产生的流量将优先使用半双工射频介质进行传输。所有支持 802.11n 的核心认证产品都被强制要求支持 WMM，而对于 802.11a/b/g 的核心认证设备，WMM 认证是可选的。

WMM-PS（WMM Power Save，WMM 省电）：管理并调整用户设备上 Wi-Fi 无线接口处于休眠状态的时间，以延长设备电池的续航能力。

WPS（Wi-Fi Protected Setup，Wi-Fi 保护设置）：2007 年初发布的认证项目，目的是让消费者可以通过更简单的方式来设定无线网络装置，并且保证有一定的安全性。

Wi-Fi Direct：Wi-Fi 设备无需接入点就可互联，使得移动电话、照相机、打印机、游戏设备、笔记本电脑可以建立一对一的连接，甚至使一小组设备连接起来。

Voice Personal：为家庭和小型企业的 Wi-Fi 网络提供增强的语音应用，这种网络包括一个接入点和不同用户设备产生的混合语音与数据流量，并支持多达 4 个并行电话呼叫。

2.6　IETF

1992 年，由于互联网用户的急剧增加及应用范围的不断扩大，以制定互联网相关标准及推广应用为目的的 ISOC（Internet Society，国际互联网协会）应运而生，标志着互联网开始向商用过渡。ISOC 是一个非政府、非营利性的行业性国际组织，目标是保证互联网的开放发展并为全人类服务。

IAB（Internet Architecture Board，互联网架构委员会）是 ISOC 的技术咨询团体，承担 ISOC 技术顾问组的角色。IAB 负责定义整个互联网的架构和长期发展规划，通过 IESG（Internet Engineering Steering Group，互联网工程指导小组）向 IETF（Internet Engineering Task Force，互联网工程任务组）提供指导并协调各个 IETF 工作组的活动，在新的 IETF 工作组设立之前 IAB 负责审查其章程，从而保证其设置的合理性。IAB 是 IETF 的最高技术决策机构。IETF 与 IESG、IAB 等各组织机构的层级关系如图 2-3 所示。

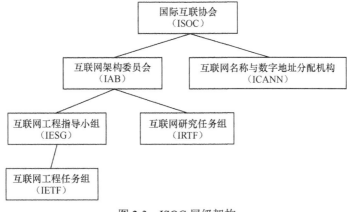

图 2-3　ISOC 层级架构

IETF 的使命是通过出版高质量的相关技术文件影响人们设计、使用和管理互联网的方式，使互联网更好地运作。其工作组按主题分为多个领域：应用程序、通用部分、互联网、业务和管理、实时应用程序和基础设施、路由、安全及传输，每个研究领域均有 1～3 名领域管理者，这些管理者均是 IESG 的成员。

IESG 对 IETF 的活动和互联网标准进程进行技术管理。IETF 由大量工作组构成，每个组解决特定的主题。IESG 负责创建 IETF 工作组并为其分配一个特定的主题。工作组的工作结果通常会形成对应的 RFC 文档，大多数 RFC 描述的网络协议、服务或策略可能演变为一种互联网标准。RFC 按顺序依次编号，一个号码一旦被指定后，就将永远不重复使用。RFC 可能会更新或辅之以较高编号的 RFC。

IETF 于 2005 年成立了 CAPWAP 工作组以标准化 AP 和 AC 间的隧道协议，解决隧道协议不兼容造成不同厂家的 AP 和 AC 无法进行互通的问题。RFC 5415 定义的 CAPWAP 协议作为通用隧道协议，完成了 AP 发现 AC 等基本协议功能。RFC 3748 则定义了与 WLAN 安全相关的 EAP 协议。

2.7　WAPI

WAPI（Wireless LAN Authentication and Privacy Infrastructure，无线局域网鉴别和保密基础结构）由中国宽带无线 IP 标准工作组负责起草，是中国无线局域网安全强制性标准，同时是中国首个在计算机宽带无线网络通信领域自主创新并拥有知识产权的安全接入技术标准。

WAPI 产业联盟以无线网络安全技术（WAPI）优势为基础，实现其作为基础共性技术的推广和应用。WAPI 产业联盟（中国计算机行业协会无线网络和网络安全接入技术专业委员会）成立于 2006 年 3 月 7 日，是由积极投身于无线局域网产品的研发、制造、运营的企事业单位、团体组成的民间社团组织及产业合作平台。其宗旨是整合及协调产业、社会资源，提升联盟成员在无线局域网相关领域的研究、开发、制造、服务水平，促进无线局域网产业的快速发展。WAPI 产业联盟目前已有 86 家成员单位，在国内形成了 WAPI 完整产业链，覆盖"技术研发、标准制定、芯片开发、系统设计、产品制造、系统集成、运营应用"各环节，已有百余家国内外企业能生产、销售上千种型号的 WAPI 产品。

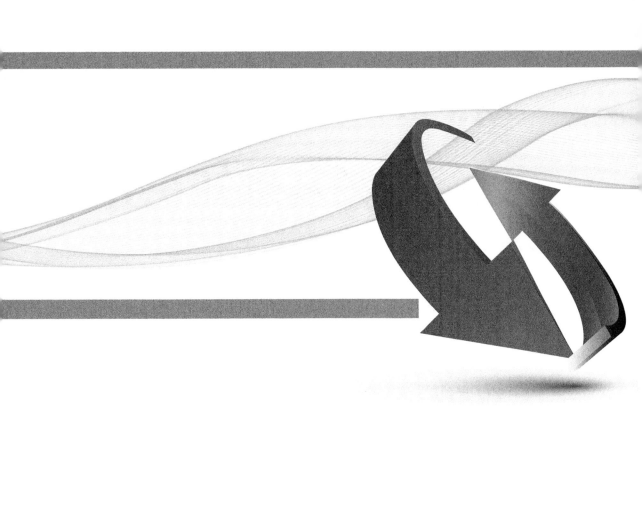

第3章
无线射频基础知识介绍

关于本章

人们在日常学习中，往往会选择与自身工作或利益直接相关的技能和知识，而忽略基础知识的学习。但基础知识就像房子的地基，没有坚实牢固的地基，房子就缺乏稳定性。对于无线网络技术的学习，了解一些与射频（Radio Frequency，RF）相关的物理学基本概念是相当必要的。

在电磁学理论中，交变电流通过导体时，导体周围会形成交变的电磁场，电磁场由产生区域向外传播就形成了电磁波。常见的电磁波包括：无线电、微波、红外线、可见光、紫外线、X射线、γ射线等。当电磁波频率较低时，电磁波能量会被地表吸收，无法形成有效的传输；当频率较高时，电磁波可在空气中传播，并由大气层外缘的电离层反射，形成远距离传输能力。

关于射频，并没有严格的定义，且无统一的频率范围。本书将频率介于3Hz和300GHz之间，具有远距离传播能力的电磁波称为射频电波，简称射频或射电。

本章主要介绍与无线射频直接或间接相关的基础知识，了解这些知识将更有利于理解无线通信的工作方式以及无线通信相关术语。

通过本章的学习，读者将会掌握以下内容。

- 无线射频的相关基础知识
- 无线射频的基本特性
- 无线射频的传播特性

3.1   无线射频基础介绍

3.1.1   无线频谱

无线电技术就是将声音信号或者其他信号通过编码调制，利用无线电波传播的技术。电磁波频谱是指所有电磁辐射的频率范围；无线电波是处于射频频段部分的电磁波，即 3Hz～300GHz 的电磁波；300GHz 以上为红外线、可见光、紫外线、射线等。无线电波频谱如图 3-1 所示。

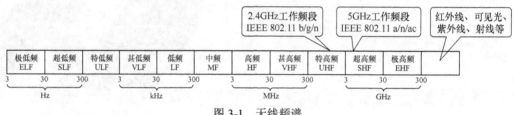

图 3-1   无线频谱

无线电波按频率由低到高可分为：极低频（ELF）、超低频（SLF）、特低频（ULF）、甚低频（VLF）、低频（LF）、中频（MF）、高频（HF）、甚高频（VHF）、特高频（UHF）、超高频（SHF）、极高频（EHF）等，具体如表 3-1 所示。

表 3-1   无线电波分类

分类	频率	波长	用途
极低频（ELF）	3Hz～30Hz	10 000km～100 000km（极长波）	潜艇通信或直接转换成声音
超低频（SLF）	30Hz～300Hz	1 000km～10 000km（超长波）	直接转换成声音或交流输电系统
特低频（ULF）	300Hz～3kHz	100km～1 000km（特长波）	矿场通信或直接转换成声音
甚低频（VLF）	3kHz～30kHz	10km～100km（甚长波）	直接转换成声音、超声、地球物理学研究
低频（LF）	30kHz～300kHz	1km～10km（长波）	国际广播
中频（MF）	300kHz～3MHz	100m～1km（中波）	调幅广播、海事及航空通信
高频（HF）	3MHz～30MHz	10m～100m（短波）	短波、民用电台
甚高频（VHF）	30MHz～300MHz	1m～10m（米波）	调频广播、电视广播、航空通信
特高频（UHF）	300MHz～3GHz	10cm～1m（分米波）	电视广播、无线电通信、无线网络、微波炉
超高频（SHF）	3GHz～30GHz	1cm～10cm（厘米波）	无线网络、雷达、人造卫星接收
极高频（EHF）	30GHz～300GHz	1mm～10mm（毫米波）	射电天文学、遥感、人体扫描安检仪

本小节对无线频谱基础知识进行简要介绍，第 4 章 "WLAN 频段介绍" 将深入探讨 WLAN 使用频谱。

3.1.2　射频特性

射频通信的基本过程为：射频发射机产生射频信号，以电磁波的形式从天线单元辐射出去，接收机分析射频信号后，可获取射频信号携带的信息。射频信号与海洋或湖泊中的波浪类似，具有某些特性，如波长、频率、振幅和相位。

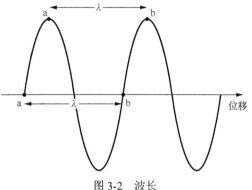

图 3-2　波长

（1）波长

波长是指在某一固定的频率里，沿着波的传播方向、在波的图形中，离平衡位置的 "位移" 与 "时间" 皆相同的两个点之间的最短距离，如图 3-2 所示。

射频信号可在介质或真空中传播，当射频信号在真空中传播时，其波长可由式（3-1）计算。

$$\lambda = c/f \qquad\qquad (3\text{-}1)$$

式（3-1）中，λ 是射频信号的波长，单位为 m；c 为光速，即 299792458m/s；f 为射频信号的频率，单位为 Hz。由式（3-1）可知，射频信号的频率越高，波长越短，即波长与频率之间呈反比关系。例如，无线局域网主要工作在 2.4GHz 频段和 5.8GHz 频段，两者的波长分别为：2.4GHz 射频信号的波长约为 12.5cm，5.8GHz 射频信号的波长约为 5.2cm。

（2）频率与周期

射频信号完成一次全振动经过的时间为一个周期 T，单位为 s，如图 3-3 所示。而频率 f 是单位时间内射频信号完成全振动的次数，单位为 Hz。周期与频率为倒数关系，如式（3-2）所示。周期越长，则频率越小，即振动越慢；周期越短，则频率越大，即振动越快。

$$f = 1/T \qquad\qquad (3\text{-}2)$$

常见的频率单位换算如下。

1 吉赫兹（GHz）=10^3 兆赫兹（MHz）=10^6 千赫兹（kHz）=10^9 赫兹（Hz）

（3）振幅

在谈及无线信号传输时，通常用振幅表征射频信号的强度或功率。射频信号的振幅为无线电波振动时离开平衡位置的最大距离，如图 3-4 所示，振幅 A 在数值上等于最大位移的大小。

在无线局域网中，信号强度通常指信号功率，用于表征发送信号和接收信号的振幅大小。射频信号的振幅越大，越容易被接收端识别。不同类型的射频技术所要求的射频信号振幅等级也不相同。如调幅电台，由于传输距离要求很高，需要传输高达 50000W

的窄带信号，而大多数室内型无线局域网接入点发射功率介于 1mW 到 100mW 之间。

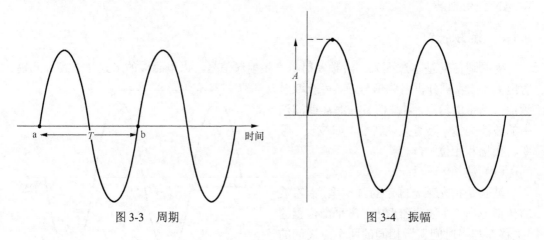

图 3-3　周期　　　　　　　　　　　　　图 3-4　振幅

（4）相位

对于单个射频信号而言，相位表征了某一特定时刻在其振动循环中的位置，表示该时刻是处于波峰、波谷或者它们之间的某点的刻度，通常以"度"或"弧度"作为单位，也称为相角。相位如图 3-5 所示。

相位也可反映两个射频信号之间的关系：对于两个相同频率的射频信号，如果在同一时刻两个信号均处于波峰位置，则它们为同相信号；反之，若同一时刻两个信号没有精确对齐，则它们为异相信号。如果一个无线电波在 0°点开始传播，另一个无线电波在 90°点开始传播，就称二者为 90°异相，如图 3-6 所示。

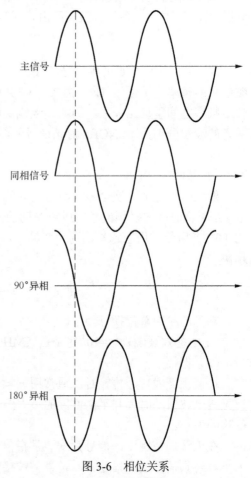

图 3-6　相位关系

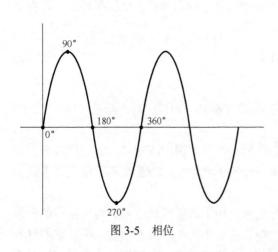

图 3-5　相位

了解射频信号之间的相位关系，可以更好地理解多个射频信号到达接收端时，相位对振幅的影响。两个频率相同的射频信号在到达接收端时，若为同相信号，则两个信号叠加后信号强度大大增加，如图 3-7 所示；若为 180°异相信号，则两个信号会彼此抵消，导致信号强度减弱甚至降低到零，如图 3-8 所示。

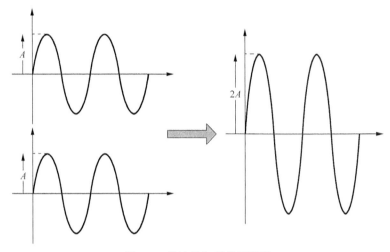

图 3-7　载波叠加后信号增强

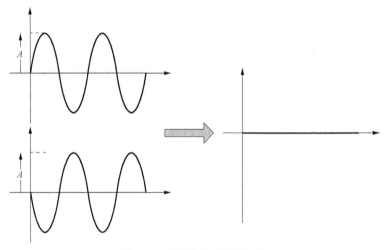

图 3-8　载波叠加后信号减弱

3.2　无线射频工作原理

3.2.1　载波

载波是无线通信的基础，是被调制以传输信号的无线电波。载波的实质是特定频率的射频信号，可以是正弦波，也可以是非正弦波（如周期性脉冲序列）。

一般而言，信源输出的原始信号的频谱一般从零频开始，且能量主要集中在低频部分，称为基带信号。基带信号不宜直接在信道中传输，如人们平时说话的声音频率范围为 65～1100Hz。为了使基带信号适合于信道传输，可将基带信号加载到载波上，即按照载波的频率来传输信号，如图 3-9 所示。

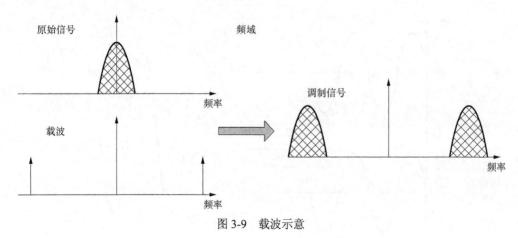

图 3-9　载波示意

载波的频率应远远高于原始信号的带宽，否则会发生混叠，造成信号失真，如图 3-10 所示。

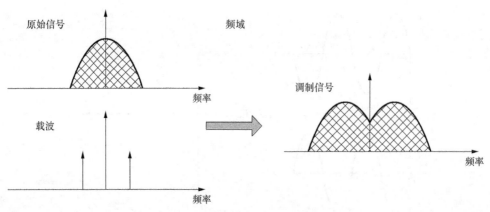

图 3-10　载波频率过低造成信号混叠

3.2.2　调制与解调

调制就是用基带信号去控制载波信号的某个或几个参量的变化生成已调信号传输的过程。解调是调制的逆过程，通过具体的方法从已调信号的参量变化中恢复原始的基带信号。

调制的方式不同，解调的方法也不一样。按照被调信号的种类，调制可分为正弦波调制、脉冲调制及光波调制等。由于 WLAN 采用的调制方式 OFDM 调制属于正弦波调制，本书主要对正弦波调制进行分析。正弦波调制包括幅度调制、频率调制和相位调制三种基本方式，后两者合称为角度调制，具体如图 3-11 所示。

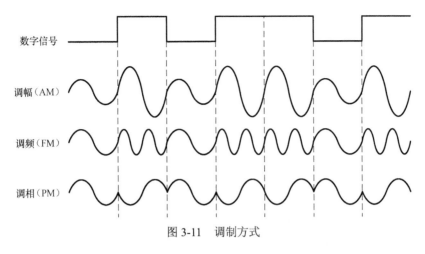

图 3-11　调制方式

（1）调幅

调幅是使载波信号的振幅随调制信号的变化而变化，即用调制信号来改变载波信号的振幅大小，使得调制信号的信息包含入载波信号中。接收端通过分析已调信号的振幅变化情况，可将调制信号解调出来，从而完成解调。

（2）调频

调频是使载波信号的频率随调制信号频率的变化而变化，即用调制信号来改变载波信号的频率大小，变化的周期由调制信号的频率决定。与调幅信号不同，调频信号振幅保持不变，调频波的波形就像是个不均匀压缩的弹簧。

（3）调相

载波的相位对其参考相位的偏离值随调制信号的瞬时值成比例变化的调制方式称为相位调制，或称调相。即载波的初始相位随着基带数字信号而变化，例如数字信号 1 对应相位 180°，数字信号 0 对应相位 0°。

3.3　无线射频工作特性

3.3.1　射频传播方式

射频信号在媒介中传播时，会有不同的传播方式，主要包括吸收、反射、散射、折射、衍射、损耗、增益和多径。一般而言，各种传播方式并不独立产生，而是两种或多种组合产生。

（1）吸收

吸收是指射频信号在传播过程中，遇到吸收其能量的材质，导致信号衰减的现象，如图 3-12 所示。

吸收是最常见的射频传播方式，大部分物质都会吸收射频信号，只是吸收的程度不同。一般而言，材质的密度越高，信号的衰减越严重，如砖墙和混凝土会显著地吸收信号，而石膏板对信号的吸收不明显。

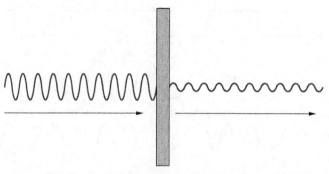

图 3-12　吸收

除了建筑物等对射频信号的吸收，还有一种普遍的吸收情景是水分对射频信号的吸收，这是因为无线传播路径中的树叶、水管、人体等都包含大量水分。其中成人人体由55%～65%的水组成，因此在分析射频信号传播时需考虑人体吸收，同时用户密度也是设计无线网络的重要参考因素。

（2）反射

反射是指射频信号在传播过程中，遇到别的介质分界面后改变原有传播方向又返回原介质中的现象，如图 3-13 所示。

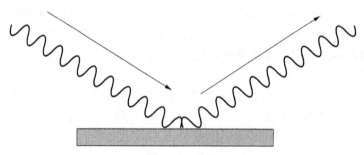

图 3-13　反射

根据波长的不同，射频信号有两种主要的反射类型：天波反射和微波反射。天波反射要求射频信号频率低于 1GHz，即波长需要很高，该射频信号可在地球大气层中电离层的带电粒子表面反射。而微波信号的工作频率为 1～300GHz，其波长要小得多，所以称之为"微波"。微波可以在更小物体，如金属门上反射。

在无线局域网中，需要非常关注射频信号反射现象。在室外，主要包括建筑物、道路、水体等物体反射；在室内，主要包括门、墙体和室内摆放物品等。反射可能导致传统 802.11b/a/g 无线局域网络出现严重性问题。当射频信号从天线发出后，会发生扩展和分散。当波的部分被反射时，新的波将从反射点生成。如果这些波全部到达接收方，将产生一种被称为"多径"的现象。

多径现象会使接收信号的强度和质量下降，甚至导致数据损坏或者信号消失（多径现象将在稍后进一步分析讨论）。反射和多径现象可能对传统 802.11b/a/g 无线局域网造成严重性损伤，针对这个问题，802.11n 通过 MIMO 天线和高级数字信号处理技术可对多径现象加以利用。

（3）散射

散射是指射频信号在传播过程中，遇到粗糙、不均匀的物体或由非常小的颗粒组成的材质时，偏离原来方向而分散传播的现象，如图 3-14 所示。

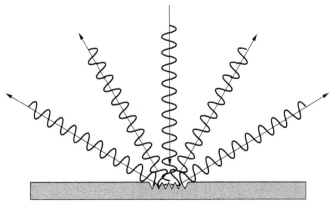

图 3-14　散射

散射很容易被描述成多路反射。当电磁信号的波长大于信号将要通过的媒介时，多路反射就会发生。根据所遇到媒介颗粒大小，可将散射分为两种：第一类为微小颗粒，如大气中的烟雾和沙尘，此类散射对信号的质量和强度影响不大；第二类为较大物体，如铁丝网围栏、树叶以及粗糙的墙面等，此时射频主信号将散射成多路信号，不仅会导致主信号质量下降，甚至会破坏接收信号。

（4）折射

折射是指射频信号在传播过程中，从一种介质斜射入另一种介质时，传播方向发生改变的现象，如图 3-15 所示。由于大气影响的结果，射频折射现象经常发生。

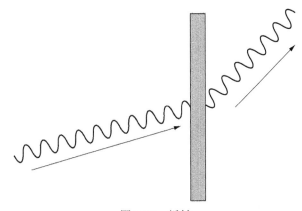

图 3-15　折射

水蒸气、空气温度变化和空气压力变化是三个最重要的折射产生原因。在室外，射频信号通常会轻微向地球表面发生折射，然而大气的变化也可能会导致信号远离地球。在长距离的室外无线桥接项目中，折射现象需要重点关注。另外，室内的玻璃和其他材料也有可能使射频信号发生折射。

（5）衍射

衍射是指射频信号遇到障碍物时，出现弯曲和扩展的现象，如图 3-16 所示。与折射不同，衍射是射频信号在物体周围发生的弯曲现象，而折射是射频信号穿过媒介产生的弯曲。发生衍射的条件取决于障碍物的材质、形状、大小以及射频信号的特性，如极化、相位和振幅。

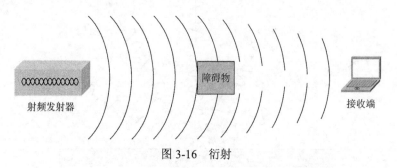

图 3-16 衍射

衍射通常是由于射频信号被局部阻碍所致，例如射频发射器与接收端之间有建筑物。遇到阻碍的射频信号会沿着障碍物弯曲并绕过障碍物，此时的射频信号会采用一条不同且更长的路径进行传输。没有遇到阻碍的射频波不会弯曲，仍然保持原来较短的路径传输。

衍射导致射频信号能够绕过吸收它的物体，并完成自我修复，这种特殊性征使得在发送端和接收端之间有建筑物时，仍能够接收到信号。然而，无线电波可能通过衍射物体后发生改变，造成信号失真现象的发生。

位于障碍物正后方的区域称为射频阴影。根据衍射信号方向的变化，射频阴影可能成为覆盖死角或只能收到微弱信号。了解射频阴影的概念有助于工程师正确选择天线的安装位置。

（6）损耗

损耗，也称为衰减，是指射频信号在线缆或者空气中传播时，信号强度或振幅下降的现象，如图 3-17 所示。

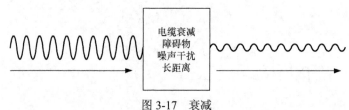

图 3-17 衰减

在通信的有线部分（射频电缆），由于同轴电缆的阻抗或者其他器件（如连接器）的影响，交流信号强度会下降；射频信号通过天线辐射到空气中后，其信号强度会因为吸收、传播距离和多径现象的负面影响产生衰减。导致信号衰减的因素包括以下几方面。

① 电缆损耗：发射器与天线之间的电缆损耗，尤其在室外环境中，电缆长度较大。

② 自由空间路径损耗：单位面积内，射频信号的功率与传输距离的平方呈反比，射频信号能量离开天线后分散到更大的区域，接收端检测到的信号强度将急剧下降。自

由空间路径损耗即为射频电磁波因自然扩展（即波束发散）导致的信号衰减。

③ 外部噪声或干扰：若附近有其他无线装置对射频器件产生干扰，可等效为射频信号发生了损耗。

④ 障碍物损耗：射频信号在传播过程中，有很多吸收或弯曲信号的物体，如建筑材料、树木、金属等。

损耗在功率上的相对改变值可以利用分贝（dB）进行测量，常见障碍物对 2.4GHz 频段射频信号的损耗如表 3-2 所示。

表 3-2　　　　　　　　　　　　　　　常见障碍物损耗

障碍物	损耗值
承重墙	15dB
砖、混凝土	12dB
石膏板墙或石棉水泥板	3dB
无色玻璃窗或玻璃门	3dB
木门	3dB

通常情况下，应尽量避免衰减现象的发生，如安装天线时，应尽量选择较空旷位置且视距范围内无明显阻挡。但在部分特殊情况下，工程师可能会在射频系统的有线侧增加衰减设备以满足功率规定或达到干扰规避的目的。

（7）增益

与损耗相反，增益是指射频信号振幅增加或信号增强的现象，如图 3-18 所示。

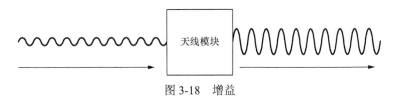

天线模块

图 3-18　增益

有两种类型的增益：有源增益（active gain）和无源增益（passive gain）。

① 有源增益的获得通常是在发射器和天线之间安装一个放大器。放大器要求使用外部电源且通常是双向的，即同时放大接收和发射的信号强度。

② 无源增益主要利用天线把射频信号集中，使某一方向信号产生增强的效果，而射频信号整体功率并未增加。天线增益是相对全向天线而言的，表征天线聚焦信号能量的能力，若天线能将射频信号能量聚焦到更窄的范围，其增益就更高。

（8）多径

多径是指两路或多路信号同时或相隔极短的时间到达接收端，如图 3-19 所示，这些经由不同路径的相同信号在接收端会发生叠加，从而增大或减小信号的能量。

射频信号在传播过程中，会由于反射、衍射等因素存在着许多时延不同、损耗各异的传输路径，从而发生多径现象。其中，反射是诱发多径现象的主要原因。由于反射信号传播的路径较长，通常会比主信号花费更长的时间到达接收端，且不同的反射信号传播时间不同。多条路径传播的时间差称为时延扩展（delay spread）。同时，由于多条路径存在相位差，信号叠加后可能导致信号衰减、放大或遭到破坏，这种现象称为瑞利衰弱（rayleigh fading）。

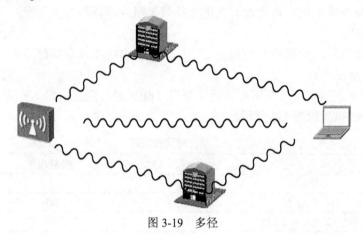

图 3-19　多径

3.3.2　菲涅耳区

收发天线之间射频信号传播所经历的空间，存在着对信号传播起主要作用的空间区域，这个空间区域称为传播主区，传播主区可以用菲涅耳区的概念来表示。菲涅耳区的几何示意如图 3-20 所示。

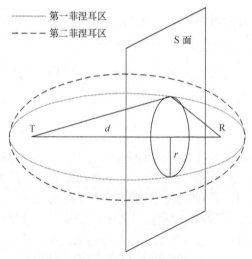

图 3-20　空间菲涅耳区

图 3-20 中，T 点为发射天线位置，R 点为接收天线位置，以 T 点和 R 点为焦点的旋转椭球面所包含的空间区域，即为菲涅耳区。若在 T-R 两点之间插入一个无限大的平面 S，并让平面 S 垂直于 T-R 连线，平面 S 将与菲涅耳椭球相交成一个圆，圆的半径 r 称为菲涅耳半径。

理论上，存在无数个环绕可视视距的菲涅耳区（橄榄球状的同心椭球体）。如图 3-20 所示，最内侧的椭球体称为第一菲涅耳区，外侧的椭球体称为第二菲涅耳区，以此类推。信号能量主要包含在第一菲涅耳区中，即使部分第一菲涅耳区受到阻挡，也会影响到射频通信的完整性；相反，若不被阻挡，则可以获得近似自由空间的传播条件。因此，本书仅考虑第一菲涅耳区（以下简称菲涅耳区），而忽略其他菲涅耳区对通信的影响。

无线局域网覆盖主要依靠直射径，折射、反射、绕射信号很弱。因此覆盖区域应位于收发端视距内。考虑视距覆盖原则，对于周围遮挡物较高的场景，需要在楼顶架设增高架，以降低周围遮挡物的影响。

工程上一般通过调整下倾角大小和增高架高度，使信号直射径避开遮挡物，从而提高信号覆盖能力。当菲涅耳区被遮挡时，遮挡区域之后的信号衰减速率大幅增加，会导致覆盖能力下降。因此在调整增高架高度时，将菲涅耳区的影响纳入考虑是十分必要的。以图 3-21 所示场景为例，两座楼高分别为 H_1、H_2，增高架高度为 H，图中椭圆为射频信号的菲涅耳区，R 为遮挡点处的菲涅耳区半径，D 为信号的覆盖半径，单位为 m。

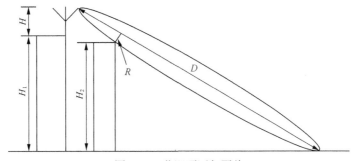

图 3-21　菲涅耳区与覆盖

若不考虑菲涅耳区的影响，图中天线高度可适当调低，使椭圆的中轴线避开遮挡楼宇顶端即可。但根据工程经验，用于视距微波链路设计需要 55%的菲涅耳区保持无阻挡，即图中菲涅耳半径 R 的 55%。

菲涅耳区半径的计算如式（3-3）所示

$$R_1 = \sqrt{\frac{\lambda d_1 d_2}{D}} \tag{3-3}$$

λ 表示信号波长，单位为 m，在 5.8GHz 频段下为 0.052m。d_1、d_2 分别为遮挡点与发射点和接收点间的距离，单位为 m。

给定 $H_1=H_2=30$m，两楼间距离为 10m，覆盖半径 $D=90$m，可求得菲涅耳区半径 R_1 为 0.70m。结合图中所示的几何关系，可求得所需增高架高度。若不考虑菲涅耳区的影响，求得增高架高度 H 为 3.92m；若考虑菲涅耳区的影响，则增高架高度应为 4.28m，二者相差 0.36m。实际中这一高度差对网络覆盖能力的影响是不可忽略的。

第4章
WLAN频段介绍

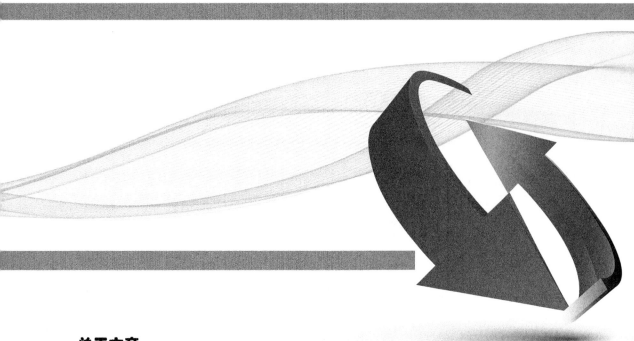

关于本章

为了规范无线电波的使用，通常以频段（frequency band）来配置频率，使得无线设备被设定在某个特定频段上操作。所谓频段，就是分配给特定应用的频率范围。根据各种应用的不同需要和无线电波特性，把频段划分给指定的技术应用，然后根据该种技术应用所需要的带宽，对被划分给该技术的频段进行合理的规划，也就是说将该频段再划分为若干个信道使用。

无线电频谱（radio spectrum）是宝贵的不可再生的自然资源，其分配受到主管当局严格控制，主要是通过核发许可证的方式。在美国，主管机关是联邦通信委员会（Federal Communications Commission，FCC）；欧洲的主管机关是欧洲无线电通信局（European Radiocommunications Office，ERO）；其他地区大多由国际电信联盟（International Telecomunications Union，ITU）把关。各国家所遵循的主管机关不同，因此，与频段使用相关的规定也不相同。

不同频段的频率、带宽及支持的技术应用不同，在网络规划设计时，需考虑不同频段的特性。其中，频率会影响电磁波传播特性；同等条件下，较大的带宽可以传输更多的信息；工作在相同频段的不同技术应用需考虑相互间的干扰问题。

通过本章的学习，读者将会掌握以下内容。

* WLAN的工作频段及信道的基础概念
* 描述国家的工作频段和信道的相关规定
* 与WLAN相关的其他技术

4.1 频段与信道

4.1.1 ISM 频段

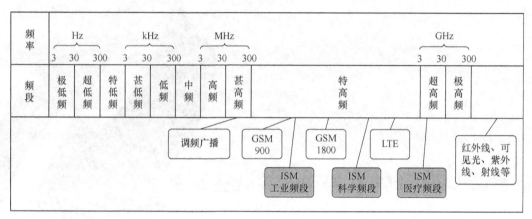

图 4-1　ISM 频段位置

ISM（Industrial，Scientific and Medical）频段主要是开放给工业、科学、医疗三个主要领域使用，该频段依据美国联邦通信委员会 FCC 定义出来，属于无需牌照的频段，各频段可以使用的设备不限。只要遵循一定的发射功率（一般低于 1W），并且不会对其他频段造成干扰即可使用。

ISM 频段在各国的规定并不统一。

- 工业频段：美国频段为 902～928MHz，欧洲 900MHz 的频段则有部分用于 GSM通信。工业频段的引入避免了 2.4GHz 附近各种无线通信设备的相互干扰。
- 科学频段：2.4GHz 为各国共同的 ISM 频段。因此无线局域网、蓝牙、ZigBee 等无线网络均可以工作在 2.4GHz 频段上，2.4GHz 频段范围为 2.4～2.4835GHz。
- 医疗频段：频段范围为 5.725～5.875GHz，与 5.15～5.35GH 一起为 IEEE 802.11 5GHz 工作频段。

4.1.2 WLAN 频段与信道

WLAN 网络可工作于 2.4GHz 及 5GHz 频段。其中 IEEE 802.11b/g/n 工作于 2.4GHz频段，该频段被划分为 14 个交叠的、错列的 22MHz 无线载波信道，相邻信道中心频率间隔为 5MHz。IEEE 802.11a/n/ac 则工作于有更多信道的 5GHz 频段。

可用信道在不同国家的使用会根据该国法规不同而有所不同，如 2.4GHz 频段使用如下。

- 在美国，FCC 仅允许信道 1～11 被使用。
- 在欧洲，允许信道 1～13 被使用。
- 在日本，1～14 信道被允许使用（14 信道只能用于 IEEE 802.11b 标准）。
- 在中国大陆，1～13 信道被允许使用。

读者可能对 2.4GHz 频段非重叠信道感到困惑，在此对信道带宽概念进行解释。许多文献中的示意图通常以弧线来表示一个信道上的射频信号，但是实际信号的形状并非如此。如图 4-2 所示，除主载频（主瓣）之外，信号还会产生边带载频（旁瓣）。IEEE 定义了发射频谱掩膜（Transmit Spectrum Mask，TSM），并做出如下规定：第一边带载频（$f_c-22\text{MHz}<f<f_c-11\text{MHz}$，$f_c+11\text{MHz}<f<f_c+22\text{MHz}$）的功率必须低于主载频 30dB 以上，其余边带载频（$f<f_c-22\text{MHz}$，$f>f_c+22\text{MHz}$）的功率必须低于主载频 50dB 以上。

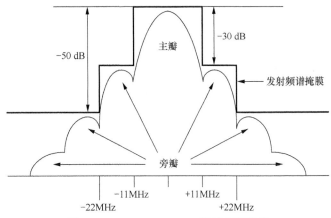

图 4-2　2.4GHz HR-DSSS 发射频谱掩膜

图 4-2 显示的为 2.4GHz HR-DSSS 的发射频谱掩膜，定义发射频谱掩膜的目的是最大限度减少采用不同频率通信的设备之间的干扰。边带载频相对于主载频的功率而言是微不足道的，因此，信道带宽规定为主载频所占频谱宽度，这就是 2.4GHz 频段信道带宽为 22MHz 的由来。

IEEE 802.11 系列标准于 IEEE 802.11a 标准中首次引入 OFDM 技术后，IEEE 规定 OFDM 信号的频谱掩膜如图 4-3 所示。从图中可以看到发射频谱有一段不超过 18MHz 的 0dBr 带宽，在 ±11MHz 频率偏移处为-20dBr。主载频的频谱掩膜宽度近似为 20MHz，这就是 5GHz 频段信道带宽为 20MHz 的由来。IEEE 802.11g（OFDM）等标准虽然也工作于 2.4GHz 频段，但主载频的频谱掩膜宽度未超过 22MHz，为后向兼容 IEEE 802.11b 等，2.4GHz 频段信道带宽仍规定为 22MHz。

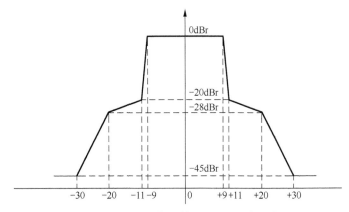

图 4-3　OFDM 信号的 20MHz 频谱掩膜

　　同时，IEEE 802.11a 标准规定，两个信道的中心频率之间只要相隔 20MHz，就可以认为它们互不重叠。5GHz 频段均采用 OFDM，因此根据该定义，所有 5GHz 信道理论上都是不重叠的。但是，实际上任何两个相邻 5GHz 信道之间仍然存在一定程度的边带载频重叠。

　　由此可见，信道带宽并无严格物理意义，定义信道带宽的目的是：在尽可能涵盖主载频信号的前提下，最大限度地降低处于一定频率范围内的不同信道之间的相互干扰。

4.2　2.4GHz 频段

4.2.1　2.4GHz 频段信道分配

　　在 2.4GHz 频段上，802.11 工作组定义每两个信道之间的中心频率都相隔 5MHz 的整数倍。中心频率和信道号之间的关系由定义公式（4-1）给出。

$$信道中心频率 = 2407 + 5 \times n_{ch}(\text{MHz}) \tag{4-1}$$

　　其中，$n_{ch} = 1, 2, \cdots, 13$。

　　具体信道配置方案如表 4-1 所示。在实际建网进行频率规划时，相邻小区应尽量使用互不交叠的信道以减小彼此干扰。

表 4-1　　　　　　　　　　　　　　2.4GHz 频段信道配置表

信道号	中心频率（MHz）	信道低端/高端频率（MHz）	中国大陆	美国加拿大	欧洲	日本	澳大利亚
1	2412	2401/2423	是	是	是	是	是
2	2417	2406/2428	是	是	是	是	是
3	2422	2411/2433	是	是	是	是	是
4	2427	2416/2438	是	是	是	是	是
5	2432	2421/2443	是	是	是	是	是
6	2437	2426/2448	是	是	是	是	是
7	2442	2431/2453	是	是	是	是	是
8	2447	2436/2458	是	是	是	是	是
9	2452	2441/2463	是	是	是	是	是
10	2457	2446/2468	是	是	是	是	是
11	2462	2451/2473	是	是	是	是	是
12	2467	2456/2478	是	否	是	是	是
13	2472	2461/2483	是	否	是	是	是
14	2484	2473/2495	否	否	否	仅限 802.11b	否

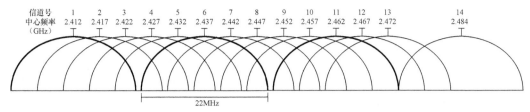

图 4-4　2.4GHz 频段带宽示意图

4.2.2　国际 2.4GHz 频段使用情况

2.4GHz 频段的频谱具体的分配使用情况由特定地域管理范围（如全球的、地区的和国家的）管理当局负责。表 4-2 中给出了各地域管理范围内具体使用 2.4GHz 频段的频谱情况。

表 4-2　　　　　　　　　　各地区 WLAN 2.4GHz 使用情况表

信道号	中心频率（MHz）	最大发射功率水平（mW）					
		FCC	IC	ETSI	Spain	France	Japan
1	2412	1000	1000	100	—	—	×
2	2417	1000	1000	100	—	—	×
3	2422	1000	1000	100	—	—	×
4	2427	1000	1000	100	—	—	×
5	2432	1000	1000	100	—	—	×
6	2437	1000	1000	100	—	—	×
7	2442	1000	1000	100	—	—	×
8	2447	1000	1000	100	—	—	×
9	2452	1000	1000	100	—	—	×
10	2457	1000	1000	100	100	100	×
11	2462	1000	1000	100	100	100	×
12	2467	—	—	100	—	100	×
13	2472	—	—	100	—	100	×
14	2484	—	—	—	—	—	×

注：
1．"—"表示不使用该频点，其他都表示使用该频点
2．日本允许的最大发射功率水平在每一个信道上并不都是一样的，它与不同频段上使用的调制方式相关：在 2.471GHz～2.497GHz 频段上使用 FHSS 或 DSSS 时，其发射功率水平限制在 10mW/MHz；在 2.4GHz～2.4835GHz 频段上使用 DSSS 时，其发射功率水平限制在 10mW/MHz；在 2.4GHz～2.4835GHz 频段上使用 FHSS 时，其发射功率水平限制在 3mW/MHz
3．日本 14 号信道只能使用 DSSS 和 CCK 调制模式，不能使用 OFDM 模式（802.11g 所使用的调制方式）

FCC（美国）、IC（加拿大）、MPHPT（日本）及 ETSI（欧洲）都指定支持 2.4GHz～2.4835GHz；对于日本，还附加了 2.471GHz～2.497GHz 的频段可供使用。法国和西班牙分别允许使用 2.4465GHz～2.4835GHz 和 2.445GHz～2.475GHz。此外，澳大利亚、韩国、新加坡均允许使用 2.4GHz～2.4835GHz 频段。目前，美国、加拿大及墨西哥均使用 1～11 号信道，欧盟、澳大利亚、韩国及新加坡均使用 1～13 号信道，西班牙使用 10～11 号信道，法国使用 10～13 号信道，日本使用 1～14 号信道。

4.2.3　中国 2.4GHz 频段使用情况

在中国大陆，WLAN 2.4GHz 所分配的频段为 2.4GHz～2.4835GHz，支持 1～13 号信道。但在中国台湾，只支持 1～11 号信道。支持该频段的标准主要包括 IEEE 802.11b/g/n，由于在 2.4GHz 频段上不叠交的信道只有 1、6、11 这 3 个信道，运营商为避免相邻信道间的干扰，一般都使用这 3 个信道进行 WLAN 网络的频率规划。不过，在 AP 杂散指标很差、有较高的网络容量需求或频率复用困难的情况下，也可采用 1、7、13 频点或 1、5、9、13 频点进行复用。

根据工业和信息化部无线电管理局发布的《关于调整 2.4GHz 频段发射功率限值及有关问题的通知》，WLAN 设备使用 2.4GHz 频段时所允许的 EIRP 等效全向辐射功率限值为：当天线增益＜10dBi 时，EIRP≤100mW 或 EIRP≤20dBm；当天线增益≥10dBi 时，EIRP≤500mW 或 EIRP≤27dBm。

4.2.4　2.4GHz 频段信道绑定

IEEE 802.11n 引入信道绑定技术，通过将两个相邻的 20MHz 信道绑定成一个 40MHz 信道，从而成倍提高数据传输速率，如图 4-5 所示。在实际工作中，两个被绑定的相邻 20MHz 信道，被分为主信道和辅信道，数据传输时既能工作在 40MHz 带宽模式，也能工作在单个 20MHz 带宽模式。同时，传统的 802.11 标准中每 20MHz 信道之间都会预留一小部分的带宽，目的是为避免相互干扰，当采用信道绑定技术后则会将预留的这一部分带宽也利用起来，进一步提高吞吐量。

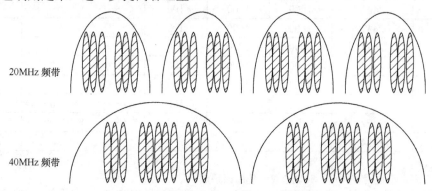

图 4-5　20MHz 模式与 40MHz 模式信道传输

由于在 2.4GHz 频段频点少，干扰较多，所以在 2.4GHz 频段建议不使用 40MHz 模式，在 5 GHz 频段使用 40MHz 和 80MHz 模式是比较合理的选择。

4.3　5GHz 频段

4.3.1　5GHz 频段信道分配

根据 IEEE 802.11a/n/ac 的官方标准，802.11 工作组定义了信道的中心频率位于 5GHz

以上的每相邻 5MHz 的整数倍上，中心频率及信道编号的关系如式（4-2）所示。

$$信道中心频率=5000+5\times n_{ch}(MHz) \tag{4-2}$$

其中，$n_{ch}=0,1,2,\cdots,200$，共有 201 个通道。

该定义给出了在 5GHz～6GHz 以 5MHz 为信道间隔的编号方法，也为现行及将来的管理域中的信道设置提供了灵活性。

IEEE 802.11a/n/ac 可以使用无许可证的国家信息基础设施（Unlicensed National Information Infrastructure，UNII）的 UNII-1（5.15GHz～5.25GH）、UNII-2（5.25GHz～5.35GHz）、UNII-3（5.725GHz～5.825GHz）以及 UNII-2e（5.470-5.725）频段总共 555MHz 的射频信道。UNII 频段如图 4-6 和图 4-7 所示，每相邻信道间的中心频率相隔 20MHz。UNII 中低频段：200 MHz 带宽内间隔为 20MHz 的 8 个载波；UNII 的高频段：100MHz 带宽内间隔为 20MHz 的 4 个载波。

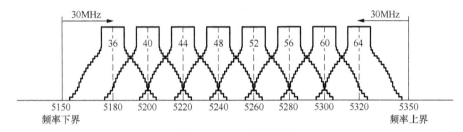

图 4-6　UNII 中低频段

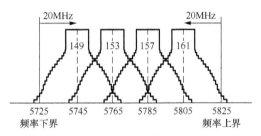

图 4-7　UNII 高频段

由图 4-6 和图 4-7 可知，两个相邻 WLAN 物理信道中心频率相距 20MHz（每个 UNII 频段有 4 个信道带宽），中心频率分别对应的是低 UNII 频段的 36、40、44 和 48 号通道，中 UNII 频段的 52、56、60 和 64 号通道，高 UNII 频段的 149、153、157 和 161 号通道。

具体的信道配置如表 4-3 所示。

表 4-3　　　　　　　　　　5GHz 频段信道配置表

信道号	中心频率（MHz）	信道低端/高端频率（MHz）	美国	中国大陆
36	5180	5170/5190	是	是
40	5200	5190/5210	是	是
44	5220	5210/5230	是	是
48	5240	5230/5250	是	是
52	5260	5250/5270	是	是
56	5280	5270/5290	是	是

（续表）

信道号	中心频率（MHz）	信道低端/高端频率（MHz）	美国	中国大陆
60	5300	5290/5310	是	是
64	5320	5310/5330	是	是
100	5500	5490/5510	是	已公示
104	5520	5510/5530	是	已公示
108	5540	5530/5550	是	已公示
112	5560	5550/5570	是	已公示
116	5580	5570/5590	是	已公示
120	5600	5590/5610	是	已公示
124	5620	5610/5630	是	已公示
128	5640	5630/5650	是	已公示
132	5660	5650/5670	是	已公示
136	5680	5670/5690	是	已公示
140	5700	5690/5710	是	已公示
149	5745	5735/5755	是	是
153	5765	5755/5775	是	是
157	5785	5775/5795	是	是
161	5805	5795/5815	是	是
165	5825	5815/5835	是	是

4.3.2　国际 5GHz 频段使用情况

　　5GHz 频段的频谱分配由特定地域管理范围（如全球的、地区的和国家的）管理当局负责。在一些管理区域内，基于 OFDM PHY 的无线局域网可以使用若干个频段。这些频段可以是连续或不连续的，以不同的规则进行限制。

　　各国对于 5GHz WLAN 的最大发射功率水平及信道的使用情况有着各自的法规，表 4-4 中给出了各地域管理范围内具体使用 5GHz 频段的频谱情况。

表 4-4　　　　　　　　　　　　各国 WLAN 5GHz 使用情况表

信道号	中心频率（MHz）	最大发射功率水平		
		美国（mW）	欧洲（mW）	日本（mW/MHz）
36	5180	40	200	10
40	5200	40	200	10
44	5220	40	200	10
48	5240	40	200	10
52	5260	200	200	10
56	5280	200	200	10
60	5300	200	200	10
64	5320	200	200	10
100	5500	200	1000	10
104	5520	200	1000	10
108	5540	200	1000	10
112	5560	200	1000	10

（续表）

信道号	中心频率（MHz）	最大发射功率水平		
		美国（mW）	欧洲（mW）	日本（mW/MHz）
116	5580	200	1000	10
120	5600	200	1000	10
124	5620	200	1000	10
128	5640	200	1000	10
132	5660	200	1000	10
136	5680	200	1000	10
140	5700	200	1000	10
149	5745	800/1000	—	—
153	5765	800/1000	—	—
157	5785	800/1000	—	—
161	5805	800/1000	—	—
165	5825	1000	—	—

注：

1. "—"表示不使用该频点，其他都表示使用该频点
2. 美国管制类为 3 时，149、153、157 及 161 的发射功率限制为 800mW；管制类为 5 时，149、153、157、161 及 165 的发射功率限制为 1000mW
3. 120、124、128 信道号在美国暂停使用

　　美国和澳大利亚目前在 5GHz 所分配的频段为 5.150GHz～5.250GHz（支持 36、40、44、48 信道）、5.250GHz～5.350GHz（支持 52、56、60、64 信道）、5.470GHz～5.725GHz（支持 100、104、108、112、116、132、136、140 信道）和 5.725GHz～5.850GHz（支持 149、153、157、161、165 信道）。该频段内分配了 21 个 20MHz 带宽的信道，共有频率 420MHz。由于 120、124 和 128 信道的信号对机场的多普勒雷达造成干扰，美国于 2012 年年底停止对这三个信道的使用。

　　欧洲国家和日本目前在 5GHz 所分配的频段为 5.150GHz～5.250GHz（支持 36、40、44、48 信道）、5.250GHz～5.350 GHz（支持 52、56、60、64 信道）和 5.470GHz～5.725GHz（支持 100、104、108、112、116、120、124、128、132、136、140 信道）。该频段内分配了 19 个 20MHz 带宽的信道，共有频率 380MHz。UNII-1 的 4 个信道在欧洲仅用于室内。

　　新加坡目前在 5GHz 所分配的频段为 5.150GHz～5.250GHz（支持 34、36、38、40、42、44、46、48 信道）、5.250GHz～5.350GHz（支持 52、56、60、64 信道）和 5.725GHz～5.850GHz（支持 149、153、157、161、165 信道）。该频段内分配了 17 个 20MHz 带宽的信道。

　　以色列目前在 5GHz 所分配的频段为 5.150GHz～5.250GHz（支持 34、36、38、40、42、44、46、48 信道）和 5.250GHz～5.350GHz（支持 52、56、60、64 信道）。该频段内分配了 12 个 20MHz 带宽的信道。

　　韩国目前在 5GHz 所分配的频段为 5.150GHz～5.250GHz（支持 34、36、38、

40、42、44、46、48 信道）、5.250GHz～5.350 GHz（支持 52、56、60、64 信道）、5.470GHz～5.650GHz（支持 100、104、108、112、116、120、124、128 信道）和 5.725GHz～5.850GHz（支持 149、153、157、161、165 信道）。该频段内分配了 25 个 20MHz 带宽的信道。

土耳其和南非目前在 5GHz 所分配的频段为 5.150GHz～5.250GHz（支持 34、36、38、40、42、44、46、48 信道）、5.250GHz～5.350 GHz（支持 52、56、60、64 信道）和 5.470GHz～5.725GHz（支持 100、104、108、112、116、120、124、128、132、136、140 信道）。该频段内分配了 23 个 20MHz 带宽的信道。其中，信道 34 至 64 这 12 个信道仅用于室内。

巴西目前在 5GHz 所分配的频段为 5.150GHz～5.250GHz（支持 34、36、38、40、42、44、46、48 信道）、5.250GHz～5.350 GHz（支持 52、56、60、64 信道）、5.470GHz～5.725GHz（支持 100、104、108、112、116、120、124、128、132、136、140 信道）和 5.725GHz～5.850GHz（支持 149、153、157、161、165 信道）。该频段内分配了 28 个 20MHz 带宽的信道。其中，信道 34 至 64 这 12 个信道仅用于室内。

4.3.3　中国 5GHz 频段使用情况

在中国大陆，以往一直使用工作于频率范围 5.725～5.850GHz 的 5.8GHz 频段，共有 5 个信道 125MHz 带宽，每个信道带宽为 20MHz。5.8GHz 的信道分配及信道中心频率和两端频率如图 4-8 和表 4-5 所示。

图 4-8　5.8GHz 频段信道划分

表 4-5　　　　　　　　　　　　　　**5.8GHz 频段信道配置表**

信道号	中心频率（MHz）	信道低端/高端频率（MHz）
149	5745	5735/5755
153	5765	5755/5775
157	5785	5775/5795
161	5805	5795/5815
165	5825	5815/5835

根据工业和信息化部无线电管理局发布的《关于使用 5.8GHz 频段频率事宜的通知》，使用 5.8GHz 频段的 WLAN 设备的限制发射功率为 500mW 或 27dBm。

工业和信息化部于 2012 年 12 月 31 日发布了《工业和信息化部关于发布 5150～5350 兆赫兹频段无线接入系统频率使用相关事宜的通知》（工信部无函［2012］620 号），将 5150～5350MHz 的 200MHz 频段资源开放用于无线接入系统。此频段开放后，中国大陆在 5GHz 频段可用于 WLAN 的频段总量可达到 325MHz。此外，无线电管理局正在积极协调 5470～5725MHz 的 255M 频段的申请，有望在不远的将来得以发布。根据 IEEE

802.11a 标准协议规定，新开放频段划分为 8 个信道，每个信道带宽为 20MHz，其信道分配及信道中心频率和两端频率见图 4-9 和表 4-6。

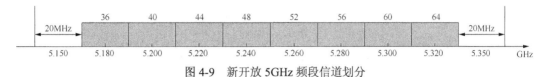

图 4-9　新开放 5GHz 频段信道划分

表 4-6　　　　　　　　　　　新开放 **5GHz** 频段信道配置频率表

信道号	中心频率（MHz）	信道低/高端频率（MHz）
36	5180	5170/5190
40	5200	5190/5210
44	5220	5210/5230
48	5240	5230/5250
52	5260	5250/5270
56	5280	5270/5290
60	5300	5290/5310
64	5320	5310/5330

5GHz 的 13 个信道互不重叠，可在同一覆盖区域内使用，但新开放频段的 8 个信道仅限室内使用且要求发射功率限值为 200 mW。

中国台湾目前在 5GHz 所分配的频段为 5.250GHz～5.350 GHz（支持 52、56、60、64 信道）、5.470GHz～5.725GHz（支持 100、104、108、112、116、120、124、128、132、136、140 信道）和 5.725GHz～5.850GHz（支持 149、153、157、161、165 信道），共 480MHz。该频段内分配了 20 个 20MHz 带宽的信道。

4.3.4　5GHz 频段信道绑定

随着技术的发展进步，IEEE 802.11n/ac 可通过信道绑定技术将两个或多个 20MHz 信道捆绑合成为单个信道，使得传输通道变得更宽，传输速率也成倍增长。40MHz 信道设计的基础是，只有相邻的 20MHz 信道被结合起来形成一个 40MHz 信道。国际上一般只将 5.8GHz 频段的 149 和 153 信道捆绑，157 和 161 信道捆绑。由于 5.8GHz 频段干扰较少，且不存在相邻信道重叠的问题，在 AP 数量部署较少或者呈链状部署的情况下，可考虑采用两个 40MHz 信道组网，组网设计模型如图 4-10 所示。

在 IEEE 802.11n 的载波捆绑体系里，标准组没有定义跨物理信道的聚合载波，原因是 802.11 工作组从实际的市场需求及经济效益出发，重点考虑的首要目标就是设计简单和降低成本。对于绑定的两个连续载波，其中一个作为主信道，另一个作为次信道，如 149 和 153 绑定，可以使用 149 作为主信道，153 作为次信道，也可以使用 153 作为主信道，149 作为次信道。在混合的 20/40MHz 环境中，AP 通过主信道发送所有的控制和管理帧，次信道用于在 40MHz 带宽时与主信道捆绑发送数据帧。在同样的环境中，所有 20MHz 用户只和主信道相关，因为指示分组只在主信道中传输。

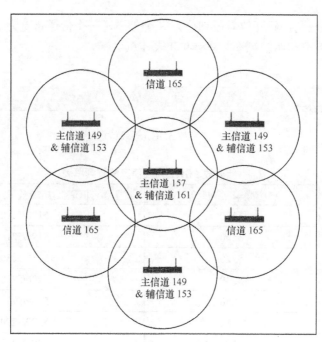

图 4-10　40MHz 频点组网示例

4.4　2.4GHz 频段的其他系统

　　2.4GHz ISM 频段是目前唯一的在世界范围内通用和开放的频段，该频段也因此存在许多来自各种不同系统的干扰信号，例如射频识别（Radio Frequency Identification，RFID）、WLAN 和 WPAN（Wireless Personal Area Network，无线个人区域网，包括Bluetooth、ZigBee、WiMedia 和 HomeRF 等）。部分 ISM 频段无线通信设备如表 4-7所示。

表 4-7　　　　　　　　　　　　　　ISM 频段无线设备

无线连接技术	蓝牙	HomeRF	IEEE 802.11b	ZigBee
传输介质	微波	微波	微波	微波
最大速率	1Mbit/s	10Mbit/s	11Mbit/s	250kbit/s
范围（m）	10	50	100	75
扩频方式	FHSS	FHSS	DSSS	DSSS
抗干扰性	中	中	低	中
功耗	低	高	高	低

　　此外，ISM 频段还存在微波炉、无绳电话等设备，因此各设备之间存在干扰，干扰的大小与干扰的形式、频率和强度等诸多因素有关。由于各种无线技术的机制不同，相互之间的干扰有不同的特性。有的干扰是无规则的，或者规则难以预料的，如微波炉的干扰、人为主动干扰等；有的干扰是非协作系统之间的干扰，如 FCC15.247 标准规定的无绳电话、蓝牙和 ZigBee 等。下面分别对其干扰原理进行介绍。

（1）微波炉干扰

微波炉工作原理是通过微波发生器产生高频振荡的微波，通过高频微波穿透食物，使食物中的水分子也随之产生高频的剧烈振动，从而产生大量热能来加温食物。国际上规定用于加热和干燥的微波频率有 4 段，分别为：L 频段，890MHz～940MHz；S 频段，频率为 2.4GHz～2.5GHz；C 频段，频率为 5.725GHz～5.875GHz；K 频段，频率为 2.2GHz～2.225GHz。而家用微波炉的频段为 L 频段和 S 频段，其中又以 S 频段居多。S 频段家用微波炉辐射基频为 2.45（±0.05）GHz，其射频输出的功率范围为 500～1000W，在宽频带内产生的辐射会对周围的电子通信设备产生影响。其原理主要是脉冲扩展，它靠磁控管发射电波，发射的信号是连续波，当交流市电为 220V/50Hz 时，对于一个任务周期是 0.5 的磁控管，其有效工作时间是 1/50×0.5=10ms，其频率辐射展开的频段很宽（几十甚至几百 MHz），可能将整个 ISM 的工作频段都湮没在微波炉的辐射干扰之中。

因为 IEEE 802.11b/g/n 与家用微波炉工作于 2.4GHz 统一频段，微波炉的功率又远远大于 Wi-Fi 产品的功率，即使微波炉屏蔽性能已较好，对 Wi-Fi 的影响还是巨大的。据测试，在微波炉工作时，距其 2m 以内的 Wi-Fi 设备无法正常工作，只有距离 4m 以上的 Wi-Fi 设备才能正常工作。

同时还需注意，当有大型体育赛事时，赛事供餐公司会使用大型微波加热设备加工食品，因其最大功率在 100kW 左右，所以必须对其增加屏蔽设施，以降低对赛场 Wi-Fi 设备的干扰。

（2）无绳电话干扰

无绳电话的发射功率较低，一般小于 10dBm，跳频扩频（Frequency Hopping Spread Spectrum，FHSS）系统的无绳电话带宽只有 1MHz，直接序列扩频（Direct Sequence Spread Spectrum，DSSS）系统的无绳电话的 6dB 带宽通常小于 2MHz。无绳电话对 Wi-Fi 设备的影响取决于无绳电话的信号强度、占据的带宽、与 Wi-Fi 设备之间的距离和频率间隔。实验数据表明，采用 FHSS 或 DSSS 的无绳电话系统对 DSSS 的 Wi-Fi 设备一般没有明显影响。当 DSSS 无绳电话系统的发射功率较大（如超过 20dBm），带宽较宽（大于 3MHz），且两种设备距离很近时，才会对 Wi-Fi 设备产生较大影响。测试结果建议，IEEE 802.11 设备的载波频率应距离这些无绳电话的载波频率大于 20MHz。而 FHSS Wi-Fi 设备在上述环境下性能有显著下降。

（3）蓝牙干扰

蓝牙也是 ISM 频段中广泛使用的技术之一，它采用 FHSS 技术，一般使用 79 个信道，每信道带宽为 1MHz，跳频速率为 1600Hz。蓝牙与 Wi-Fi 工作在相同的频段上，因此蓝牙信号是 2.4GHz Wi-Fi 的主要干扰源，当蓝牙帧落在 IEEE 802.11 帧的频段上时，从频域上看就是典型的窄带信号对直接序列扩频信号的干扰。蓝牙采用了一系列独特的措施，如自适应跳频（Adaptive Frequency Hopping，AFH）、侦听（Listen Before Talk，LBT）和功率控制等技术来克服干扰，避免冲突。AFH 技术是蓝牙技术中采用的预防频率冲突的机制，它能对干扰进行检测和分类，编辑跳频算法以使跳频通信过程自动避开被干扰的跳频频点，然后把分配后的变化告知网络中的其他成员，并周期性地维护跳频集，从而以最小的发射功率、最低的被截获概率达到在无干扰的跳频信道上长时间保持优质通信的目的。

（4）ZigBee 干扰

ZigBee 技术主要面向的应用领域是低速率无线个人区域网（Low Rate Wireless Personal Area Network，LRWPAN），典型特征是近距离、低功耗、低成本、低传输速率，主要适用于自动控制以及远程控制领域，目的是为了满足小型廉价设备的无线联网和控制，典型的如无线传感器网络（Wireless Sensor Network，WSN）。其主要工作于全球范围内免许可证的 2.4GHz 的 ISM 频段。

ZigBee 物理层标准把 2.4GHz 的 ISM 频段划分为 16 个信道，每个信道带宽为 2MHz。假定 Wi-Fi 系统工作在 2.4GHz 任一信道，则 ZigBee 和其信道频率重叠的概率为 1/4。ZigBee 可以通过对 ISM 频段进行扫描，根据具体的判断标准动态选择最佳的传输信道，避免占用同一信道，减小 Wi-Fi 对其干扰。而 ZigBee 对 Wi-Fi 的干扰相对来说要小得多，由于 ZigBee 信号带宽只有 3MHz，相对于 Wi-Fi 的 22MHz 带宽属于窄带干扰源，通过扩频技术 IEEE 802.11 可以一定程度上抑制干扰信号。同时，ZigBee 设备天线的输出功率被限制在 0dBm（1mW），相对于 IEEE 802.11 的 20dBm（100mW）发射功率相差甚远，因此 ZigBee 对 Wi-Fi 的影响并不大。

4.5　5GHz 频段的其他系统

与 2.4GHz 频段相比，5GHz 频段干扰较少，但越来越多的设备也部分开始使用 5GHz 频段，如无绳电话、雷达、无线传感器、数字卫星等。其中，雷达占据了相当大的比重，因此，主要考虑与雷达系统间的干扰问题。

在 2003 年世界无线电大会（WRC-03）的筹备过程中，美国国家电信与信息管理局（NTIA）联合联邦通信委员会（FCC）、国防部（DoD）、国家航空航天管理局（NASA）与业界密切合作，一致要求工作在 5250MHz～5350MHz 和 5470MHz～5725MHz 频段的 UNII 设备采用动态频率选择和先听后发的机制。其中，动态频率选择机制能够检测出来自其他系统的信号，一旦检测出的雷达信号超出了一定的门限值，动态频率选择将会为 UNII 设备选择备用的工作频率，从而避免使用相同的信道。

相对的，IEEE 802.11 工作组于 2003 年发布了 IEEE 802.11h 标准，主要引入了两项关键技术，即动态频率选择（Dynamic Frequency Selection，DFS）和发射功率控制（Transmit Power Control，TPC），能使工作于 5GHz 的无线系统避免与雷达或其他同类系统中的宽带技术相干扰。IEEE 802.11h 最终并入了 IEEE 802.11-2007（后修订为 IEEE 802.11-2012）标准中，动态频率选择也成为工作于 5GHz 频段的 WLAN 系统的必选功能。

由此可见，5GHz 频段较 2.4GHz 频段干扰较少，且 WLAN 系统与其他系统间的干扰可通过动态频率选择功能进行避免，从而保障无线通信的畅通。

第5章
华为WLAN产品介绍

关于本章

本章主要针对华为WLAN产品进行讲解，具体介绍了华为无线接入控制器、无线接入点设备和室外接入终端的技术指标、产品特性、应用场景以及供电方式。

通过本章的学习，读者将会掌握以下内容。

- 描述华为最新的产品信息
- 列举华为产品的应用场景
- 描述华为产品的供电方式

5.1　华为 WLAN 产品介绍

5.1.1　华为无线接入控制器

华为 WLAN 无线接入控制器（Access Controller，AC）可以对"瘦"AP+AC 架构的 WLAN 网络进行全面的业务支持，帮助简化无线网络的配置部署、维护管理。华为目前提供三款专业无线控制器产品，分别是适用于大型企业的 ACU2 无线接入控制单板、适用于大中型企业的 AC6605 无线接入控制器以及适用于中小型企业的 AC6005 无线接入控制器。

华为无线接入控制器支持直连式和旁挂式的网络架构，无论是新建网络、对已有网络进行改建，还是在原有网络的基础上平滑升级，用户可以根据实际组网需要进行灵活选择。配合华为 eSight 网管系统进行一体化管理和运维，可为企业级用户提供安全、可靠、易管控的高效无线接入控制服务。

华为无线接入控制器具有以下特点：支持对 802.11/a/b/g/n 无线接入点的管理，同时兼容 802.11ac 无线接入点，可对无线网络进行平滑延伸和扩展；支持 1+1 热备份以及 N+1、N+N 冗余备份；支持灵活的转发及认证方式，实现用户集中认证，流量按需转发；支持 AC 内及 AC 间快速二层、三层漫游，满足语音视频业务的无缝漫游需求；提供与有线一体化的网络运维，可视化拓扑呈现，实现整网融合统一的配置、运维与管理；支持灵活的用户策略管理、权限控制能力以及 license 配置。

（1）ACU2 无线接入控制单板

华为 ACU2 无线接入控制单板是一块可安插在交换机中用来实现 WLAN 无线接入控制器功能的插卡，其主要产品特性如表 5-1 所示。通过在交换机中增加一块 ACU2 无线接入控制单板来提供无线接入能力，快速搭建无线局域网络，同时可以精简网络架构，减少外部走线，降低无线网络建设成本与时间。用户可以根据需要插多块 ACU2 板，实现 N×2048 个 AP 的接入控制能力，N 为插入的 ACU2 板卡数量。无线接入控制单板可以在大型企业以及园区中承担关键的无线服务，具有大容量、高可靠、业务类型丰富等特点，配合 802.11a/b/g/n/ac 无线接入点，实现大规模、高密度的无线用户接入服务。

表 5-1　　　　　　　　　　　　　　ACU2 主要产品特性

ACU2 无线接入控制单板	性能参数
	最多支持 2048 个 AP、32000 个无线用户终端
	40Gbit/s 转发能力
	适用于华为 S7700、S9700、S12700 系列交换机
	整机最多可扩展 11 个无线接入增值业务板

（2）AC6605 无线接入控制器

AC6605 是一款高规格无线接入控制器，并集成了吉比特以太网交换机功能，实现了有线无线一体化的接入方式，其主要产品特性如表 5-2 所示。同时，AC6605 可灵活配置无线接入点的管理数量，具有良好的可扩展性，是组建大中型规模的园区覆盖或企业办公网络、行业无线城域网覆盖、热点覆盖等应用环境的理想接入控制器。

表 5-2　　　　　　　　　　　　　　　AC6605 主要产品特性

AC6605 无线接入控制器	性能参数
	设备尺寸为 442mm×420mm×43.6mm，适合在标准 IEC 机柜（19 英寸）安装
	最大功耗 85W
	最多支持 512/1024 个 AP 和 10240 个无线用户终端
	24×GE+2×10GE 接口（24 口 PoE+满供），10Gbit/s 的转发能力，AC 和 LSW 一体化，同时具备有线接入或汇聚功能
	独立式，适用于机架部署

AC6605 采用先进工艺、高集成度、低功耗芯片，并配合智能设备管理系统充分利用芯片的低功耗特性，在提升系统性能的同时还降低了整机功耗。AC6605 在支持高可靠性的同时还实现了高容量、高性能的一体化设计，其接口类型丰富，可满足各种应用场景。

（3）AC6005 无线接入控制器

AC6005 产品是华为推出的针对中小型企业的小型盒式无线接入控制器，有 AC6005-8 和 AC6005-8-PWR 两个型号，其中 AC6005-8-PWR 支持 PoE 供电。AC6005 系列产品可提供高性能、高可靠性、易安装、易维护的无线数据控制业务，具有组网灵活、绿色节能等优势，其主要产品特性如表 5-3 所示。

表 5-3　　　　　　　　　　　　　　　AC6005 主要产品特性

AC6005 无线接入控制器	性能参数
	设备尺寸为 320mm×233.6mm×43.6mm，适合在桌面、标准 IEC 机柜（19 英寸）安装
	AC6005-8-PWR：163.6W （设备功耗：39.6W，PoE：124W） AC6005-8：25.6W
	最多支持 128 个 AP 和 2k 个无线用户终端
	8×GE 接口（8 口 PoE 满供），4Gbit/s 转发能力，AC 和 LSW 一体化，同时具备有线接入功能
	独立式，适用于机架部署

5.1.2　华为无线接入点

按照无线局域网络的架构不同，无线接入点主要分为基于控制器的无线接入点（即 Fit AP 或"瘦" AP）以及传统的独立 AP（即 Fat AP 或"胖" AP）。采用胖 AP 的网络架构具有部署简单、易维护的特点，适合小型无线网络。而随着近几年 WLAN 技术以及市场的发展，采用基于无线控制器的"瘦" AP 网络架构正在各种规模的企业无线应用中全面替代"胖" AP 模式。基于无线控制器的网络架构，可以同时管理多个"瘦" AP，具有高度的可扩展性，通过软件升级技术，不断地扩充支持"瘦" AP 的数目，从而实现无线网络的平滑延伸。

以华为 802.11n 系列无线接入点为例，介绍不同应用类型的华为无线接入点，主要有室内放装型接入点、室内分布型接入点和室外型接入点。比较这 3 类华为 802.11n 无线接入点，如表 5-4 所示。

表 5-4　　　　　　　　　　　　华为 **802.11n** 系列无线接入点对比

802.11n 接入点	室内放装型接入点					室内分布型接入点	室外型接入点
型号	AP2010DN	AP3010 DN-AGN	AP5010 系列	AP6010 系列	AP7110 系列	AP6310 系列	AP6510/ 6610 系列
目标场景	酒店客房、学生宿舍、医院病房、小型办公室等	中小型企业	中小型企业	小型和大中型企业	大中型企业	酒店、宿舍等	大中型园区室外场景
工作模式	瘦	胖/瘦	胖/瘦	胖/瘦	瘦	瘦	胖/瘦
WIPS/ WIDS	√	√	√	√	√	√	√

1. 室内放装型无线接入点

（1）AP2010DN

AP2010DN 是一款面板型 AP，采用国际标准 86mm 面板设计，内置天线和隐式指示灯，美观大方，可以方便地安装到房间内的接线盒上，不破坏室内原有装修设计。AP2010DN 适用于酒店客房、宿舍、医院病房、小型办公室等房间面积较小、户型较密集的场所，其产品特性如表 5-5 所示。

表 5-5　　　　　　　　　　　　**AP2010DN** 接入点产品特性

产品特性	AP2010DN 无线接入点
外观	
MIMO 技术	支持 2×2 MIMO，内置天线
最高速率	300Mbit/s
工作模式	"瘦" AP
802.11n 特性	支持 802.11n 波束成形
供电方式	PoE 供电，支持 802.3af/at 以太网供电标准
最大发射功率	16dBm
最大用户数	128
遵循标准	IEEE 802.11a/b/g/n 标准
工作频段	支持 2.4GHz/5GHz 频段
天线增益	2.4GHz：2dBi；5GHz：2.5dBi

（2）AP3010DN-AGN

AP3010DN-AGN 是经济适用型 802.11n 无线接入点，具有完善的业务支持能力、高可靠性、高安全性，支持自动上线和配置，实时管理和维护，网络部署简单，满足室内放装型网络的部署要求，适合应用于中小型企业以及小型会议室、咖啡厅、休闲中心等商业环境，其产品特性如表 5-6 所示。

表 5-6 **AP3010DN-AGN 接入点产品特性**

产品特性	AP3010DN-AGN 无线接入点
外观	
MIMO 技术	支持 2×2 MIMO，一体化内置天线
最高速率	300Mbit/s
工作模式	支持胖瘦一体化
802.11n 特性	支持 802.11n 波束成形
供电方式	PoE 供电：−48V DC，支持 802.3af/at 以太网供电标准
最大发射功率	17dBm（每射频口）
最大用户数	64
遵循标准	IEEE 802.11a/b/g/n 标准
工作频段	支持 2.4GHz/5GHz 频段
天线增益	2.4GHz：2dBi；5GHz：2.5dBi

（3）AP5010 系列接入点

AP5010 系列是经济适用型 802.11n 无线接入点，具有完善的业务支持能力、高可靠性和高安全性。AP5010 系列接入点网络部署简单，支持自动上线和配置，可实时管理和维护，适合部署在建筑结构较简单、面积相对较小、用户相对集中的场合及对容量需求较大的区域，如企业办公、校园、医疗领域、大型商场、会展中心等。AP5010 系列接入点包括 AP5010SN-GN 和 AP5010DN-AGN 两种型号，其产品特性如表 5-7 所示。

表 5-7 **AP5010 系列接入点产品特性**

产品特性	AP5010SN-GN 无线接入点	AP5010DN-AGN 无线接入点
外观		
MIMO 技术	支持 2×2 MIMO，一体化内置天线	
最高速率	300Mbit/s	600Mbit/s
工作模式	支持胖瘦一体化	
802.11n 特性	支持 802.11n 波束成形	
供电方式	PoE 供电：−48V DC 支持 802.3af/at 以太网供电标准	
最大发射功率	17dBm（每射频口）	
最大用户数	128	
遵循标准	IEEE 802.11b/g/n 标准	IEEE 802.11a/b/g/n 标准
工作频段	支持 2.4GHz 频段	支持 2.4GHz/5GHz 双频段
天线增益	4dBi	2.4GHz：4dBi；5GHz：5dBi

（4）AP6010 系列接入点

AP6010 系列是性能增强型 802.11n 无线接入点，具有相对更高的性能以及更精准的覆盖范围。除承载普通数据业务以外，能更好地支持网络中延迟要求较高的语音和视频等多媒体业务，适用于建筑结构简单、用户相对集中、容量需求较大的开放式及半开放式无线网络，如教育、政府办公、机场、车站以及零售业等大中型、中等密度场景。AP6010 系列接入点包括 AP6010SN-GN 和 AP6010DN-AGN 两种型号，其产品特性如表 5-8 所示。

表 5-8   AP6010 系列接入点产品特性

产品特性	AP6010SN-GN 无线接入点	AP6010DN-AGN 无线接入点
外观		
MIMO 技术	支持 2×2 MIMO，一体化内置天线	
最高速率	300Mbit/s	600Mbit/s
工作模式	支持胖瘦一体化	
802.11n 特性	支持 802.11n 波束成形	
供电方式	PoE 供电：−48V DC，支持 802.3af/at 以太网供电标准，但不支持 PoE 供电和适配器供电两种方式共用	
最大发射功率	20dBm（每射频口）	
最大用户数	128	
遵循标准	IEEE 802.11b/g/n 标准	IEEE 802.11a/b/g/n 标准
工作频段	支持 2.4GHz 频段	支持 2.4GHz/5GHz 双频段
天线增益	4dBi	2.4GHz：4dBi；5GHz：5dBi

（5）AP7110 系列接入点

AP7110 系列是室内工业级无线接入点，可应用于会展中心、医疗领域、工业厂房、体育场馆等大型或高密度场景，提供更强的无线业务服务，更高的可靠性、安全性以及无线射频性能。AP7110 系列接入点包括 AP7110SN-GN 和 AP7110DN-AGN 两种型号，其产品特性如表 5-9 所示。

表 5-9   AP7110 系列接入点产品特性

产品特性	AP7110SN-GN 无线接入点	AP7110DN-AGN 无线接入点
外观		
MIMO 技术	支持 3×3 MIMO，外置天线，可灵活选择配置天线增益与布放位置	
最高速率	450Mbit/s	900Mbit/s
工作模式	"瘦" AP	
802.11n 特性	支持 802.11n 波束成形	

（续表）

产品特性	AP7110SN-GN 无线接入点	AP7110DN-AGN 无线接入点
供电方式	PoE 供电：−48V DC，支持 802.3af/at 以太网供电标准	PoE 供电：−48V DC，支持 802.3at 以太网供电标准
最大发射功率	20dBm（每射频口）	
最大用户数	256	
遵循标准	IEEE 802.11b/g/n 标准	IEEE 802.11a/b/g/n 标准
工作频段	支持 2.4GHz 频段	支持 2.4GHz/5GHz 双频段
天线增益	2.5dBi	2.4GHz：2.5dBi；5GHz：4dBi

2. 室内分布型无线接入点

AP6310SN-GN 是室内分布型 802.11n 无线接入点，可以与已有的 2G/3G/CATV 信号合路，共用 2G/3G/CATV 室分系统。AP6310SN-GN 具有完善的业务支持能力、高可靠性、高安全性、网络部署简单、自动上线和配置、实时管理和维护等特点，满足室分型网络部署要求，适用于空间阻挡导致信号衰减较大和用户密度较低的室内分布式广覆盖的场景，其产品特性如表 5-10 所示。

表 5-10　　　　　　　　　　AP6310SN-GN 接入点产品特性

产品特性	AP6310SN-GN 无线接入点
外观	
天线	外置天线，N 型（female）接口 天线增益取决于室内天馈系统天线类型
最高速率	150Mbit/s
工作模式	"瘦" AP
802.11n 特性	支持 802.11n 波束成形
供电方式	PoE 供电：−48V DC，支持 802.3af/at 以太网供电标准，不支持 PoE 供电和适配器供电两种方式共用
最大发射功率	27dBm（每射频口）
最大用户数	128
遵循标准	IEEE 802.11b/g/n 标准
工作频段	支持 2.4GHz 频段

3. 室外型无线接入点

AP6510DN-AGN 是标准室外型双频无线接入点，AP6610DN-AGN 是增强室外型双频无线接入点，具有很好的室外覆盖性能及很强的硬件防护，支持 2.4GHz 和 5GHz 频段，支持高等级 IP67 防尘防水标准，支持无线网桥，遵循 IEEE 802.11a/b/g/n 标准。由于可在双频段上同时提供业务，AP6510/6610DN-AGN 能够提供更高的接入容量，具有完善的业务支持能力、高可靠性、高安全性、网络部署简单、自动上线及配置、实时管理与维护等特点，满足室外放装型网络部署要求，适用于广场、步行街、游乐场等覆盖场景，或者无线港口、无线数据回传、无线视频监控、车地回传等桥接场景，二者的产品特性如表 5-11 所示。

表 5-11 AP6510/6610DN-AGN 接入点产品特性

产品特性	AP6510DN-AGN 无线接入点	AP6610DN-AGN 无线接入点
外观		
MIMO 技术	支持 2×2 MIMO，使用双极化天线或室外普通天线	
最高速率	600Mbit/s	
工作模式	支持胖瘦一体化	
802.11n 特性	支持 802.11n 波束成形	
供电方式	PoE 供电：−48V DC，支持 802.3at 以太网供电标准	交流供电，在进行设备安装布放时，要注意 AC 电源的位置 额定电压范围： 100V AC～240V AC，50/60Hz 最大电压范围： 90V AC～264V AC，47Hz～63Hz
最大发射功率	2.4GHz：26dBm（每射频口） 5GHz：20dBm（每射频口）	2.4GHz：27dBm（每射频口） 5GHz：24dBm（每射频口）
最大用户数	256	
遵循标准	IEEE 802.11a/b/g/n 标准	IEEE 802.11a/b/g/n 标准
工作频段	支持 2.4GHz/5GHz 双频段	支持 2.4GHz/5GHz 双频段

4. 802.11ac 无线接入点

随着 IEEE 802.11ac 标准的到来，技术的全面演进已经开启了吉比特 WLAN 的时代。企业多样化应用需求，不断增长的高清视频流、多媒体、桌面云等大带宽业务，BYOD（Bring Your Own Device）办公模式的兴起，都对企业的 WLAN 网络提出了更高的要求。华为 802.11ac 无线接入点采用 2.4GHz/5GHz 双频段设计，可向前兼容 802.11a/b/g/n 标准，实现网络向 11ac 标准的平滑过渡。相比传统的 802.11n 无线接入点，新一代 AP 不仅能够在 2.4GHz 频段提供更强的工作性能，在 5GHz 频段的工作性能也获得了突破。

为配合不同类型与规模的企业级用户需求，华为推出了 AP2030DN、AP5030/5130DN、AP7030DE 等 11ac 室内无线接入点、AP8030/8130 系列的 11ac 室外无线接入点，802.11ac 各系列接入点的产品特性及应用特点如表 5-12 所示。

表 5-12 华为 **802.11ac** 系列无线接入点对比

802.11ac 接入点	室内无线接入点						室外无线接入点
型号	AP2030DN	AP3030DN	AP4030/4130DN	AP5030/5130DN	AP7030DE	AP9330DN	AP8030/8130DN
目标场景	酒店客房、宿舍、医院病房、小型办公室等	中小企业、智能楼宇、大型商场等建筑结构较简单、面积相对较小的场景	中小型企业，机场车站、体育场馆、咖啡厅等商业环境	会展中心、工业厂房、物流等大型或高密度场景	大中型企业	宿舍、酒店、医院等房间密度大、墙体环境复杂的场景	大型园区室外覆盖或回传场景
工作模式	"瘦"	"胖"/"瘦"	"胖"/"瘦"	"胖"/"瘦"	"瘦"	"瘦"	"胖"/"瘦"

（续表）

802.11ac 接入点	室内无线接入点						室外无线接入点
WIPS/ WIDS	✓	✓	✓	✓	✓	✓	✓
天线	内置天线	内置天线	AP4030DN:内置天线 AP4130DN:外置双频合路天线	AP5030DN:内置天线 AP5130DN:外置双频合路天线	12×内置双频智能天线	外接天线,支持12个RP-SMA射频接口,支持天线拉远	AP8030DN:内置天线 AP8130DN:外置天线
MIMO: 空间流	2×2:2	2×2:2	2×2:2	3×3:3	3×3:3	1分6双频双流,1分12双频单流	3×3:3
最大速率	1.167Gbit/s	1.167Gbit/s	1.167Gbit/s	450Mbit/s (2.4GHz)+ 1.3Gbit/s (5GHz)	600Mbit/s (2.4GHz)+ 1.3Gbit/s (5GHz)	1.9 Gbit/s	450Mbit/s (2.4GHz)+ 1.3Gbit/s (5GHz)
最大发射功率	2.4GHz: 21dBm 5GHz: 20dBm	23dBm	23dBm	25dBm	25dBm	2.4GHz: 25dBm 5GHz: 21dBm	2.4GHz: 23dBm 5GHz: 21dBm
电源	DC:12V PoE: 802.3af/at	DC:12V PoE: 802.3af/at	DC:12V PoE: 802.3af/at	DC:12V PoE: 802.3af/at	DC:12V PoE: 802.3at	DC:12V PoE:802.3at	PoE: 802.3at

5.1.3　华为室外接入终端

除了上述无线接入控制器和无线接入点，华为还推出了一款室外接入终端（Access Terminal，AT），为用户提供室外远程接入功能，同时具备安全可靠、网络部署简单、远程实时管理和维护等特点，以满足室外远距离无线接入部署要求。AT815SN 室外接入终端的产品特性如表 5-13 所示。

表 5-13　　　　　　　　　　AT815SN 室外接入终端产品特性

产品特性	AT815SN 室外接入终端
外观	
MIMO 技术	支持 2×2 MIMO，内置天线
最高速率	300Mbit/s
工作频段	支持 5GHz 频段
遵循标准	IEEE 802.11a/n 标准
供电方式	PoE 供电，支持 802.3af 以太网供电标准
天线增益	13dBi
最大发射功率	26dBm
其他特性	支持无线网桥； 支持广域网管理协议（CWMP），可远程集中管理； 支持 WMM 协议，支持空口和有线接口的优先级映射

5.2　华为 WLAN 产品应用

5.2.1　无线接入控制器应用

集中式的无线局域网体系通过 AC 对所有工作在"瘦" AP 模式下的 AP 进行集中管理和维护，AC 应用场景的简化示意图如图 5-1 所示。AP 可通过无线接入点控制与管理协议（Control And Provisioning of Wireless Access Points，CAPWAP）与 AC 建立隧道通信连接，WLAN 用户业务数据通过 CAPWAP 隧道传递到 AC，AC 解除隧道封装后，再进行路由转发。

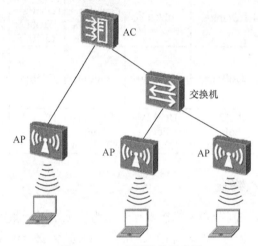

图 5-1　AC 应用场景示意图

CAPWAP 是建立在 UDP 之上的应用层协议，其核心思想是在 AC 与 AP 间建立一条隧道，将控制报文和用户数据报文承载在隧道内，便于集中管理和保护用户数据。CAPWAP 隧道类型可分为两类。

（1）控制隧道

控制隧道是一个双向信道，由 AC 的 IP 地址、AP 的 IP 地址、AC 控制端口、AP 控制端口、传输层协议定义，用于传送数据报文，即封装转发无线帧。

（2）数据隧道

数据隧道是一个双向信道，由 AC 的 IP 地址、AP 的 IP 地址、AC 控制端口、AP 控制端口、传输层协议定义，用于传送控制报文，即封装转发 AP 和 AC 之间的管理消息。

"瘦" AP 和 AC 的工作原理如下所示。

（1）AP 获得 IP 地址

AP 在和网络通信前必须先获取自身的 IP 地址，为了减少维护人员的配置工作，AP 必须能够支持自动获取 IP 地址，目前业界标准的做法是采用 DHCP client 功能。AP 加电启动后，会在其上行接口上通过 DHCP client 模块发起获取 IP 地址的过程。通过 DHCP 的协议交互，AP 可以从 DHCP 服务器上获取到自身使用的 IP 地址、DNS 服务器的 IP

地址、网关 IP 地址、域名等信息。

（2）AP 发现 AC（AP 查找 AC 地址）

AC 的发现过程是指 AP 进入网络时，通过发送"AC 发现请求信息"，并获得"AC 发现响应信息"，从而找到可用的 AC，并选择最为合适的 AC 以建立 CAPWAP 会话的过程。AP 查找 AC 地址的方式分为以下两种。

① 静态发现：在 AP 上预置 AC 的 IP 地址。

② 动态发现：通常情况下，AP 需要对备选 AC 进行动态发现，由于 AP 和 AC 可通过二层或三层网络互联，因此 AP 发现 AC 的过程可分为二层发现和三层发现。二层发现是指 AP 可以通过广播"AC 发现请求信息"发现 AC。三层发现是指 AP 首先通过 DHCP 或 DNS 方式得到 AC 的 IP 地址，然后向 AC 发送"发现请求"，进而认证建立连接的过程。

（3）AC 下发软件版本和配置

AP 从 AC 下载最新的软件版本和相应的配置文件，完成自身配置。

（4）AP 正常工作

AP 开始正常工作，通过 CAPWAP 控制隧道，AP 与 AC 交换控制报文，实现 AC 对 AP 的集中管理；通过 CAPWAP 数据隧道，与 AC 交换用户数据报文。

5.2.2 无线接入点应用

根据应用场景及建设方式的不同，无线接入点可分为室内放装型 AP、室内分布型 AP 和室外型 AP。

室内放装型 AP 加全向天线，是常用的一种无线信号覆盖方式。室内放装型 AP 上行连接到接入侧网络节点，如接入交换机或者 AC，下行则通过无线信号与各种 WLAN 终端建立连接。其特点是布放方式简单、灵活，施工成本低，同时每个 AP 独立工作，可根据布放区域需求灵活调整 AP 数量，满足用户不同的带宽要求。室内放装型 AP 主要用于家庭、多媒体教室、开放式办公区及会议室等中小型覆盖场景。

室内分布型 AP 用于室内分布系统合路的 WLAN 建设。室内分布系统合路是将 WLAN 信号通过合路器与 2G/3G/4G 信号共用室内分布系统，各系统信号共用天馈系统进行覆盖。一般 2G/3G/4G 信号是在天馈系统主干进行馈入，AP 通过合路器将 WLAN 信号馈入天馈系统的支路末端。根据实际的覆盖区域情况，天线可选择室内全向吸顶天线或定向天线。室分系统主要用于中等面积的盲区覆盖或重要的公用场所，满足如宾馆、酒店、机场、会议中心等地区的覆盖要求，但不适合有较高容量需求的网络。

室外 WLAN 建设多采用室外型 AP+定向天线，定向天线主要采用高增益板状天线。AP 或定向天线一般安装在目标覆盖区域附近的较高位置，如灯杆、建筑物上端等，向下覆盖目标区域或室内。室外型 AP 适用于公共广场、居民小区、学校、宿舍、园区、室外人口较为聚集的空旷地带以及对无线数据业务有较大需求的商业步行街等室外场合。

5.2.3 室外接入终端应用

室外接入终端的典型应用场景如图 5-2 所示，DHCP 服务器直接给家庭网关分配 IP 地址，AT 起到桥接的作用，为用户提供室外远程接入服务。

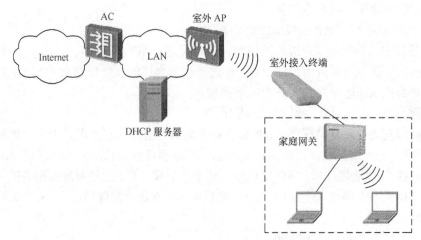

图 5-2   室外接入终端应用场景示意图

5.2.4 网管系统

eSight 是华为推出的面向企业园区的分支网络管理系统，可实现对企业资源、业务、用户的统一管理以及智能联动。其具有灵活的第三方设备管理能力、支持多种操作系统、可根据管理需要提供差异化的版本、多业务管理承载平台、分级管理等特点。

eSight 支持对 IT&IP 以及第三方设备的统一管理，同时能够对网络流量、接入认证角色等进行智能分析，自动调整网络控制策略，全方位保证企业网络安全。另外，eSight 提供灵活的开放平台，为企业建立自己的智能管理系统提供基础。

eSight 的典型应用场景有企业园区网络、企业分支网络以及数据中心网络等。

（1）企业园区网络

企业园区网络通常聚集着网络设备、员工、企业核心数据等企业资源。与此同时，越来越多的企业在园区网络增加无线设备的部署，因此需要通过运维系统将企业现有有线网络与新建网络进行统一管理，通过智能的认证系统帮助企业保护园区核心资产。

通过在园区部署 eSight 统一网络管理平台以及相关的配套功能组件可以实现对全网交换机、路由器、防火墙、服务器的统一管理并提供全面的网络资源管理界面，降低网络管理投入成本。通过智能报表组件将全网终端、网络资源、网络业务等进行统计汇总，利于管理人员全面了解网络状况。通过 eSight 策略管理中心组件对接入终端进行管理，只有合法终端才能接入网络，以满足企业认证需求；同时满足企业不同用户、使用不同终端、从不同位置接入网络能给予不同访问权限的要求，如员工认证通过可访问公司内部网络，访客认证通过之后可直接访问 Internet 等。

（2）企业分支网络

企业内部通常存在多个分支，企业分支是支撑企业业务正常运转的关键，而企业分支网络是承载企业分支业务正常运转的关键。同时，分支涉及多种企业应用，一般需要跨地域大网络访问企业数据。为保证企业业务的隔离，企业也会在网络中部署 MPLS 业务。

部署 eSight 统一网络管理平台以及相关的配套功能组件可对企业多分支进行统一管理，实现 Web 化、轻量级、可视化网管。MPLS VPN 管理组件提供端到端 MPLS 业务视图，从而实现企业大园区可视化管理。同时，提供针对 MPLS 业务的 SLA 检测，保障关键业务应用；进行业务→设备→端口一站式故障诊断，降低运维技能要求。

（3）数据中心网络

为减少服务器的数量和保证业务的高可靠性，虚拟机技术在数据中心应用很广。数据中心不仅需要管理物理网络，还需要管理虚拟网络，尤其在发生虚拟迁移时，保障业务的不中断很重要。

部署 eSight 统一网络管理平台以及相关的配套功能组件可对数据中心资源进行统一管理。通过 nCenter 数据中心组件，统一监控物理服务器、虚拟机、虚拟交换机、TOR 交换机等数据中心网络资源，实现全网虚拟资源和物理设备间拓扑关系的展示。通过感知虚拟变更动态地调整虚拟机的物理网络策略。

5.3　华为 WLAN 产品供电方式

AP 通常采用以太网供电（Power over Ethernet，PoE）方式，也可采用交流直接供电方式。PoE 供电距离一般在 100m 以内，一般可分为 PoE 供电模块和 PoE 交换机两种方式。PoE 供电模块主要是配合普通交换机/ONU 使用；PoE 交换机是指以太网交换机中内置 PoE 供电模块。

PoE 是指通过以太网网络进行供电，也被称为基于局域网的供电系统或有源以太网，通过 10BASE-T、100BASE-TX、1000BASE-T 以太网网络供电。PoE 可有效解决 IP 电话、AP、便携设备充电器、刷卡机、摄像头、数据采集等终端的集中式电源供电。AP 不需要再考虑其室内电源系统布线的问题，在接入网络的同时就可以实现对设备的供电。使用 PoE 供电方式可节省电源布线成本，结合不间断电源（Uninterruptible Power Supply，UPS）可提高可用性，并方便统一管理。PoE 供电的相关组件包括供电设备（Power Sourcing Equipment，PSE）、供电单元（Power Supply Unit，PSU）、受电设备（Powered Devices，PD）以及供电端口（Power Interface，PI），各 PoE 组件及其所处位置如图 5-3 所示。

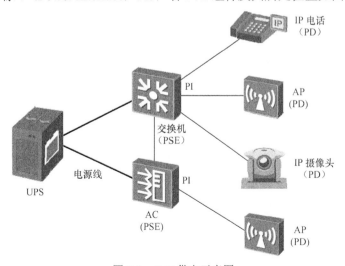

图 5-3　PoE 供电示意图

PSE 主要是用来给其他设备进行供电的设备，分为两种：Midspan（PoE 功能在交换机外）和 Endpoint（PoE 功能集成到交换机内）。华为支持 PoE 供电的设备其供电系统全部集成在设备的内部，属于 Endpoint 的 PSE 设备。PD 是在 PoE 供电系统中用来受电的设备，主要是指一些 AP、IP 电话以及部分小功率的 SOHO 类交换机。

IEEE 802.3at 和 IEEE 802.3af 是 IEEE 定义的两种 PoE 供电标准。IEEE 802.3af 标准下，PSE 端提供 44～57V 的电压，约 350mA 的直流电源，每一端口至少要可提供 15.4W 的功率，而经过 100m 的 cable 线后，到达 PD 端的功率至少要有 12.95W。IEEE 802.3at 标准下，PSE 端提供 50～57V 的电压，约 600mA 的直流电源，每一端口至少要可提供 30W 的功率，对比二者的标准参数如表 5-14 所示。PoE 供电共有 5 个供电级别，如表 5-15 所示。在为 AP 配电时，优先选择符合 802.3af/802.3at 标准的 PoE 交换机供电。如果附近没有交流电源，可以选择 PoE 电源适配器供电；如果附近有交流电源，可以选择交流电源适配器供电。

表 5-14　　　　　　　　　　　　　供电标准 PoE 参数对比

特性	802.3af	802.3at
标准发布时间	2003 年	2009 年
PD 可用功率	12.95W	25.50W
PSE 提供的最大功率	15.40W	30W
电源管理	三种功率等级	四种功率等级
支持的线缆	三类线和五类线	五类线

表 5-15　　　　　　　　　　　　　　　　供电级别

级别	使用类别	功率范围（W）	分类描述
0	默认	0.44～12.94	未分类
1	可选	0.44～3.84	极低功率
2	可选	3.84～6.49	低功率
3	可选	6.49～12.95	中等功率
4	802.3at 设备有效	12.95～25.50	高功率

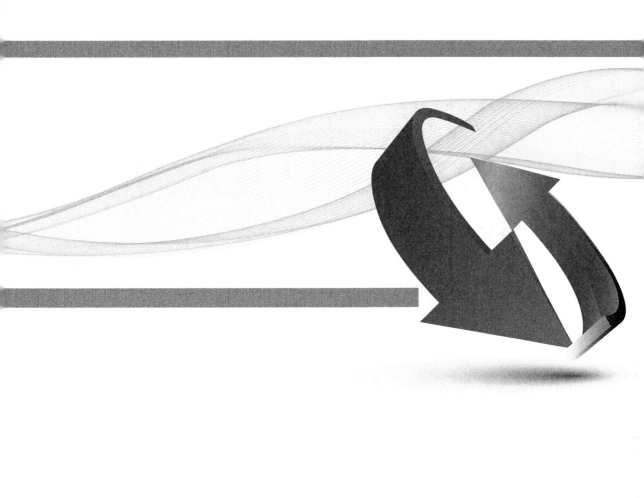

第6章
VRP介绍以及AC初始化配置

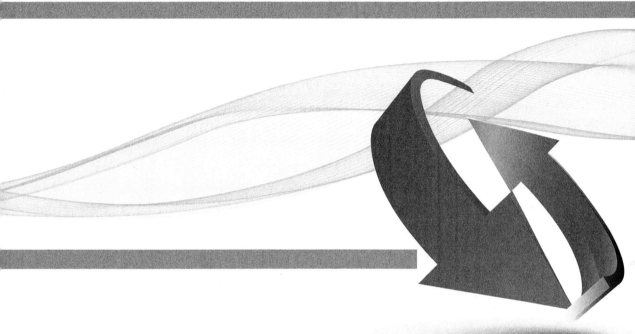

关于本章

华为VRP（Versatile Routing Platfrom，通用路由平台）系统已经有十余年的发展历程，是多种产品的软件核心引擎。维护人员熟悉VRP的链接配置与命令行是日常维护的基本功。熟悉了VRP的相关功能后，可以更快地掌握AC6605的基本属性以及相关配置，能对AC设备和AP设备常用的系统升级和状态查看等命令有更好的掌握，大大提高日常维护的工作效率。

通过本章内容的学习后，读者应该能掌握以下内容。

- 配置华为VRP基本命令
- 配置AC基本属性
- 执行AC和AP软件升级方法

6.1 华为 VRP 介绍

6.1.1 VRP 介绍

通用路由平台 VRP（Versatile Routing Platform）是华为公司数据通信产品使用的网络操作系统，网络操作系统是运行于数通设备上的、提供网络接入及互联服务的系统软件。华为公司的 VRP 系统经过长达十多年的发展和运行验证，目前被证明是非常稳定高效的操作系统。

VRP 通用路由平台作为华为公司从低端到核心的全系列路由器、以太网交换机、业务网关等产品的软件核心引擎，可实现统一的用户界面和管理界面，控制平面功能，并定义转发平面接口规范，实现各产品转发平面与 VRP 控制平面之间的交互；实现网络接口层，屏蔽各产品链路层对于网络层的差异。

VRP 以 TCP/IP 协议栈为核心，实现了数据链路层、网络层和应用层的多种协议，在操作系统中集成了路由技术、交换技术、安全技术和 IP 语音技术等数据通信要件，并以 IP 转发引擎（TurboEngine）技术作为基础，为网络设备提供了出色的数据转发能力。

无线控制器的操作系统在华为 VRP5.0 的基础上进行开发，实现无线 AP 的管理、用户接入认证、流量转发等功能。

VRP 5.0 以上版本中包含 IPv6 相关组件，可以实现 IPV6 协议的相关功能，其系统逻辑架构如图 6-1 所示。

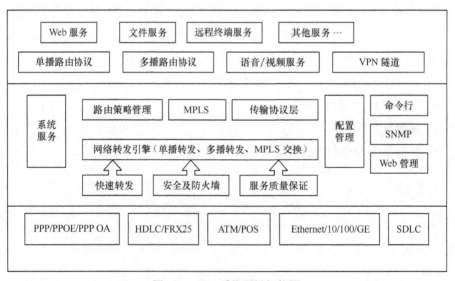

图 6-1 VRP 系统逻辑架构图

6.1.2 通过 Console 口登录设备

当第一次配置华为的设备时，需要使用 Console 接口进行配置。配置时只需将微机

（或终端）的串口也就是常说的 com 口通过标准 RS-232 电缆与路由器的 Console 口连接，RJ45 头一端接在路由器的 Console 口上。如果使用的计算机没有 com 口，可以用 USB 转 com 接口进行连接。线缆连接完毕，就可以启动 VRP 设备了，电脑上也需要启用超级终端服务。如果交换机无法远程访问，也可以通过本地 Console 口登录。

启用超级终端的步骤如下。

- 选择"开始>程序>附件>通讯>超级终端"菜单项，在 Windows XP 系统中启动超级终端。

- WIN7 系统可以通过 putty 等第三方软件来实现超级终端的相似功能。

（1）新建连接

超级终端服务启动后，打开新建连接窗口，在"名称"文本框中输入新建连接的名称，选择图标，然后单击"确定"按钮，如图 6-2 所示。

图 6-2   新建连接图

（2）设置连接端口

进入图 6-3 所示的［连接到］窗口后，请根据 PC（或配置终端）实际使用的端口在"连接时使用"下拉列表框中进行选择。然后单击"确定"按钮。

（3）设置通信参数

单击"还原默认值"使 com 端口的配置参数还原，华为设备采用的连接参数即默认值，如图 6-4 所示。

图 6-3   设置连接端口图

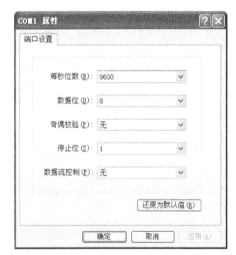

图 6-4   设置通信参数图

（4）配置用户名密码

初次登录 AC 时要初始化 Console 密码，密码要输入两次并且保持一样，在配置时采用交互方式输入的密码不会在终端屏幕上显示出来。

```
Press any key to get started
Please configure the login password(maximum length 16)
```

```
Enter password:huawei123
Confirm password:huawei123
<AC6605>
```

按 Enter 键，直到系统出现如下显示，提示用户配置验证密码，系统会自动保存此密码配置。（以下显示信息仅为示意。）

```
Please configure the login password(maximum length 16)
Enter Password:
Confirm Password:
```

需要提醒的是，采用交互方式输入的密码不会在终端屏幕上显示出来，需注意两次输入的密码一样，否则配置不成功。当用户界面密码配置成功后，用户采用密码验证方式通过此界面再次登录系统时，用户验证密码即为初次登录时所配置的验证密码。

6.1.3　命令行介绍

用户通过命令行对设备下发各种命令来实现对设备的配置与日常维护操作。命令行接口是用户与交换机进行交互的常用工具。通过命令行接口输入命令，可以对交换机进行配置和管理。

用户登录到交换机出现命令行提示符后，即进入命令行接口 CLI（Command Line Interface）。系统向用户提供一系列命令，用户可以通过命令行接口输入命令，对交换机进行配置和管理。

命令行接口允许通过 Console 口进行本地配置，还可以通过 Telnet、SSH 进行远程配置，同时提供 User-interface 视图，管理各种终端用户的特定配置。

系统对于命令提供分级保护，不同级别用户只能执行相应级别的命令。系统通过不认证、password、AAA 三种验证方式，确保未授权用户无法侵入交换机，保证系统的安全。

系统提供网络测试命令，如 Tracert、Ping 等，迅速诊断网络是否正常。系统也提供种类丰富、内容详尽的调试信息，帮助诊断网络故障。用户可以通过 telnet 命令直接登录并管理交换机；系统提供 FTP 服务，方便用户上传、下载文件，同时也可以提供类似 DosKey 的功能，可以执行某条历史命令。命令行解释器提供不完全匹配和上下文关联等多种智能命令解析方法，方便用户输入。系统命令根据功能的不同也分为不同的级别，方便用户的管理使用。

（1）命令级别

系统命令采用分级保护方式，命令从低到高划分为 16 个级别。缺省情况下，命令按 0～3 级进行注册。

* 0 级为参观级，包括网络诊断工具命令（ping、tracert）、从本设备出发访问外部设备的命令（Telnet 客户端）等。
* 1 级为监控级，主要用于系统维护，包括 display 等命令。
* 2 级为配置级，主要是业务配置命令，包括路由、各个网络层次的命令，向用户提供直接的网络服务。

- 3 级为管理级，主要用于系统基本运行的命令，对业务提供支撑作用，包括文件系统、FTP、TFTP、Xmodem 下载、配置文件切换命令、备板控制命令、用户管理命令、命令级别设置命令、系统内部参数设置命令、用于业务故障诊断的 debugging 命令等。

如果用户没有对某条命令单独调整过命令级别，命令级别批量提升后，原注册的所有命令行按以下原则自动调整。

- 0 级和 1 级命令保持级别不变。
- 2 级命令提升到 10 级；3 级命令提升到 15 级。
- 2～9 级和 11～14 级这些命令级别中没有命令行。

用户可以单独调整命令行到这些级别中，以实现权限的精细化管理。

（2）命令视图

命令行接口分为若干个命令视图，所有命令都注册在某个（或某些）命令视图下，通常情况下，必须先进入命令所在的视图才能执行该命令。常用系统视图举例见表 6-1。

```
# Connect to the switch. If the switch uses default settings,you enter the user view.
<Quidway>
# Enter system-view and press Enter to enter the system view.
< Quidway > system-view
[Quidway]
# Enter an interface view.
[Quidway]interface GigabitEthernet 0/0/1
[Quidway–GigabitEthernet0/0/1]
```

用命令与交换机建立连接，如果此交换机是缺省配置，则进入用户视图，在屏幕上显示。

```
<Quidway>                          /缺省主机名称/
# Enter system-view and press Enter to enter the system view.
<Quidway> system-view              /进入系统命令/
[Quidway]                          /进入系统后提示符/
# Enter aaa in the system view to enter the AAA view.
[Quidway]aaa                       /进入 AAA 命令/
[Quidway-aaa]                      /进入 AAA 后提示符/
```

命令行提示符 "Quidway" 是缺省的主机名（sysname）。通过提示符可以判断当前所处的视图，例如 "＜＞" 表示用户视图，"［ ］" 表示除用户视图以外的其他视图。

有些在系统视图下实现的命令，在其他视图下也可以实现，但实现的功能与命令视图密切相关。

表 6-1　　　　　　　　　　　　　常用系统视图举例

项　　目	解　　释
功能	配置 AC6605 的系统参数，并通过该视图进入其他功能配置视图
进入命令	<Quidway> system-view

（续表）

项　　目	解　　释
进入后提示符	[Quidway]
退出命令	[Quidway] quit
退出后提示符	<Quidway>

6.1.4　命令行帮助

输入命令行或进行配置业务时，在线帮助可以提供在配置手册之外的实时帮助。AC6605 的命令行接口提供的在线帮助有完全帮助、部分帮助和命令行错误信息，下面将分别介绍。

（1）命令行帮助：完全帮助

操作系统中应用完全帮助，输入命令行，系统可以协助给予全部关键字或参数的提示。命令行的完全帮助可以通过以下 3 种方式获取。

在任一命令视图下，键入"？"取该命令视图下所有的命令及其简单描述，举例如下。

```
< Quidway >?
```

键入一命令，后接以空格分隔的"？"，如果该位置为关键字，则列出全部关键字及其简单描述，举例如下。

```
<AC6605>display ap?
   all              Display all AP information
   ap-type          AP type
   by-ipv4          AP IP IPV4
   by-mac           AP MAC address
   ……
```

键入命令，后接以空格分隔的"？"，如果该位置为参数，则列出有关的参数名和参数描述，举例如下。

```
<Quidway> system-view
[Quidway] sysname?
TEXT Host name(1 to 246 characters)
```

其中 TEXT 是参数名，Host name（1 to 246 characters）是对参数的描述。

（2）命令行帮助：部分帮助

在操作系统时应用部分帮助，输入命令行，系统可以协助给予以该字符串开头的所有关键字或参数的提示。命令行的部分帮助可以通过以下三种方式获取。

键入一字符串，其后紧接"？"，列出以该字符串开头的所有关键字，举例如下。

```
< Quidway >d?
   debugging                         delete
   dir                               display
```

　　键入一命令，后接一字符串紧接"？"，列出命令以该字符串开头的所有关键字，举例如下。

```
< Quidway >display b?
  bfd                                        bgp
  bootrom                                    bulk-stat
```

　　（3）命令行帮助：Tab 键

　　输入命令的某个关键字的前几个字母，按下 Tab 键，可以显示出完整的关键字，前提是这几个字母可以唯一标示出该关键字，否则，连续按下 Tab 键，可出现不同的关键字，用户可以从中选择所需要的关键字。输入不完整的关键字后按下 Tab 键，系统自动执行部分帮助，如果与之匹配的关键字唯一，则系统用此完整的关键字替代原输入并换行显示，光标距词尾空一格；对于不匹配或者匹配的关键字不唯一的情况，首先显示前缀，继续按 Tab 键循环翻词，此时光标距词尾不空格，按空格键输入下一个单词；如果输入错误关键字，按 Tab 键后，换行显示，输入的关键字不变。举例如下。

　　如果与不完整的关键字匹配的关键字唯一。

```
# Enter an incomplete keyword.
[Quidway]info-
# Press Tab.
[Quidway]info-center
```

　　如果不匹配或者匹配的关键字不唯一。

```
# Enter an incomplete keyword.
[Quidway]info-center l
# Press Tab.
[Quidway]info-center log
# Continue to press Tab to display all the keywords.
[Quidway]info-center loghost
[Quidway]info-center logbuffer
# Stop pressing Tab when you find the required keyword logbuffer.
```

　　（4）命令行帮助：错误信息

　　所有用户键入的命令，如果通过语法检查，则正确执行，否则系统将会向用户报告错误信息。

```
< Quidway >display xyz
                     ^
Error: Unrecognized command found at '^' position.
```

　　命令行常见错误信息如表 6-2 所示。

表 6-2　　　　　　　　　　　　　常见命令行错误信息

英文错误信息	错误原因
Unrecognized command	没有查找到命令
	没有查找到关键字

（续表）

英文错误信息	错误原因
Wrong parameter	参数类型错
	参数值越界
Incomplete command	输入命令不完整
Too many parameters	输入参数太多
Ambiguous command	输入命令不明确

6.2 AC 基本属性配置

6.2.1 通过 Telnet 登录设备

Telnet 协议在 TCP/IP 协议族中属于应用层协议，通过网络提供远程登录和虚拟终端功能。当 AC6605 为新接入网络的设备时，为方便网络管理员远程管理设备，在 AC6605 安装之前，需要在 AC6605 的有线侧和无线侧分别配置 Telnet 服务和设备名称。先通过 Console 口登录 AC6605，配置 AC 的名称、AC 的管理 IP 和 AC 的 Telnet 服务。在进行 Telnet 终端服务的配置前了解此特性的应用环境、配置此特性的前置任务和数据准备，有助于快速、准确地完成配置任务。

当用户已知待登录交换机的 IP 地址，用户可以通过 Telnet 方式登录到交换机上，进行本地或者远程配置。用户需要通过 Telnet 接口方式预先正确配置交换机接口的 IP 地址，配置用户账号以及正确的登录验证方式和呼入呼出受限规则，并且终端与交换机之间直连或有可达路由。

目标交换机根据配置的登录参数对用户进行验证，包括三种方式。

- password 验证：登录用户需要输入正确的口令。
- AAA 本地验证：登录用户需要输入正确的用户名和口令。
- 不验证：登录用户不需要输入用户名或口令。

登录成功后，Telnet 客户端界面上出现命令行提示符（如<Quidway>）。此时可以键入命令，查看交换机运行状态，或对交换机进行配置，需要帮助可以随时键入"？"。

📖 说明

V200R005C00 及之后版本，设备在出厂情况下，Telnet 服务器功能处于去使能状态。用户终端建立与设备的 Telnet 连接之前，需要先使用 STelnet 登录设备后使能 Telnet 服务功能。

为简化问题说明，本书以 Telnet 为例来描述相关技术。设备支持通过 Telnet 协议和 Stelnet 协议登录。使用 Telnet、Stelnet v1 协议存在安全风险，建议您使用 STelnet v2 登录设备。

6.2.2 配置 AC 的 Telnet 服务

在确保所有设备的连线正确并加电启动后，可通过 Console 登录 AC6605。

可以在用户视图下通过命令 system-view 切换到系统视图，在系统视图下才可以修改系统配置，使用 sysname 命令修改系统名称为 AC6605，如下所示。

```
<Quidway> system-view/进入系统界面/
[Quidway] sysname AC6605
```

为 AC6605 配置管理 IP 是在接口模式下配置 IP 地址的掩码。

```
[AC6605] interface MEth 0/0/1
[AC6605-MEth0/0/1] ip address 10.10.10.10 255.255.255.0/
[AC6605-MEth0/0/1] quit
```

如前文所述，配置 Telnet 认证有两种可选择的认证方式，即 AAA 认证和 Password 认证。未给系统配置 AAA 认证，首先进入 aaa 系统，然后配置用户名和密码，如下所示。

```
[AC6605] aaa/配置认证方式为 aaa 认证/
[AC6605-aaa] local-user Huawei password cipher Huawei/认证用户名为 huawei，密码 huawei/
[AC6605-aaa] local-user Huawei service-type telnet/配置服务类型为 telnet/
[AC6605-aaa] local-user Huawei privilege level 15/用户命令级别为 15 级/
[AC6605-aaa] quit
```

还可以通过配置 VTY 用户界面，实现在远程维护 AC。VTY（Virtual Teletype Terminal）是虚拟终端，下述命令中 VTY0 4 表示最多允许 5 个人通过 Telnet 登录设备。

```
[AC6605] user-interface vty 0 4/在 VTY 0 到 VTY4 视图下配置用户采用 aaa 的认证方式/
[AC6605-ui-vty0-4] authentication-mode aaa
[AC6605-ui-vty0-4] return
<AC6605>
```

6.2.3　检查配置结果

配置完成后，可以通过 Telnet 登录来检查配置结果，也可使用 AC 登录自己的接口 127.0.0.1 做测试，注意所有的配置需要 save 保存，否则下次重启 AC 后，配置将丢失。在 AC 上使用 Telnet 必须在用户视图下才可以登录，登录时必须输入和 AAA 认证中相同的用户名和密码才可以通过认证，如下所示。

```
<AC6605> telnet 127.0.0.1              /连接 127.0.0.1/
Trying 127.0.0.1 ...                   /正在连接.../
Press CTRL+K to abort                  /按 CTRL+K 放弃连接/
Connected to 127.0.0.1 ...             /连接到 127.0.0.1/
Login authentication                   /登录认证/
Username:Huawei                        /用户名/
Password:Huawei                        /密码/
Info: The max number of VTY users is 20,and the number of current VTY users on line is 4.
    The current login time is 2012-03-07 09:17:03.
```

通过 Telnet 登录 AC6605

Telnet 终端服务配置成功后，可以使用命令查看用户信息，包括查看到当前用户界面连接情况、每个用户界面连接情况以及当前建立的所有 TCP 连接情况等内容。

```
<Quidway> display users                /显示用户界面的使用信息/
<Quidway> display user-interface console 0   /显示用户界面的物理属性和配置/
<Quidway> display local-user           /查看本地用户列表/
```

```
<Quidway> display access-user          /查看在线用户/
<Quidway> display tcp status           /查看 Tcp 连接情况/
<Quidway> display users                /查看用户界面连接情况/
<Quidway> display telnet server status /查看 Telnet 服务器的状态和配置信息/
```

6.3 AC 和 AP 软件升级方法

本节内容主要介绍 AC 和 AP 的软件升级方法以及注意事项。

6.3.1 升级 AC

如果 AC6605 为新接入网络的设备，为方便网络管理员从远程管理设备，在 AC6605 安装之前，需要在 AC 上配置 Telnet 服务和设备名称。为简化问题说明，以 FTP 为例来描述相关技术。实际工作中使用 FTP 协议存在安全风险，建议使用 SFTP V2 方式进行文件操作。

升级之前要做好准备工作，包括查看正在运行的系统软件版本、运行状态等，以免进行误操作或不必要的操作，导致系统运行出现异常。

（1）查看正在运行的系统软件的版本

```
<AC6605>display version/显示运行版本/
Huawei Versatile Routing Platform Software
VRP(R)software,Version 5.150(AC6605 V200R005C00SPC200)/VRP 版本为 5.15,AC6605DE 版本为 V200R005C00SPC200/
Copyright(C)2011-2014 HUAWEI TECH CO.，LTD
Huawei AC6605 Router uptime is 0 week,1 day,2 hours,44 minutes/设备正常运行的时间/
MPU 0(Master) : uptime is 0 week,1 day,2 hours,44 minutes
SDRAM Memory Size      : 4096    M bytes/系统内存/
Flash Memory Size      : 256     M bytes/闪存/
        <Quidway> display device
```

（2）检查设备运行状态

查看设备运行状态使用的命令为 display device，这里显示设备运行状态为正常。

```
AC6605>display device
AC6605's Device status:
Slot  Sub Type    Online    Power      Register     Alarm     Primary
-------------------------------------------------------------------------
0    AC6605       Present   PowerOn    Registered   Normal    Master
4    POWER        Present   PowerOn    Registered   Normal    NA
```

（3）下载系统软件

使用 FTP、TFTP 或 Bootrom 系统菜单方式，将 Bootrom 程序和系统软件复制到设备存储介质的根目录下。

```
<AC6605>ftp 10.254.1.180
User(10.254.1.180:(none)):huawei
# Enter password:huawei
230 User logged in
[AC6605-ftp]get AC6605V200R005C00SPC200.cc
200 PORT command successful.
150 File status OK；about to open data connection
226 Closing data connection；File transfer successful.
```

```
FTP: 45075085 byte(s)received in 42.030 second(s)1072.45Kbyte(s)/sec.
Now begins to save file，please wait................................
................................. .........................
................................................
File had been saved successfully.
```

（4）加载系统软件

```
<AC6605>startup system-software AC6605V200R005C00SPC200.cc
Info: Succeeded in setting the software for booting system.
<AC6605>display startup
   Configued startup system software: flash:/AC6605V200R003C00SPC200.cc
   Startup system software:     flash:/ac6605_v200r003c00tb053.cc
   Next startup system software: flash:/AC6605V200R005C00SPC200.cc
   Startup saved-configuration file:      flash:/vrpcfg.zip
   Next startup saved-configuration file:    flash:/vrpcfg.zip
   Startup license file:            NULL
   Next startup license file:         NULL
   Startup patch package:              NULL
   Next startup patch package:         NULL
```

（5）重新启动设备

对于是否需要保存配置，请根据需要选择 y 或者 n，设置完成后提示是否需要重新启动设备，请选择 y 重新启动设备。

```
<AC6605> reboot
Info: The system is now comparing the configuration,please wait.
Warning: All the configuration will be saved to the configuration file for the next
startup:flash:/VRPcfg.zip, Continue?[Y/N]:y
Now saving the current configuration to the slot 0.
Info: Save the configuration successfully.
System will reboot!Continue?[Y/N]:        y
Info: system is rebooting,please wait…
```

6.3.2　升级 AP 设备

AP 在正常运行之前或 AC 版本变更后，AP 和 AC 协商决定与当前 AC 版本对应的 AP 运行版本，如果版本不匹配，AP 开始升级。当需要对现有的 WLAN 设备进行功能升级或版本修复时，需要启用在线升级方式对 AP 进行升级。在线升级是指 AP 当前已处于正常工作状态。如果此时 AP 发现自身版本与 AC 设备或 SFTP、FTP 服务器上的 AP 版本不一致，则启动升级。与自动升级相比，在线升级时 AP 仍然可以正常工作，不影响业务。建议在白天让 AP 只下载版本，待晚上设备空闲时再对 AP 进行批量升级操作。

（1）升级 AC

AP 升级模式有三种，根据实际情况，执行下面命令选择其中一种升级模式。

- 执行命令 ap-update mode ac-mode，配置 AP 的升级模式为 AC 模式，缺省情况下，AP 升级模式为 AC 模式。
- 执行命令 ap-update mode ftp-mode，配置 AP 的升级模式为 FTP 模式。

- 执行命令 ap-update mode sftp-mode，配置 AP 的升级模式为 SFTP 模式。

AP 升级时采用 FTP 模式，必须保证版本文件名与版本号一致，否则会导致 AP 不停换包重启。

在线升级时，AP 支持基于单个 AP、AP 域与 AP 类型配合和 AP 类型三种不同的升级方式。

- 基于单个 AP 的升级：在大批量升级前，先对单个 AP 进行升级测试，可以检查升级版本是否存在异常，保证后期的批量升级成功执行。
- 基于 AP 域和 AP 类型的升级：能够具体针对某一热点区域来进行升级，满足用户按照区域升级 AP 的需要。
- 基于 AP 类型的升级：批量升级同一类型的 AP。

配置时需要注意以下事项。

- 在线升级时，如果 AP 还没来得及加载新版本，而因为其他原因复位，会转化为自动升级。
- 使用 AC 模式进行 AP 批量升级，多 AP 同时升级花费时间长。为减少业务中断时间，推荐使用 FTP 或 SFTP 模式升级。
- 请确保 AP 的版本文件已经成功上传到 AC、SFTP 服务器或 FTP 服务器上。

（2）FTP Mode 升级

FTP 模式升级时，可以通过 Telnet 或者串口方式登录设备。通过串口方式登录 AC 设备，使用串口线连接 PC 串口和设备串口，或使用网线连接 PC 和设备维护网口登录设备；通过 Telnet 方式登录 AC 设备时，使用网线连接 PC 和设备维护网口登录设备。

升级步骤如下。

首先进入 wlan-ac 视图模式并配置升级模式为 FTP 模式，如下所示。

```
[AC6605-wlan-view]ap-update mode ftp-mode
```

再进入 wlan-ac 视图模式并查看 AP 类型，如下所示。

```
[AC6605-wlan-view]display ap-type all
  All AP types information:
  ----------------------------------------------------------------
  ID      Type
  ----------------------------------------------------------------
  17      AP6010SN-GN
  19      AP6010DN-AGN
          ........................
  ----------------------------------------------------------------
  Total number: 15
```

（3）配置 FTP 服务器

```
[AC6605-wlan-view]ap-update ftp-server X.X.X.X ftp-username XXX ftp-password yyy(xxx,yyy 分别指登录 FTP server 时
的用户名和密码。)
```

配置 AP 升级版本的文件名。注意不要修改 AP 升级版本的文件名。

```
[AC6605-wlan-view]ap-update
```

```
update-filename FitAP6X10XN_V200R005C00SPC200B033.bin ap-type 19
Warning: If ap-update mode is ac-mode,update-file's default path is flash:/. Are you sure to continue?(y/n)[n]:y
```

通过 FTP 方式升级 AP，则需要保证 AP 和 FTP 服务器可以互通，并将 AP 升级文件 FitAP6X10XN_V200R005C00SPC200B033.bin 放到 FTP 根目录。

对需要升级的同型号所有 AP 下发批量升级命令，如 AP6010DN。

```
[AC6605-wlan-view]ap-update multi-load ap-type 19
Start to load the update file,please wait for several seconds.......
Info: Starting batch AP update. AP type AP6010DN-AGN，AP number 4.
```

对同一类型的 AP 加载，只需执行一次上述命令即可，加载过程中可以使用 display ap all 命令查询 ap 是否处于加载状态；本次 AP 升级采用的是 ftp 加载模式，同时升级的 AP 数量为 FTP 的最大连接数的一半（如 FTP 最大连接数为 100 时，最多可允许 50 台 AP 同时升级）。AP 加载过程中业务不受影响。

6.3.3　检查 AP 状态

当完成 AP 设备的升级后，可以使用相关命令来检查 AP 的状态，以保证所有 AP 在升级后正常工作。

可以使用 display ap all 查看所有 AP 是否正常工作，如下所示。

```
[AC6605-wlan-view]display ap all
All AP information(Normal-0,UnNormal-4):
----------------------------------------------------------------------------
AP    AP              AP              Profile   AP         AP/Region
ID    Type            MAC             ID        State      Sysname
----------------------------------------------------------------------------
0     AP6010DN-AGN    cccc-8110-2280  0/0       download   ap-0
1     AP6010DN-AGN    cccc-8110-2240  0/0       download   ap-1
2     AP6010DN-AGN    cccc-8110-2260  0/0       download   ap-2
4     AP6010DN-AGN    cccc-8110-22e0  0/0       download   ap-4
----------------------------------------------------------------------------
Total number: 4
```

上述为 4 个 AP 全部处于准备下载状态。

```
[AC6605]display ap-update status all
----------------------------------------------------------------------------
AP ID   AP Type          AP Mac           Update Status
----------------------------------------------------------------------------
0       AP6010DN-AGN     cccc-8110-2280   downloading(progress: 0%/0%)
1       AP6010DN-AGN     cccc-8110-2240   downloading(progress: 0%/0%)
2       AP6010DN-AGN     cccc-8110-2260   downloading(progress: 0%/0%)
4       AP6010DN-AGN     cccc-8110-22e0   succeed
----------------------------------------------------------------------------
Total number: 4
```

上述结果为 3 个 AP 正在下载，1 个 AP 下载成功。

```
[AC6605-wlan-view]display ap all
All AP information(Normal-4,UnNormal-1):
```

```
---------------------------------------------------------------------
AP    AP                      AP            Profile    AP         AP/Region
ID    Type                    MAC           ID         State      Sysname

0     AP6010DN-AGN            cccc-8110-2280    0/0     normal     ap-0
1     AP6010DN-AGN            cccc-8110-2240    0/0     normal     ap-1
2     AP6010DN-AGN            cccc-8110-2260    0/0     normal     ap-2
3     AP6010DN-AGN            cccc-8110-22e0    0/0     normal     ap-3
---------------------------------------------------------------------
Total number: 4
```

上述结果为 4 个 AP 全部处在正常状态。

（1）升级完成后要重启 AP

单独重启一个 AP。

```
[AC6605-wlan-view]ap-update reset ap-id 0
```

重启一类 AP。

```
[AC6605-wlan-view]ap-update multi-reset ap-type 19
    Info: Starting batch AP reset. AP type AP6010DN-AGN.
    Info: Batch AP reset completely. Success number 4,failure number 0.
```

使用命令重启所有 AP。

```
[AC6605-wlan-view]ap-reset all
    Warning: Reset AP!Continue?    [Y/N]y
    Info: Reset AP completely. Success count: 4. Failure count: 0.
```

（2）验证 AP 的版本

```
[AC6605]display ap-run-info id 0
    AP 0 run information:
    --------------------------------------------------------
    Software version: V200R005C00SPC900
    Hardware version: Ver.C
    BIOS version: 125
    Domain: CN
    CPU type: AR9344
    CPU frequency: 480 MHZ
    Memory type: H5PS5162GFR-S6C&1
    AP System software description: AP6010DN- AGN:V200R005C00SPC900
    AP System hardware description: AP6010DN-AGN:Ver.C
```

此外，还可以使用命令 display device 查看部件类型及状态信息。在实际操作中，可以在任意视图下使用该命令查看设备的部件信息。显示信息包括部件类型、是否在线、是否加电、是否注册、是否告警以及主备状态。

执行命令 display diagnostic-information 可以查看设备上的诊断信息。诊断信息包括时钟、版本、当前配置文件、保存的配置文件、接口上的物理信息和协议信息、收发报文的统计信息、内存使用状况、系统日志等信息。执行命令 display version 显示系统版本。执行命令 display clock 显示系统时钟。执行命令 display saved-configuration 显示起始配置信息。执行命令 display current-configuration 显示当前配置信息等。

6.4　总结

　　本章首先介绍 VRP 的应用和 VRP 的连接配置，然后重点介绍 VRP 使用的相关命令以及使用过程中常用的命令帮助功能。读者在掌握 VRP 应用相关概念的基础上，学习 AC 设备的配置服务以及 AC、AP 设备的升级方法和在网状态，为后续章节的学习打下基础。

第7章
WLAN拓扑介绍

关于本章

如果读者曾经学习过计算机网络基础课程，那么对以下内容应该不会感到陌生。计算机与计算机之间通过计算机网络相互通信，计算机网络可以被配置为对等模式、客户端–服务器模式或集中式中央处理器模式。在计算机网络中，节点的物理以及（或者）逻辑布局称为拓扑结构，有线网络主要包括总线形、环形、星形、网状以及混合拓扑结构等。各种拓扑结构都有其利弊。网络拓扑的规模相差很大，它既可以覆盖极小的区域，也可以作为全球性的架构存在。

与有线网络类似，无线拓扑结构与无线硬件的物理和逻辑布局有关。无线技术的种类繁多，可以将这些无线技术划分到4类不同的无线网络拓扑中。802.11–2012标准共定义了4种称为服务集（service set）的标准拓扑结构，其中3种为早期802.11标准定义的，802.11s–2011定义了一种新的拓扑结构MBSS，之后被并入802.11–2012标准中。本章将介绍各种WLAN网络中的拓扑结构，并讨论各种拓扑结构的特性及应用场景。

通过本章的学习，读者将会掌握以下内容。

- 描述WLAN组成结构
- 概括WLAN基本拓扑结构
- 描述mesh网络模式
- 列举华为WDS组网模式

7.1　WLAN 组成原理

7.1.1　WLAN 组成结构

WLAN 网络组成结构如图 7-1 所示，包括站点（Station，STA）、无线介质（Wireless Medium，WM）、接入点（Access Point，AP）和分布式系统（Distribution System，DS）。

（1）站点（STA）

站点通常是指 WLAN 网络中的终端设备，例如笔记本电脑的网卡、移动电话的无线模块等。STA 可以是移动的，也可以是固定的。每个 STA 都支持鉴权、取消鉴权、加密和数据传输等功能，是 WLAN 的最基本组成单元。

STA 通常是可以移动的，常常在改变自己的空间所处位置，所以一般情况下，一个 STA 不代表某个固定的空间物理位置。因此，STA 的目的地址和物理位置是两个不同的概念。

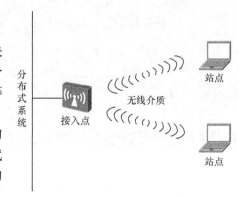

图 7-1　WLAN 的组成结构

（2）无线介质（WM）

无线介质是 WLAN 中站点与站点之间、站点与接入点之间通信的传输介质。此处指的是大气，它是无线电波和红外线传播的良好介质。WLAN 的无线介质由无线局域网物理层标准定义。

（3）接入点（AP）

接入点与蜂窝结构中的基站类似，是 WLAN 的重要组成单元。AP 可看作一种特殊的站点，其基本功能如下。

① 作为接入点，完成其他非接入点的站点对分布式系统的接入访问和同一 BSS（Basic Service Set，基本服务集）中的不同站点间的通信连接；

② 作为无线网络和分布式系统的桥接点完成无线网络与分布式系统间的桥接功能；

③ 作为 BSS 的控制中心完成对其他非接入点的站点的控制和管理。

（4）分布式系统（DS）

物理层覆盖范围的限制决定了站点与站点之间的直接通信距离。为扩大覆盖范围，可将多个接入点连接以实现相互通信。连接多个接入点的逻辑组件称为分布式系统，也称为骨干网络。如图 7-2 所示，如果 STA_1 想要向 STA_3 传输数据，STA_1 需先将无线帧传给 AP_1，AP_1 连接的分布式系统负责将无线帧传送给与 STA_3 关联的 AP_2，再由 AP_2 将帧传送给 STA_3。

分布式系统介质（Distribution System Medium，DSM）可以是有线介质，也可以是无线介质。这样，在组织 WLAN 时就有了足够的灵活性。在多数情况下，有线 DS 系统采用有线局域网（如 IEEE 802.3）。而无线 DS 可通过接入点间的无线通信（通常为无线网桥）取代有线电缆来实现不同 BSS 的连接。无线 DS 组网模式会在 7.3 节中阐述。

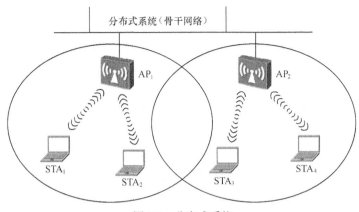

图 7-2　分布式系统

7.1.2　基本服务集

基本服务集（Basic Service Set，BSS）是 802.11 无线局域网的基本构成单元，其中可以包含多个 STA。

BSS 实际覆盖的区域称为基本服务区（Basic Service Area，BSA），在该覆盖区域内的成员站点之间可以保持相互通信。只要无线接口接收到的信号强度在接收信号强度指示（Received Signal Strength Indication，RSSI）阈值之上，就能确保站点在 BSA 内移动而不会失去与 BSS 的连接。由于周围环境经常会发生变化，BSA 的尺寸和形状并非总是固定不变的。

每个 BSS 都有一个基本服务集标识（Basic Service Set IDentifier，BSSID），是每个 BSS 的二层标志符。BSSID 实际上就是 AP 无线射频卡的 MAC 地址（48 位），用来标识 AP 所管理的 BSS。BSSID 位于大多数 802.11 无线帧的帧头，用于 BSS 中的 802.11 无线帧转发。同时，BSSID 还在漫游过程中起着重要作用。

7.1.3　服务集标识

服务集标识（Service Set IDentifier，SSID）是标识 802.11 无线网络的逻辑名，可供用户进行配置。SSID 由最多 32 个字符组成，且区分大小写，配置在所有 AP 与 STA 的无线射频卡中。

读者不要混淆 SSID 与 BSSID。SSID 是一个用户可配置的无线局域网逻辑名，而 BSSID 是硬件厂商提供给 AP 无线射频卡的 MAC 地址。

（1）SSID 隐藏

大部分 AP 具备隐藏 SSID 的能力，隐藏后的 SSID 只对合法终端用户可见。802.11-2007 标准并没有定义 SSID 隐藏，不过，许多管理员仍然将 SSID 隐藏作为一种简单的安全手段使用。

（2）多 SSID

早期的 802.11 芯片只能够创建单一 BSS，即为用户提供一个逻辑网络。随着 WLAN 用户数目的增加，单一逻辑网络无法满足不同种类用户的需求。多 SSID 技术可以将一个无线局域网分为几个子网络，每一个子网络都需要独立的身份验证，只有通过身份验证的用户才可以进入相应的子网络，防止未被授权的用户进入本网络。同时，AP 会分配不同的 BSSID 来对应这些 SSID。

如图 7-3 所示，AP 上配置了两个逻辑网络，也就是两个 SSID。其中，"Internal"供内部员工使用，"Guest"供访客使用。在此 AP 中，各 SSID 被分别关联至不同的虚拟局域网（VLAN），而不同的 VLAN 有不同的访问权限。这样就用一个 AP 实现了不同用户的无线接入。

目前的 AP 均支持多 SSID 功能，除了 AP2010、AP2030、AP3010 每个射频可以支持 8 个虚拟 AP 外，华为其他的 AP 每个射频都可以支持 16 个虚拟 AP，也就是同时可以支持 16 个逻辑网络。

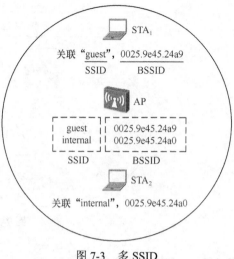

图 7-3　多 SSID

7.2　WLAN 拓扑结构

WLAN 网络相对于有线局域网的一大优势就是网络部署的灵活性，根据接入点 AP 的功能差异，WLAN 可以实现多种不同方式的组网，从而满足不同场景的网络接入需求。

7.2.1　基础架构基本服务集

基础架构基本服务集（Infrastructure BSS）中包含单个 AP 及若干个 STA，如图 7-4 所示。该拓扑结构中，不同站点通过 AP 实现彼此间的通信，并借助分布系统完成与有线网络的连接。由于单个 AP 覆盖距离有限，该结构仅适用于小范围的 WLAN 组网，日常生活中部署的 WLAN 网络大部分为基础架构型。

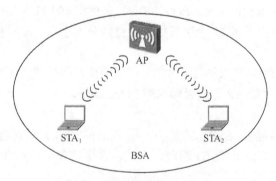

图 7-4　基础架构基本服务集

7.2.2　扩展服务集

扩展服务集（Extended Service Set，ESS）由多个 BSS 构成，BSS 之间通过分布式

系统连接在一起。一般而言，ESS 是若干接入点和与之建立关联的站点的集合，各接入点之间通过单一的分布式系统相连。

最常见的 ESS 由多个接入点构成，接入点的覆盖小区之间部分重叠，以实现客户端的无缝漫游，如图 7-5 所示。华为建议，信号覆盖重叠区域至少应保持在 15%～25%。

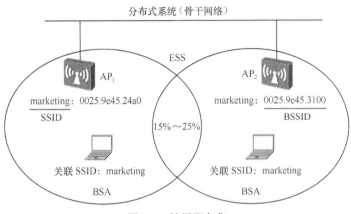

图 7-5　扩展服务集

尽管无缝漫游是无线局域网设计中需要重点考虑的因素之一，然而保证不间断通信并不是 ESS 必须满足的条件。当 ESS 中接入点的覆盖小区存在不连续区域时，站点在移动过程中会暂时失去连接，并在进入下一个接入点的覆盖范围后重新建立连接。这种站点在非重叠小区之间移动的方式有时称为游动漫游。还有另一种情形是多个接入点的覆盖范围大部分重合或完全重合，其目的是增加覆盖区域的容量，但不同接入点必须配置在不同信道上。

ESS 内的每个 AP 都组成一个独立的 BSS，在大部分情况下，所有 AP 共享同一个扩展服务区标识（Extended SSID，ESSID），ESSID 本质就是 SSID。同一 ESS 中的多个 AP 可具有不同的 SSID，但如果要求 ESS 支持漫游，则 ESS 中的所有 AP 必须共享同一个逻辑名 ESSID。

7.2.3　独立基本服务集

802.11 标准定义的第三种拓扑结构称为独立基本服务集（Independent BSS，IBSS），仅由站点组成，而不存在接入点，如图 7-6 所示。在 IBSS 中，站点互相之间可以直接通信，但两者间的距离必须在可通信的范围内。最简单的 802.11 网络是由两个站点组成的 IBSS。

通常而言，IBSS 是由少数几个站点为了特定目的而组成的暂时性网络。如在会议开始时，参会人相互形成一个 IBSS 以便传输数据，当会议结束时，IBSS 随即瓦解。正因为持续时间不长，规模小且目的特殊，IBSS 结构网络有时被称为特设网络（ad hoc network）。"ad hoc"为拉丁文，意为"为眼前的情况而不考虑更广泛的应用"。同时，由于 IBSS 中通信的点对点特性，也称为点对点网络。

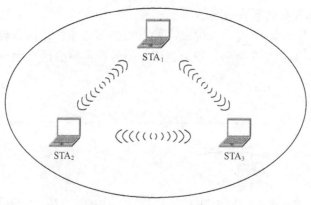

图 7-6　独立基本服务集

7.2.4　Mesh 基本服务集

802.11 标准很早就定义了上述 3 种 802.11 拓扑结构，即基础结构基本服务集、扩展服务集和独立基本服务集。802.11s-2011 定义了一种新的拓扑结构：Mesh 基本服务集（Mesh BSS，MBSS）。之后，802.11s-2011 也被并入 802.11-2012 标准中。

传统的 WLAN 网络中，STA 与 AP 之间以无线信道为传输介质，AP 的上行链路则是有线网络。如果部署 WLAN 网络前没有有线网络基础，则需要耗费大量的时间和成本来构建有线网络。对于组建后的 WLAN 网络，如果需要对其中某些 AP 位置进行调整，则需要调整相应的有线网络，操作困难。综上所述，传统 WLAN 网络的建设周期长、成本高、灵活性差。采用 MBSS 结构只需要安装 AP，建网速度非常快，主要用于应急通信、无线城域网或有线网络薄弱地区等场合。

采用 MBSS 拓扑结构的无线局域网称为无线 Mesh 网络（Wireless Mesh Network，WMN），支持 Mesh 功能的 AP 称为 Mesh Point。如图 7-7 所示，连接 Mesh 网络和其他类型网络的 MP 节点称为 MPP（Mesh Portal Point），这个节点具有 Portal 功能，可以实现 Mesh 内部节点和外部网络的通信。其他 Mesh AP 与 protal 站点建立无线回传链路连接有线网络。

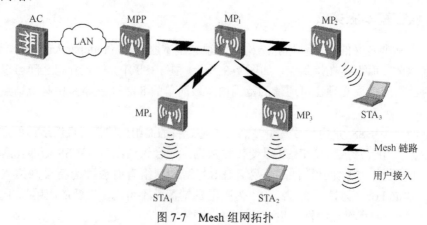

图 7-7　Mesh 组网拓扑

Mesh 网络的优点包括如下几点。

① 快速部署：Mesh 网络设备安装简便，可以在几小时内组建，而传统的无线网络需要更长的时间。

② 动态覆盖范围：随着 Mesh 节点的不断加入，Mesh 网络的覆盖范围可以快速增加。

③ 健壮性：Mesh 网络是一个对等网络，不会因为某个节点产生故障而影响到整个网络。如果某个节点发生故障，报文信息会通过其他备用路径传送到目的节点。

④ 灵活组网：AP 可以根据需要随时加入或离开网络，这使得网络更加灵活。

⑤ 应用场景广：Mesh 网络除了可以应用于企业网、办公网、校园网等传统 WLAN 网络常用场景外，还可以广泛应用于大型仓库、港口码头、城域网、轨道交通、应急通信等应用场景。

⑥ 高性价比：Mesh 网络中，只有 Portal 节点需要接入到有线网络，对有线的依赖程度被降到了最低，省却了购买大量有线设备以及布线安装的投资开销。

需要注意的是，802.11 帧在第二层传输，Mesh 网络也是一样。802.11 帧在 Mesh 网络中的路由也是基于 MAC 地址的转发，而非 IP 地址。MBSS 的默认路径选择协议是混合无线 Mesh 协议（Hybrid Wireless Mesh Protocol，HWMP），然而，许多 WLAN 厂商一直使用私有的 Mesh 协议。因此，在部署 Mesh 网络时，应尽量选购同一家厂商生产的 Mesh 设备。

7.3　无线分布式系统

一般而言，分布系统都是有线以太网骨干网，但是也存在采用无线连接的分布系统。无线分布式系统（Wireless Distribution System，WDS）是通过无线链路连接两个或者多个独立的有线局域网或者无线局域网，组建一个互通的网络，从而实现数据访问。

7.3.1　应用场景

在室内场景部署 WDS，可以根据业务需求及室内建筑布局，灵活选择点对点、点对多点等多种组网方式。在室内网线布设困难或覆盖区域与交换机距离过远时，采用 WDS 桥接可以作为一种有效的解决方案，但通常室内环境较为复杂，容易受限于建筑障碍物的遮挡，使得 WDS 在室内的应用受到较大约束。

在室外场景中，当需要连接的两个局域网之间有障碍物遮挡或者传输距离太远时，可以考虑使用无线中继的方法来完成两点之间的无线桥接，如图 7-8 所示。

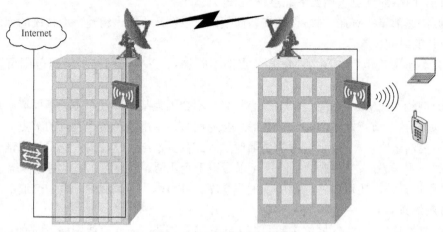

图 7-8　WDS 组网应用场景

7.3.2　工作原理

WDS 可将有线网络的数据通过无线网络当中继架构来传输到另外一个无线网络环境，或者是另外一个有线网络。因为传输过程中利用无线网络形成虚拟的网络线，所以也称为无线网络桥接功能。

WDS 通常指的是一对一，但也可以做到一对多，并且桥接的对象可以是无线网络或者是有线系统。所以 WDS 最少要有两台同功能的 AP，最多数量则要根据厂商设计的架构来决定。即 WDS 可以让无线 AP 之间通过无线进行桥接（中继），但同时并不影响其作为无线接入点的功能。

相比传统有线网络，采用 WDS 具有以下优势。

① WDS 无需架线挖槽，可以实现快速部署和扩容。

② 有线网络连接除电信部门外，其他单位的通信系统没有在公共场所布设电缆的权力，而无线桥接方式则可根据客户需求使用 2.4G 和 5.8G 免许可的 ISM 频段灵活定制专网。

③ 有线网络运维故障排查难度大，而 WDS 只需维护桥接设备，故障定位和修复快捷。

④ WDS 组网快，支持临时、应急、抗灾通信保障。

华为无线双频 AP 设备具有完善的业务支持能力，传输距离远，抗干扰能力强，网络部署简单，自动上线和配置，实时管理和维护等特点，可满足室内外 WLAN 网络覆盖和桥接要求。

7.3.3　组网模式

无线 WDS 技术提高了整个网络结构的灵活性和便捷性。在 WDS 部署中，网桥组网模式可分为点对点（Peer to Peer，P2P）方式、点对多点（Peer to Multiple Peer，P2MP）方式及中继桥接方式等。

根据 AP 在 WDS 网络中的实际位置，AP 射频网桥的工作模式有三种，分别为 Root 模式、Middle 模式、Leaf 模式。

① Root 模式：AP 作为根节点直接与 AC 通过有线相连，另以 AP 型网桥向下供 STA 型网桥接入。

② Middle 模式：AP 作为中间节点以 STA 型网桥向上连接 AP 型网桥、以 AP 型网桥向下供 STA 型网桥接入。

③ Leaf 模式：AP 作为叶子节点以 STA 型网桥向上连接 AP 型网桥。

（1）点对点

点对点（P2P）拓扑如图 7-9 所示，两台 AP 通过 WDS 实现了无线桥接，最终实现两个网络的互通。实际应用中，每一台设备可以通过配置的 MAC 地址确定需要建立的桥接链路。

P2P 无线网桥可用来连接两个分别位于不同地点的网络，Root AP 和 Leaf AP 应设置成相同的信道。

（2）点对多点

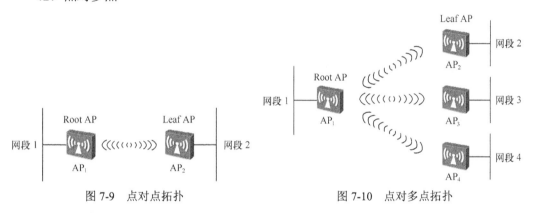

图 7-9　点对点拓扑　　　　　　　　　图 7-10　点对多点拓扑

点对多点的无线网桥能够把多个离散的远程的网络连成一体，结构相对于点对点无线网桥来说更为复杂。在点到多点的组网环境中，一台设备作为中心设备，其他所有的设备都只和中心设备建立无线桥接，实现多个网络的互联。但是多个分支网络的互通都要通过中心桥接设备进行数据转发。

（3）中继

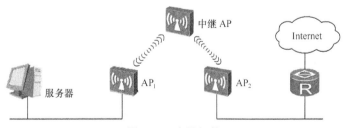

图 7-11　中继拓扑

当需要连接的两个局域网之间有障碍物遮挡而不可视或者传输距离太远时，可以考虑使用无线中继的方法来完成两点之间的无线桥接。无线中继器用来在通信路径的中间转发数据，从而延伸系统的覆盖范围。

中继可以使得无线传输距离延伸到十公里以上甚至数十公里，但是带宽并没有增加。

（4）手拉手

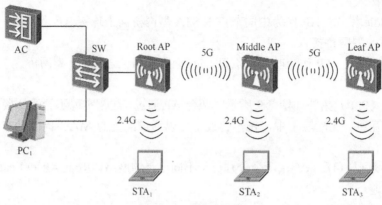

图 7-12　手拉手拓扑

手拉手模式为 WDS 典型室内组网场景，在家庭、仓库、地铁或者公司内部，由于不规则的布局、墙体等物体对 WLAN 信号的衰减，一台 AP 的覆盖效果很不理想，许多地方存在信号盲区，这时采用 WDS 技术，通过 WDS 桥接 AP，不仅可以有效地扩大无线网络覆盖范围，还可以避免因重新布线带来的经济损耗。对于对带宽要求不是很敏感的用户来说，此方式较为经济实用。

（5）背靠背

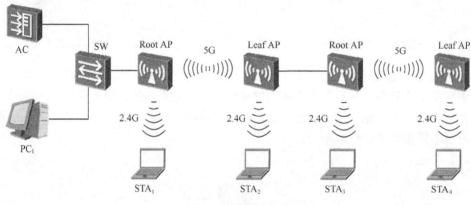

图 7-13　背靠背拓扑

背靠背模式为 WDS 典型室外组网场景，当需要连接的网络之间有障碍物或者传输距离太远时，可以采用背靠背组网方式，通过两个 WDS AP 有线级联背靠背组成中继桥。这种组网方式可以保证长距离网络传输中无线链路带宽。

对带宽要求较高的用户，可采用两个 WDS AP 背靠背有线直连作为 Repeater AP，两个方向工作于不同的信道，保证无线链路带宽。

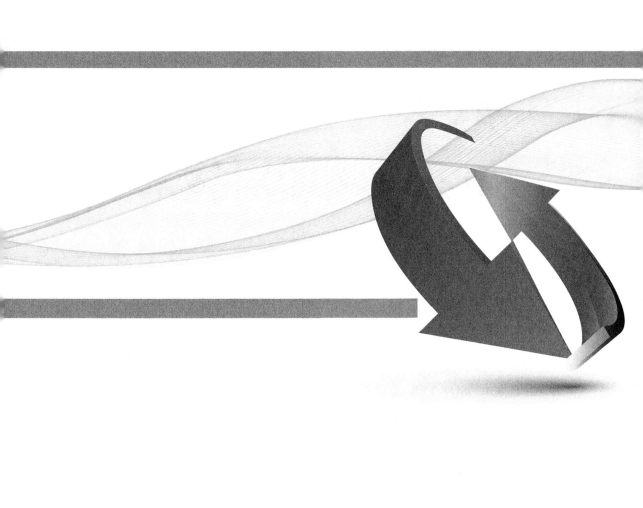

第8章
802.11物理层技术

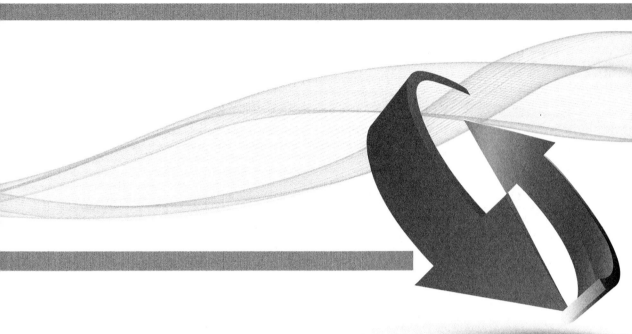

关于本章

  国际标准化组织（ISO）建议的开放系统互联参考模型（OSI）将网络通信协议体系分为七层，局域网协议标准的结构主要包括物理层和数据链路层。其中，最底层为物理层，局域网采用不同传输介质，对应不同的物理层，如有线网的传输介质是双绞线或光缆，而无线网的传输介质是空气。

  802.11物理层的关键技术涉及采用的传输介质、选择的频段及调制方式。WLAN所采用的传输技术主要有两种：红外线和微波传输技术。其中，红外线传输技术采用小于1μm波长的红外线作为传输媒体，有较强的方向性，受太阳光的干扰较大。红外线支持1～2Mbit/s的数据速率，适用于近距离通信。由于红外线传输方式的传输质量受距离的影响非常大，并且红外线对非透明物体的穿透性也非常差，因此并未被WLAN标准广泛使用。

  本章重点讨论微波传输技术。微波传输技术涉及的技术也很多，由于篇幅有限不一一介绍，仅对802.11涉及的主要技术进行归类介绍。

  通过本章的学习，读者将会掌握以下内容。

- 802.11物理层基本概念
- 802.11扩频技术
- 直接序列扩频技术
- 正交频分复用技术

8.1 802.11 物理层基本概念

8.1.1 802.11 系列标准

IEEE 802.11 委员会于 1997 年 6 月颁布了具有里程碑意义的无线局域网标准 IEEE 802.11-1997。IEEE 802.11 标准由很多子集构成，详细定义了从物理层到 MAC 层的 WLAN 通信协议。以此为基础，IEEE802.11 委员会又先后推出了 IEEE 802.11b、a、g、n 及 ac 等多个修订案，以对其性能进行提升。IEEE 802.11 系列标准修订案技术指标如表 8-1 所示。

表 8-1   IEEE 802.11 系列标准技术指标

标准版本		802.11b	802.11a	802.11g	802.11n	802.11ac
发布时间		1999 年 9 月	1999 年 9 月	2003 年 6 月	2009 年 9 月	2013 年 12 月
工作频段		2.4GHz	5GHz	2.4GHz	2.4GHz/5GHz	5GHz
信道带宽		22MHz	20MHz	22MHz	20MHz/40MHz	20MHz/40MHz/80MHz/160MHz/80+80MHz
理论速率		11Mbit/s	54Mbit/s	54Mbit/s	600Mbit/s	6.933Gbit/s
编码	编码方式	—	卷积码	卷积码	卷积码/LDPC	卷积码/LDPC
	编码码率		1/2、2/3、3/4	1/2、2/3、3/4	1/2、2/3、3/4、5/6	1/2、2/3、3/4、5/6
调制技术		DSSS	OFDM	OFDM/DSSS	MIMO-OFDM	MIMO-OFDM
调制方式		CCK	BPSK/QPSK/16QAM/64QAM	CCK/BPSK/QPSK/16QAM/64QAM/DBPSK/DQPSK	BPSK/QPSK/16QAM/64QAM	BPSK/QPSK/16QAM/64QAM/256QAM
天线结构		1×1 SISO	1×1 SISO	1×1 SISO	4×4 MIMO	8×8 MIMO

IEEE 802.11 物理层标准定义了无线协议的工作频段、调制编码方式及最高速度的支持。

① IEEE 802.11：1990 年 IEEE 802 标准化委员会成立 IEEE 802.11 无线局域网标准工作组。该标准定义物理层和媒体访问控制（MAC）规范。物理层定义了数据传输的信号特征和调制，工作在 2.4～2.4835GHz 频段，传输速率最高只能达到 2Mbit/s。

② IEEE 802.11a：1999 年，IEEE 802.11a 标准制定完成，该标准规定无线局域网工作频段在 5.15～5.825GHz，数据传输速率达到 54Mbit/s。

③ IEEE 802.11b：1999 年 9 月 IEEE 802.11b 被正式批准，该标准规定无线局域网工作频段在 2.4～2.4835GHz，数据传输速率达到 11Mbit/s。

④ IEEE 802.11g：IEEE 802.11g 标准是对 802.11b 的提速（速度从 802.11b 的 11Mbit/s 提高到 54Mbit/s）。802.11g 接入点支持 802.11b 和 802.11g 客户设备。

⑤ IEEE 802.11n：IEEE 802.11n 使用 2.4GHz 频段和 5GHz 频段，IEEE 802.11n 标准的核心是 MIMO（multiple-input multiple-output，多入多出）和 OFDM（Orthogonal

Frequency Division Multiplexing，正交频分复用）技术，传输速度 300Mbit/s，最高可达 600Mbit/s，可向下兼容 802.11b、802.11g。

⑥ IEEE 802.11ac：IEEE 802.11ac 核心技术主要基于 IEEE 802.11a 及 IEEE 802.11n 标准，继续工作于 5GHz 频段且保持后向兼容性。为了支持更高等级的数据速率，IEEE 802.11ac 物理层引入了更多关键技术，如更大的信道带宽、更高阶的调制编码方式以及更多空间流。

8.1.2　802.11 物理层体系结构

（1）WLAN 物理层传输原理

与一般的无线通信系统一样，WLAN 的物理层主要解决数据传输问题。其典型的传输过程如图 8-1 所示。

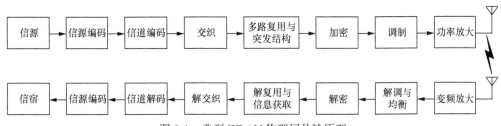

图 8-1　典型 WLAN 物理层传输原理

数字信源经信源编码（主要是数据压缩）处理后进行的另外一种编码处理称为信道编码。它用来引入冗余设计，使得在接收端能够检测和纠正传输错误。无线信道中的错误通常以突发形式出现。为了将此类在传输过程（遭受衰落）中出现的突发错误变换成随机错误，以便信道编码进行纠正，一般要对数据进行交织处理。因此，将信道编码和交织技术统称为控制编码。如果采用加密技术，只有授权的用户才能正确地检测和解密处理后的数据。为了适应无线信道的特性，进行有效的传播，将加密后的信号进行调制和放大，以一定的频率和一定的功率通过天线或发射器辐射出去。如果有多个信源共用此无线链路，通常还需进行多路复用处理。多址接入在多路复用后进行。

接收端的处理过程刚好相反，但经常还需要用均衡机制来校正信号在传输过程中可能产生的相位和幅度失真。

（2）WLAN 物理层层次结构

从纵向的层次结构来看，WLAN 的物理层包括三个实体，如图 8-2 所示。

物理层管理实体（Physical Layer Management Entity，PLME）：与 MAC 层管理相连，执行本地物理层的管理功能。

物理层汇聚过程（Physical Layer Convergence Procedure，PLCP）子层：是 MAC 与 PMD 子层或物理介质的中间桥梁。它规定了如何将 MAC 层协议数据单元（MAC Protocol Data Unit，MPDU）映射为合适的帧格式用于收发用户数据和管理信息。

物理介质相关（Physical Media Dependent，PMD）子层：在 PLCP 子层之下，直接面向无线介质。定义了两点和多点之间通过无线媒介收发数据的特性和方法，为帧传输提供调制和解调。

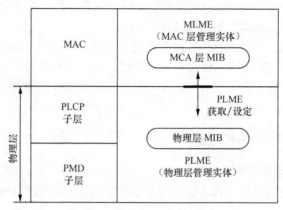

图 8-2　WLAN 物理层结构

8.1.3　窄带传输与扩频传输

频宽是指能够有效通过该信道的信号的最大频带宽度，以赫兹（Hz）为单位。频宽的大小是依据要传送的信息量而定的，随着越来越多的信息放在无线电信号中，带宽的使用也越来越高。如图 8-3 所示，调频广播信号提供高品质的音频，需要 175kHz 的频宽消耗；电视信号包含音频和视频，需要 4500kHz 的频宽消耗；无线局域网络使用 802.11 协议，频宽为 20MHz。

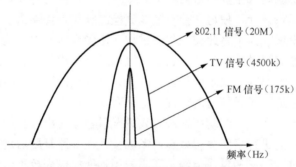

图 8-3　常见信号频宽

射频传输方式主要分为窄带传输和扩频（Spread Spectrum，SS）传输两类。窄带传输采用极窄的带宽来发送数据，而扩频传输采用超出实际所需的带宽来发送数据。扩频技术将需要传输的数据扩展到所使用的频率范围内。

由于窄带信号占据的频率范围极窄，针对该频率范围的蓄意干扰或非蓄意干扰很容易破坏信号。而扩频信号占据的频率范围很宽，一般来说，除非干扰信号也扩展到与扩频信号相同的频率范围内，否则外界的蓄意干扰或非蓄意干扰很难影响到扩频信号，如图 8-4 所示。

窄带信号的峰值功率远远高于扩频信号。FCC 和其他国家的监管机构通常会要求用户在使用窄带发射机之前取得牌照，以降低两台窄带发射机相互干扰的概率。例如，调幅与调频广播电台所用的窄带发射机需要取得监管机构颁发的牌照，以确保同一地区或邻近地区的两个电台不会使用同一频段进行广播。与之相反，扩频信号的峰值功率较低，几乎不会对其他系统造成干扰。因此一般来说，用户在使用扩频发射机之前不需要取得当地监管机构颁发的牌照。

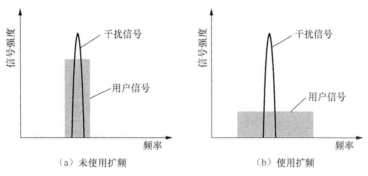

图 8-4　扩频传输抗干扰

　　影响射频通信质量的一个重要因素是多径干扰。关于多径干扰，已在第三章中进行了详细分析。主信号与反射信号之间的延迟称为时延扩展，如果时延扩展过长，反射信号会干扰到主信号的下一部分数据，这种情况称为码间干扰（Inter-Symbol Interference，ISI）。扩频系统不易受码间干扰的影响，这是因为扩频信号占据的频率范围很宽，不同频率产生的多径延迟不同，某些波长可能会受到多径效应的影响，而另一些波长则不会。因此一般来说，扩频信号抗多径干扰的能力优于窄带信号。

8.1.4　扩频技术

　　扩频技术是无线局域网数据传输使用的技术，扩频技术最初用于军事部门防止窃听或信号干扰。扩频的工作原理是利用数学函数将信号功率分散至较大的频率范围。只要在接收端进行反向操作，就可以将这些信号重组为窄带信号。更重要的是，所有窄带噪声都会被过滤掉，因此信号可以清楚地重现。一般的扩频通信系统都要进行三次调制和相应的解调：第一次调制为信息调制（编码），第二次调制为扩频调制，第三次调制为射频调制。与它们相应的为信息解调（解码），解扩调制及射频解调。与一般数字通信系统比较，扩频通信就是多了扩频调制和解扩调制两部分。

　　扩频技术在具体实施上有多种方案，但基本思路相同，都是把发射信号的能量扩展到一个更宽的频带内，使其看起来如同噪声一样。扩频的带宽与初始信号之比称为处理增益，典型的扩频处理增益可以从 20dB 到 60dB。

　　扩频通信的理论基础是信息论中的香农定理。

$$C = W \log_2 \left(1 + S/N\right) \tag{8-1}$$

式（8-1）中，C 为信道容量，W 为信道带宽，S 为信号功率，N 为噪声功率。

当 S/N 很小时，可以得到，

$$W = \frac{C}{1.44} \times \frac{N}{S} \tag{8-2}$$

可以看出，当无差错传输的信道容量 C 不变时，若 N/S 很大，则必须使用足够大的

带宽 W 来传输信号。

扩频技术包括直接序列（Direct Sequence，DS）、跳频（Frequency Hopping，FH）、跳时（Time Hopping，TH）线性调频以及它们的各种混合方式。用于 WLAN 的主要为直接序列和跳频。

（1）直接序列扩频（Direct Sequence Spread Spectrum，DSSS）

DSSS 就是把要传送的信息直接由高码率的宽频码序列编码后，对载波进行调制以扩展信号的频谱。而在收端，用相同的宽频码序列去进行解扩，把展宽的扩频信号还原成原始的信息。其组成框图如图 8-5 所示。

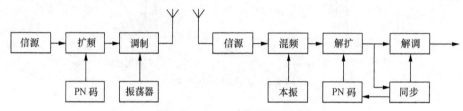

图 8-5   DSSS 系统的组成框图

在扩频传输中用得最多的扩频码序列是伪噪声（Pseudorandom Noise，PN）序列，其最重要的特性是具有类似于随机信号的性能。

DSSS 系统的主要特点如下：有较强的抗干扰能力；扩频信号的谱密度很低，占有频带宽，具有很强的抗截获和防侦查、防窃听能力；频带利用率高；抗多径干扰能力强。

（2）跳频扩频（Frequency-Hopping Spread Spectrum，FHSS）

FHSS 是用伪随机码序列去进行频移键控调制，使载波频率不断地、随机地跳变，这样的通信方式比较隐蔽也难以被截获。其基本组成如图 8-6 所示。

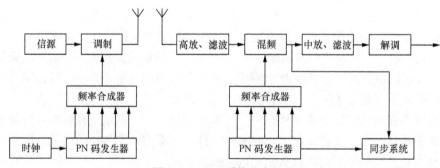

图 8-6   FHSS 系统基本组成

FHSS 系统中常用伪随机序列改变载波频率，我们把载波频率改变的规律称为跳频图案，它是时间与频率的函数，如图 8-7 所示。当通信收发双方的跳频图案完全一致时，就可以建立跳频通信了。一般来说，跳频速率越高抗干扰性越好，但相应的设备要求复杂度和成本也将越高。

FHSS 系统的主要特点如下：容易与目前的窄带系统兼容；具有较强的抗干扰能力；具有码分多址和频带共享的组网通信能力，可以提高频谱的利用率；具有抗多径、抗衰落的能力。

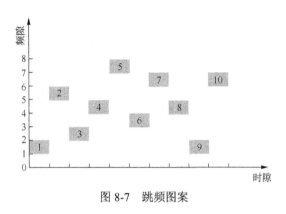

图 8-7　跳频图案

8.1.5　数字调制方式

常用的数字调制解调方式很多，如 FSK、MSK、PSK、DPSK 和 QAM 等。用于 WLAN 中的有 FSK、MSK、BPSK、QPSK 和 QAM 等。

IEEE 802.11 协议族中采用了多种强制和可选的调制解调方法，如 IEEE 802.11a 的物理层采用的是 OFDM，这是一种多载波的高速扩频传输技术。其调制方式有 BPSK、QPSK、16-QAM、64-QAM。IEEE 802.11b 协议则定义了高速 PLCP 子层，其调制方式有 DBPSK、DQPSK、补码键控（CCK）和可选的分组二进制卷积码（PBCC）。IEEE 802.11g 标准规定 OFDM 为强制执行技术，以便在 2.4 GHz 频段上提供 IEEE 802.11a 的数据传输速率，同时还要求实现 IEEE 802.11b 模式，并将 CCK-OFDM 和 PBCC-22 作为可选模式。IEEE 802.11n 沿用了 IEEE 802.11a 的调制技术及调制方式，而 IEEE 802.11ac 在沿用 OFDM 调制技术的基础上，将调制方式扩展到了 256-QAM。

下面介绍 OFDM 调制技术原理。

OFDM 是一种特殊的多载波技术。它的主要思想是在频域内将给定信道分成许多正交子信道，在每个子信道上使用一个子载波进行调制，各子载波并行传输。这样，尽管总的信道是非平坦的频率选择性信道，但是每个信道是相对平坦的，并且在每个子信道上进行的是窄带传输，信号带宽小于信道的相关带宽可以大大消除由于多径时延造成的码间干扰的影响。

OFDM 技术有以下几方面的优点：有效地对抗信号波形间的干扰，适用于多径环境和衰落信道中的高速传输；通过各子载波的联合编码，具有很强的抗衰落能力；抗窄带干扰能力很强；频谱利用率高。

8.2　802.11 物理层关键技术

802.11 所采用的无线电物理层主要使用了三种不同的技术：跳频、直接序列及正交频分复用。

8.2.1　FHSS

　　跳频扩频传输技术是一种以预定的伪随机模式将数据频率扩展的传输技术，这种技术只在原始的 IEEE 802.11 标准中作了规定，在实际应用中已经很少见到，所以本书只对一些主要的概念进行说明。

　　采用 FHSS 的 WLAN 支持 1Mbit/s 和 2Mbit/s 的传输速率。在 1Mbit/s 时采用的调制方式是二相高斯频移键控（2GPSK），在 2Mbit/s 时采用的调制方式是四相高斯频移键控（4GPSK）。

8.2.2　DSSS

　　在采用直接序列扩频传输技术的无线局域网中使用的扩展码的编码类型主要有 3种：巴克码（barker code）序列、补码键控（Complementary Code Keying，CCK）和分组二进制卷积码（Packet Binary Convolutional Coding，PBCC）。

　　巴克码序列将信源与一定的随机码进行整合，每个巴克码序列表示一个数据比特（1或者 0），它被转换成可以通过无线方式发送的波形信号。例如，在发射端将"1"用"10110111000"代替，将"0"用"01001000111"代替，这个过程就实现了扩频；在接收机处，只要把"10110111000"恢复成"1"，"01001000111"恢复成"0"，就完成了解扩。IEEE 802.11 采用 11 位巴克码，实际传输的信息量是有效传输的 11 倍，数据速率为1Mbit/s 和 2Mbit/s。

　　补码键控（CCK）是由 64 个 8 比特长的码字组成。作为一个整体，这些码字具有自己独特的数据特性，即使在出现噪声和多径干扰的情况下，接收端也能够正确地予以区别。CCK 为一种软扩频的调制方式，是一种（N，K）编码，即用 N 位长的伪随机序列来表示 K 位信息。这样用几位信息元对应一条伪信息码，频率扩展的倍数不大，而且不一定是整数。IEEE 802.11b 规定，当速率为 5.5Mbit/s 时，使用 CCK 对每个载波进行4 比特编码；当速率为 11Mbit/s 时，对每个载波进行 8 比特编码。

　　分组二进制卷积码（PBCC）在 IEEE 802.11b 中是一个可选方案，也作为可选项被802.11g 所采纳。它使用一个 64 位的二进制卷积码（Binary Convolutional Coding，BCC）和一个掩码序列来进行二进制卷积编码。PBCC 与 CCK 在编码方式上是不一样的，与CCK 相比，它使用了更复杂的信号星座图。PBCC 采用 8PSK，而 CCK 使用 BPSK/QPSK；另外，PBCC 使用了卷积码，而 CCK 使用区块码。因此，它们的解调过程是十分不同的。PBCC 可以完成更高速率的数据传输，其传输速率为 11Mbit/s，22Mbit/s 和 33Mbit/s。

　　基于 DSSS 的调制方式有三种。第一种是 IEEE 802.11 标准制定在 1Mbit/s 数据速率下采用 DBPSK。第二种提供 2Mbit/s 的数据速率，要采用 DQPSK，这种方法每次处理两个比特码元，称为双比特。第三种是基于 CCK 的 QPSK，是 IEEE 802.11b 标准采用的基本数据调制方式。它采用了补码序列与直序列扩频技术，是一种单载波调制技术，通过 PSK 方式传输数据，速率分别为 1Mbit/s、2Mbit/s、5.5Mbit/s 和 11Mbit/s。CCK 通过与接收端的 Rake 接收机配合使用，能够在高效率传输数据的同时克服多径效应，但实现起来非常困难。因此，IEEE 802.11 工作组为了推动无线局域网的发展，采用了 OFDM技术。

8.2.3 OFDM

OFDM 即正交频分复用技术，是一种多载波调制技术。其主要思想是将信道分成若干正交子信道，将高速数据信号转换成并行的低速子数据流，调制到每个子信道上进行传输。只要保证在每个子信道上传输的信号带宽小于信道的相关带宽，即可保证每个子信道上的频率选择性衰落是平坦的，因此对多径延迟扩展具有更高的容忍度，大大消除了符号间干扰。

由于在 OFDM 系统中各个子载波相互正交，使得相邻载波互不干扰，于是子载波可以互相靠得更近，使系统具有更高的频谱效率，如图 8-8 所示。在各个子载波上的这种正交调制和解调可以采用快速傅里叶逆变换（Inverse Fast Fourier Transform，IFFT）和快速傅里叶变换（Fast Fourier Transform，FFT）方法来实现，随着大规模集成电路技术与 DSP 技术的发展，IFFT 和 FFT 都可以非常容易地实现。FFT 的引入，大大降低了 OFDM 的实现复杂性，提升了系统的性能。

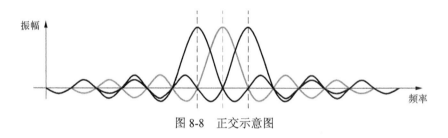

图 8-8　正交示意图

无线数据业务一般都存在非对称性，即下行链路中传输的数据量要远远大于上行链路中的数据传输量。因此无论从用户高速数据传输业务的需求，还是从无线通信自身来考虑，都希望物理层支持非对称高速数据传输，而 OFDM 容易通过使用不同数量的子载波来实现上行和下行链路中不同的传输速率。

由于无线信道存在频率选择性，所有的子载波不会同时处于比较深的衰落情况中，因此可以通过动态比特分配以及动态子信道分配的方法，充分利用信噪比高的子信道，从而提升系统性能。由于窄带干扰只能影响一小部分子载波，因此 OFDM 系统在某种程度上可以抵抗这种干扰。

同其他通信技术一样，OFDM 的应用也有缺陷。首先，多载波的使用使得这种通信技术相对于单一载波系统来说，对载频的偏移和抽样时钟的失配变得更加敏感。其次，存在较高的峰值平均功率比（Peak to Average Ratio，PAR）。而且，OFDM 在相对较高的 5GHz 频带，FCC 功率限制下使用时，其覆盖范围会受到限制。

OFDM 技术有非常广阔的发展前景，已成为超三代（Beyond Third Generation，B3G）及第四代移动通信（the Fourth Generation，4G）的核心技术。IEEE 802.11a、IEEE 802.11g、IEEE 802.11n、IEEE 802.11ac 标准为了支持高速数据传输均采用了 OFDM 调制技术。对于 20MHz 信道带宽，IEEE802.11a/g 标准为每个信道分配了 52 个子载波，其中 48 个载波用于数据传输。剩下的 4 个载波用于导频（Pilot），以帮助相干解调时对相位的跟踪，如图 8-9 所示。而 IEEE 802.11n/ac 则使用 52 个子载波用于数据传输。

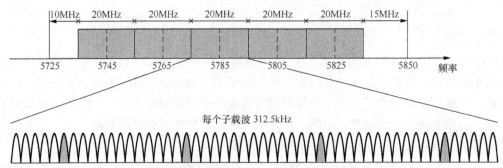

图 8-9   802.11a 子载波示意图

基于 OFDM 的调制方式包括二进制相移键控（Binary Phase Shift Keying，BPSK）、正交相移键控（Quadrature Phase Shift Keying、QPSK）及正交幅度调制（Quadrature Amplitude Modulation，QAM）。

以 IEEE 802.11a 为例，物理层速率分为四个等级：6 与 9Mbit/s、12 与 18Mbit/s、24 与 36Mbit/s 以及 48 与 54Mbit/s，如表 8-2 所示。其中，6、12 与 24Mbit/s 是必要的项目，在遭遇干扰时也最稳定。

表 8-2   802.11a 调制方式与速率

调制方式	编码率（R）	速率（Mbit/s）
BPSK	1/2	6
BPSK	3/4	9
QPSK	1/2	12
QPSK	3/4	18
16-QAM	1/2	24
16-QAM	3/4	36
64-QAM	2/3	48
64-QAM	3/4	54

① 第一级的速率使用二进制相位键控 BPSK，在每个子信道编码 1 个位，相当于每个符号 48 个位，这些位中有一半或者 1/4 是用于纠错的多余位，因此每个符号中实际只包含了 24 或 36 个数据位。

② 第二级的速率使用正交相位键控 QPSK，在每个信道编码 2 个位，相当于每个符号 96 位，这些位中有一半或者 1/4 是用于纠错的多余位，因此每个符号中实际只包含了 48 或 72 个数据位。

③ 第三、四级使用了正交调幅 QAM。16-QAM 是以 16 个符号编 4 个位，而 64-QAM 是以 64 个符号编 6 个位。不过为了达到更高的速率，64-QAM 采用了 2/3 与 3/4 的编码率。

由表 8-2 可知，要提高数据率，只要使用点数更多的星座图即可。不过当数据率提高时，接收到的信号质量必须足够好，否则就难以区别星座图中的相邻点。如果距离太近，每个点的可接受误差范围就会缩小，如图 8-10 所示。802.11a 在物理层标准中规范了每个星座点的最大可接受误差范围。图中显示了 802.11a 所使用的星座图。BPSK 和

QPSK 的位率最低，它们是直接序列物理层所使用的两种相移键控调制。

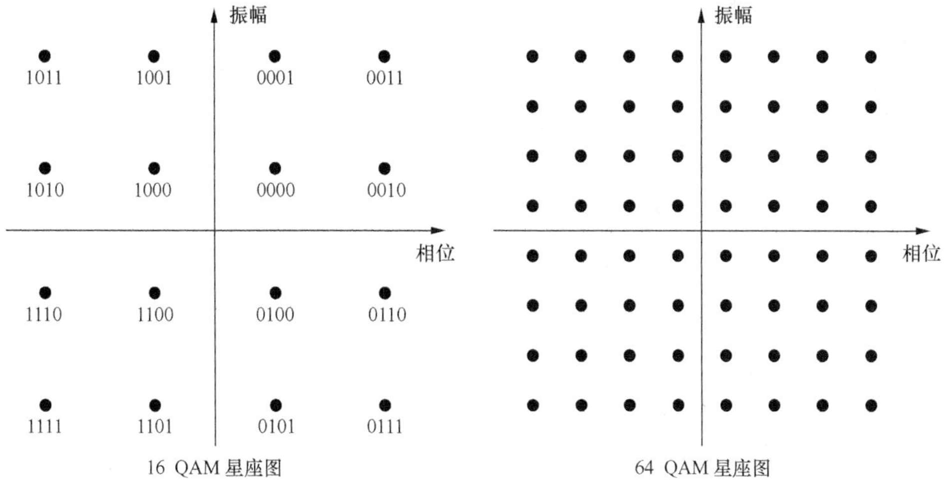

16 QAM 星座图　　　　　　　　　64 QAM 星座图

图 8-10　不同调制阶数星座图

8.2.4　MIMO

多入多出（MIMO）技术是无线通信领域智能天线技术的重大突破。MIMO 技术能在不增加带宽的情况下成倍地提高通信系统的容量和频谱利用率。目前 MIMO 已成为下一代无线通信系统采用的关键技术。

在室内，电磁环境较为复杂，多径效应、频率选择性衰落和其他干扰源的存在使得实现无线信道的高速数据传输比有线信道困难得多。多径效应会引起衰落，因而被视为有害因素。然而研究结果表明，对于 MIMO 系统来说，多径效应可以作为一个有利因素加以利用。MIMO 系统在发射端和接收端均采用多天线（或阵列天线）和多通道。MIMO 的多入多出是针对多径无线信道来说的。图 8-11 所示为 MIMO 系统的原理图。传输信息流 $S(k)$ 经过空时编码形成 N 个信息子流 $C_i(k)$, $i=1, \cdots, N$。这 N 个子流分别由 N 个天线发射出去，经空间信道后由 M 个接收天线接收。多天线接收机利用先进的空时编码处理能够分开并解码这些数据子流，从而实现最佳的处理。

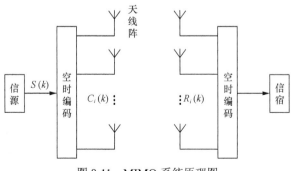

图 8-11　MIMO 系统原理图

特别是，这 N 个子流同时发送到信道，各发射信号占用同一频带，因而并未增加带宽。若各发射、接收天线间的通道响应独立，则 MIMO 系统可以创造多个并行空间信道。通过这些并行空间信道独立地传输信息，数据传输速率必然提高。

MIMO 将多径无线信道与发射、接收视为一个整体进行优化，从而可实现更高的通信容量和频谱利用率。这是一种近于最优的空域时域联合的分集和干扰抵消处理。

系统容量是表征通信系统的最重要标志之一，表示了通信系统最大传输率。对于发射天线数为 N，接收天线数为 M 的多入多出（MIMO）系统，假定信道为独立的瑞利衰落信道，并设 N，M 很大，则信道容量 C 近似为下式。

$$C = \left[\min(M, N)\right] B \log_2\left(\rho/2\right) \tag{8-3}$$

式（8-3）中，B 为信号带宽，ρ 为接收端平均信噪比，$\min(M, N)$ 取 M，N 值较小者。

上式表明，功率和带宽固定时，MIMO 的最大容量或容量上限随最小天线数的增加而线性增加。而在同样条件下，在接收端或发射端采用多天线或天线阵列的普通智能天线系统，其容量仅随天线数的对数增加而增加。因此，MIMO 技术对于提高无线通信系统的容量具有极大的潜力。

8.2.5　MIMO-OFDM

MIMO-OFDM 技术是通过在 OFDM 传输系统中采用阵列天线实现空间分集，提高了信号质量，是联合 OFDM 和 MIMO 得到的一种新技术。它利用了时间、频率和空间三种分集技术，使无线系统对噪声、干扰、多径的容限大大增加。

MIMO-OFDM 主要实现了以下关键技术。

① 发送分集。MIMO-OFDM 调制方式相结合，对下行通路选用"时延分集"，它装备简单、性能优良，又没有反馈要求。它是让第二副天线发出的信号比第一副天线发出的信号延迟一段时间。发送端引用这样的时延，可使接收的通路响应得到频率选择性。如采用适当的编码和内插，接收端可以获得"空间—频率"分集增益，而不需预知通路情况。

② 空间复用。为提高数据传输速率，可以采用空间复用技术。也可以从两副基台天线发送两个各自编码的数据流。这样，可以把一个传输速率相对较高的数据流分割为一组相对速率较低的数据流，分别在不同的天线上对不同的数据流独立地编码、调制和发送，同时使用相同的频率和时隙。每副天线可以通过不同独立的信道滤波独立发送信号。接收机利用空间均衡器分离信号，然后解调、译码和解复用，恢复出原始信号。

③ 接收分集和干扰消除。如果基台和用户终端一侧三副接收天线，可取得接收分集的效果。利用"最大比合并"（Maximal Ratio Combining，MRC）算法，将多个接收机的信号合并，得到最大信噪比（SNR），可以抑制自然干扰。但是，如有两个数据流互相干扰，或者从频率复用的邻区传来干扰，MRC 就不能起抑制作用。这时，利用"最小的均方误差"（Minimum Mean Square Error，MMSE）算法，它使每一有用信号与其估计值的均方误差最小，从而使"信号与干扰及噪声比"（Signal to Interference plus Noise Ratio，SINR）最大。

④ 软译码。上述 MRC 和 MMSE 算法生成软判决信号，供软解码器使用。软解码和 SINR 加权组合相结合使用，可能对频率选择性信道提供 3～4dB 性能增益。

⑤ 信道估计。其目的在于识别每组发送天线与接收天线之间的信道冲激响应。从每副天线发出的训练子载波都是相互正交的，从而能够唯一地识别每副发送天线到接收天线的信道。训练子载波在频率上的间隔要小于相干带宽，因此可以利用内插获得训练子载波之间的信道估计值。根据信道的时延扩展，能够实现信道内插的最优化。下行链路中，在逐帧基础上向所有用户广播发送专用信道标识时隙。在上行链路中，由于移动台发出的业务可以构成时隙，而且信道在时隙与时隙之间会发生变化，因此需要在每个时隙内包括训练和数据子载波。

⑥ 同步。在上行和下行链路传播之前，都存在同步时隙，用于实施相位、频率对齐，并且实施频率偏差估计。时隙可以按照如下方式构成：在偶数序号子载波上发送数据与训练符号，而奇数序号子载波设置为零。这样经过 IFFT 变换之后，得到的时域信号就会被重复，更加有利于信号的检测。

⑦ 自适应调制和编码。为每个用户配置链路参数，可以最大限度地提高系统容量。根据两个用户在特定位置和时间内用户的 SINR 统计特征，以及用户 QoS 的要求，存在多种编码与调制方案，用于在用户数据流的基础上实现最优化。QAM 级别可以介于 4～64，编码可以包括凿孔卷积编码与里所（Reed-solomon，RS）码。因此存在 6 种调制和编码级别，即编码模式。链路适配层算法能够在 SINR 统计特性的基础上，选择使用最佳的编码模式。

8.3　物理层速率

IEEE 802.11 系列标准的数据速率计算公式如式（8-4）所示。

$$Rate = \frac{N_{DBPS}}{T_{SYM}} = \frac{N_{BPSC} \times R \times N_{sub} \times N_{SS}}{T_{SYM}} \tag{8-4}$$

式（8-4）中，

$Rate$ 为标称数据速率，单位为 bit/s；

N_{DBPS} 为单个 OFDM 码元中数据比特数（Number of Data Bits Per Symble），单位为 bit；

T_{SYM} 为单个 OFDM 码元持续时间，单位为 s；

N_{BPSC} 为单个 OFDM 子载波所承载的比特数（Number of Bits Per Subcarrier），单位为 bit；

R 为编码码率；

N_{sub} 为单个 OFDM 码元中子载波数目（Number of Subcarrier）；

N_{SS} 为空间流数目。

由表 8-1 可知，IEEE 802.11ac 标准最多支持 8 空间流传输；最多可工作于 160MHz 带宽模式，共有 512 个子载波，其中 468 个子载波用于传输数据；最高编码效率与 IEEE 802.11n 相同，为 5/6；最高阶调制方式为 256QAM，每符号可承载 8bit 数据；OFDM 符号时长为 3.2μs，开启短循环前缀（Short GI）模式后，循环前缀为 0.4μs，码元持续时间为 OFDM 符号及循环前缀两者之和，即 3.6μs。

将以上参数带入式（8-4）可得 IEEE 802.11ac 标准标称峰值速率为：

$$Rate_{max} = \frac{8 \times 5/6 \times 468 \times 8}{3.6 \times 10^{-6}} = 6.933\text{Gbit/s}$$

第9章
IEEE 802.11协议介绍

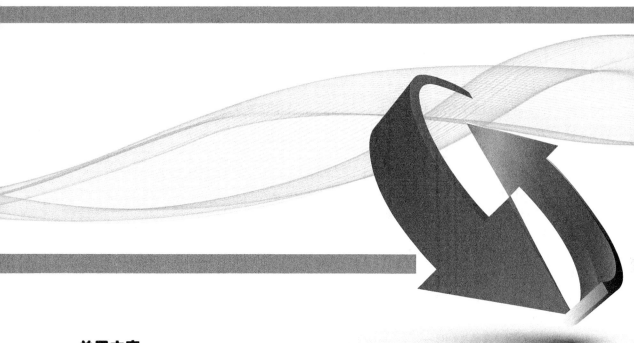

关于本章

WLAN的两个典型标准分别是由电气和电子工程师协会802标准化委员会下第11标准工作组制定的IEEE 802.11系列标准和欧洲电信标准化协会下的宽带无线电接入网络小组制定的HiperLAN系列标准。

1985年，美国联邦通信委员会允许在ISM无线电频段进行商业扩频技术使用成为了WLAN发展的一个里程碑。1990年，IEEE 802标准化委员会成立了IEEE 802.11标准工作组。1997年，IEEE 802.11–1997标准的发布，成为WLAN发展的又一个里程碑。经过十几年的发展，如今IEEE 802.11逐渐形成了一个家族，其中既有正式标准，又有对标准的修正案。本章以IEEE 802.11a/b/g/n/ac协议为主，重点介绍了这几种常见802.11协议的基本内容以及802.11n/ac引入的先进的物理层和MAC层关键技术。

通过本章的学习，读者将会掌握以下内容。

- IEEE 802.11协议基本知识
- IEEE 802.11n/ac协议的优势

9.1　IEEE 802.11a/b/g 协议

9.1.1　IEEE 802.11-1997

　　IEEE 802.11 委员会于 1997 年 6 月颁布了具有里程碑意义的无线局域网标准 IEEE 802.11-1997。IEEE 802.11 标准由很多子集构成，详细定义了从物理层到 MAC 层的 WLAN 通信协议。以此为基础，IEEE 802.11 委员会又先后推出了 IEEE 802.11b/a/g/n 及 ac 等多个修订案，以对其性能进行提升。

　　IEEE 802.11-1997 是最初的 IEEE 802.11 标准，其工作于 2.4～2.4835GHz 的 ISM 频段。主要用于解决已有住宅及企业等难于布线区域中用户的网络接入难题，业务主要限于数据访问，最高传输速率根据调制方式的不同分为 1Mbit/s 和 2Mbit/s。在 IEEE 802.11-1997 中，物理层主要定义了红外线（Infrared，IR）、直接序列扩频（Direct Sequence Spread Spectrum，DSSS）和跳频扩频（Frequency Hopping Spread Spectrum，FHSS）三种传输技术；MAC 层主要引入了载波侦听多路访问/冲突避免（Carrier Sense Multiple Access with Collision Avoidance，CSMA/CA）协议和请求发送/允许发送（Ready To Send/Clear To Send，RTS/CTS）协议等。这些技术和协议是后续标准的基础，尤其是 DSSS、CSMA/CA 和 RTS/CTS 等几个关键技术。

　　IEEE 802.11-1997 物理层包括 IR、DSSS 及 FHSS 三种实现。最高传输速率根据调制方式的不同分为两种：1Mbit/s 和 2Mbit/s。

　　① IR PHY 采用接近可见光的 850～950nm 范围的信号，其无需对准，依靠直射和反射传播的红外信号进行通信。红外信号很难穿透墙壁，穿过窗户玻璃时也有显著衰减，因此 IR PHY 仅限于在单个物理房间中使用。由于传播损耗较大，使用 IR PHY 的多个不同局域网可在仅有一墙之隔的相邻房间中毫无干扰地工作，且不存在被窃听的可能。IR 传输一般采用基带传输方案，主要是脉冲位置调制（Pulse Position Modulation，PPM）方式。IR PHY 定义了两种调制方式和数据速率：基本接入速率和增强接入速率。基本接入速率是基于 1Mbit/s 的 16-PPM 调制，增强接入速率是基于 2Mbit/s 的 4-PPM 调制。

　　② DSSS PHY 把要传送的信息直接由高码速率的扩频码序列编码后，对载波进行伪随机地相位调制，以扩展信号的频谱。而在接收端，用相同的扩频码序列进行解扩，把展宽的扩频信号还原成原始的信息。在扩频传输中用得最多的扩频码序列是伪噪声码序列，它具有伪随机的特点。DSSS PHY 采用差分二进制移相键控（Differential Binary Phase Shift Keying，DBPSK）和差分四进制移相键控（Differential Quadrature Phase Shift Keying，DQPSK）来分别提供 1Mbit/s 和 2Mbit/s 的数据速率。

　　③ FHSS PHY 是用伪随机码序列去进行频移键控调制，使载波工作的中心频率不断随机跳跃改变，而干扰信号的中心频率一般不会随之改变，以此来抵抗干扰。只要收发信机之间按照固定的数字算法产生相同的伪随机码，就可以把调频信号还原成原始信息。FHSS PHY 也有两种速率，分别是 1Mbit/s 和 2Mbit/s，前者采用二进制高斯频移键控（2-Gauss Frequency Shift Keying，2-GFSK），后者采用四进制高斯频移键控（4-GFSK）。

由于 IEEE 802.11-1997 所能支持的速率并不高，同时当时需要无线网络连接的设备数量太少，因此并未获得大规模市场应用。

9.1.2　IEEE 802.11a

IEEE 802.11a 采用了与原始标准 IEEE 802.11 基本相同的核心协议，不过它工作于 5GHz 频段，且 PHY 层采用的是 OFDM 技术。这是一种多载波的高速扩频传输技术，其核心是将信道分成多个正交子信道（IEEE 802.11a 中是 52 个），在每个子信道上用一个子载波进行窄带调制和传输，这样减少了子信道之间的相互干扰。因为每个子信道上的信号带宽小于信道的相关带宽，所以每个子信道上的衰落特性是平坦的，不存在频率选择性衰落，这大大消除了符号间干扰。另外，由于在 OFDM 系统中各个子信道的载波相互正交，于是它们的频谱相互重叠，这样不但减小了子载波间的相互干扰，同时又提高了频谱利用率。

IEEE 802.11a 的调制方式有 BPSK、QPSK、16-QAM 和 64-QAM，还采用了编码率为 1/2、2/3、3/4 的卷积编码来实现前向纠错，最大数据速率为 54Mbit/s，实际的净吞吐量在 20Mbit/s 左右。根据不同的接收电平值，数据速率可自适应调整为 48、36、24、18、12、9 或者 6Mbit/s。各速率下对应的调制参数如表 9-1 所示。

表 9-1　　　　　　　　　　　　　**IEEE 802.11a 速率及调制参数**

速率 （Mbit/s）	调制方式	编码率	每个子载波的 编码比特	每个 OFDM 符号的 编码比特	每个 OFDM 符号的 数据比特
6	BPSK	1/2	1	48	24
9	BPSK	3/4	1	48	36
12	QPSK	1/2	2	96	48
18	QPSK	3/4	2	96	72
24	16-QAM	1/2	4	192	96
36	16-QAM	3/4	4	192	144
48	64-QAM	2/3	6	288	192
54	64-QAM	3/4	6	288	216

采用 5GHz 的频带让 IEEE 802.11a 受到的干扰更小。然而，高载波频率也带来了一些负面效果：由于高频段信号衰耗较快，同等发射功率下，IEEE 802.11a 的有效覆盖范围比 IEEE 802.11b 略微小一些；IEEE 802.11a 的穿透力也不如 IEEE 802.11b，因为它更容易被传输路径上的墙壁或其他障碍物吸收。而另一方面，在复杂的多径环境下（例如室内办公室），OFDM 还是有其基础性优点的。并且，更高的频率能够满足制作小天线的需要，以此获得更高的射频系统增益，来抵消高频段带来的缺点。由于处于不同的频段，IEEE 802.11a 不能与 IEEE 802.11b 进行互操作，除非使用了对两种标准都支持的设备。

IEEE 802.11a 产品于 2001 年开始销售，比 IEEE 802.11b 的产品还要晚，这是因为产品中 5GHz 的组件研制较慢。由于相对便宜的 IEEE 802.11b 已经被广泛采用，IEEE 802.11a 没有被广泛地采用，再加上 2000 年时的美国，非军事用的 5GHz 频带仅限使用几个指定的信道，使得其使用范围更窄了。随着与 IEEE 802.11b 后向兼容的 IEEE 802.11g 产品的出现，IEEE 802.11a 产品的带宽优势也被削弱了。虽然 IEEE 802.11a 设备初期成本较高，但它还是被认为对要求大容量、高可靠性的企业级应用非常重要。

9.1.3   IEEE 802.11b

IEEE 802.11b 是 IEEE 802.11-1997 的演进，也工作在 2.4GHz 频段。它最大的贡献就是在 IEEE 802.11 的 PHY 层基础上增加了两个新的高速接入速率：5.5Mbit/s 和 11Mbit/s。为了达到这两个速率，IEEE 802.11b 采用了补码键控（Complementary Code Keying，CCK）。CCK 是以互补码为基础的一种 DSSS 方式。互补码有良好的自相关特性，利用这种特性，信号的带宽可以获得扩频处理增益。IEEE 802.11b 还有两种数据速率和调制方式，基本接入速率是基于 1Mbit/s 的 DBPSK 调制，扩展速率是基于 2Mbit/s 的 DQPSK 调制，和 IEEE 802.11-1997 DSSS 系统是兼容的。自适应速率选择机制确保当站点之间距离过长或干扰太大、信噪比低于某个门限时，传输速率能够从 11Mbit/s 自动降到 5.5Mbit/s，或者根据 DSSS 技术调整到 2Mbit/s 和 1Mbit/s。它支持的范围是，在室外为 300m，在办公环境中最远为 100m。除了以上三种调制方式之外，IEEE 802.11b 还为潜在的增强性能提供了一个可选的分组二进制卷积码（Packet Binary Convolutional Coding，PBCC）。

IEEE 802.11b 的产品早在 2000 年年初就登陆市场。2.4GHz 的 ISM 频段为世界上绝大多数国家通用，因此 IEEE 802.11b 得到了广泛的应用。Wi-Fi 联盟，当时叫作无线以太网兼容性联盟（Wireless Ethernet Compatibility Alliance，WECA），为了给 IEEE 802.11b 取一个更能让人记住的名字，便雇用了著名的商标公司 Interbrand，由 Interbrand 创造出了"Wi-Fi"这个名字。其创意灵感来自于大众耳熟能详的高保真度（High Fidelity，Hi-Fi），运用 Wi-Fi 则可以从文字上展现无线保真（Wireless Fidelity）的效果。但实际上，Wi-Fi 仅仅是一个商标名称而已，没有任何含义。如今，随着 IEEE 802.11 系列标准的出台，并逐渐成为世界上最热门的 WLAN 标准，Wi-Fi 已经不单只代表 IEEE 802.11b 这一种标准了，而被人们广泛地用于代表整个 IEEE 802.11 系列标准。

9.1.4   IEEE 802.11g

2001 年美国 FCC 允许在 2.4GHz 频段上使用 OFDM，因此 802.11 工作组在 2003 年制定了 IEEE 802.11g 标准。其可实现 6Mbit/s、9Mbit/s、12Mbit/s、18Mbit/s、24Mbit/s、36Mbit/s、48Mbit/s 和 54Mbit/s 的传输速率。如果采用 DSSS、CCK 或可选 PBCC 调制方式，IEEE 802.11g 也可以实现 1Mbit/s、2Mbit/s、5.5Mbit/s 和 11Mbit/s 的传输速率。由于它仍然工作在 2.4GHz 频段，并且保留了 IEEE 802.11b 所采用的 CCK 技术，因此可与 IEEE 802.11b 的产品保持兼容。高速率和兼容性是它的两大特点。

IEEE 802.11 的物理帧结构分为前导信号（Preamble）、信头（Header）和负载（Payload）。根据对帧的不同部分所采用的调制方式不同，IEEE 802.11g 规定了调制方式的可选项与必选项。

① 采用 OFDM 调制方式为必选项，分别对前导信号、信头和负载进行 OFDM 调制，以保证其优越的性能，这种帧结构的调制方式也称为 OFDM/OFDM 方式。OFDM 方式下的 IEEE 802.11g 设备不能与 IEEE 802.11b 设备兼容，但可以共存，不过它需使用一种保护机制来解决冲突问题。为了让 OFDM 方式下的 IEEE 802.11g 设备与 IEEE 802.11b

设备不发生冲突，保护机制采用了 RTS/CTS 机制，其原因类似于"隐藏终端"与"暴露终端"问题。当使用保护机制时，欲发送 OFDM 数据的 IEEE 802.11g 站点都要向 AP 发送使用 CCK 调制的 RTS 帧，AP 收到 RTS 帧后向整个网络广播 CCK 调制的 CTS 帧，以通知其余站点在此期间处于退避状态，欲发送数据的站点收到 CTS 帧后就开始发送 OFDM 数据，这样就避免了因 IEEE 802.11b 站点错误地将 OFDM 信号视为噪声而争用信道所产生的冲突问题。

② 采用 CCK 调制方式作为必选项，分别对前导信号、信头和负载进行 CCK 调制，保障与 IEEE 802.11b 后向兼容，这种帧结构的调制方式也称为 CCK/CCK 方式。

③ 采用 CCK/OFDM 的混合调制方式为可选项，前导信号和信头用 CCK 调制方式传输，而负载用 OFDM 技术传送，也可以保障与 IEEE 802.11b 的兼容。但由于前导信号和信头使用 CCK 调制，增大了开销，网络吞吐量比 OFDM/OFDM 方式的有所下降。

④ 采用 CCK/PBCC 的混合调制方式为可选项，前导信号和信头用 CCK 调制，而负载用 PBCC 调制。PBCC 技术与 IEEE 802.11b 兼容。采用 CCK/PBCC，可以工作于较高速率上并与 IEEE 802.11b 兼容，最高数据传输速率是 33Mbit/s，比 OFDM 或 CCK/OFDM 的传送速率低。

IEEE 802.11g 的帧结构调制方式与速率以及兼容性的关系见表 9-2。

表 9-2　　　　　　　IEEE 802.11g 的帧结构调制方式与速率以及兼容性

帧结构调制方式	载波方式	可选或必选项	支持的传输速率（Mbit/s）	是否与 IEEE 802.11b 兼容
OFDM	多载波	必选	6，9，12，18，24，36，48，54	不可以（但可共存）
CCK	单载波	必选	5.5，11	可以
CCK/OFDM	多载波	可选	6，9，12，18，24，36，48，54	可以
CCK/PBCC	单载波	可选	5.5，11，22，33	可以

由于 IEEE 802.11g 在相同的 2.4GHz 频段采用了与 IEEE 802.11b 相同的调制技术 CCK，因此 IEEE 802.11g 设备在采用 CCK 调制时与 IEEE 802.11b 的设备具有相同的距离范围。IEEE 802.11g 虽然也采用了与 IEEE 802.11a 相同的调制技术 OFDM，但由于 IEEE 802.11a 设备是工作在更高的 5GHz 频段，因此在传输时较之 IEEE 802.11g 设备在采用 OFDM 调制时有更多的信号损耗，也就是说当 IEEE 802.11g 设备采用 OFDM 调制时可比 IEEE 802.11a 设备覆盖更远的距离。

IEEE 802.11g 还处于草案阶段的时候就已经有厂商开始生产其产品了。早在 2003 年初，市面上就已经有 IEEE 802.11g 产品出售了。当前，使用较多的是 IEEE 802.11b/g/n 的三模网络设备。

9.2　IEEE 802.11n 协议

IEEE 802.11n 标准于 2009 年 9 月获得批准，在此之前已经有多个版本的草案出台。

IEEE 802.11n 的物理层数据速率相对于 IEEE 802.11a 和 IEEE 802.11g 有显著的增长，主要归功于使用 MIMO 进行空分复用及 40MHz 带宽操作特性。为了利用这些技术所提供的高数据速率，对 MAC 的效率也通过帧聚合（Aggregation）和块确认（Block Acknowledgement，BA）协议进行了提升。这些特性叠加在一起，提供了 IEEE 802.11n 相对于 IEEE 802.11a 和 IEEE 802.11g 所能达到的吞吐率提升的绝大部分。

9.2.1　IEEE 802.11n 物理层关键技术

MIMO 的使用提供更大的空间分集，从而在根本上改善了强健性。MIMO 系统在发射端和接收端均采用多天线（或阵列天线）和多通道，图 9-1 所示为 MIMO 系统的原理图。传输信息流经过空时编码形成 N 个信息子流。这 N 个子流分别由 N 个天线发射出去，经空间信道后由 M 个接收天线接收。多天线接收机利用先进的空时编码处理能够分开并解码这些数据子流，从而实现最佳的处理。特别是，这 N 个子流同时发送到信道，各发射信号占用同一频带，因而并未增加带宽。若各发射、接收天线间的通道响应独立，则 MIMO 系统可以创造多个并行空间信道。通过这些并行空间信道独立地传输信息，数据传输速率必然提高。

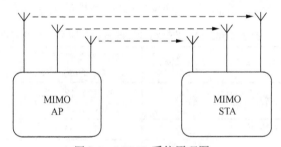

图 9-1　MIMO 系统原理图

作为 PHY 可选项的空时块编码（Space Time Block Coding，STBC）提升了可靠性。同样作出贡献的还有快速链路适应，一种用于快速跟踪信道情况改变的机制。IEEE 802.11 采用了形式为低密度奇偶校验码（Low Density Parity Check Code，LDPC 码）的更为可靠的信道码。标准修订还引入了传输波束成形，该技术对 PHY 和 MAC 都做出了增强以提升发射的信噪比（Signal to Noise Ratio，SNR）。

IEEE 802.11n 的调制方式有 BPSK、QPSK、16-QAM 和 64-QAM，还采用了编码率为 1/2、2/3、3/4、5/6 的卷积编码来实现前向纠错。IEEE 802.11n 有 300 个可选速率，但基准速率只有 8 种：6.5Mbit/s、13Mbit/s、19.5Mbit/s、26Mbit/s、39Mbit/s、52Mbit/s、58.5Mbit/s、65Mbit/s。由于采用了更多的子载波，其基础速率较 IEEE 802.11a/g 标准提高 8%左右。各速率下对应的调制参数如表 9-3 所示。

表 9-3　　　　　　　　　　　　　IEEE 802.11n 速率及调制参数

MCS	空间流数	调制方式	编码率	带宽（20MHz）		带宽（40MHz）	
				GI=800ns	GI=400ns	GI=800ns	GI=400ns
0	1	BPSK	1/2	6.5	7.2	13.5	15
1	1	QPSK	1/2	13	14.4	27	30
2	1	QPSK	3/4	19.5	21.7	40.5	45

MCS	空间流数	调制方式	编码率	带宽（20MHz）		带宽（40MHz）	
				GI=800ns	GI=400ns	GI=800ns	GI=400ns
3	1	16-QAM	1/2	26	28.9	54	60
4	1	16-QAM	3/4	39	43.3	81	90
5	1	64-QAM	2/3	52	57.8	108	120
6	1	64-QAM	3/4	58.5	65	121.5	135
7	1	64-QAM	5/6	65	72.2	135	150
8	2	BPSK	1/2	13	14.4	27	30
9	2	QPSK	1/2	26	28.9	54	60
10	2	QPSk	3/4	39	43.3	81	90
11	2	16-QAM	1/2	52	57.8	108	120
12	2	16-QAM	3/4	78	86.7	162	180
13	2	64-QAM	2/3	104	115.6	216	240
14	2	64-QAM	3/4	117	130	243	270
15	2	64-QAM	5/6	130	144.4	270	300
23	3	64-QAM	5/6	195	216.7	405	450
31	4	64-QAM	5/6	260	288.9	540	600

不同的 MCS 编码对应不同的速率。例如：MCS=7，单空间流，40MHz 带宽情况，GI=400ns 时，数据速率为 150Mbit/s。双空间流速率 300Mbit/s，对应的 MCS 为 15。

通过对物理层及 MAC 层引入新的关键技术进行改进，IEEE 802.11n 可以向用户提供高达 600Mbit/s 的物理层峰值速率和高于 100Mbit/s 的 MAC 层服务接入点（Service Access Point，SAP）吞吐率。IEEE 802.11n 物理层所使用的主要关键技术以及对系统性能及吞吐量的提升如表 9-4 所示。

表 9-4　　　　　　　　　　　　IEEE 802.11n 物理层关键技术

关键技术	具体内容	性能提升	物理层吞吐量提升
更多子载波	IEEE 802.11a/g 使用一个 OFDM 符号中的 48 个子载波传输数据，而 IEEE 802.11n 则使用了 52 个子载波传输数据	8%左右	从 54Mbit/s 提升到 58.5Mbit/s
更高编码速率	IEEE 802.11a/g FEC 编码码率为 3/4，而 IEEE 802.11n FEC 编码码率为 5/6	11%左右	从 58.5Mbit/s 提高到 65Mbit/s
短 GI	OFDM 符号保护间隔由 IEEE 802.11a/g 的 800ns 缩短为 IEEE 802.11n 的 400ns	11%左右	从 65Mbit/s 提高到 72.2Mbit/s
MIMO	系统的吞吐量随 MIMO 空间复用流数的增加而呈线性增加	2 倍	双流传输时使系统峰值吞吐量提高至 144.4Mbit/s
信道绑定	IEEE 802.11a/g 的信道宽度是 20MHz，IEEE 802.11n 提供了一个可选的 40MHz 信道宽度模式。由于信道宽度加倍，其中所含的数据子载波数量也将从 52 个增加到 108 个，略多于倍数值	2 倍	单流 40MHz 带宽可提供 150Mbit/s 的吞吐量，如结合双流 MIMO，可实现 300Mbit/s 的吞吐量

9.2.2　IEEE 802.11n MAC 层改进技术

在 IEEE 802.11n 标准化的早期，专家们已经意识到，即使 PHY 的数据速率有了显著提高，由于 MAC 协议有固定的系统开销，物理层速率提升的好处几乎不能在 MAC 层上体现出来。如果没有 MAC 层的吞吐率提升措施，最终用户能从改善了的 PHY 层性能中获益甚少。因此 IEEE 802.11n 在 MAC 层引入了帧聚合、增强块确认（Enhanced Block Acknowledgement，EBA）、精简帧间间隔（Reduced InterFrame Spacing，RIFS）等技术提升效率，使得 IEEE 802.11n 单流的实际传输速率也远高于 IEEE 802.11a/g。

IEEE 802.11a/g 物理层速率为 54Mbit/s 时，上层的吞吐量仅有 26Mbit/s，54% 的吞吐量被 MAC 层吞噬和消耗；IEEE 802.11n 物理层速率为 65Mbit/s 时，上层吞吐量为 50Mbit/s，IEEE 802.11n 的 MAC 层吞噬和消耗的吞吐量下降到 25%。关于 802.11n MAC 层改进技术，主要介绍帧聚合和块确认技术。

802.11n 引入的帧聚合技术包括 MAC 服务数据单元聚合（Aggregate Medium Access Control Service Data Unit，A-MSDU）和 MAC 协议数据单元聚合（Aggregate Medium Access Control Protocol Data Unit，A-MPDU）。这两种类型的聚合在逻辑上分别位于 MAC 层顶端与底端，如图 9-2 所示。

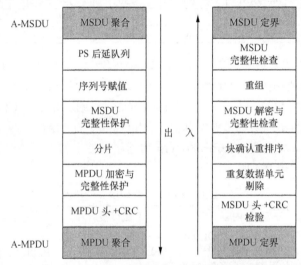

图 9-2　聚合层与其他 MAC 功能的相对位置

位于 MAC 层顶端的是 MSDU 聚合，即 A-MSDU，建立 MPDU 的第一步是在流出方向上对 MSDU 进行聚合。位于 MAC 底端的是 MPDU 聚合，即 A-MPDU，这种技术在流出方向上将多个 MPDU 聚合进一个 PSDU，该 PSDU 被转交给物理层作为一次传输的载荷。作为这两种聚合所对应的反序操作，MPDU 定界与 MSDU 定界则位于流入方向的相同逻辑位置上。

（1）MSDU 聚合

来自 LLC 而去往同一个接收端的同一个服务类别（具有相同的通信标识符）的 MAC 服务数据单元，可以累积起来封装在一个 MAC 协议数据单元中，A-MSDU 封装过程如图 9-3 所示。

从 LLC 接收到的 MSDU 带有一个 14 字节的子帧前缀，前缀包括目的地址、源地址以及长度字段，给出了按字节数计算的 SDU 长度。前缀和 SDU 合起来后加上 0～3 字节的填充字段。多个这样的子帧可拼接在一起组成一个 QoS 数据帧的载荷，前提是数据帧的总长度不超过协议允许的最大 MPDU 长度。

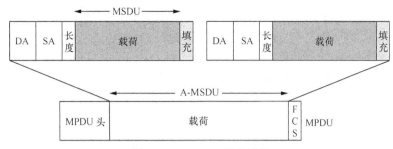

图 9-3　A-MSDU 封装过程

在传统确认策略下，接收端必须支持 A-MSDU，而在块确认策略下双方可以在建立块确认的握手过程中协商是否支持 A-MSDU。802.11 设备可以在其 HT 能力信息域中声明所能接收的 MSDU 的最大长度，该值通常为 3839 字节或 7935 字节。包含 A-MSDU 的 QoS 数据 MPDU 的信道接入过程与包含具有相同通信标识符的 MSDU 的数据 MPDU 相同。A-MSDU 的最长有效时间就是构成它的 MSDU 中寿命最长者的有效时间。

（2）MPDU 聚合

组装好的 MPDU 逻辑上在 MAC 的底端进行聚合。每个 MPDU 前加上一个短 MPDU 分隔符，随后聚合作为要在单个 PPDU 中发送的 PSDU 发送给物理层，A-MPDU 封装过程如图 9-4 所示。

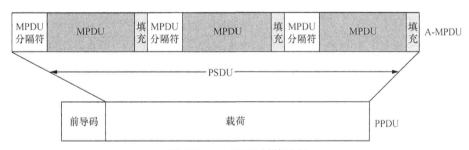

图 9-4　A-MPDU 封装过程

MPDU 分隔符长度为 32bit，包括保留字段、MPDU 长度字段、CRC 字段以及签名字段。接收端通过各个分隔符中的长度信息取出随后的 MPDU，从而解析 A-MPDU 帧结构。一个 A-MPDU 中所有的 MPDU 都以同一个接收端为目的地址，并且都属于同一服务类别（通信标识符相同）。同一 A-MPDU 中的所有 MPDU 的 MAC 头中的"时长/ID"字段都设为相同值。

块确认机制是在 802.11e 中引入的，通过允许用一个 BA 帧确认一整块数据，而不是对每一个数据帧发送一个确认帧，从而提升效率。802.11n 协议对块确认机制进行增强，增强后的机制包括 HT 立即块确认与 HT 延迟块确认。

立即块确认机制允许批量发送 MPDU，MPDU 之间有一定的时间间隔，由接收端回复一个 ACK 帧对接收到的数据进行确认，而接收端所回复的 ACK 帧称为 BA 帧。每个 BA 帧里都有与各个 MPDU 对应的比特域，其中包含该 MPDU 的接收信息。在使用块确认机制进行数据传输之前，通信双方必须先交换一些相关信息进行确认。在传输过程中，如果通信发起方要停止使用块确认机制进行数据传输，可以发送一个特殊的帧告知接收端，随后双方将以普通 ACK 机制继续传输剩余的 MPDU。传输结束后，通信发起方将根据收到的 BA 帧里相应的信息对传输失败的数据进行重传；延迟块确认机制下，接收端使用一个普通的 ACK 对接收到的一批帧之中的某一个进行回应，并在本站点与通信发起方的下一次数据传输中将 ACK 附加到要传输的帧里一起发送。

9.3　IEEE 802.11ac 协议

IEEE 802.11ac 作为 IEEE 802.11n 标准的延续，于 2008 年上半年启动标准化工作。IEEE 802.11ac 被称为"甚高吞吐量（Very High Throughput，VHT）"，其工作频带被设计为 5GHz 频段，理论数据吞吐量最高可达到 6.933Gbit/s。经过五年的修改完善，IEEE 802.11ac 标准于 2013 年 12 月正式发布。

IEEE 802.11ac 的核心技术主要基于 IEEE 802.11n，继续工作在 5GHz 频段上以保证后向兼容性，但数据传输通道会大幅扩充。安全性方面，它将完全遵循 IEEE 802.11i 安全标准的所有内容，使得无线 Wi-Fi 能够在安全性方面满足企业级用户的需求。

IEEE 802.11ac 的调制方式有 BPSK、QPSK、16-QAM、64-QAM 和 256-QAM，采用了编码率为 1/2、2/3、3/4、5/6 的卷积编码来实现前向纠错。各速率下对应的调制参数如表 9-5 所示。

表 9-5　　　　　　　　　　IEEE 802.11ac 速率及调制参数*

空间流数	调制方式	编码率	带宽（80MHz）		带宽（160MHz）	
			GI=800ns	GI=400ns	GI=800ns	GI=400ns
1	BPSK	1/2	29.3	32.5	58.5	65
1	QPSK	1/2	58.5	65	117	130
1	QPSK	3/4	87.8	97.5	175.5	195
1	16-QAM	1/2	117	130	234	260
1	16-QAM	3/4	175.5	195	351	390
1	64-QAM	2/3	234	260	468	520
1	64-QAM	3/4	263.3	292.5	526.5	585
1	64-QAM	5/6	292.5	325	585	650
1	256-QAM	3/4	351	390	702	780
1	256-QAM	5/6	390	433	780	866.7
3	BPSK	1/2	87.8	97.5	175.5	195
3	QPSK	1/2	175.5	195	351	390
3	QPSK	3/4	263.3	292.5	526.5	585
3	16-QAM	1/2	351	390	702	780
3	16-QAM	3/4	526.5	585	1053	1170
3	64-QAM	2/3	702	780	1404	1560
3	64-QAM	5/6	877.5	975	1579.5	1755
3	256-QAM	3/4	1053	1170	1755	1950
3	256-QAM	5/6	1170	1300	2106	2340

*IEEE 802.11ac 编码调制方式过多，且在 20MHz 与 40MHz 带宽时与 IEEE 802.11n 相同，此处只列出 80MHz 与 160MHz 带宽部分情况

IEEE 802.11ac 在物理层方面的改进主要包括以下几点。

① 通过信道绑定增加信道带宽，最高可达 160MHz；

② 引入更高阶编码调制方式，将 IEEE 802.11n 中最高 64QAM 调制提升至 256QAM；

③ 增强 MIMO 技术，增加天线数量，最高支持 8×8MIMO 天线结构，引入多用户 MIMO（Multi User Multiple Input Multiple Output，MU-MIMO）技术，可同时将数据发送至多个站点。

IEEE 802.11ac 标准中对性能参数的要求如表 9-6 所示。

表 9-6　　　　　　　　　　　　　IEEE 802.11ac 性能参数

性能参数	必选项	可选项
20MHz，40MHz，80MHz 信道	√	
单空间流	√	
BPSK，QPSK，16QAM，64QAM	√	
256QAM		√
80+80MHz，160MHz 信道		√
2 至 8 空间流		√
多用户 MIMO（MU-MIMO）		√
400ns 短保护间隔		√
空时块码（STBC）		√
低密度奇偶校验（LDPC）		√

通过引入更先进的物理层关键技术以及对 MAC 层的改进技术，802.11n 以及 802.11ac 协议的理论速率相比 802.11a/b/g 得到了极大的提升。对比 IEEE 802.11a/b/g/n/ac 标准的各项技术指标，如表 9-7 所示。

表 9-7　　　　　　　　　　　　IEEE 802.11 系列标准技术指标

标准版本		IEEE 802.11b	IEEE 802.11a	IEEE 802.11g	IEEE 802.11n	IEEE 802.11ac
发布时间		1999 年 9 月	1999 年 9 月	2003 年 6 月	2009 年 9 月	2013 年 12 月
工作频段		2.4GHz	5GHz	2.4GHz	2.4GHz/5GHz	5GHz
信道带宽		22MHz	20MHz	22MHz	20MHz/40MHz	20MHz/40MHz/80MHz/160MHz/80+80MHz
理论速率		11Mbit/s	54Mbit/s	54Mbit/s	600Mbit/s	6.933Gbit/s
编码	编码方式	/	卷积码	卷积码	卷积码/LDPC	卷积码/LDPC
	编码码率		1/2、2/3、3/4	1/2、2/3、3/4	1/2、2/3、3/4、5/6	1/2、2/3、3/4、5/6
调制技术		DSSS	OFDM	OFDM/DSSS	MIMO-OFDM	MIMO-OFDM
调制方式		CCK	BPSK/QPSK/16QAM/64QAM	CCK/BPSK/QPSK/16QAM/64QAM/DBPSK/DQPSK	BPSK/QPSK/16QAM/64QAM	BPSK/QPSK/16QAM/64QAM/256QAM
天线结构		1×1 SISO	1×1 SISO	1×1 SISO	4×4 MIMO	8×8 MIMO

第10章
CAPWAP基础原理

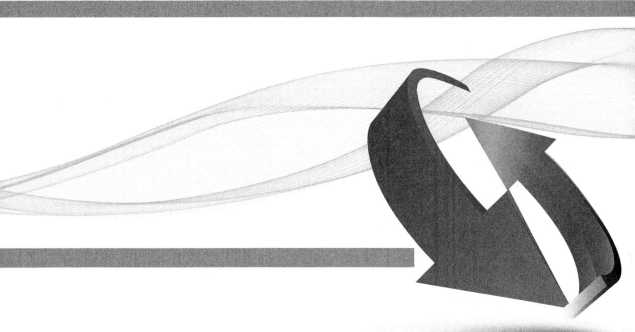

关于本章

随着WLAN技术的愈加成熟，传统的以"胖"AP为主要组成部分的自治型WLAN网络逐渐演变为以"瘦"AP+AC为架构的汇聚型WLAN网络。在"瘦"AP+AC为架构的WLAN网络下，AP与AC间通信接口的定义成为整个汇聚型网络的关键。国际标准化组织以及部分厂商为统一AP与AC的接口制定了一些规范，其中包括RFC系列的关于CAPWAP的规范。

CAPWAP协议定义了AP与AC之间如何通信，为实现AP和AC之间的互通性提供了一个通用封装和传输机制。本章从整个网络的演进入手，阐述"瘦"AP+AC架构的由来以及由此引申出来的AP与AC之间接口规范的问题。在此基础上，分析CAPWAP隧道建立机制，并通过示例介绍CAPWAP过程。

通过本章的学习，读者将会掌握以下内容。

- 区分AP技术
- 了解CAPWAP隧道协议
- 熟悉CAPWAP隧道建立过程

10.1　AP 技术介绍

10.1.1　"胖"AP

传统的 WLAN 网络主要是为企业或家庭内部移动用户的接入而组建的。仅基于这种需求，往往需要少数 AP 就可以满足。通常我们把基于这种情况而组建的 AP 称为"胖"（FAT）AP 或者独立 AP。不过，传统接入点最常见的行业术语是自治型 AP（autonomous AP）。

"胖"AP 的结构特点是将 WLAN 的物理层、用户数据加密、用户认证、QoS、网络管理、漫游技术以及其他应用层的功能集于一身，如图 10-1 所示，因此它的功能全面但结构复杂。

图 10-1　"胖"AP 功能

随着无线网络的发展，需要大量部署 AP 的地方越来越多，"胖"AP 的弊端也越来越明显。

① WLAN 建网需要对 AP 进行逐一配置，例如网关 IP 地址、SSID 和加密认证方式等无线业务参数，信道和发射功率等射频参数管理，访问控制列表（Access Control List，ACL）和 QoS 等服务策略等，给用户带来了很大的操作成本。

② 管理 AP 时需要维护大量 AP 的 IP 地址列表，需要进行地址关系维护的工作量大。

③ 接入 AP 的边缘网络需要更改 VLAN、ACL 等配置以适应无线用户的接入，为了能够支持无缝漫游，需要在边缘网络上配置所有无线用户可能使用的 VLAN 和 ACL。

④ 查看网络运行状况和用户统计、在线更改服务策略和安全策略设定时都需要逐一登录到 AP 设备才能完成相应的操作。

⑤ 升级 AP 软件需要手动逐一对设备进行升级，对 AP 设备进行重配置时需要进行全网重配置。

10.1.2　"瘦"AP

针对"胖"AP 存在的问题，WLAN 在企业等应用发展下出现了新的趋势，出现了"瘦"（FIT）AP+AC 的架构。对于可运营的 WLAN，从组网的角度，为了实现 WLAN 网络的快速部署、网络设备的集中管理、精细化的用户管理，相比"胖"AP（自治型 AP）方式，企业用户以及运营商更倾向于采用集中控制型 WLAN 组网（"瘦"AP+AC），从而实现 WLAN 系统、设备的可运维、可管理。

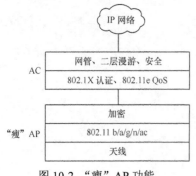

图 10-2　"瘦"AP 功能

"瘦"AP+AC 架构中接入控制器（Access Controller，AC）负责网络的接入控制、转发和统计、AP 的配置监控、漫游管理、AP 的网管代理以及安全控制等，"瘦"AP 负责 802.11 报文的加解密、无线物理层 PHY 功能、RF 空口的统计等功能，如图 10-2 所示。

"瘦" AP+AC 架构组网方式的优点如下。

① "瘦" AP 启动时自动从 AC 下载合适的设备配置信息，配置信息改动或更新时无需人工手动进行配置。

② "瘦" AP 能够自动获取 IP 地址，自动发现可接入的 AC，并对 AC 和 "瘦" AP 之间的网络拓扑不敏感。

③ AC 支持 "瘦" AP 的配置代理和查询代理，能够将用户对 "瘦" AP 的配置顺利传达到指定的 "瘦" AP 设备，同时可以查看 "瘦" AP 的状态和统计信息。

④ AC 支持下发最新版本软件到 "瘦" AP，自动升级 "瘦" AP。

10.1.3　对比

"胖" AP 与 "瘦" AP 组网对比如表 10-1 所示。在大规模组网部署应用的情况下，"瘦" AP+AC 架构比 "胖" AP 架构具有方便集中管理、三层漫游、基于用户下发权限等优势，因此，"瘦" AP+AC 更适合 WLAN 发展趋势。

表 10-1　　　　　　　　　　　　　　"胖" AP 与 "瘦" AP 对比

	AC+ "瘦" AP	"胖" AP
投资	AP 成本较低，易管理 AC 成本高	AP 成本较高，但是无 AC 投入
WLAN 组网	1. AP 不能单独工作，需要由 AC 集中代理维护管理 2. AP 本身零配置，适合大规模组网 3. 存在多厂商兼容性问题，AC 和 AP 间为私有协议，必须为同厂家设备 4. 每个 AC 管理 AP 容量较少	1. 需要对 AP 下发配置文件；有网管情况下可以支持大规模网络部署和海量规模用户管理 2. 不存在兼容性问题：基于 AP 和网管系统之间采用标准的 IP 层协议互通 3. 网管可以实现海量 AP 统一集中管理和维护，并实现与现有宽带网络融合管理
业务能力	二层、三层漫游 可扩展语音等丰富业务 可以通过 AC 增强业务 QoS、安全等功能	二层漫游 实现简单数据接入

10.2　CAPWAP 协议介绍

在 "瘦" AP+AC 架构下，AP 不能单独工作，需要与 AC 配合使用，因此 AP 和 AC 间需要有配套的通信协议可以让它们进行互联。最早，思科制定了首个 AP-AC 之间的隧道通信协议——轻型接入点协议（Light Weight Access Point Protocol，LWAPP）。接着，IETF（Internet Engineering Task Force，互联网工程任务组）为了解决各厂商 AP-AC 间隧道协议的不兼容问题，在 2005 年成立了无线接入点控制与配置协议（Control And Provisioning of Wireless Access Points，CAPWAP）工作组，研究大规模 WLAN 的解决方案以及标准化 AP 和 AC 的隧道协议。

除了 LWAPP 外，CAPWAP 工作组还参考了三种协议，如表 10-2 所示。其中，LWAPP 具有完整的协议框架，定义了详细的报文结构及多方面的控制消息元素，但全新制定的安全机制还需实践验证，而安全轻量接入点协议（Secure Light Access Point Protocol，SLAPP）的亮点是其使用了业界认可的数据包传输层安全性协议（Datagram Transport

Layer Security，DTLS）技术。相对前两者而言，CAPWAP 隧道协议（CAPWAP Tunneling Protocol，CTP）和无线局域网控制协议（Wireless LAN Control Protocol，WiCoP）实现了集中式 WLAN 体系结构的基本要求，但考虑不够全面，特别是安全性方面有所欠缺。

表 10-2　　　　　　　　　　　　　　CAPWAP 参考协议

协议名称	LWAPP	SLAPP	CTP	WiCoP
标准	RFC5412	RFC5413	draft-singh-capwap-ctp	RFC5414
协议全称	Light Weight Access Point Protocol	Secure Light Access Point Protocol	CAPWAP Tunneling Protocol	Wireless LAN Control Protocol
提出厂家	Cisco-AirSpace	Aruba	Siemens-Chantry	Panasonic
协议特点	全面地描述了 AC 发现、安全和系统管理方法，支持本地 MAC 和分离 MAC 机制。两者连接采用 2 层或 3 层连接，2 层连接使用以太网帧传输，3 层连接使用 UDP 传输 LWAPP 报文	支持桥接和隧道两种本地 MAC 机制。支持直连、2 层和 3 层三种连接方式。使用成熟的技术标准来建立通信隧道，数据信道使用 GRE 技术	利用扩展的 SNMP 对 WTP 进行配置和管理。CTP 的控制消息着重于 STA 连接状态、WTP 配置和状态几方面	定义了包括无线终端-AC 性能协商功能在内的 AC 发现机制，定义了 QoS 参数
加密情况	信令–AES-CCM 数据–没有加密	信令–DTLS 数据–DTLS	建立了 AP 与无线终端互相认证及一套基于 AES-CCM 的加密规则，但是并不完善	协议建议使用 IPsec 和 EAP 安全标准，却并未详细说明实现方法

CAPWAP 工作组对以上四种通信协议进行评测后，最终采用 LWAPP 协议作为基础进行扩展，使用 DTLS 安全技术，加入其他三种协议的有用特性，制定了 CAPWAP 协议。

10.2.1　CAPWAP 简介

CAPWAP 用于无线终端接入点（AP）和无线网络控制器（AC）之间的通信交互，实现 AC 对其所关联的 AP 的集中管理和控制。该协议包含的主要内容有如下几点。

① AP 对 AC 的自动发现及 AP&AC 的状态机运行、维护。

② AC 对 AP 进行管理、业务配置下发。

③ STA 数据封装 CAPWAP 隧道进行转发。

（1）数据转发类型

CAPWAP 协议支持两种数据转发类型：数据报文本地转发与集中转发，如图 10-3 所示。

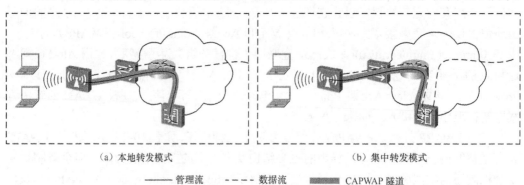

（a）本地转发模式　　　　　　　　　　　　（b）集中转发模式

———— 管理流　　- - - - 数据流　　▬▬▬ CAPWAP 隧道

图 10-3　数据转发类型

① 数据报文本地转发：也称直接转发。AC 只对 AP 进行管理，业务数据都是由本地直接转发。即 AP 管理流封装在 CAPWAP 隧道中，到达 AC 终止；AP 业务流不加 CAPWAP 封装，而直接由 AP 发送到交换设备进行直接转发。

② 数据报文集中转发：也称作隧道转发。业务数据报文由 AP 统一封装后到达 AC 实现转发，AC 不但进行对 AP 管理，还作为 AP 流量的转发中枢。即 AP 管理流与数据流都封装在 CAPWAP 隧道中到达 AC。

（2）基本报文格式

CAPWAP 是基于用户数据报协议（User Datagram Protocol，UDP）端口的应用层协议，可承载两类数据信息：数据消息和控制消息。这两类消息对应 AP 与 AC 通信所使用的两个消息通道：数据通道和控制通道。两种信道基于不同的 UDP 端口发送：控制报文端口为 UDP 端口 5246；数据报文端口为 UDP 端口 5247。

在数据通道中，AP 与 AC 交互的信息是被 CAPWAP 封装转发的 802.11 无线数据以及保持该通道的信息。在控制通道中，传递的控制信息既包括 AC 对 AP 进行工作参数配置的控制信息，也包括对 CAPWAP 会话进行维护的控制信息。控制消息报文中除"发现请求"及"发现响应"是明文传输以外，其他的强制使用 DTLS 保护，而数据消息报文可选择是否使用 DTLS。两种报文格式如图 10-4 所示。

IP 首部	UDP 首部	CAPWAP 首部	无线信号净荷		

IP 首部	UDP 首部	CAPWAP DTLS 首部	DTLS 首部	CAPWAP 首部	无线信号净荷	DTLS 尾部

图 10-4　普通 CAPWAP 报文及 DTLS 报文格式

对应的控制报文和数据报文格式如图 10-5 所示。

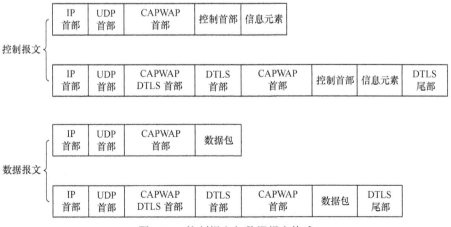

图 10-5　控制报文与数据报文格式

10.2.2　CAPWAP 状态机

在 CAPWAP 中，使用状态机迁移方式标志信息交互流程，如图 10-6 所示。

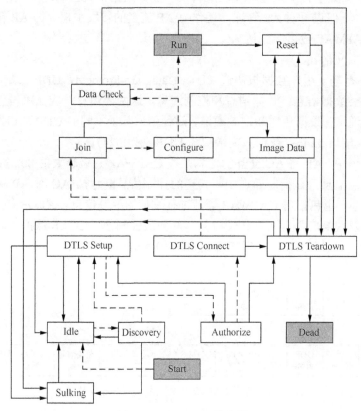

图 10-6　CAPWAP 状态机

CAPWAP 状态机在 AP/AC 上同样适用，对于每一个状态机的定义，仅允许发送和接收特定的信息报文。下面介绍 CAPWAP 隧道建立过程涉及的主要的几种状态及报文交互。

10.2.3　CAPWAP 隧道建立过程

CAPWAP 隧道建立过程如图 10-7 所示。主要包括 DHCP、Discovery、DTLS 连接、Join、Image Data、Configure、Data Check、Run 等状态。

（1）DHCP 过程

DHCP 过程包括四步交互。

在没有预配置 AC IP 列表时，则启动 AP 动态 AC 发现机制。通过 DHCP 获取 IP 地址，并通过 DHCP 协议中的 option 返回 AC 地址列表。

首先是 AP 发送 discover 广播报文，请求 DHCP server 响应，在 DHCP 服务器侦听到 discover 报文后，它会从没有租约的地址范围中，选择最前面的空置 IP，连同其他 TCP/IP 设定，响应 AP 一个 DHCP offer 报文，该报文中会包含一个租约期限的信息。

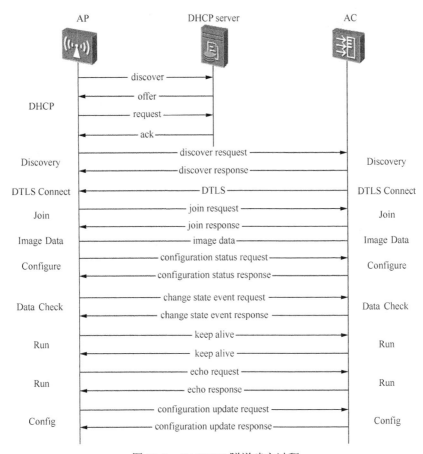

图 10-7　CAPWAP 隧道建立过程

由于 DHCP offer 报文既可以是单播报文，也可以是广播报文，当 AP 端收到多台 DHCP Server 的响应时，只会挑选其中一个 offer（通常是最先抵达的那个），然后向网络中发送一个 DHCP request 广播报文，告诉所有的 offer，并重新发送 DHCP，DHCP server 将指定接收哪一台服务器提供的 IP 地址，同时，AP 也会向网络发送一个 ARP 封包，查询网络上面有没有其他机器使用该 IP 地址，如果发现该 IP 已被占用，AP 会发送出一个 DHCP Decline 封包给 DHCP 服务器，拒绝接收其 DHCP discover 报文。

当 DHCP Server 接收到 AP 的 request 报文之后，会向 AP 发送一个 DHCP Ack 响应，该报文中携带的信息包括了 AP 的 IP 地址，租约期限，网关信息以及 DNS server IP 等，以此确定租约的正式生效，就此完成 DHCP 的四步交互工作。

图 10-8　DHCP 的四步交互

（2）Discovery 发现机制

AP 上电后，当存在预配置的 AC IP 列表时，则 AP 直接启动预配置静态发现流程并与指定的 AC 连接。如果未配置 AC IP 列表，则启动 AP 动态发现 AC 机制来获知哪些 AC 是可用的，决定与最佳 AC 来建立 CAPWAP 的连接。

CAPWAP 协议的发现过程如图 10-9 所示，AP 以单播或广播的形式发送"发现请求"报文试图关联 AC，AC 收到 AP 的 discover request 以后，会发送一个单播 discover response 给 AP，AP 可以通过 discover response 中所带的 AC 优先级或者 AC 上当前 AP 的个数等，确定与哪个 AC 建立会话。

图 10-9　AC 发现机制

（3）DTLS

与 AC 建立连接后，AP 根据此 IP 地址与 AC 协商，AP 接收到响应消息后开始与 AC 建立 CAPWAP 隧道，这个阶段可以选择 CAPWAP 隧道是否采用 DTLS 加密传输 UDP 报文。

图 10-10　DTLS 握手

（4）Join

在完成 DTLS 握手后，AC 与 AP 开始建立控制通道，在建立控制的交互过程中，AC 回应的 join response 报文中会携带用户配置的升级版本号、握手报文间隔/超时时间、控制报文优先级等信息。AC 会检查 AP 的当前版本，如果 AP 的版本无法与 AC 要求的相匹配，AP 和 AC 会进入 image data 状态做固件升级，以此来更新 AP 的版本，如果 AP 的版本符合要求，则进入 configuration 状态。

（5）Image Data

AP 根据协商参数判断当前版本是否是最新版本，如果不是最新版本，则 AP 将在 CAPWAP 隧道上开始更新软件版本。AP 在软件版本更新完成后重新启动，重复进行 AC

发现、建立 CAPWAP 隧道、加入过程。

图 10-11　Join

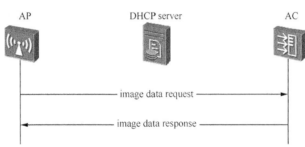

图 10-12　Image Data

（6）Configure

进入 Configure 状态后是为了做 AP 的现有配置和 AC 设定配置的匹配检查，AP 发送 configuration request 到 AC，该信息中包含了现有 AP 的配置，当 AP 的当前配置与 AC 要求不符合时，AC 会通过 configuration response 通知 AP。

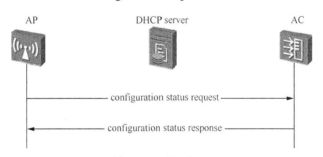

图 10-13　Configure

（7）Data Check

当完成 Configure 后，AP 发送 change state event request 信息，其中包含了 radio，result，code 等信息，当 AC 接收到 change state event request 后，开始回应 change state event response。

Data Check 完成后，标志着管理隧道建立的过程已经完成，开始进入 Run 状态。

（8）Run（数据）

AP 发送 keepalive 到 AC，AC 收到 keepalive 后表示数据隧道建立，AC 回应 keepalive，AP 进入"normal"状态，开始正常工作。

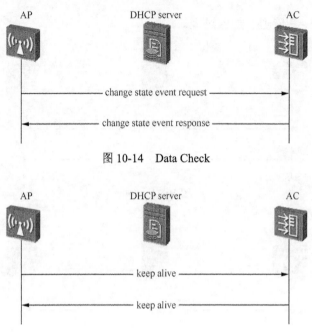

图 10-14　Data Check

图 10-15　Run（数据）

（9）Run（控制）

AP 进入 Run 状态后，同时发送 echo request 报文给 AC，宣布建立好 CAPWAP 管理隧道并启动 echo 发送定时器和隧道检测超时定时器以检测管理隧道时的异常。

当 AC 收到 echo request 报文后，同样进入 Run 状态，并回应 echo response 报文给 AP，启动隧道超时定时器。

到 AP 收到 echo response 报文后，会重设检验隧道超时的定时器。

图 10-16　Run（控制）

10.2.4　CAPWAP 过程示例

如图 10-17 所示，左边的两个 AP 属于 region 101，设备 VLAN 为 VLAN11，释放的 SSID 为 Huawei101，绑定的业务 VLAN 为 VLAN101，无线终端获取的 IP 地址为 10.1.101.51，右边的两个 AP 属于 region102，设备 VLAN 为 VLAN12，释放的 SSID 为 Huawei102，绑定的业务 VLAN 为 VLAN102，无线终端获取的 IP 地址为 10.1.102.51，AC 管理所有 AP 的 VLAN 为 VLAN100。

设备 VLAN、管理 VLAN 以及业务 VLAN 所有的网关都在核心交换机上，AC 的 source IP 为 10.1.100.100，为了保证正常通信，AC 上也会为每个业务新增 vlanif 端口。AC 跟核心交换机相连的接口配置为 trunk，放行管理 VLAN 100、业务 VLAN101 和 VLAN102。此时 AC 是作为二层设备，数据采用隧道转发模式。

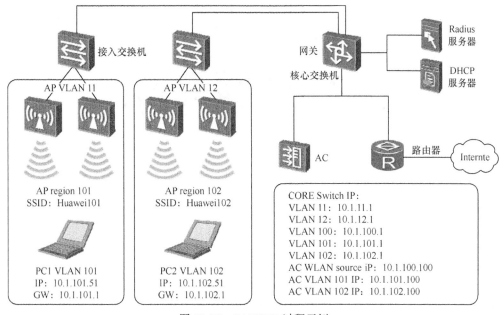

图 10-17　CAPWAP 过程示例

以 DHCP 数据包为例，无线终端连接上无线网络后，无线终端会发送一个 DHCP Request，这个报文的内容为"源 IP 为：0.0.0.0，因为此时还没有 IP 地址，目标地址为 255.255.255.255"，属于广播报文。

数据报文到了 AP 以后，AP 会将报文封装为 CAPWAP 报文，封装好的报文源 IP 地址为 10.1.11.101，此 IP 为 AP 的 IP 地址，目标地址为 10.1.100.100，为 AC 的 IP 地址，因为是 CAPWAP 数据报文，UDP 端口为 5247。

AC 接收到 AP 发送过来的报文后，将此报文解封装，AC 得到终端发送的原始数据，为 DHCP 请求报文，因为网络中使用的是专门的 DHCP Server，所以 AC 会把这个"请求报文"发送给 DHCP 服务器。

DHCP 服务器收到 DHCP 请求报文后，会发送一个 DHCP offer 报文给 AC，DHCP offer 报文中携带有 IP 地址，掩码，网关以及 DNS 的地址。AC 将这个 offer 数据封装到 CAPWAP 隧道中发送给 AP，AP 收到后解除封装，然后将 offer 报文发送给终端。最终终端得到了 DHCP server 请求的 IP 地址。

第11章
WLAN组网介绍

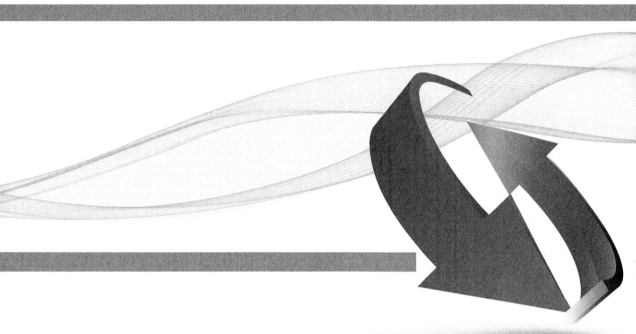

关于本章

　　无线局域网的组网根据实际的应用场景可以采用不同的组网方式，对于大多数家庭和小型企业办公室来说更多采用无线路由器或"胖"AP组网，但是对于大型的局域网来说就必须采用"瘦"AP组网。WLAN的数据转发方式也和组网有关，包括直连式直接转发和隧道转发及旁挂式直接转发和隧道转发。为了让WLAN网络的业务应用更加广泛，还可以设置VLAN来增强WLAN的业务性能。

　　通过本章内容的学习，读者可以掌握以下内容。

- 概括WLAN一般组网方式
- 区分WLAN转发方式
- 区分WLAN业务中不同VLAN的应用

11.1　WLAN 组网方式介绍

11.1.1　胖 AP 设备的典型组网

　　传统的无线局域网,无线接入点分散在所要覆盖的区域范围,给各自的覆盖区域内提供信号、用户安全管理和接入访问策略。局域网内单个 AP 是独立接入点,WLAN 接收器运行在用户的终端侧,在覆盖区域内通过临近 AP 制定的安全策略接入无线网。然后通过家庭 Modem 或接入交换机接入到因特网。因为胖 AP 安装方便,一般在家庭网络或小型企业网络中采用这种形式进行组网,具体的组网模式如下。

　　(1)家庭或 SOHO 网络的组网模式

　　在家庭或者 SOHO 中,由于所需要的无线覆盖范围小,一般采用胖 AP 组网。而胖 AP 不仅可以实现无线覆盖的要求,还可以同时作为路由器,实现对有线网络的路由转发。AP 通过 ADSL Modem 或光猫连接到因特网。图 11-1 组网图为胖 AP 在家庭或 SOHO 中的应用。其中在家庭中用的最多的是无线路由器,无线路由器也可以叫作胖 AP,一般用来满足家庭的使用,而 AP 一般在企业中应用。无线路由器和 AP 最大的区别是,无线路由器不但能给用户提供无线服务,同时还支持一个 LAN 和多个 MAN 口用来满足有线用户接入,AP 只提供给用户无线连接的服务。

图 11-1　家庭或 SOHO 环境下典型 WLAN 网络架构

　　(2)企业网络的组网模式

　　在企业网络或者其他大型场所中,所需要的无线覆盖范围比较大,若采用胖 AP 组网,则可以将 AP 接入到接入交换机端,数据通过交换机的转发,到达企业核心网。在企业核心网也可以架设起网管系统,便于对 AP 的统一管理。图 11-2 中为典型的"胖"AP 组网方式,这种组网属于早期的 WLAN 组网,当时企业布放 AP 的数量不多,相对比较容易管理。但随着业务需求的发展,大型企业或高校园区会布放大量的 AP,如果还采取这种组网方式的话,每个胖 AP 单独配置,管理员的工作将变

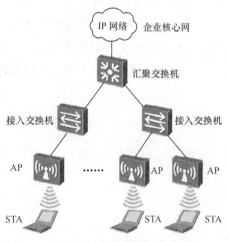

图 11-2　企业网络的模式

得非常繁琐，因此很多大型企业中 WLAN 组网的方式为 AC+瘦 AP 的组网方式。

11.1.2　瘦 AP 设备组网方式

因为采用胖 AP 进行大规模组网管理比较复杂，也不支持用户的无缝漫游，所以在大规模组网中一般采用瘦 AP 设备组网模式，无线控制器＋FIT AP 控制架构（瘦 AP）对设备的功能进行了重新划分，其中无线控制器负责无线网络的接入控制、转发和统计、AP 的配置监控、漫游管理、AP 的网管代理、安全控制；FIT AP 负责 802.11 报文的加解密、802.11 的物理层功能、接受无线控制器的管理、RF 空口的统计等简单功能。

根据 AP 与 AC 之间组网方式，其组网架构可分为二层组网和三层组网两种组网方式。

（1）二层组网模式

当 AC 与 AP 之间的网络为直连或者二层网络时，此组网方式为二层组网，瘦 AP 和无线控制器同属于一个二层广播域，瘦 AP 和 AC 之间通过二层交换机互联，由于二层组网比较简单，适用于简单临时的组网，能够进行比较快速的组网配置，但该模式不适用于大型组网架构。

（2）三层组网模式

当 AP 与 AC 之间的网络为三层网络时，WLAN 组网为三层组网，该模式下瘦 AP 和无线控制器属于不同的 IP 网段，瘦 AP 和 AC 之间的通信需要通过路由器或者三层交换机路由转发功能来完成。

在实际组网中，一台 AC 可以连接几十甚至几百台 AP，组网一般比较复杂。比如在企业网络中，AP 可以布放在公司办公室、会议室、会客间等场所，而 AC 可以安放在公司机房，这样 AP 和 AC 之间的网络就必须采用比较复杂的三层网络。根据 AC 在网络中的位置可分为直连式组网和旁挂式组网。

① 直连式组网。

直连式组网中 AC 同时扮演 AC 和汇聚交换机的功能，AP 的数据业务和管理业务都由 AC 集中转发和处理。直连式组网可以认为 AP、AC 与上层网络串联在一起，所有数据必须通过 AC 到达上层网络。该组网方式的缺点是对 AC 的吞吐量以及处理数据能力要求比较高，AC 容易成为整个无线网络带宽的瓶颈；优点是组网架构清晰，组网实施起来简单。

② 旁挂式组网。

旁挂式组网就是 AC 旁挂在 AP 与上行网络的直连网络上，AP 的业务数据可以不经 AC 而直接到达上行网络。实际组网中，无线网络的覆盖架设大部分是后期在现有网络中扩展而来的，采用旁挂式组网就比较容易进行扩展，只需将 AC 旁挂在现有网络中，比如旁挂在汇聚交换机上，就可以对终端 AP 进行管理，所以此种组网方式使用率比较高。

在旁挂式组网中，AC 只承载对 AP 的管理功能，管理流封装在 CAPWAP 隧道中传输。数据业务流可以通过 CAPWAP 数据隧道经 AC 转发，也可以不经过 AC 而直接转发，后者是指无线用户业务数据流经汇聚交换机传输至上层网络。

11.2 转发方式介绍

11.2.1 数据转发方式

WLAN 网络中的数据包括控制消息和数据消息，其中数据消息转发方式包括直接转发（又称为"本地转发"）和 CAPWAP 隧道转发（又称为"集中转发"）。

AC6605 承载管理流和数据业务流，管理流必须封装在 CAPWAP（Control And Provisioning of Wireless Access Points）隧道中传输，数据流可以根据实际情况选择是否封装在 CAPWAP 隧道中传输。

CAPWAP 定义了无线接入点（AP）与无线控制器（AC）之间的通信规则，为实现 AP 和 AC 之间的互通性提供通用封装和传输机制。CAPWAP 数据隧道封装发往 AC6605 的 802.11 协议的数据包并提供远程 AP 配置和 WLAN 管理。

根据数据流（也称业务流）是否封装在 CAPWAP 隧道中转发，可以分为两种转发模式：直接转发和隧道转发。直接转发也称本地转发或分布转发；隧道转发也称集中转发，通常用于集中控制无线用户业务数据流量的场景。

无论直连式组网还是旁挂式组网，用户都可以根据自身需求自行选择数据转发模式。AC6605 支持两种模式混合，即根据需要部分 AP 配置为直接转发模式，部分 AP 配置为隧道转发模式。由于在隧道转发模式下，所有无线用户业务数据流量都将汇聚到 AC 上处理，存在交换瓶颈的风险，因此在企业组网中不常采用。

11.2.2 直连式组网数据转发方式

直连式组网方式中，AP 和 AC6605 之间建立 CAPWAP 管理隧道，AC 通过该 CAPWAP 管理隧道实现对 AP 的集中配置和管理。无线用户的业务数据可以通过 CAPWAP 数据隧道在 AP 与 AC 之间转发（隧道转发模式），如图 11-4 所示，也可以由 AP 直接转发（直接转发模式），如图 11-3 所示。由于直连式组网中，AC 自然串接在线路中，故多采用直接转发模式，用户业务数据在 AP 上实现转发。AC6605 启动 DHCP Server 功能，给 AP 分配 IP 地址，AP 通过 DNS 或 DHCP option43 的方式或二层发现协议发现 AC6605，建立数据业务通道。

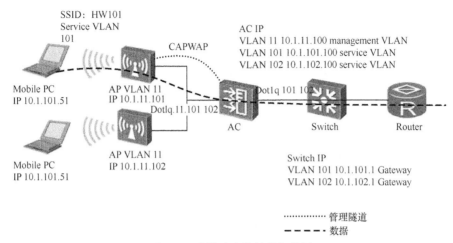

图 11-3　直连式直接转发拓扑图

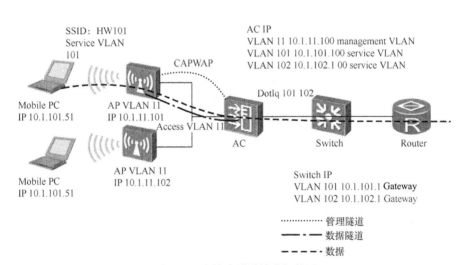

图 11-4　直连式隧道转发拓扑图

11.2.3　旁挂式组网数据转发方式

旁挂式组网是指 AC6605 旁挂在现有网络中（多在汇聚交换机旁边），实现对 AP 的 WLAN 业务管理。在旁挂式组网中，AC6605 只承载对 AP 的管理功能，管理流封装在 CAPWAP 隧道中传输。数据业务流可以通过 CAPWAP 数据隧道经 AC 转发，也可以不经过 AC 转发而直接转发，后者无线用户业务流经汇聚交换机传输至上层网络。

直接转发又称为数据本地转发，即 AP 与 AC 间的报文没有经过 CAPWAP 隧道封装，直接转发到上层网络，如图 11-5 所示。直接转发很容易地突破 AC 的带宽限制，从而提高报文的转发效率。配置 CAPWAP 断链保持以后，也可以减少无线用户断网的风险。

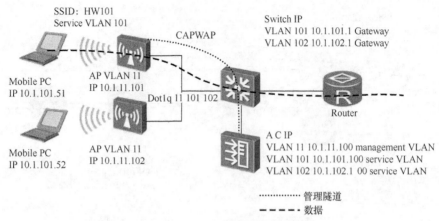

图 11-5　旁挂式直接转发拓扑图

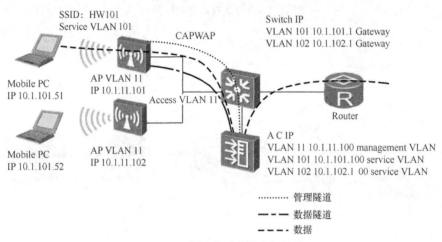

图 11-6　旁挂式隧道转发拓扑图

隧道转发又称为集中转发，即 AP 与 AC 间的报文经过 CAPWAP 隧道封装后再由 AC 转发到上层网络，从而提高报文的转发安全性，如图 11-6 所示。采用此种数据转发方式，可以大大提高数据的安全性，还可以对数据进行集中控制，比如 QoS 等。

当 AC 为旁挂式组网（即 AC 的业务接入端口和上行端口为同一个以太网端口）时，AP 与 AC 间的控制报文必须采用 CAPWAP 隧道进行转发，而数据报文则除了可以采用 CAPWAP 隧道转发之外，还可以采用直接转发方式。如果数据是直接转发，则数据流不经过 AC；如果数据是隧道转发模式，则数据流经过 AC。

11.3　VLAN 在 WLAN 业务中的应用

11.3.1　VLAN 的分类

VLAN 即虚拟局域网，在网络中通过协议控制使得数据发送具有局域网的性质，在实际的计算机网络中有大量的应用。WLAN 网络也可以通过协议制定具有不同功能的虚拟局域网，包括管理 VLAN、业务 VLAN、用户 VLAN 和授权 VLAN。

（1）管理 VLAN

管理 VLAN 主要是用来传送 AC 与 AP 之间的管理数据，拓扑图如图 11-7 所示。

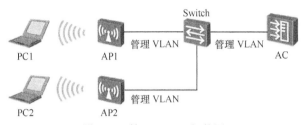

图 11-7　管理 VLAN 拓扑图

对于二层交换机而言，一般只能设置一个三层虚接口，所以必须设置一个 VLAN 作为三层虚接口的管理 VLAN。管理 VLAN 中绑定了一个 IP 地址，这样我们可以远程管理交换机，例如登录交换机查看相应的 LOG 日志，分析交换机状态，处理某些故障等。

对于 WLAN 来说，管理 VLAN 主要是用来传送 AC 与 AP 之间的管理数据，如 AP DHCP 报文、AP ARP 报文、AP CAPWAP 报文（包含控制 CAPWAP 报文和数据 CAPWAP 报文）。AC 内部 XGE 口的 PVID 和 TRUNK VLAN 与交换机普通物理端口的 PVID 和 TRUNK VLAN 相同，在部署 AC 时，需要配置 PVID 为管理 VLAN ID 并允许管理 VLAN 的报文通过 TRUNK 接口。

（2）业务 VLAN

业务 VLAN 主要负责传送 WLAN 用户上网时的数据，拓扑图如图 11-8 所示。

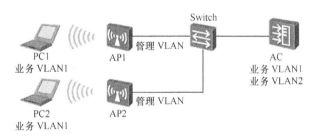

图 11-8　业务 VLAN 拓扑图

从 WLAN 整体来看，业务 VLAN 是基于 VAP（Virtual Access Point，虚拟接入点）的区域业务 VLAN，与位置有关，与用户无关，VAP 内的用户使用此业务 VLAN 封装数据。主要负责传送 WLAN 用户上网时的数据。

从 AP 角度看，直接转发模式下，业务 VLAN 是指 AP 给数据报文加的 VLAN。隧道转发模式下，业务 VLAN 是指 CAPWAP 隧道内用户报文的 VLAN。

从 AC 角度看，WLAN ESS 接口的 PVID VLAN 需要管理员手工配置，仅在 AP 发送的用户报文为 Untag 时生效，表示的是 AC 发送和接收的用户报文的缺省 VLAN。

服务集模板中的 Service VLAN（AP 上传的用户报文 VLAN）始终为当前用户的业务 VLAN。

（3）用户 VLAN

用户 VLAN 是指基于用户权限的 VLAN，拓扑图如图 11-9 所示。

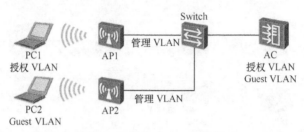

图 11-9　用户 VLAN 拓扑图

用户 VLAN 是指基于用户权限的 VLAN，WLAN 中使用的用户 VLAN 具体可以分为以下几种。

用户在使用 802.1X 方式进行用户接入安全认证时，会涉及以下的 VLAN。

- Guest VLAN：Guest VLAN 的基本功能是使用户在没有经过认证的情况下也能访问 Guest VLAN 内部的部分资源。例如，当用户没有安装客户端软件时，可以通过访问 Guest VLAN 的资源下载并安装客户端，通过认证后，才能进行正常的网络访问。

- Restrict VLAN：Restrict VLAN 功能允许用户在认证失败的情况下可以访问某一特定 VLAN 中的资源，这个 VLAN 称之为 Restrict VLAN。需要注意的是，这里的认证失败是认证服务器因某种原因明确拒绝用户认证通过，比如用户密码错误，而不是认证超时或网络连接等原因造成的认证失败（即 AC 收到 RADIUS 服务器下发的 Radius-reject 报文）。

（4）授权 VLAN

传统的静态 VLAN 部署不仅管理复杂，而且难以解决移动办公用户的 VLAN 控制问题。可以通过在用户接入网络时动态指定该用户所属的 VLAN，实现基于用户的 VLAN 划分。例如，在企业网中，通过动态 VLAN 下发，可以保证无线用户从一个 AP 的覆盖区域漫游到另外一个 AP 的覆盖区域时，用户均属于同一个业务 VLAN，保证用户正常业务不被中断。

11.3.2　VLAN 部署的原则

当 WLAN 系统同时设置了用户 VLAN 和管理 VLAN、业务 VLAN 后，原则如下。

- 无论在认证、重认证、漫游重认证还是 CoA 动态下发 VLAN 过程中，授权 VLAN 都有最高优先级，且为即时启用。

- 如果认证、重认证、漫游重认证或 CoA 动态下发 VLAN 过程中没有授权 VLAN，则取用当前所在地的业务 VLAN。

- 总体而言，用户 VLAN 优先于业务 VLAN，在系统同时设置有授权 VLAN、Guest VLAN、Restrict VLAN 等用户 VLAN 的情况下，优先启用授权 VLAN。

11.4　总结

　　本章内容首先讲述了 WLAN 的组网方式，详细地讲述了胖 AP 和瘦 AP 在不同场景下的应用情况，再介绍 WLAN 的数据业务的转发方式，根据不同的组网模式可以采用不同的数据转发方式，最后从管理 VLAN、业务 VLAN、用户 VLAN 和授权 VLAN 四个方面阐述了 WLAN 网络中 VLAN 业务的应用。

第12章
WLAN组网配置

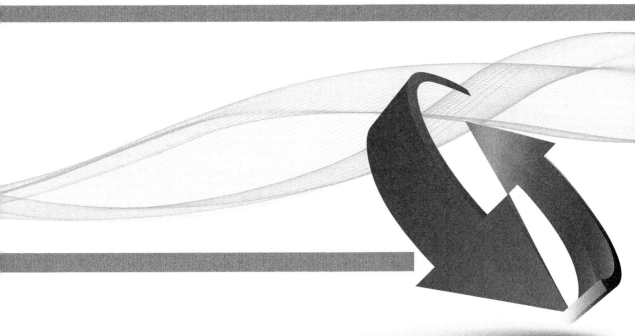

关于本章

在完成网络搭建和网络连接之后，可以进行WLAN组网的配置工作了，这是满足WLAN
网络正常工作的必然需要。WLAN的组网配置工作主要是AC6605、汇聚交换机、接入交换机
和AP的配置工作，包括有线侧的配置和无线侧的配置。在配置数据之前首先要做好相关数
据的规划工作，然后严格按照业务配置流程来完成WLAN组网的配置。配置完成后还要检查
相关数据是否正确和完备。

通过本章内容的学习，读者可以掌握以下内容。

- 华为无线控制器AC6605 WLAN业务配置流程
- 配置华为WLAN无线控制器的基础属性

12.1 WLAN 配置拓扑

图 12-1 为典型的 WLAN 拓扑结构，AP1 和 AP2 分别连接到接入交换机的 GE0/0/1 口和 GE0/0/2 口。接入交换机的端口可以为 AP 提供 PoE（Power over Ethernet，以太网供电），接入交换机的 GE0/0/3 口上联至汇聚交换机的 GE0/0/3 口。AC6605 为旁挂模式，连接至汇聚交换机的 GE0/0/2 口。汇聚交换机通过路由器连接至其他网络。

在组网图中，由接入交换机分配业务 VLAN，并给 AP 管理报文打管理 VLAN tag。AP1 的 SSID 为 huawei-1，业务 VLAN 为 101，属于 Region101；同理可以看到 AP2 的配置。

AP1 和 AP2 上业务数据采用数据直接转发模式，AC 同时作为 DHCP Server 给 AP 分配 IP 地址。

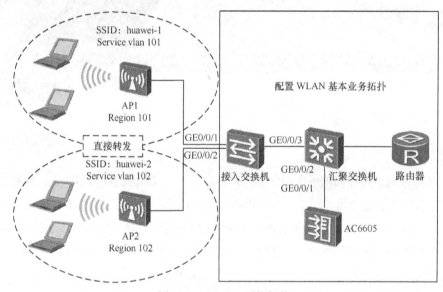

图 12-1   WLAN 网络拓扑

WLAN 数据的详细规划如表 12-1 所示，其中配置 WLAN 服务项时，WEP Open-System 数据不加密，属于最低级别的认证方式；配置 AP 域时，如果不配置的话默认为 0；配置 AP 的 IP 地址池时，地址池存储在 AC 上。

表 12-1   **WLAN 数据规划表**

配置项	AP1 数据	AP2 数据
WLAN 服务	WEP Open-System 认证，不加密	
AP 域	AP1: 101	AP2: 102
服务集	Name：Huawei-1 SSID：Huawei-1 WLAN 虚接口：WLAN-ESS 0 数据转发模式：直接转发	Name：Huawei-2 SSID：Huawei-2 WLAN 虚接口：WLAN-ESS 1 数据转发模式：直接转发

（续表）

配置项	AP1 数据	AP2 数据
WLAN 用户 VLAN	AP1: VLAN101 10.1.101.0/24	AP2: VLAN102 10.1.102.0/24
VLANs on the Switch	VLAN 100/101/102	
AC carrier ID/AC ID	other/1	
AC 管理 IP 地址	VLANIF 接口地址: 10.1.100.1/24	
AP 的 IP 地址池	10.1.100.2-10.1.100.254/24	
AP 网关	10.1.100.1/24(IP address of the AC)	
DHCP 服务器	AC	

WLAN 网络配置主要是配置接入交换机、汇聚交换机和 AC，实现 AP 和 AC 互通。如果接入交换机或 AC 上直连 AP 的端口，需要打管理 VLAN tag，同时 AP 采用零配置。业务 IP 地址池给 STA 分配 IP 地址，管理 IP 地址池给 AP 分配 IP 地址，两种地址池需要分开配置。直接转发模式下 STA 的网关可以配置在汇聚交换机上或 AC 上。

① 配置 AC 的基本功能，包括如下两点。
- 配置 AC 运营商标识和 ID
- AC 与 AP 之间通信的源接口，实现 AC 作为 DHCP Server 功能
② 配置 AP 上线的认证方式，并把 AP 加入 AP 域中，实现 AP 正常工作。
③ 配置 VAP，下发 WLAN 业务，实现 STA 访问 WLAN 网络功能，其中配置 VAP，需要以下几点。
- 配置 WLAN-ESS 接口，并在服务集下绑定该接口，实现无线侧报文到达 AC 后能够送至 WLAN 业务处理模块功能。
- 配置 AP 对应的射频模板，并在射频下绑定该模板，实现 STA 与 AP 之间的无线通信参数配置。
- 配置 AP 对应的服务集，并在服务集下配置数据直接转发模式，绑定安全模板、流量模板，实现 STA 接入网络安全策略及 QoS 控制。
- 配置 VAP 并下发，实现 STA 访问 WLAN 网络功能。

12.2　有线侧基本配置

12.2.1　配置接入交换机

在配置接入交换机时，首先配置连接 AP 的以太网端口（GE0/0/1 和 GE0/0/2）类型为 trunk 类型，PVID 为 100；然后配置接入交换机上连接汇聚交换机的 GE0/0/3 接口透传所有业务和管理 VLAN。同时要注意配置 AP 到 AC 之间 VLAN 100 互通。如果在直接转发模式下，需要配置 AP 到 AC 之间业务 VLAN 101 内互通和业务 VLAN 102

内互通。

　　配置时需要将所有二层交换机在 AP 管理 VLAN 和业务 VLAN 内的下行口上配置端口隔离，如果不配置端口隔离，可能会在 VLAN 内存在不必要的广播报文，或者导致不同 AP 间的 WLAN 用户二层互通的问题。端口隔离功能未开启时，建议从接入交换机到 AC 之间的所有网络设备的接口都配置 undo port trunk allow-pass vlan 1，防止引起报文冲突，占用端口资源。根据实际组网情况在汇聚交换机上行口配置业务 VLAN 透传，和上行网络设备互通。

```
<Quidway> system-view
[Quidway]vlan batch 100 to 102
[Quidway]interface GigabitEthernet 0/0/1
[Quidway-GigabitEthernet0/0/1]port link-type trunk
[Quidway-GigabitEthernet0/0/1]port trunk pvid vlan 100
[Quidway-GigabitEthernet0/0/1]port trunk allow-pass vlan 100 101
[Quidway-GigabitEthernet0/0/1]port-isolate enable
[Quidway-GigabitEthernet0/0/1]quit
[Quidway]interface GigabitEthernet 0/0/2
[Quidway-GigabitEthernet0/0/2]port link-type trunk
[Quidway-GigabitEthernet0/0/2]port trunk pvid vlan 100
[Quidway-GigabitEthernet0/0/2]port trunk allow-pass vlan 100 102
[Quidway-GigabitEthernet0/0/2]port-isolate enable
[Quidway-GigabitEthernet0/0/2]quit
[Quidway]interface GigabitEthernet 0/0/3
[Quidway-GigabitEthernet0/0/3]port link-type trunk
[Quidway-GigabitEthernet0/0/3]port trunk allow-pass vlan 100 to 102
[Quidway-GigabitEthernet0/0/3]quit
```

12.2.2　配置汇聚交换机

　　配置汇聚交换机上连接 AC 的 GE0/0/2 接口透传所有业务和管理 VLAN。配置汇聚交换机上连接接入交换机的 GE0/0/3 接口透传所有业务和管理 VLAN。在汇聚交换机上配置业务 VLAN 101 和业务 VLAN 102 的 IP 地址池。直接转发模式下，业务网关配置在汇聚交换机中。

```
[Quidway]interface GigabitEthernet 0/0/2
[Quidway-GigabitEthernet0/0/2]port link-type trunk
[Quidway-GigabitEthernet0/0/2]port trunk allow-pass vlan 100 to 102
[Quidway]interface GigabitEthernet 0/0/3
[Quidway-GigabitEthernet0/0/3]port link-type trunk
[Quidway-GigabitEthernet0/0/3]port trunk allow-pass vlan 100 to 102
[Quidway-GigabitEthernet0/0/3]port-isolate enable
[Quidway]interface vlanif 101
[Quidway-Vlanif101]ip address 192.168.1.1 24
[Quidway-Vlanif101]dhcp select interface
[Quidway-Vlanif101]quit
[Quidway]interface vlanif 102
[Quidway-Vlanif102]ip address 192.168.2.1 24
[Quidway-Vlanif102]dhcp select interface
[Quidway-Vlanif102]quit
```

12.2.3　AC 端口基本配置

配置 AC 连接汇聚交换机的 GE0/0/1 接口透传所有业务和管理 VLAN。

```
<Quidway> system-view
[Quidway]sysname AC
[AC]vlan batch 100 to 102
[AC]interface GigabitEthernet 0/0/1
[AC-GigabitEthernet0/0/1]port link-type trunk
[AC-GigabitEthernet0/0/1]port trunk allow-pass vlan 100 to 102
[AC-GigabitEthernet0/0/1]quit
```

12.3　WLAN 业务的配置流程

WLAN 业务的配置流程可以分为 5 个部分，包括 AC 基础配置、配置 AC 与 AP 的互通、配置 AP 的射频、配置 AP 的服务集、配置 VAP、下发 WLAN 服务。

配置举例中，AC6605 为旁挂模式；由接入交换机分配业务 VLAN，并给 AP 管理报文打管理 VLAN tag。同时 AC6605 作为 DHCP Server 给 AP 分配 IP 地址。AP1 和 AP2 上业务数据采用数据直接转发模式。

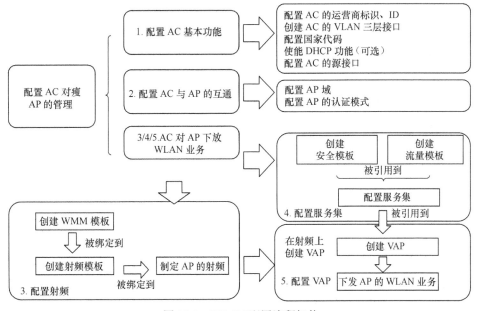

图 12-2　WLAN 配置流程拓扑

12.3.1　配置 AC 基本功能

配置 AC 基本功能包括配置 AC 全局参数（运营商标识、ID、国家码）、配置 VLAN 接口、配置 DHCP 功能和配置 AC 的源接口。

（1）配置 AC 全局参数

在实际应用中，为了便于管理，用户需要为每个 AC 配置 AC ID 和运营商标识。缺

省情况下，AC ID 为 0，运营商标识为 other。目前运营商标识有四家：cmcc/中国移动、
ctc/中国电信、cuc/中国联通、other/其他。在企业网中，我们一般都选择 other。

```
system-view                                              /进入系统视图/
WLAN ac-global ac id ac-id[carrier id{cmcc | ctc | cuc | other} ]    /配置 AC ID,同时可以配置 AC 的运营商标识/
WLAN ac-global country-code country-code                 /配置 AC 的国家码标识/
<AC>system-view
[AC]WLAN ac-global ac id 1 carrier id other
[AC]WLAN ac-global country-code CN
```

（2）配置 DHCP 功能和 VLANIF 接口

Vlanif 100 为 AP 分配 IP 地址，AP 需要获取一个 IP 地址才能与 AC 建立连接，可
以从 AC 或 DHCP 服务器获取 IP 地址。此处配置 AC 为 DHCP 服务器，AP 从 AC 上获
取 IP 地址。

```
[AC]dhcp enable                          /开启 DHCP 功能/
[AC]interface vlanif100                  /创建 VLANIF 接口/
[AC-Vlanif100]ip address 10.1.100.1 24   /配置给 AP 分配地址的地址池网段/
[AC-Vlanif100]dhcp select interface      /创建接口地址池/
[AC-Vlanif100]quit                       /返回系统视图/
[AC]interface vlanif101
[AC-Vlanif101]ip address 10.1.101.1 24
[AC-Vlanif101]dhcp select interface
[AC-Vlanif101]quit
[AC]interface vlanif102
[AC-Vlanif102]ip address 10.1.102.1 24
[AC-Vlanif102]dhcp select interface
[AC-Vlanif102]quit
```

（3）配置 AC 的源接口

📖 说明

V200R005C00 版本请按照以下步骤进行配置。

配置 AC 的源接口，用于 AP 和 AC 之间建立隧道通信。

```
[AC]wlan/进入 WLAN 视图/
[AC-WLAN-view]WLAN ac source interface{LoopBack loopback-num | Vlanif vlanif-id}/配置 AC 的源接口/
[AC-WLAN-view]WLAN ac source interface vlanif 100 /指定 AC 的源 IP 地址，使得该 AC 设备下接入 AP 得到的 AC
地址都是指定的 AC 源 IP 地址/
```

📖 说明

V200R005C10 版本请按照以下步骤进行配置。

```
[AC]capwap source interface {loopback loopback-number | vlanif vlan-id} /用来配置 AC 与 AP 建立 CAPWAP 隧道的源接口；
[AC]capwap source ip-address ip-address,配置该 VLANIF 接口下的 IP 地址为 AP 与 AC 建立 CAPWAP 隧道的源地址。
```

12.3.2　配置 AC 与 AP 的互通

（1）配置 AP 域 ID 分别为 101 和 102

```
[AC-WLAN-view]ap-region id 101
[AC-WLAN-ap-region-101]quit
```

```
[AC-WLAN-view]ap-region id 102
AC-WLAN-ap-region-102]quit
[AC-WLAN-view]ap id 0
[AC-WLAN-ap-0]region-id 101
[AC-WLAN-ap-0]quit
[AC-WLAN-view]ap id 1
[AC-WLAN-ap-1]region-id 102
[AC-WLAN-ap-1]quit
```

（2）配置 AP 域认证方式

```
[AC-WLAN-view]ap-auth-mode{mac-auth | no-auth | sn-auth} /配置 AP 的认证方式(MAC 或无或 SN 认证)/
[AC-WLAN-view]ap-auth-mode no-auth                      /配置 AP 的认证方式为 no-auth 认证/
```

缺省情况下，AP 认证方式为 MAC 地址认证。如果要采用 MAC 认证，配置如下。

```
[AC-WLAN-view]ap-auth-mode mac-auth        /配置认证方式为 MAC 认证/
[AC-WLAN-view]ap id 0 type-id 19 mac cccc-8110-2260 /type id 为 AP 的类型，每种 AP 都有一种 ID 号，配置的时候要对应/
[AC-WLAN-view]ap id 1 type-id 21 mac 5489-9849-8265
[AC-WLAN-view]display ap-type all          /查询 AP 的设备类型/
    All AP types information:
    ------------------------------------------------
    ID      Type
    ------------------------------------------------
    17      AP6010SN-GN
    19      AP6010DN-AGN
    21      AP6310SN-GN
    23      AP6510DN-AGN
    25      AP6610DN-AGN
    27      AP7110SN-GN
    28      AP7110DN-AGN
    29      AP5010SN-GN
    30      AP5010DN-AGN
    31      AP3010DN-AGN
    33      AP6510DN-AGN-US
    34      AP6610DN-AGN-US
    35      AP5030DN
    36      AP5130DN
    38      AP2010DN
    ------------------------------------------------
    Total number: 15
```

12.3.3 配置射频

（1）创建 WMM 模板

```
[AC]WLAN
[AC-WLAN-view]wmm-profile name wmm-1 id 1 /创建名为 "wmm-1" 的 WMM 模板，参数采用默认配置/
[AC-WLAN-wmm-prof-wmm-1]quit
```

（2）创建射频模板

```
[AC-WLAN-view]radio-profile name radio-1 / "radio-1" 的射频模板/
[AC-WLAN-radio-prof-radio-1]wmm-profile name wmm-1 /将 wmm-1 的模板绑定在 radio-1 的模板上/
[AC-WLAN-radio-prof-radio-1]quit
```

（3）绑定 AP 的射频

将 AP1 和 AP2 对应的射频绑定射频模板 "radio-1"。

```
[AC-WLAN-view]ap 0 radio 0/第一个 0 为 AP 号，第二个 0 为射频号，0 表示 2.4G 射频；1 表示 5G 射频/
[AC-WLAN-radio-0/0]radio-profile name radio-1
[AC-WLAN-radio-0/0]quit
[AC-WLAN-view]ap 1 radio 0
[AC-WLAN-radio-1/0]radio-profile name radio-1
[AC-WLAN-radio-1/0]quit
```

12.3.4 配置 AP 对应的服务集

（1）创建安全模板

```
[AC-WLAN-view]security-profile name security-1 id 1 /安全模板名为 "security-1" /
[AC-WLAN-sec-prof-security-1]wep authentication-method open-system /认证模式为 WEP 认证，开放认证，不加密/
[AC-WLAN-sec-prof-security-1]security-policy wep
[AC-WLAN-sec-prof-security-1]quit
```

（2）创建流量模板

配置 QoS 策略，并创建流量模板。

流量模板名为 "traffic-1"，参数采用缺省配置。

```
[AC-WLAN-view]traffic-profile name traffic-1
[AC-WLAN-traffic-prof-traffic-1]quit
```

（3）配置服务集

配置 WLAN-ESS 虚接口，需要分别创建与 AP1 及 AP2 对应的服务集，并绑定流量模板、安全模板和 WLAN-ESS 接口。

配置 WLAN-ESS 虚接口。

```
[AC]interface WLAN-ess0 /创建新的虚接口 0/
[AC-WLAN-ESS0]port hybrid pvid vlan 101 /为 101 号 vlan 创建混合模式，注意 WLAN 的虚接口只能是混合模式/
[AC-WLAN-ESS0]port hybrid untagged vlan 101
[AC-WLAN-ESS0]quit
[AC]interface WLAN-ess1
[AC-WLAN-ESS1]port hybrid pvid vlan 102
[AC-WLAN-ESS1]port hybrid untagged vlan 102
[AC-WLAN-ESS1]quit
```

创建服务集。

```
[AC-WLAN-view]service-set name huawei-1
[AC-WLAN-service-set-huawei-1]ssid huawei-1
[AC-WLAN-service-set-huawei-1]traffic-profile name traffic-1 /流量模板/
[AC-WLAN-service-set-huawei-1]security-profile name security-1
[AC-WLAN-service-set-huawei-1]WLAN-ess 0
[AC-WLAN-service-set-huawei-1]service-vlan 101
[AC-WLAN-service-set-huawei-1]forward-mode direct-forward /直接转发/
[AC-WLAN-service-set-huawei-1]quit
[AC-WLAN-view]service-set name huawei-2
[AC-WLAN-service-set-huawei-2]ssid huawei-2
```

```
[AC-WLAN-service-set-huawei-2]traffic-profile name traffic-1
[AC-WLAN-service-set-huawei-2]security-profile name security-1
[AC-WLAN-service-set-huawei-2]WLAN-ess 1
[AC-WLAN-service-set-huawei-2]service-vlan 102
[AC-WLAN-service-set-huawei-2]forward-mode direct-forward
[AC-WLAN-service-set-huawei-2]quit
```

12.3.5　配置 VAP

（1）创建 VAP

配置 AP 对应的 VAP，下发 WLAN 服务，将 AP1 和 AP2 对应的射频绑定服务集"huawei-1"和"huawei-2"。

```
[AC-WLAN-view]ap 0 radio 0 /进入 AP 射频/
[AC-WLAN-radio-0/0]service-set name huawei-1
[AC-WLAN-radio-0/0]quit
[AC-WLAN-view]ap 1 radio 0
[AC-WLAN-radio-1/0]service-set name huawei-2
[AC-WLAN-radio-1/0]quit
```

下发 AP 的 WLAN 服务，如果 AP 数量较多，可以用 commit 命令统一下发，如果不用 commit 命令，则配置不能生效。

```
[AC-WLAN-view]commit ap 0
[AC-WLAN-view]commit ap 1
```

（2）验证配置结果

AP1 和 AP2 下的无线接入用户可以搜索到 SSID 标识为 huawei-1 和 huawei-2 的 WLAN 网络并正常上线。

12.4　配置回顾

在章节的最后，我们对相关的配置文件做回顾总结，以便读者查阅和学习。常用的配置文件包括 AC 有线侧配置文件、AC 无线侧配置文件、接入交换机配置文件和汇聚交换机配置文件。

（1）配置 AC 基本功能

```
sysname AC
vlan batch 100 to 102
dhcp enable
WLAN ac-global carrier id ctc ac id 1
interface Vlanif100
 ip address 10.1.100.1 255.255.255.0
 dhcp select interface
interface Vlanif101
 ip address 10.1.101.1 255.255.255.0
 dhcp select interface
interface Vlanif102
 ip address 10.1.102.1 255.255.255.0
 dhcp select interface
```

```
interface WLAN-ESS0
port hybrid untagged vlan 101
interface WLAN-ESS1
port hybrid untagged vlan 102
```

（2）WLAN 业务配置

```
WLAN ac source interface Vlanif100
ap-region id 101
ap-region id 102
ap-auth-mode no-auth
ap id 0 type-id 19 mac cccc-8110-2260 sn AB34002078
region-id 101
ap id 1 type-id 21 mac 5489-9849-8265 sn AB36015000
region-id 102
wmm-profile name wmm-1 id 1
security-profile name security-1 id 1
service-set name huawei-1 id 1
WLAN-ess 0
ssid huawei-1
traffic-profile id 1
service-vlan 101
service-set name huawei-2 id 2
WLAN-ess 1
ssid huawei-2
traffic-profile id 2
service-vlan 102
radio-profile name radio-1 id 1
wmm-profile id 1
ap 0 radio 0
radio-profile name radio-1
service-set id 0 WLAN 1
ap 1 radio 0
radio-profile name radio-1
service-set id 1 WLAN 1
#
return
```

（3）接入交换机配置文件

```
vlan batch 100 to 102
interface GigabitEthernet0/0/1
port link-type trunk
port trunk pvid vlan 100
port trunk allow-pass vlan 100 to 101
interface GigabitEthernet0/0/2
port link-type trunk
port trunk pvid vlan 100
port trunk allow-pass vlan 100 102
interface GigabitEthernet0/0/3
port link-type trunk
port trunk allow-pass vlan 100 to 102
```

（4）汇聚交换机配置文件

```
interface GigabitEthernet0/0/2
port link-type trunk
```

```
port trunk allow-pass vlan 100 to 102
interface GigabitEthernet0/0/3
port link-type trunk
port trunk allow-pass vlan 100 to 102
```

12.5　总结

本章内容主要讲述了 WLAN 的组网配置以及相关的配置流程和配置文件，首先讲述了 WLAN 网络配置拓扑结构，然后讲述了 WLAN 网络有线侧的基本配置，包括接入交换机的配置、汇聚交换机的配置和 AC 的配置，并讲述了 WLAN 业务相关的配置流程及配置步骤。最后通过汇总相关的配置文件让读者回顾了 WLAN 的组网配置。

第13章
向导化配置WLAN
业务

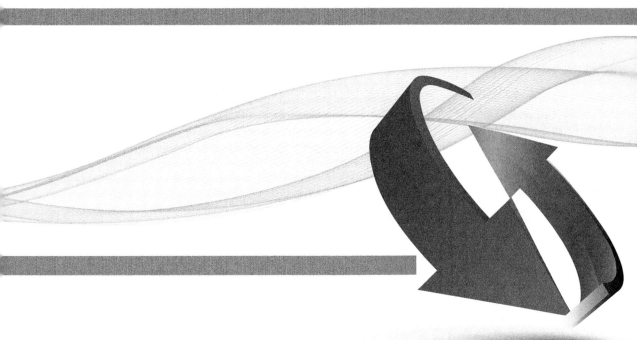

关于本章

为了方便管理员对WLAN网络设备进行操作和维护，华为推出了WLAN网络的Web网管功能，基于Web的网络管理是一种全新的网络管理模式，具有灵活性高、易操作等优点，这项功能可以使管理员通过图形化Web界面直观地管理和维护网络设备，大大地减小了网络管理员的工作量。

本章将通过一个实际案例来介绍如何使用Web界面向导化配置AC+"瘦"AP组网模式下的WLAN基本业务。

通过本章的学习，读者将会掌握以下内容。

- 使用Web界面向导化配置WLAN业务

13.1　组网需求

13.1.1　WLAN 组网拓扑图

　　本章通过案例讲述 WLAN 业务的向导化配置，案例所需配置的业务场景为网络供应商向某区域提供 WLAN 上网服务，AP1 为该区域提供业务的 WLAN 设备，其拓扑图如图 13-1 所示。

- 现有网络中汇聚交换机连接上层网络，AC6605 采用旁挂方式通过汇聚交换机和接入交换机连接管理 AP。
- AC 和 AP 之间网络属于二层组网，管理 VLAN 为 VLAN100。
- 采用隧道转发的方式，可以对数据报文进行有效的管理。

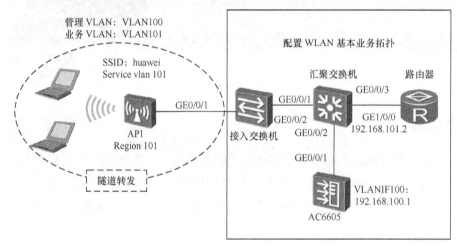

图 13-1　WLAN 案例拓扑图

13.1.2　WLAN 数据规划表

　　表 13-1 为本案例组网结构（如图 13-1 所示）中 WLAN 数据的详细规划表。

表 13-1　　　　　　　　　　　　　　　　**WLAN 数据规划表**

配置项	AP 数据	备　　注
AP 管理 VLAN	VLAN100	AP 的管理 VLAN 为 VLAN100
STA 业务 VLAN	VLAN101	STA 的业务 VLAN 为 VLAN101
DHCP 服务器	AC 作为 AP 和 STA 的 DHCP 服务器	AC 作为 AP 和 STA 的 DHCP 服务器，为 AP 分配地址
AP 地址池	192.168.100.2～192.168.100.254/24	AP 的 IP 地址池
STA 地址池	192.168.101.3～192.168.101.254/24	STA 的 IP 地址池

（续表）

配置项	AP 数据	备　注
AC ID/ 国家码	0/CN	在实际应用中，为了便于管理，用户需要为每个 AC 配置 AC ID。缺省情况下，AC ID 为 0 国家码用来标识使用射频所在的国家，它规定了 射频特性。在配置设备之前，必须配置有效的国 家码或区域码
AC 源接口	VLANIF100	每台 AC 设备都需要指定 AC 的源 IP 地址，使得 该 AC 设备下接入的 AP 得到的 AC 地址都是指 定的 AC 源 IP 地址
WLAN 射频模板	名称：radio WMM 模板：wmm	WLAN 系统使用无线射频作为传输介质，且无线 通信通过抢占信道来传输数据。为了保证不同质 量的无线接入服务，需要创建 WMM 模板并配置 相应参数。另外，WLAN 系统使用射频模板对射 频参数进行配置。WMM 模板创建后需绑定到射 频模板，随绑定的射频模板应用到射频中
WLAN 服务集	名称：huawei SSID：huawei WLAN ESS 接口：WLAN-ESS1 安全模板：security 流量模板：traffic 数据转发方式：隧道转发	服务集（service-set）是业务层面的关键参数集， 服务集应绑定安全模板和流量模板

13.2　配置思路

本案例采用如下的思路进行 WLAN 配置。
- 使用配置向导，配置 AP 上线。
- 使用配置向导在 AC 上配置 WLAN 相关业务。
- 业务下发至 AP，用户完成业务验证。

13.3　配置步骤

如本书第 12 章所述，WLAN 业务的配置流程可以分为 5 个部分：AC 基础配置、配置 AC 与 AP 的互通 、配置 AP 的射频、配置 AP 的服务集、配置 VAP，下发 WLAN 服务。流程图如图 12-2 所示。本章 13.3.2 节"AP 上线配置向导"将通过向导化配置实现"AC 基础配置"、"配置 AC 与 AP 的互通"两大步骤，13.3.3 节"WLAN 配置向导"将通过向导化配置实现"配置 AP 的服务集"、"配置 VAP"、"下发 WLAN 服务"三大步骤，最终完成 WLAN 基本业务的配置。

13.3.1　配置周边设备

在配置 WLAN 业务之前，需要先配置网络互通，即在 WLAN 组网中的网络设备上配置接口、VLAN、IP 地址、路由等，以及在服务器上配置 IP 地址等，实现终端、网络设备、服务器之间的网络层互通。针对本案例需要首先配置以下几项。

- 配置接入交换机的 GE0/0/1 和 GE0/0/2 接口加入 VLAN100，GE0/0/1 的缺省 VLAN 为 VLAN100。
- 配置汇聚交换机的接口 GE0/0/1 和 GE0/0/2 加入 VLAN100。
- 配置汇聚交换机的接口 GE0/0/2 和 GE0/0/3 加入 VLAN101。
- 最后配置 Router 接口 GE1/0/0 的地址为 192.168.101.2/24。

⚠️ 注意

需要开启 AP 直连的接入交换机和汇聚交换机的下行端口二层隔离功能。该功能可以控制 STA 只能进行正常上网应用，而不能互相访问，从而提高 WLAN 网络的整体性能。如果不配置该功能，当 AP 与 AC 间为二层组网时，每一个 AP 的广播报文都会被广播到所有 AP，导致二层网络中存在大量的广播报文，甚至引起广播风暴，对用户正常业务造成严重影响。

周边设备配置完成后，就可以使用 Web 网管向导化配置 WLAN 业务了。具体操作步骤见 13.3.2 节和 13.3.3 节。

13.3.2　AP 上线配置向导

AP 上线配置的具体操作步骤如下所示。

（1）进入 AP 配置向导界面

在系统的"监控"页面（如图 13-2 所示）上单击"向导 > AP 上线配置向导"，进入"AP 上线配置向导"界面，如图 13-3 所示。

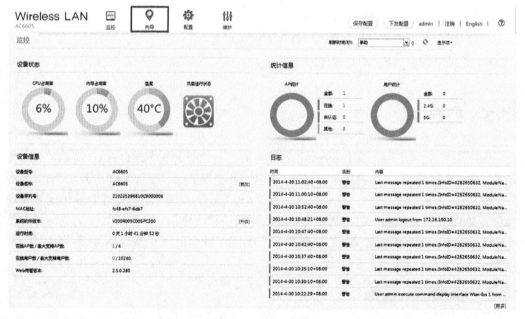

图 13-2　"监控"界面

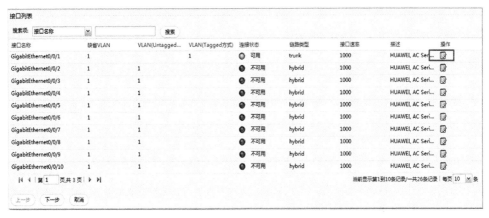

图 13-3　"AP 上线配置向导"界面

接口参数说明如下。

- 接口名称：表明设备使用的接口。
- 缺省 VLAN：接口的缺省 VLAN。
- VLAN（Untagged 方式）：接口以 Untagged 方式加入的 VLAN。
- VLAN（tagged 方式）：接口以 tagged 方式加入的 VLAN。
- 连接状态：接口的连接状态。
- 链路类型：接口的链路类型。
- 接口速率：接口的速率。
- 描述：对接口的描述信息。

（2）配置以太网接口

在"AP 上线配置向导"界面上单击接口"GigabitEthernet0/0/1"右侧的操作""，弹出"修改以太网口"窗口，将 VLAN100 和 VLAN101 以 Tagged 方式加入接口，如图 13-4 所示。

图 13-4　"配置以太网口"界面

参数说明如下。

- 接口名称：以太网接口名称编号。
- 缺省 VLAN：配置接口加入的缺省 VLAN。缺省 VLAN 必须是在设备上已经创建好的。
- 接口状态：物理接口的状态，开启或关闭。
- 链路类型：设置接口通过 VLAN 时的链路类型。
- 描述：对接口的描述信息，如 "HUAWEI, AC Series, GigabitEthernet0/0/1 Interface"。
- PHB 映射：配置或取消对接口出方向的报文进行 PHB 映射。缺省情况下，对接口出方向的报文进行 PHB 映射。
- 加入 VLAN ID：设置接口可以通过的 VLAN。
- 当链路类型为 access 时，接口只有缺省 VLAN 可以通过；
- 当链路类型为 hybrid 时，需要配置 VLAN 以 tagged 方式通过接口或者以 untagged 方式通过接口；
- 当链路类型为 trunk 时，配置的 VLAN 只能以 tagged 方式通过接口。

（3）配置虚拟接口

创建 VLANIF 接口，配置其 IP 地址，其中 VLANIF 100 为 AP 分配 IP 地址，VLANIF 101 为 STA 分配 IP 地址。

在"配置虚拟接口"界面，单击"新建"，进入"新建虚拟接口"界面，配置接口 VLANIF100 的 IP 地址为 192.168.100.1/24，如图 13-5 所示：

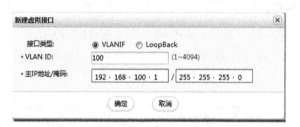

图 13-5 "配置虚拟接口"界面

配置完接口 VLANIF100，再以同样的方式配置接口 VLANIF101 的 IP 地址为 192.168.101.1/24，然后单击"下一步"。

参数说明如下。

- 接口类型：虚拟接口的类型。
- VLAN ID：VLANIF 接口的编号。
- 接口编号：LoopBack 接口的编号。
- 主 IP 地址/掩码：虚拟接口的主 IP 地址和子网掩码。

（4）配置 DHCP

AP 需要获取一个 IP 地址才能与 AC 建立连接，IP 地址可以从 AC、交换机 或 DHCP 服务器获得。此处配置 AC 为 DHCP 服务器，AP 从 AC 上获取 IP 地址。

在"配置 DHCP"界面，单击"新建"，进入"新建 DHCP 地址池"界面，配置 VLANIF100

的接口地址池，如图 13-6 所示。

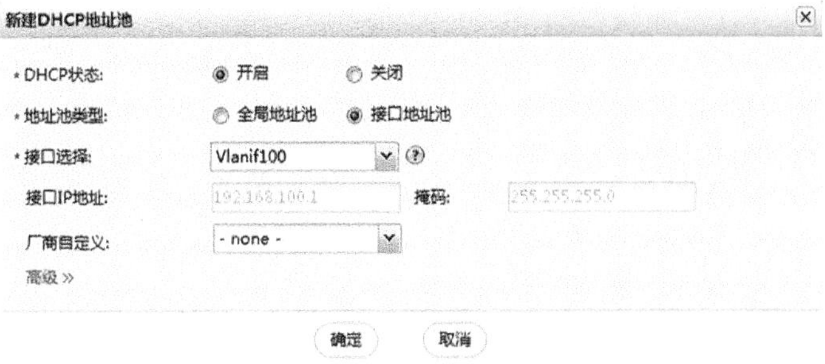

图 13-6　配置 VLANIF100 接口地址池

　　配置 VLANIF101 的接口地址池，其中地址 192.168.101.2 不参与自动分配，如图 13-7 所示。

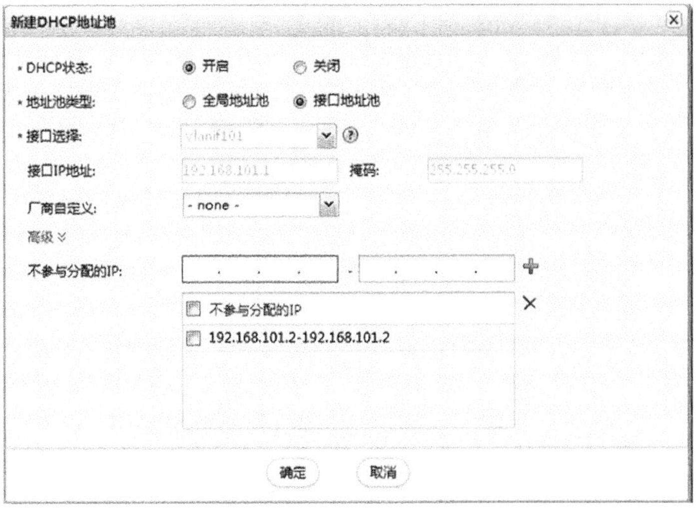

图 13-7　配置 VLANIF101 接口地址池

（5）配置 AC

　　配置 AC 的 ID、国家码等基本信息以方便识别和管理。配置 AC 的源接口，用于 AP 和 AC 之间建立隧道通信。配置 AP 的认证方式为 MAC 认证。当完成以上配置后进入 "配置确认" 界面，确认配置无误，单击 "完成"，完成配置，如图 13-8 所示。

- ID：指定 AC ID。
- 国家码：指定 AC 的国家码标识。
- AP 认证方式：AC 将采用配置的认证方式对 AP 进行认证。（默认的认证方式为 MAC 认证）
  * MAC：指定 AP 认证模式为 MAC 地址认证。
  * SN：指定 AP 认证模式为 SN 认证。
  * NO：指定 AP 认证模式为不认证。
- 添加 AP：AP 认证方式选择 "MAC" 或 "SN" 认证时，可以离线添加 AP。

图 13-8　配置 AC

* "手动添加"：通过手动输入 AP 的 MAC 地址或 SN 方式离线添加 AP。
* "从本地文件批量导入"：预先在本地编辑 AP MAC 地址或 SN 的文档，直接导入 AC。
* 文档为 TXT 文件格式。MAC 认证对应的文档内容为每行一个 MAC 地址；SN 认证对应的文档内容为每行一个 SN。以 MAC 认证的文档为例，内容如下。

  60de-4474-9640

  60de-4474-9680

  dcd2-fc9a-2110

- AC 源地址：配置 AC 的源接口。
  * VLANIF：选择以 Vlanif 接口作为源接口。
  * LoopBack：选择以 LoopBack 接口作为源接口。
  * 虚拟 IP 地址：选择以 VRRP 备份组的虚拟 IP 地址作为源接口。

（6）配置静态路由

依次单击"配置> AC 管理>路由>静态路由配置"，新建静态路由，如图 13-9 所示。

图 13-9　配置静态路由

13.3.3　WLAN 配置向导

在完成"AP 上线配置"以后，就可以在 Web 向导化配置中进行 WLAN 业务配置了。

（1）配置 AP

在"配置 AP"界面，单击"新建"，进入"新建 AP"界面。添加 AP，AP 的类型为 AP6010DN-AGN，MAC 地址为 cccc-8110-2260，如图 13-10 所示。选择新添加的 AP，单击"下一步"。

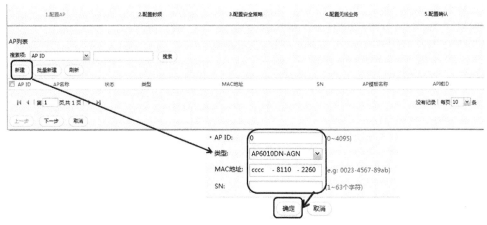

图 13-10　配置 AP

（2）配置射频

第一步：选择"2.4 GHz"，如图 13-11 所示。

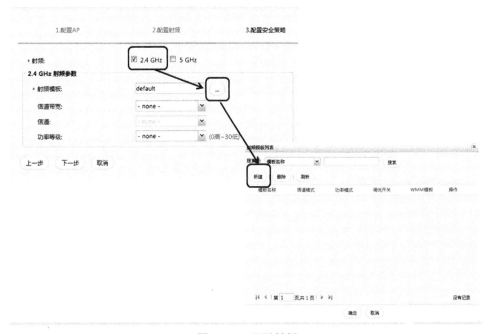

图 13-11　配置射频

第二步：选择"射频模板"时，新建名称为 radio 的射频模板。选择"WMM 模板"时，新建名称为 wmm 的 WMM 模板，采用默认配置，如图 13-12 所示。

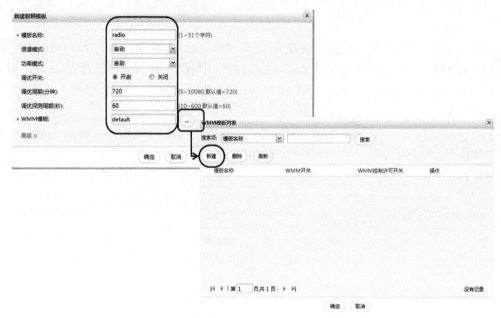

图 13-12 配置射频（续）

第三步：完成射频配置后，单击"下一步"，如图 13-13 至 13-15 所示。

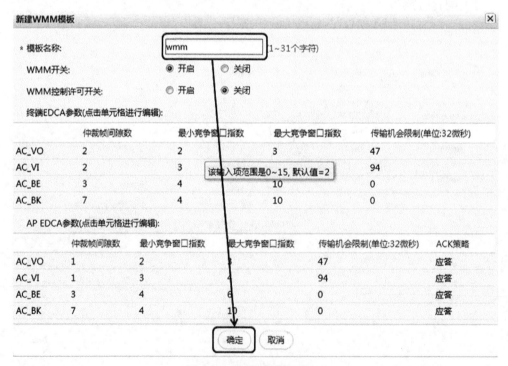

图 13-13 配置射频（续）

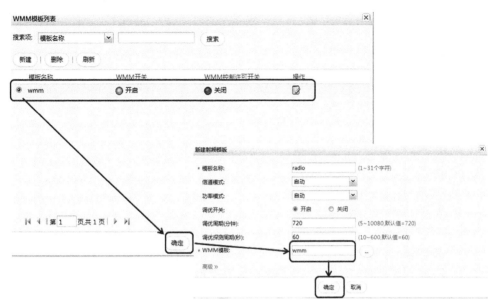

图 13-14　配置射频（续）

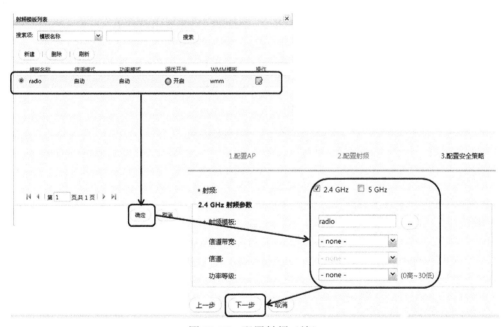

图 13-15　配置射频（续）

（3）配置安全策略

选择认证方法为"不认证"，单击"下一步"，如图 13-16 所示。

（4）配置服务集

第一步：在"配置无线业务"界面，单击"新建"，新建服务集。选择"流量模板"时，新建名称为 traffic 的流量模板，如图 13-17 所示。

第二步：选择"安全模板"时，新建名称为 security 的安全模板。选择"ESS 接口"时，新建 ESS 接口。如图 13-18 所示。

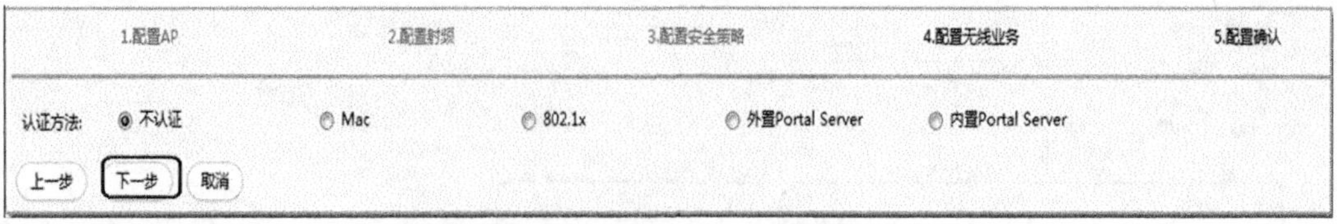

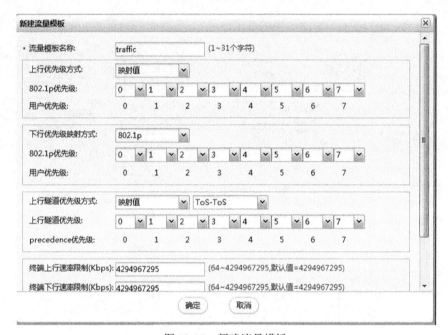

图 13-16　配置安全策略

图 13-17　新建流量模板

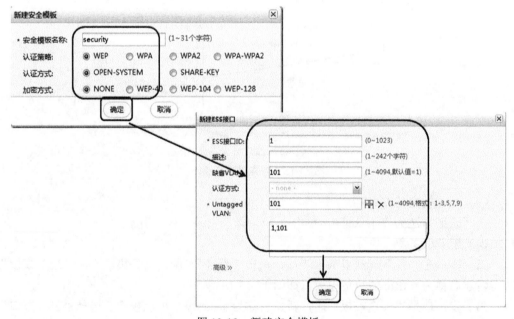

图 13-18　新建安全模板

第三步：选择新建的安全模板、流量模板、ESS 接口，"转发模式"选择"隧道转发"，如图 13-19 所示。

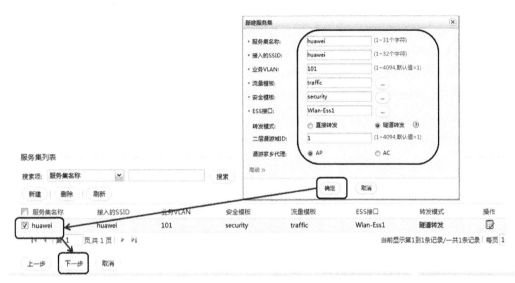

图 13-19　配置服务集（续）

（5）配置确认，将业务下发至 AP

检查配置无误，单击"完成"。在弹出的提示信息中，选择下发配置到 AP。如图 13-20 所示。

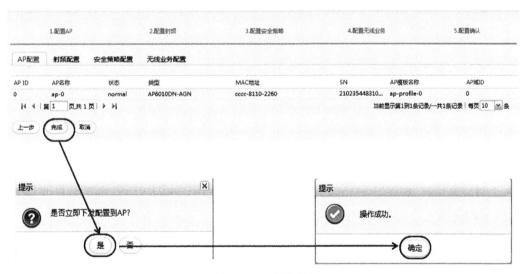

图 13-20　配置确认

（6）射频调优

配置射频调优功能。缺省情况下，射频模板中的射频模式和功率模式均为 auto，射频调优工作模式为 manual。当射频调优工作模式为 manual 时，需要执行命令 calibrate manual startup 手动触发调优功能。如下所示。

```
<AC6605>system-view
[AC6605]wlan
[AC6605-wlan-view]calibrate manual startup
```

执行命令 display actual channel-power all，查看射频上当前实际的信道和功率值。假设 AC 上有三个 AP 上线，执行该命令后则发现信道已经通过射频调优功能自动分配。如下所示。

```
[AC6605-wlan-view]display actual channel-power all
------------------------------------------------------------
RADIO CHANNEL POWER-LEVEL POWER（dBm）CHANNEL-BANDWIDTH

1/0    1              10              17            20MHz
2/0    11             9               18            20MHz
3/0    6              8               18            20MHz
```

待执行手动调优一小时后，调优结束。此时将射频调优模式改为定时调优，并将调优时间定为凌晨 3 点。执行命令如下所示。

```
[AC6605-wlan-view]calibrate enable schedule time 03:00:00
[AC6605-wlan-view]commit ap 1
Warning:Committing configuration may cause service
Interruption，continue？[Y/N]y
[AC6605-wlan-view]commit ap 2
Warning: Committing configuration may cause service
Interruption，continue？[Y/N]y
[AC6605-wlan-view]commit ap 3
Warning:Committing configuration may cause service
Interruption，continue？[Y/N]y
```

如果用户期望 AP 调优时仅能选择调优集合内的信道，也可配置调优信道集合。本例为 2.4G 射频，假定配置 1，5，9，13 为调优信道集合，则执行如下命令。

```
[AC6605-wlan-view]calibrate 2.4g 20mhz channel-set 1,5,9,13
```

如果为 5G 射频，可执行命令 calibrate 5g 20mhz channel-set channel-value。

（7）检查配置结果

通过此步骤无线用户可以搜索到 SSID 为 huawei 的无线网络。单击"维护> 终端管理 > 终端管理 > 终端用户管理"。选择搜索项为 AP ID，输入 0，单击"搜索"，可以看到 STA 正常上线，并且获得 IP 地址。如图 13-21、图 13-22 所示。

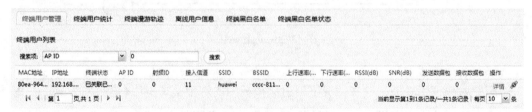

图 13-21 检查配置结果

图 13-22　检查配置结果（续）

13.4　总结

本章通过一个配置案例介绍了如何使用 Web 界面向导化配置 AC+瘦 AP 组网模式下的 WLAN 基本业务的步骤。基本步骤为：首先配置 AP 上线，然后在 AC 上配置 WLAN 相关业务，最后将业务下发至 AP，用户完成业务验证。

第14章
华为WLAN产品特性介绍

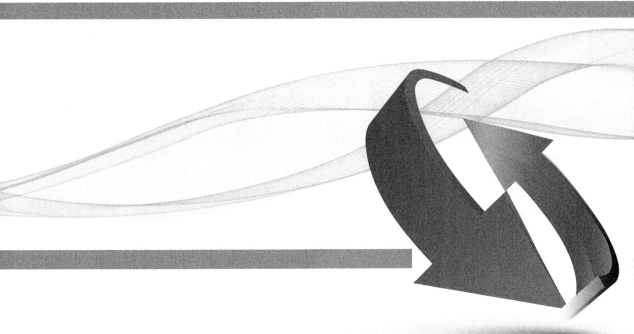

关于本章

随着企业办公移动化和生产自动化的发展，越来越多的企业对部署WLAN提出了较高的需求。同时，其他场景如校园、医院、大型商场等，也是WLAN市场发展的重点。

在WLAN领域，华为建立了全球化的研发中心，引入近千名研发人员，拥有多项WLAN相关技术专利，为用户提供多样化的解决方案及高可靠性产品。

华为WLAN产品形态丰富，兼容IEEE 802.11 b/a/g/n/ac标准，满足企业办公、校园、医院、大型商场、会展中心、机场车站、数字列车、体育场馆等各种应用场景，以及数字港口、无线数据回传、无线视频监控、车地回传等桥接场景，可为客户提供完整的无线局域网产品解决方案，提供高速、安全和可靠的无线网络连接服务。

本章主要介绍华为WLAN产品的关键特性，主要包括AP产品及AC产品。通过本章的学习，读者将会掌握以下内容。

- AP管理特性
- 射频管理特性
- 双链路备份特性

14.1 AP 管理

14.1.1 AP 自动发现 AC

AP 自动发现 AC 是指 AP 与 AC 之间通过信息传递，以实现 AP 与 AC 之间连接的过程。AP 通过 AC 发送"发现请求信息"，并获得 AC 反馈"发现响应信息"，从而找到可用的 AC，并选择最为合适的 AC 建立连接。AP 自动发现 AC 流程如图 14-1 所示，分为静态和动态两种方式。

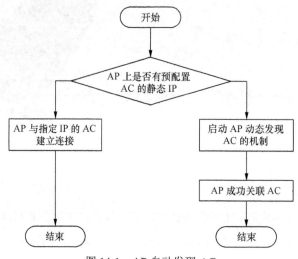

图 14-1   AP 自动发现 AC

如图 14-1 所示，如果 AP 上有预配置静态 AC 的 IP 列表，则 AP 直接与指定 IP 的 AC 连接；否则，系统启动 AP 通过 DHCP、DNS 服务器获取 AC 的 IP 列表，再选择 AC 进行关联。

（1）静态方式

AP 上是支持静态配置 AC 的 IP 地址的。如果静态配置了 AC 的 IP 地址，AP 就会向所有配置的 AC 单播发送"发现请求"报文，然后根据 AC 的回复，选择优先级最高的 AC 来作为待关联的 AC。如果优先级相同，则继续比较 AC 的负载，负载轻的作为待关联 AC；如果负载也相同，则选择 IP 地址小的作为待关联 AC。然后准备进行下一阶段的 CAPWAP 隧道建立，具体可参见第 10 章"CAPWAP 基础原理"。

（2）动态方式

如果 AP 上没有配置 AC 的 IP 地址，AP 会根据当前的情况来决定是使用单播方式还是广播方式来发现 AC。

首先，AP 会查看 AP 获取 IP 地址阶段中 DHCP Server 回复的 ACK 报文中的 option43 字段是否存在 AC 的 IP 地址，这个字段是可选择配置的，如果有 AC 的 IP 地址，AP 就会向这个地址单播发送"发现请求"报文。在 AC 和网络都正常的情况下，

AC 会回应 AP 的请求，至此，AP 就完成了发现 AC 的过程。这种发现 AC 的方式称为 DHCP 方式。

与 DHCP 方式类似的还有 DNS 方式。与 DHCP 方式不同的是，DNS 方式中 DHCP Server 回复的 ACK 报文中存放的不是 AC 的 IP 地址，而是 AC 的域名和 DNS 服务器的 IP 地址，并且报文中携带的 option15 字段用来存放 AC 的域名。AP 先通过获取的域名和 DNS 服务器进行域名解析，获取 AC 的 IP 地址，然后向 AC 单播发送"发现请求"。之后的过程与 DHCP 方式一致。

无论是 DHCP 方式还是 DNS 方式，都是属于单播方式，即 AP 都是发送单播报文给 AC。

如果 AP 上没有配置静态的 AC IP 地址，DHCP Server 回复的 ACK 报文中没有 AC 的信息，或者 AP 单播发送的"发现请求"报文都没有响应，此时 AP 就会通过广播报文来发现 AC，和 AP 处于同一个网段的所有 AC 都会响应 AP 的请求。与静态发现方式相同，AP 会选择优先级最高的 AC 来作为待关联的 AC，如果优先级相同，则继续比较 AC 的负载，负载轻的作为待关联 AC，如果负载也相同，则选择 IP 地址小的作为待关联 AC。然后准备进行下一阶段的 CAPWAP 隧道建立。

14.1.2　AP 接入控制

AP 接入控制是指在 AP 上电后，AC 经过一系列判断以决定是否允许该 AP 上线的过程。AP 发现 AC 后，会向 AC 发送加入请求，如果配置了 CAPWAP 隧道的 DTLS 加密功能，会先建立 DTLS 链路，此后 CAPWAP 控制报文都要进行 DTLS 加解密。请求的内容中会包含 AP 的版本和"胖瘦"模式信息。AC 收到 AP 的加入请求后，会判断是否允许 AP 接入，然后 AC 进行回应。如果 AC 上有对应的升级配置，则 AC 还会在回应的报文中携带 AP 的版本升级信息（升级版本、升级方式等）。AP 接入控制流程如图 14-2 所示。

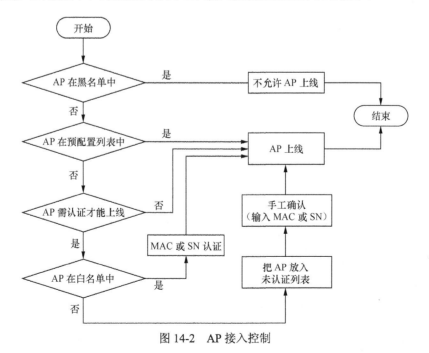

图 14-2　AP 接入控制

由图 14-2 可知，AP 接入控制包括以下步骤。

① 首先查看 AP 是否被列入了黑名单，如果在黑名单中能匹配上 AP，则不允许 AP 接入，结束 AP 接入控制流程，否则进入步骤 2；

② 判断 AP 是否在预配置列表中，如果在，则允许 AP 接入，结束 AP 接入控制流程，否则进入步骤 3；

③ 判断 AP 的认证模式，如果 AC 上对 AP 上线要求不严格，认证方式为不认证，则允许 AP 接入，结束 AP 接入控制流程；实际使用场景还是建议使用 MAC 或 SN 认证，严格控制 AP 的接入，如果是 MAC 或 SN 认证，则进入步骤 4；

④ 查看 AP 的 MAC 或 SN 是否能在白名单中匹配上，如果匹配上，则允许 AP 接入，结束 AP 接入控制流程，否则将 AP 放入到未认证列表中，进入步骤 5；

⑤ 未认证列表中的 AP 可以通过手动配置的方式允许其接入，如果不对其进行手动确认，则不允许 AP 接入，结束 AP 接入控制流程。

由以上步骤可知，AC 支持的 AP 接入控制方式有以下几种。

① 通过配置黑名单的 MAC 或 SN 而直接拒绝 AP 上线。

② 通过在离线状态下配置 AP 不需要认证而自动接入。

③ 通过配置白名单并基于 MAC 地址认证。

④ 通过配置白名单并基于 SN 地址认证。

⑤ 手工确认后接入。

14.1.3　数据转发方式

WLAN 网络中的数据包括控制消息和数据消息，其转发方式包括本地转发与集中转发，如图 14-3 所示。

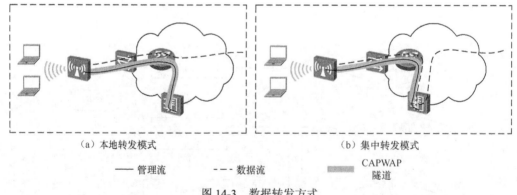

　　（a）本地转发模式　　　　　　　　　　　　（b）集中转发模式

———— 管理流　　　- - - 数据流　　　▬▬ CAPWAP 隧道

图 14-3　数据转发方式

本地转发又称为直接转发，即 AP 与 AC 间的报文没有经过 CAPWAP 隧道封装，直接转发到上层网络，从而提高报文的转发效率。采用本地转发方式，AP 不会对数据报文进行任何处理，即发送原始报文。

集中转发又称为隧道转发，指 AP 与 AC 间的报文经过 CAPWAP 隧道封装后再转发到上层网络，从而提高报文的转发安全性。集中转发具有以下特点。

① 封装后报文类型为 UDP 报文，其中，AC 侧数据报文端口号为 5247，控制报文

端口号为 5246，AP 侧数据报文和控制报文端口号为随机分配。

　　② 原始报文的内容在 UDP 报文的 Data 字段中，该 Data 字段还包含 8 个字节的 CAPWAP 头信息。

　　③ 报文被重新封装后，一般的抓包工具无法解析 CAPWAP 数据报文中的原始报文。

14.2　射频管理

　　华为 WLAN 产品射频资源管理是指通过 AC 和 AP 进行采集、分析、决策、执行的一套系统化的实时智能射频管理方案，使无线网络能够快速适应无线环境变化，保持最优的射频资源状态。图 14-4 为射频管理步骤示意图，各步骤内容如下。

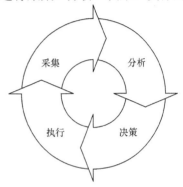

图 14-4　射频管理

　　① 采集：AP 根据 AC 提供的策略实时收集射频环境信息。

　　② 分析：AC 对 AP 收集的数据进行分析评估。

　　③ 决策：根据分析结果，AC 统筹分配信道和发送功率。

　　④ 执行：AP 执行 AC 设置的配置，进行射频资源调整。

　　值得注意的是，射频管理是一个持续性行为，在执行调整射频资源后，再进入射频采集步骤。

14.2.1　射频调优

　　射频调优是一种射频资源管理解决方案，使无线网络能够快速适应无线环境变化，保证最优的通信质量，最大程度地发挥无线网络的使用价值。华为 WLAN 产品射频调优方案是对 AC 控制下的 AP 进行射频调整，以使其达到优化的目的。

　　射频调优的触发机制有下面三种：一是根据周期检测的空口性能指标（如冲突率门限，丢包/错包率门限等）触发个体调优；二是定时触发全局调优，即可以设定一个时间点定时地触发全局调优；三是手动触发全局调优。

　　触发射频调优后，合法 AP 需要收集周围合法 AP、非法 AP 和非 WLAN 设备的信息上报给 AC。在 AC 上，AC 根据这些信息形成网络中的 AP 设备的邻居关系，并根据邻居关系、干扰以及负载信息运行动态信道分配（Dynamic Channel Assignment，DCA）和传输功率控制（Transmit Power Control，TPC）算法，生成 AP 新的发射功率和工作信道，再下发给 AP 使用。在这个过程中，邻居关系、DCA 算法（信道调优）和 TPC 算法（功率调优）是三个关键技术要点。

　　（1）邻居关系建立

　　邻居关系是调优算法的基础，而对邻居的探测又是建立邻居关系的关键。邻居既包括合法的 AP，也包括非法 AP 和非 WLAN 设备。建立邻居关系过程需要经过三步：邻居探测；邻居信息收集；上报与邻居关系建立。

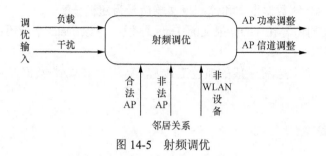

图 14-5　射频调优

① 邻居探测。

邻居探测的目的是让周边 AP 感知本 AP 的存在或者本 AP 感知周边 AP 的存在。这种探测分为两种方式，即主动探测与被动探测。

a．主动探测：主动发送邻居探测（带有特定组播地址的 probe request），目的是让周边邻居 AP 感知本 AP 的存在。

b．被动探测：被动接收邻居信息，目的是感知周边邻居 AP 的存在。被动探测主要用于合法 AP 收集实际的干扰大小、非法 AP 干扰探测和非 WLAN 设备干扰探测等。

② 邻居信息收集。

邻居信息收集主要收集每个 AP 的邻居、负载以及干扰，这些作为算法的输入进行调优运算。

③ 上报与邻居关系建立。

根据 AP 上报的探测结果，AC 上可以描述出 AP 与周边设备的邻居关系以及整个 AC 下所有射频设备（含合法 AP、非法 AP 以及非 WLAN 干扰设备）的邻居关系。为防止上报的数据过大，仅上报信号强度大于一定阈值的邻居（一般合法邻居阈值为−85dBm，非法邻居为−80dBm）。对于邻居关系可以抽象成节点和边表示。

a．节点：包括合法 AP、非法 WLAN 干扰设备、非法 AP。

b．边：表示两个节点的邻居信息，除了节点之间的干扰强度，还包括负载等其他附属属性。同时，边是有方向性的，例如非 WLAN 设备影响某个 AP 的干扰强度。

（2）信道调优

在获得邻居关系拓扑、干扰以及负载信息后，通过 DCA 算法就可以为 AP 分配信道了。DCA 算法本身是一种迭代算法，如图 14-6 所示。在每次迭代中，为待分配信道的 AP 选择不同的信道，并比较选择前后 AP 收到其他 AP 的干扰总和。若在本次选择的信道上收到的干扰总和小于上次选择的信道，则用本次选择的信道替换上次的信道，并继续下一组信道的比较；否则保留上次选择的信道，并继续下一组信道的比较。

实际组网时 AP 数是非常多的，AP 的信道配置组合随 AP 数增加而成指数增加，如果直接这样迭代每个信道组合，效率和效果都非常差。在华为的 DCA 算法中巧妙地将待分配信道的 AP 划分为若干 AP 组，在每次迭代时以每个随机分配的 AP 组为单位进行调优获取最佳的信道组合，从而为待分配的所有 AP 分配好信道。然后分别计算待分配信道的每个 AP 收到其他 AP 干扰的和，将计算的每个 AP 的干扰求和，作为本次迭代的结果。再比较每次迭代的结果，选择干扰最小的信道组合进行分配。

射频调优的方式有全局调优和局部调优两种。全局调优目的是整体上达到最优，而局部调优是指对部分需要调优的 AP 射频进行调优。

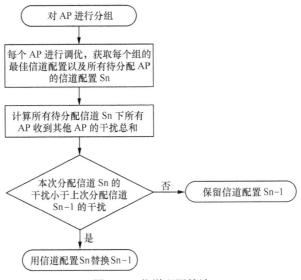

图 14-6　信道配置算法

当所有 AP 都需要做信道调优时，会将这些 AP 随机分组。当只是局部的几个 AP 需要调优时，比如非法 AP 干扰严重的 AP 等，将这些 AP 划成一个组，直接从信道组合中找出最佳信道组合即可。

（3）功率调优

TPC 即发射功率控制算法。TPC 和 DCA 都属于自动调优的组成部分，但两个算法本身是独立的。与 DCA 不同的是，TPC 对每个 AP 的处理是依次的，AP 的选择次序是随机的。

AP 域是射频调整的作用域，即射频调优算法按 AP 域进行。AP 域是一个逻辑概念，即将一组 AP 划归在一个域里。AP 域的布放类型会影响射频信道和功率的调整，属于同一个域内的 AP 会统一对射频的信道和功率进行调整。AP 域的布放类型有以下几种。

① 离散布放：域内各 AP 相距很远，互相之间没有干扰。因此，AP 始终可以自动分配到最大功率，无需射频调优。

② 普通布放：域内各 AP 相距较远，互相之间有干扰，但很小。此时，网络需要进行射频调优，一般而言，调优结果为 AP 分配到最大功率的 50%。

③ 密集布放：域内各 AP 相距较近，互相之间有较大干扰。此时，网络非常需要进行射频调优，一般而言，调优结果为 AP 只能分配到最大功率的 25%。

14.2.2　负载均衡

华为 WLAN 产品的负载均衡功能可以准确地在 WLAN 网络中平衡客户端的负载，充分地保证每个客户端的性能和带宽。负载均衡适用于 WLAN 高密度无线网络环境中，从而有效保证该环境中客户端的合理接入。

在 STA 接入 AP 连接过程中，AC 负责执行负载均衡。AP 周期性地向 AC 发送与其关联的 STA 的信息，AC 根据这些信息执行负载均衡过程。当 STA 发送关联请求时，AC

检查 AP 上连接的 STA 是否达到设定负载的阈值。如果小于该阈值，则当前请求的连接将被接受；否则，将基于负载均衡的配置，决定当前连接是被接受还是被拒绝。

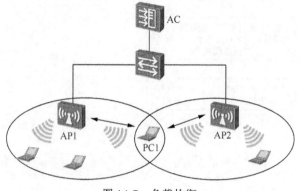

图 14-7   负载均衡

如图 14-7 所示，PC1 接收到 AP1 的信号强度高于 AP2，因此想要连接到 AP1 上。但由于 AP1 上关联的站点数目过多，AC 将不会接收 PC1 连接 AP1 的接入请求，PC1 将会被连接到 AP2 上。

14.2.3   5GHz 优先接入

由于现网大量使用的 IEEE 802.11g/n WLAN 无线接入设备均部署于 2.4GHz 开放性频段，仅有 3 个非重叠信道可以使用，而 WLAN、蓝牙、无绳电话等多种短距离无线通信均使用该频段，各系统间的相互干扰最终导致多用户接入效率较低，用户体验差，很难保障运营商级的可靠性服务。与 2.4GHz 频段相比，5GHz WLAN 网络具有多频点、高速率、低干扰的优势。

5GHz 优先接入是指对于双频 AP（同时支持 2.4GHz 和 5GHz），如果终端也同时支持 5GHz 和 2.4GHz 频段，则 AP 控制这种终端优先接入 5GHz。

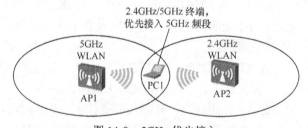

图 14-8   5GHz 优先接入

在高密度用户或者 2.4GHz 干扰较为严重的环境中，充分利用 5GHz 频段可以更好地提供接入能力以及容量，并且减少干扰对用户体验的影响。

14.2.4   无线分布系统

传统的 WLAN 网络中，AP 必须连接到已有的有线网络，才可以为无线用户提供网络访问服务。为了扩大无线网络的覆盖面积，需要用电缆、交换机、电源等设备将 AP

相互建立起连接，这将导致最终的部署成本较高，且需要时间较长；特殊环境下可能没有有线部署条件，使用无线分布式系统（Wireless Distribution System，WDS）可以在一些复杂的环境中方便快捷地建设无线局域网。

使用 WLAN WDS 组网是指通过无线链路连接两个或者多个独立的有线局域网或者无线局域网，组建一个互通的网络，从而实现数据访问，如图 14-9 所示。

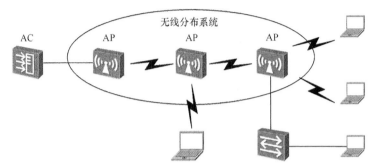

图 14-9　无线分布系统

使用 WLAN WDS 技术，AP 之间可以是无线连接的，易于在一些复杂的环境中方便快捷地建设无线局域网。另一方面，使用 WDS 技术将众多 AP 部署成 WDS 网络，则 AP 间可以建立起无线的、多跳的连接，进而 AP 就可以通过无线方式连接到 AC。

WDS 网络的优点如下。

① 通过无线网桥连接两个独立的局域网段，并且在它们之间提供数据传输。

② 低成本，高性能。

③ 扩展性好，并且无需铺设新的有线连接和部署更多的 AP。

④ 适用于地铁、公司、大型仓储、制造、码头等领域。

在传统 WLAN 业务中，AP 通过创建业务型虚拟接入点（Virtual Access Point，VAP）以便 STA 接入。相似的，在 WDS 网络中，AP 通过创建网桥型 VAP 以便让邻居网桥接入，进而两者之间建立起无线虚拟链路。WDS 典型组网方式有点到点组网、点到多点组网等，具体可参见第七章"WLAN 拓扑介绍"。

14.2.5　WLAN Mesh

传统的 WLAN 网络中，STA 与 AP 之间以无线信道为传输介质，AP 的上行链路则是有线网络。如果部署 WLAN 网络前没有有线网络基础，则需要耗费大量的时间和成本来构建有线网络。对于组建后的 WLAN 网络，如果需要对其中某些 AP 位置进行调整，则需要调整相应的有线网络，操作困难。综上所述，传统 WLAN 网络的建设周期长、成本高、灵活性差。采用无线 Mesh 网络（Wireless Mesh Network，WMN）结构只需要安装 AP，建网速度非常快，主要用于应急通信、无线城域网或有线网络薄弱地区等场合。

WMN 是指利用无线链路将多个 AP 连接起来，并最终通过一个或两个 Portal 节点接入有线网络的一种星型动态自组织自配置的无线网络，如图 14-10 所示。

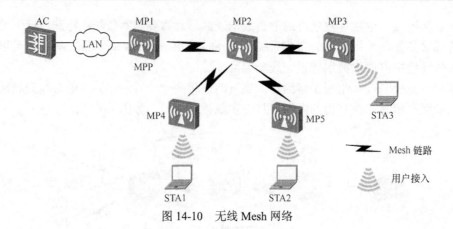

图 14-10　无线 Mesh 网络

支持 Mesh 功能的 AP 称为 Mesh AP，根据 Mesh 网络中节点的功能的不同，可以将图 14-10 中 Mesh 网络节点分为表 14-1 所示的几类。

表 14-1　　　　　　　　　　　　　Mesh 网络节点定义

名称	意义	示例
MPP （Mesh Portal Point）	连接 Mesh 网络和其他类型网络的 MP 节点。这个节点具有 Portal 功能，可以实现 Mesh 内部节点和外部网络的通信	MP1
邻居 MP	与某个 Mesh 节点处于直接通信范围内的 MP 或 MPP，称为该 Mesh 节点的邻居 MP	MP1 与 MP2 互为邻居 MP
候选 MP	MP 准备与之建立 Mesh 链路的邻居 MP，称为该 Mesh 节点的候选 MP	-
对端 MP	已与 MP 建立起 Mesh 连接的邻居 MP，称为该 MP 的对端 MP	MP2 为 MP1 的对端 MP

无线 Mesh 网络与传统非 Mesh WLAN 网络相比，具有以下几方面的优势。

① 快速部署：Mesh 网络设备安装简便，可以在几小时内组建，而传统的无线网络需要更长的时间。

② 动态增加网络覆盖范围：随着 Mesh 节点的不断加入，Mesh 网络的覆盖范围可以快速增加。

③ 健壮性：Mesh 网络是一个对等网络，不会因为某个节点产生故障而影响到整个网络。如果某个节点发生故障，报文信息会通过其他备用路径传送到目的节点。

④ 灵活组网：AP 可以根据需要随时加入或离开网络，这使得网络更加灵活。

⑤ 应用场景广：Mesh 网络除了可以应用于企业网、办公网、校园网等传统 WLAN 网络常用场景外，还可以广泛应用于大型仓库、港口码头、城域网、轨道交通、应急通信等应用场景。

⑥ 高性价比：Mesh 网络中，只有 Portal 节点需要接入到有线网络，对有线的依赖程度被降到了最低，省却了购买大量有线设备以及布线安装的投资开销。

14.2.6　WLAN 定位

华为的 WLAN 无线定位解决方案分为 WLAN Tag（标签）定位和终端定位两种。

WLAN Tag 定位技术是指利用射频识别（Radio Frequency Identification，RFID）设备和定位系统通过 WLAN 网络定位特定目标位置的技术。AP 将收集到的 RFID Tag 信息发送到定位服务器，定位服务器进行物理位置计算后将位置数据传送给第三方设备，使用户可以通过地图、表格等形式直观地查看目标的位置。WLAN Tag 方案是与业界主流的 Tag 定位厂商 Ekahau 和 AeroScout 合作的方案。

终端定位包括对正常接入网络的 WLAN 终端的定位和对非法 AP 的定位，是指根据 AP 收集的周围环境中的无线信号强度信息定位终端位置的技术。AP 将收集到的周围环境中终端发射的无线信号信息上报给定位服务器，定位服务器根据无线信号强度信息与 AP 的位置，计算出终端的位置信息，通过显示设备展现给用户。终端定位方案是完全利用华为 WLAN 设备完成定位的方案，不需要任何合作伙伴的产品协助，本书重点介绍该定位方案。

终端定位包括 STA 定位、非法 AP 定位及非 WLAN 设备干扰定位。定位算法的核心是根据 AP 收集的周围环境中的无线信号强度信息定位终端位置，算法流程如图 14-11 所示。

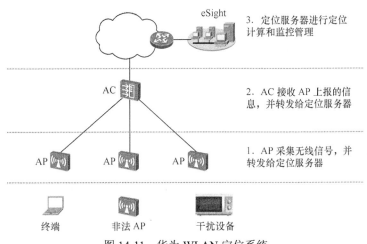

图 14-11　华为 WLAN 定位系统

首先，AP 将收集到的周围环境中终端发射的无线信号信息上报给定位服务器；然后，定位服务器根据得到的无线信号强度信息与 AP 的位置计算出终端的位置信息；最后，通过显示设备展现给用户。

定位服务器集成了定位引擎和监控平台，在华为的方案中定位服务器使用 eSight 网管。定位引擎可根据 AP 位置、障碍物位置等信息计算传播模型，在获取 AP 或 AC 上报的 RSSI 信息后，计算 WLAN 终端、非法 AP 或非 Wi-Fi 干扰源的位置；监控平台通过电子地图等形式显示标签的位置，可以记录和查询标签的历史轨迹，根据制定的规则进行通知和报警。

在华为的定位方案中，在移动速度低于 3km/h 的情况下，定位精度最高可以达到 3～5m。该定位方案主要应用场景包括网络排障、基于用户位置的导航功能、基于用户历史位置的增值业务分析、资产与人员追踪。

（1）网络排障

无线定位在网络排障场景下的应用主要包括投诉用户定位和干扰源定位这两种

场景。

①　用户报障，运维人员需要知道用户所在的位置，分析用户附近的环境影响，结合 AP 分布/覆盖/信号场强/接入情况分析原因。

②　环境中可能存在多种干扰源，包括非法 AP、微波炉等，已经影响了用户 WLAN 网络的使用。即使网络上报了告警，但是位置不可知的情况下，无法排障。

通过无线定位功能，提供终端及干扰源的定位，并结合位置拓扑进行展示，帮助运维人员快速定位排障。

（2）基于用户位置的导航功能

无线定位提供的导航应用主要包括如下几种。

①　在商场，用户希望根据自己的实时位置知道附近店面的分布情况，为了更有选择性地挑选、购物。

②　在商场，商家根据用户位置信息精准推送广告。

③　在景区，用户希望根据自己实时的位置知道附近景点的分布情况，为了更有选择性地游览。

④　在大型停车场，用户希望根据自己实时的位置快速找到自己停车的位置。

（3）基于用户历史位置的增值业务分析

基于历史位置，开发增值业务的应用包括如下几类。

①　商场希望根据用户的历史位置分析用户在不同店面的时间，结合这些做用户购物导向的分析。

②　商场希望根据用户在不同店面的停留时间对不同店面的客流量进行统计，结合店面的客流量收取相应的租金。

（4）资产与人员追踪

在医疗、石油、天然气、矿业、教育这些行业，需要对设备资产、人员安全进行监控，无线定位技术能够帮助企业进行安全保障和效率提升。

14.2.7　其他特性

（1）STA 黑白名单管理及用户隔离管理

STA 黑白名单可实现对无线客户端的接入控制，以保证合法客户端能够正常接入 WLAN 网络，避免非法客户端强行接入 WLAN 网络。

①　白名单列表：允许接入 WLAN 网络的 STA 的 MAC 地址列表。启动白名单功能后，只有匹配白名单列表的用户可以接入无线网络，其他用户都无法接入无线网络。

②　黑名单列表：拒绝接入 WLAN 网络的 STA 的 MAC 地址列表。启动黑名单功能后，匹配黑名单列表的用户无法接入无线网络，其他用户都可以接入无线网络。

用户隔离功能是指关联到同一个 VAP 上的所有无线用户之间的二层报文不能相互转发，从而使无线用户之间不能直接进行通信，保证了用户间数据的安全性，同时也便于对用户进行计费等管理。

（2）安全特性

由于无线局域网使用无线电磁波传输信号，这给用户带来便捷的同时，也更容易遭受黑客的攻击和非法接入。因此无线安全是部署无线局域网所要考虑的主要问题之一。

WLAN 安全主要包括三个方面：边界防御安全、用户接入安全及业务安全。

① 边界防御安全：802.11 网络很容易受到各种网络威胁的影响，如未经授权的 AP 用户、Ad-hoc 网络、拒绝服务型攻击等。针对上述问题，华为 WLAN 产品引入无线入侵检测系统（Wireless Intrusion Detection System，WIDS）以及无线入侵防御系统（Wireless Intrusion Prevention System，WIPS）。WIDS 可以检测非法的用户或 AP；WIPS 可以保护企业网络和用户不被无线网络上未经授权的设备访问。

② 用户接入安全：用户接入无线网络的合法性和安全性，包括链路认证、用户接入认证和数据加密。

③ 业务安全：保证用户的业务数据在传输过程中的安全性，避免合法用户的业务数据在传输过程中被非法捕获。

（3）QoS 特性

WLAN QoS（Quality of Service）是为了满足无线用户的不同网络流量需求而提供的一种差分服务的能力。在 WLAN 网络中使用 QoS 技术，可以实现如下内容。

① 无线信道资源的高效利用：通过 Wi-Fi 多媒体标准 WMM（Wi-Fi Multimedia）让高优先级的数据优先竞争无线信道。

② 网络带宽的有效利用：通过优先级映射让高优先级数据优先进行传输。

③ 网络拥塞的降低：通过流量监管，限制用户的发送速率，有效避免因为网络拥塞导致的数据丢包。

④ 无线信道的公平占用：通过 Airtime 调度，同一射频下的多个用户可以在时间上相对公平地占用无线信道。

⑤ 不同类型业务的差分服务：通过将报文信息与 ACL 规则进行匹配，为符合相同 ACL 规则的报文提供相同的 QoS 服务，实现对不同类型业务的差分服务。

14.3 双链路备份

在 AC+Fit AP 的分布式网络中，一个 AC 往往控制众多 AP 和 STA。在大规模的网络中，保障 AC 的可靠性显得尤为重要。

对于现有的 AC+Fit AP 组网，AP 依靠 CAPWAP 协议来发现 AC，在 AC 上注册关联成功后才可以提供服务，而 AP 靠 CAPWAP 保活报文（keep alive）检测 AC 故障的过程要更加耗时。如果一台 AC 故障，所有 AP 去另一台 AC 重新注册，这个过程导致的网络瘫痪时间对企业级网络来说影响巨大。如何缩短切换时间，减少故障对网络的影响，是一个亟待解决的问题。华为提供的 AC 双链路备份方案可以有效地提供可靠性保障，确保 WLAN 网络的业务稳定运行。

14.3.1 双链路备份介绍

在主备 AC 之间开启双链路备份功能后，AP 上线时分别与主用 AC 和备用 AC 都建立 CAPWAP 链路，双链路备份组网如图 14-12 所示。在双链路备份状态下的 AP 在主用 AC 上显示为 normal 状态，在备用 AC 上显示为 standby 状态。当主备 AC 都正常工作时，AP 只在主用 AC 上工作，所有配置只能在主用 AC 上下发，备用 AC 上无法下发任何配置。

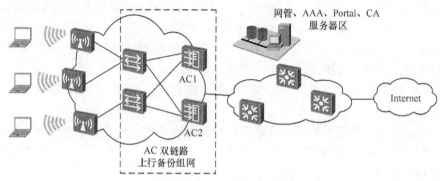

图 14-12 双链路备份组网

当由于故障、网络等问题发生导致主用 AC 不可用时，通过双链路备份机制，AP通过 Echo 探测检测到与主用 AC 链路中断，此时 AP 与备用 AC 的 CAPWAP Echo 报文中携带主链路标记，使备用 AC 上 AP 状态由 standby 状态切换为 normal 状态，备用 AC可以给 AP 下发配置，减少业务所受影响。此时，用户需要重新上线。如果用户使用 open或者 wep 认证方式，则不需要重新上线。

双链路备份技术在网络重要节点提供了高可靠性，保证了业务的稳定，但在应用上存在以下约束。

① 在主备 AC 上，WLAN 相关的业务配置必须保持一致。

② AP 能够同时跟主备 AC 通信。对于二层组网，要求 AP 和主备 AC 属于同一个VLAN，同时 AP 和主备 AC 的 IP 地址必须在同一个网段。

③ 如果由 AC 给 AP 分配 IP 地址，则 AC 分配 AP 静态 IP 地址，或只在一台 AC上配置 IP 地址池，或两台 AC 的 IP 地址池划分开配置，否则会导致分配的 IP 地址冲突。

④ 不支持通过 AC 给 STA 分配 IP 地址，或者 AC 作为 STA 的网关。

14.3.2 双链路配置

对于主备 AC 的选择，可通过配置 AC 的优先级来决定主备 AC，优先级高的 AC 作为主用 AC，优先级低的 AC 作为备用 AC。配置的数值越小，优先级越高。

开启主用 AC 双链路备份功能指令如图 14-13 所示。

```
[AC] wlan
[AC-wlan-view] wlan ac protect { priority 1 | protect-ac { ip-address | ipv6 ipv6-address } }
Warning: This operation maybe cause ap reset ! Continue? [Y/N]y
[AC-wlan-view] wlan ac protect restore enable
[AC-wlan-view] quit
```

图 14-13 主用 AC 配置指令

开启备用 AC 双链路备份功能指令如图 14-14 所示。

如果网络为三层组网，option 43 字段中要标明主备 AC 的 IP 地址，例如[Quidway-ip-pool-huawei] option 43 sub-option 3 ascii 11.1.1.2,11.1.1.3。

```
[Backup-AC] wlan
[Backup-AC-wlan-view] wlan ac protect { priority 2 | protect-ac { ip-address | ipv6 ipv6-address } }
Warning: This operation maybe cause ap reset ! Continue? [Y/N]y
[Backup-AC-wlan-view] wlan ac protect restore enable
[Backup-AC-wlan-view] quit
```

图 14-14　备用 AC 配置指令

14.3.3　双链路备份建立过程

（1）建立主链路

在 Discovery 阶段，开启双链路备份功能后，AP 会往主备 AC 都发送 Discover Request 报文。如果 AP 没有主备 AC 的地址，则进行广播发现主备 AC。不管是单播发现还是广播发现，如果主备 AC 都正常，都会回应 Discover Response 报文，并在该报文中携带双链路特性开关、各自的优先级、各自的负载情况以及各自的 IP 地址。

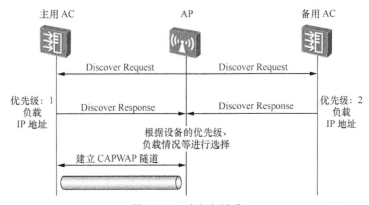

图 14-15　建立主链路

AP 收集到主备 AC 回应的 Discover Response 报文后，根据优先级、设备的负载情况以及 AC IP 地址来选择先与哪个 AC 建立 CAPWAP 隧道。其中，AC 优先级为整数形式，取值范围是 0～7，取值越小优先级越高。首先，AP 比较 AC 优先级，优先级小的为主用 AC；优先级相同情况下，再比较负载情况，负载轻的为主用 AC；负载相同情况下比较 IP 地址，IP 地址小的为主用 AC。若此时有一个 AC 暂时是故障的，那么 AP 会先跟非故障的 AC 进行 CAPWAP 隧道建立。这种情况下，先建立的隧道并不一定是主用隧道，后续故障 AC 恢复后，AP 再根据另外一条隧道的优先级进一步决策主用 AC。选定主用 AC 及备用 AC 后，AP 与 AC 建立 CAPWAP 隧道过程一致，具体可参见第 10 章"CAPWAP 基础原理"。

建立完 CAPWAP 隧道后，AC 进行业务配置下发。待业务配置下发完成后，AP 就可以正常运行了，STA 可以上线，业务可以正常转发。

（2）建立备链路

在 Discovery 过程中，AP 收到的 discover response 携带了双链路特性开关，此时会和备 AC 建立 CAPWAP 隧道。为了避免业务配置重复下发产生错误，在 AP 和 AC 建立主隧道并且配置下发完成后，才开始启动备隧道的建立。

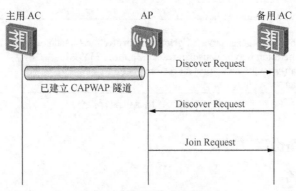

图 14-16　建立备链路

如果在 Discovery 过程中，AP 获取到除主用 AC 外的一个 AC 地址，则先往该 AC 单播 discover request 报文，再广播 discover 报文；否则，AP 直接广播 discover request 报文。已经建立好 CAPWAP 隧道的主用 AC 会忽略广播的 discover 报文，故 AP 不会再发现主用 AC。

备用 AC 正常的情况下，会回应 discover response 报文，在该报文中携带双链路特性开关及其主备优先级。AP 收到备 AC 回应的 discover response 报文后，获取到双链路特性开关为打开，并保存其主备优先级。值得注意的是，此时即使该 AC 的优先级高于主用 AC 也不倒换，待建立隧道完成之后再进行倒换。

在此之后，AP 向备用 AC 发送 Join Request，其中会携带一个自定义消息类型，告诉 AC 配置已经下发过了，不需要再下发。AC 收到 Join Request 后，解析到其中的自定义消息，在配置下发阶段，则会跳过配置下发流程，避免对 AP 重复下发。

在与备用 AC 建立隧道后，AP 重新根据两个链路的优先级及各自的 IP 地址决策出主备 AC，若有需要，则进行主备倒换。

（3）主备倒换

AP 建立主备双链路后，会和主备 AC 进行 Echo 探测，并在 Echo 报文中携带链路的主备信息。当 AP 检测到主链路中断后，则 AP 在发送给备用 AC 的 Echo request 报文中携带主用信息，备用 AC 收到 Echo request 报文后判断该隧道已经变为主隧道，则将自己从备用 AC 切换为主用 AC，同时 AP 把 STA 的数据业务往新的主用 AC 上发送。

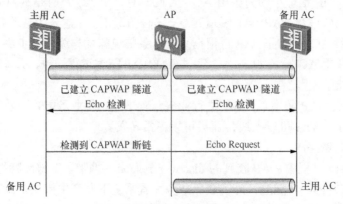

图 14-17　主备倒换

　　从主 AC 发生故障到 AP 检测到主 AC 故障，默认需要 3 个 Echo 周期，每个 Echo 周期 25 秒，即 75 秒。可以配置周期个数 2～120 次，每个周期时间 3～300 秒，但不建议配置过小值，容易引起非故障情况也认为是故障。

　　检测到主 AC 故障后，进行主备倒换到用户正常使用的时长与用户认证方式等有关：当用户使用开放认证或者 wep 认证方式时，用户不需要下线，业务中断时间即为主备倒换时间；当用户需要下线及重新接入的情况发生时，则业务中断时间取决于用户重新接入时间，即取决于用户接入方式（自动或手动）和终端性能。

　　（4）双链路回切

　　由于主用 AC 故障进行主备倒换后，AP 会定期发送 discover request 报文检测原来的主链路是否已恢复。当原主链路恢复后，AP 检测到该链路的优先级比当前使用的主链路的优先级更高，触发双链路回切。

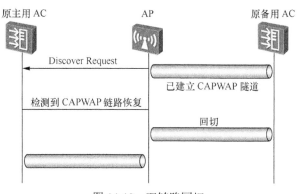

图 14-18　双链路回切

　　为避免网络震荡导致频繁回切，在双链路回切中，进行延迟回切。延迟回切时间不支持配置，固定为 20 个 Echo 周期时间。目前双链路备份情况下 Echo 周期默认为 25 秒，故回切时间为 500 秒。当回切时间到时，通过 Echo 报文通知 AC 进行倒换，同时 AP 上把 STA 的数据业务往新升级为主用的 AC 上发送。双链路回切过程中，由于两条链路都正常，切换时对业务没有影响，用户仍在线，无需重新认证。

　　华为 AP 支持命令配置回切功能是否启动，如果不启动回切功能，则 AP 不会进行回切。

14.3.4　双链路备份组网

　　根据 AC 所处位置，可将双链路备份组网架构分为直挂式组网及旁挂式组网，如图 14-19 所示。

　　直挂式组网适用于需要 AC 承担用户网关、用户策略管理、认证计费网关、DHCP 服务器等角色的场景。旁挂式组网适用于用户数据可由本地网络直接转发的场景，如分支办公网络、节省 AP/AC 间链路带宽的场景。

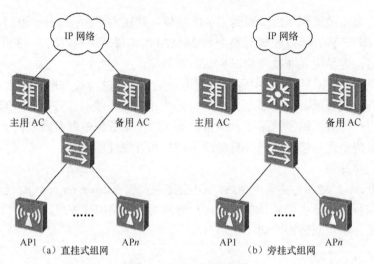

图 14-19　AC 组网方式

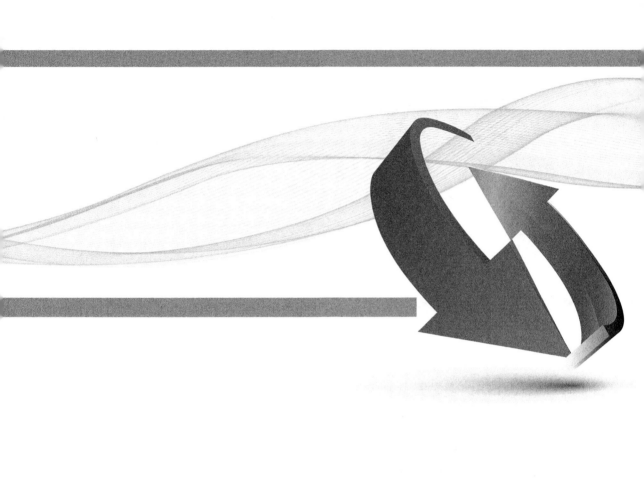

第15章
WLAN漫游

关于本章

当无线局域网存在多个无线AP时，IEEE 802.11标准提供一种功能使STA从一个AP过渡到另一个AP时仍保持上层应用程序的网络连接，这种功能称为漫游（Roaming）。

漫游的决定权是由STA掌握的，而决定STA是否漫游的规则由无线网卡制造商确定，通常包括信号强度、噪声水平和误码率。STA在通信时，会持续寻找其他的无线AP，并与那些在范围内的无线AP进行认证。请记住，STA可以与多个AP认证，但只能和一个AP关联。当STA远离其原本关联的无线AP，信号强度低于预定信号阈值时，它将尝试连接到另一个AP，并从其当前的BSS漫游到新的BSS。STA漫游时，原来的AP和新的AP会通过分布系统互相通信并共同提供STA的完全切换。大部分厂家都有自己的切换方式，但这些切换方式都没有成为802.11标准的正式组成部分。在基于无线控制器的无线局域网解决方案中，漫游切换机制由WLAN控制器控制。

本章针对WLAN特性，从简介、原理描述和应用三个方面介绍WLAN漫游。通过本章的学习，读者将会掌握以下内容。

- 漫游的基本概念
- 漫游的基本原理
- 漫游的应用场景

15.1　漫游概念介绍

WLAN 最大的优势之一是以无线信道为传输媒介，可使用户摆脱线缆的桎梏，在 WLAN 覆盖范围内四处移动。WLAN 漫游是指站点在同属于一个 ESS 内的 AP 之间移动过程中，保持已有的业务不中断。如图 15-1 所示，STA 先关联在 AP1 上，然后从 AP1 的覆盖范围移动到 AP2 的覆盖范围，并在 AP2 上重新关联，期间站点保持 IP 地址不变且用户感受不到业务中断。

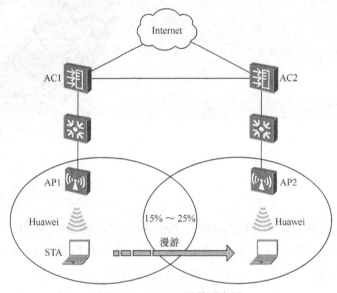

图 15-1　WLAN 漫游示意图

WLAN 漫游技术可实现用户在移动过程中业务不发生中断。当然，业务不中断是指宏观意义上的，在用户侧无法感知到网络中断。实际上由于多种因素，如漫游前后两个 AP 间的信号交叠地带信号弱、终端漫游过程中需要切换信道扫描到新 AP、终端需要在新老 AP 间切换关联关系、终端关联到新 AP 后需要重新协商密钥甚至重新认证等，漫游过程中会有少量丢包及延时。

此外，只有 STA 在属于同一个 ESS 的不同 AP 间移动才能称为漫游。如果 STA 开始关联的 SSID 为"Huawei"，后来又关联至另一个 SSID，则不能称之为漫游，此时 STA 需要重新关联、认证、获取 IP，且无法保障业务不中断。除了 SSID 相同外，WLAN 漫游发生的必要条件包括：AP 安全策略相同，AP 覆盖范围有重叠区域。华为建议，信号覆盖重叠区域至少应保持在 15%～25%。

尽量减少漫游过程中的丢包、使上层业务感知不到明显延时、卡顿，保障用户移动过程中业务体验仍能流畅自如是 WLAN 漫游的关键。WLAN 漫游策略主要解决以下问题。

① 避免漫游过程中的认证时间过长导致丢包甚至业务中断。

802.1X 认证、Portal 认证等认证过程报文交互次数和时间大于 WLAN 连接过程，所以漫游需要避免重新进行认证授权及密钥协商过程。

② 保证用户授权信息不变。

用户的认证和授权信息是用户访问网络的通行证，如果需要漫游后业务不中断，必须确保用户在 AC 上的认证和授权信息不变。

③ 保证用户 IP 地址不变。

应用层协议均以 IP 地址和 TCP/UDP Session 为用户业务承载，漫游后的用户必须能够保持原 IP 地址不变，对应的 TCP/UDP Session 才能够不中断，应用层数据才能够保持正常转发。

15.1.1　基本概念

WLAN 漫游基本架构示意图如图 15-2 所示。在图 15-2 中，WLAN 网络通过 AC1 和 AC2 两个 AC 对 AP 进行管理，其中 AP1 和 AP2 与 AC1 进行关联，AP3 与 AC2 进行关联。

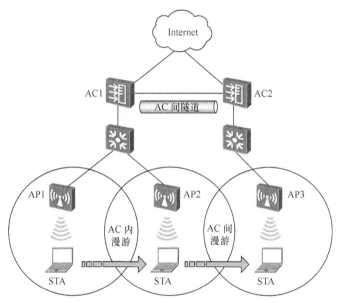

图 15-2　WLAN 漫游架构

根据站点漫游过程中的关联顺序，可对 AC 和 AP 进行分类，如表 15-1 所示。

表 15-1　　　　　　　　　　　漫游过程汇总 AC 与 AP 分类

名称	缩写	意义
Home AC	HAC	STA 首次关联的 AC，如图 15-2 中 AC1
Home AP	HAP	STA 首次关联的 AP，如图 15-2 中 AP1
Foreign AC	FAC	STA 漫游后关联的 AC，如图 15-2 中 AC2
Foreign AP	FAP	STA 漫游后关联的 AP，如图 15-2 中 AP2、AP3

在 WLAN 网络中，通过人为划定对不同的 AC 进行分组，STA 在同一个组的 AC 间

可以进行漫游，这个组就叫漫游组，如图 15-2 所示，AC1 和 AC2 组成了一个漫游组。

15.1.2 漫游类型

（1）AC 内漫游和 AC 间漫游

如果 STA 在漫游过程中 HAC 和 FAC 是同一个 AC，则这次漫游就是 AC 内漫游。如果漫游过程中 HAC 和 FAC 不是同一个 AC，这次漫游就是 AC 间漫游，即 STA 漫游前后所关联的 AP 分属不同的 AC 管理。AC 内漫游可看作是 AC 间漫游的一种特殊情况，即 HAC 和 FAC 重合。

为了支持 AC 间漫游，漫游组内的所有 AC 需要同步每个 AC 管理的 STA 和 AP 设备的信息，因此在 AC 间建立一条隧道作为数据同步和报文转发的通道，这条隧道称为 AC 间隧道。在图 15-2 中，AC1 和 AC2 间建立了 AC 间隧道进行数据同步和报文转发。

STA 在同一个漫游组内的 AC 间进行漫游，需要漫游组内的 AC 能够识别组内其他 AC。通过选定一个 AC 作为主控制器（Master Controller，MC），在该 AC 上维护漫游组的成员表，并下发到漫游组内的各 AC，使漫游组内的各 AC 间相互识别并建立 AC 间隧道。MC 既可以是漫游组内的 AC，也可以在漫游组外选择一个 AC 作为 MC。MC 管理其他 AC 的同时不能被其他的 MC 管理。还有一点需要注意的是，MC 作为一个集中配置点而非集中转发点，不需要有特别强的数据转发能力，只需要能够和各个 AC 互通即可。

当网络规模不大时，所有 AP 归属同一个 AC 管理，用户在 AP 间漫游时为 AC 内漫游，所有 STA 的状态信息归属相同的 AC 管理，无需 AC 设备间的预先同步，故实现简单。在一些大型的 WLAN 网络中，需要的 AP 数目比较多，不可能通过一台 AC 管理所有的 AP，往往需要多台 AC 管理这么多的 AP。部署多个 AC 后，就需要不同 AC 间彼此预先同步或实时查询漫游 STA 的状态信息，实现了 AC 间的平滑漫游，并且需要保证漫游后 STA 流量的正常转发，最终实现更广范围的无线覆盖和漫游的客户需求。

（2）二层漫游和三层漫游

根据 STA 漫游前后是否在同一个子网中，可以将漫游分为二层漫游和三层漫游。

二层漫游是指 STA 在同一个子网中漫游，如图 15-3 所示，STA 漫游前后所关联的 AP1 及 AP2 都在 VLAN 100 中。

根据 STA 是否支持快速漫游，又可以将二层漫游分为快速漫游和非快速漫游两种方式。

快速漫游，又称为二层安全漫游。它是指当 STA 使用的是 WPA/WPA2+802.1X 的安全策略，并且支持 Key Caching 快速漫游技术时，这时的用户漫游即为快速安全漫游，不需要重新完成 802.1X 认证过程，只需要完成四步密钥交互即可。

当用户使用的是非 WPA/WPA2+802.1X 的安全策略时，用户的漫游都属于非快速漫游。此外，如果用户使用的是 WPA/WPA2+802.1X 的安全策略，但用户不支持快速漫游，则该漫游仍然不属于快速漫游，用户仍需要完成 802.1X 认证过程才能完成漫游。

三层漫游是指 STA 在不同子网间漫游，如图 15-4 所示。STA 漫游前关联 AP1 的业务 VLAN 为 100，对应网段为 10.100.1.x。漫游后关联的 AP2 不在 VLAN 100 内，其业务 VLAN 为 200，对应网段 100.200.1.x。请读者注意，虽然三层漫游前后 STA 所处的 VLAN 不同，但是漫游后 AC 仍然把 STA 视为从原始子网（VLAN 100）连过来一样，且 STA 的 IP 地址保持不变。

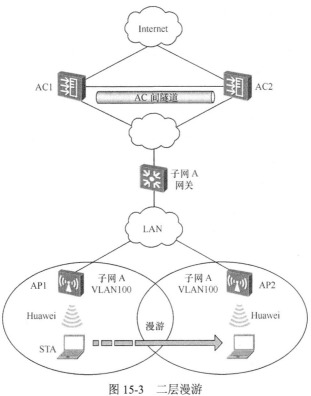

图 15-3　二层漫游

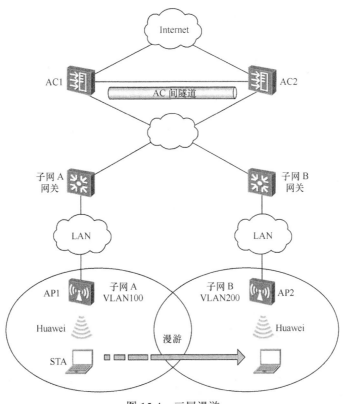

图 15-4　三层漫游

二层漫游和三层漫游在转发行为上有很大差别，所以正确区分二层漫游和三层漫游比较重要。如果 HAP 和 FAP 配置的业务 VLAN 相同，可以认为它们在同一个子网内，STA 在这两个 AP 间漫游属于二层漫游；否则，HAP 和 FAP 分属不同的子网，STA 在这两个 AP 间漫游属于三层漫游。

考虑到在某些大型网络中有可能出现两个子网使用相同 VLAN ID 的情况，例如 10.11.104.x 网段和 192.168.1.x 网段都使用 VLAN100，这种情况下仅靠 VLAN 还无法判断是否属于同一子网。为此在 ESS 下含一个 vlan-mobility-group 的配置，在 VLAN 下进一步细分二层漫游域，VLAN 相同且 vlan-mobility-group 也相同的才认为是一个子网，两者任一个不同就认为是不同子网。

15.2　漫游基本原理介绍

15.2.1　二层漫游

二层漫游中，多个 AP 连接在同一个 VLAN 内，STA 在不同的 AP 间切换时，始终在一个 VLAN 子网内。以图 15-3 为例，二层漫游主要包括以下几个步骤。

① STA 在各个信道中发送 802.11 请求帧，AP2 在信道 6（AP2 使用的信道）中收到请求后，通过在信道 6 中发送应答来进行响应；

② STA 收到应答后，对其进行评估，确定更适合关联的 AP 为 AP2；

③ STA 通过信道 6 向 AP2 发送关联请求，AP2 使用关联响应做出应答，建立用户与 AP2 间的关联；

④ STA 通过信道 1（AP1 使用的信道）向 AP1 发送解除关联信息，解除与 AP1 间的关联。

上述过程完成后，

① 如果用户使用的是 Open 或 Share-key 的安全策略，则用户漫游已完成。

② 如果用户使用的是 WPA/WPA2+PSK 的安全策略，则还需要完成四步密钥协商。

③ 如果用户不支持快速漫游，即使使用的是 WPA2+802.1X 的安全策略，用户仍需要完成 802.1X 认证过程才能完成漫游。

④ 只有用户既支持快速漫游，同时又使用的是 WPA2+802.1X 的安全策略，才会进入快速漫游进程。

15.2.2　快速漫游

普通的 WPA/WPA2 802.1X 方式的 STA 非快速漫游流程如图 15-5 所示，可分为 5 个阶段：扫描阶段、链路认证阶段、关联阶段（步骤 1～步骤 6）、802.1X 认证阶段（步骤 7）、密钥协商阶段（步骤 8）。其中扫描阶段、链路认证阶段在 AP 完成，没有在图中描述。

在图 15-5 中，影响 STA 漫游的最大因素是关联过程中重新进行 802.1X 认证，一般认证过程非常长，期间业务处于中断状态。为了避免 STA 每次漫游时都进行冗长的 802.1X 认证，可以在 AC 上保存 STA 前几次认证时获得的 PMKs，收到 STA 的关联/重关联请求时用 AC 保存的 PMKs 和 STA 携带的 PMKID 进行匹配，如果能匹配上则直接允许用户上线，省去认证过程。这种技术称为随机密钥缓存（Opportunistic Key Caching，OKC）。

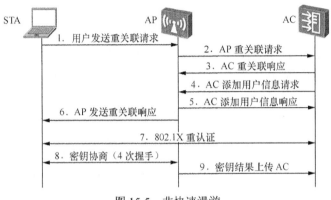

图 15-5　非快速漫游

上述漫游方式称为快速漫游。由于省去了冗长的认证过程，大大减少了漫游过程中的业务中断时间（可以从 300ms 以上降为 100ms 以内）。

快速漫游的流程如图 15-6 所示。

① AC 保存终端前几次认证过程中所获得的 PMKs；

② 终端漫游时所发送的重关联请求中携带 PMKID（步骤 1、步骤 2）；

③ AC 收到重关联请求后取出 PMKID 和自己当前保存的 PMKs 去匹配，若匹配上则在重关联响应中传递给 AP（步骤 3），包括 AP 进行密钥协商的标记以及 PMK 信息；

④ AP 直接拿这个 PMK 去和终端进行密钥协商（步骤 7），而不需要进行 802.1X 认证过程；

⑤ AP 和用户密钥协商成功后，发消息通知 AC（步骤 8），否则走删除用户流程。

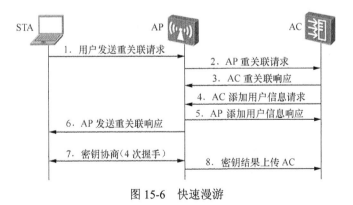

图 15-6　快速漫游

15.2.3 三层漫游

随着无线网络的发展，越来越多的人开始使用 WLAN。由于 AP 覆盖范围有限，往往在不同楼层会部署多台 AP，同时 AP 在不同的 VLAN 内。此时，如果用户在无线网络的覆盖区域内从某一个楼层漫游到另外一个楼层，就会导致业务中断，严重影响用户体验。

在这样的背景下，跨 VLAN 漫游，即三层漫游应运而生，它使用户在不同 VLAN 间漫游时，依旧保持用户的 VLAN 为初始 VLAN，从而保证用户在不同 VLAN 间漫游而业务不中断。同样的，作为漫游的基础条件，不同 VLAN 的 AP 广播出来的 SSID 必须是一样的才能进行漫游。以图 15-4 为例，三层漫游的过程如下。

① STA 通过 AP1（属于 VLAN 100）申请同 AC 发生关联，AC 判断该 STA 为首次接入用户，为其创建并保存相关的用户数据信息，以备将来漫游时使用。

② 该 STA 从 AP1 覆盖区域向 AP2（属于 VLAN 200）覆盖区域移动；STA 通过 AP2 重新同 AC 发生关联，AC 通过用户数据信息判断该 STA 为漫游用户，更新用户数据库信息。

③ STA 断开同 AP1 的关联。尽管漫游前后不在同一个子网中，AC 仍然把 STA 视为从原始子网（VLAN 100）连过来一样，允许 STA 保持其原有 IP 并支持已建立的 IP 通信。

15.3 流量转发模型

CAPWAP 协议支持两种数据转发类型：数据报文本地转发与集中转发。本地转发又称为直接转发，即用户报文没有经过 CAPWAP 隧道封装，而是直接转发到上层网络，从而提高报文的转发效率。集中转发又称为隧道转发，即用户报文必须先经过 CAPWAP 隧道封装后上传给 AC，然后再由 AC 转发到上层网络，从而提高报文的转发安全性。

根据转发类型以及跨三层与否，可将 WLAN 漫游流量转发模型划分为四种。
① 本地转发模式二层漫游。
② 集中转发模式二层漫游。
③ 本地转发模式三层漫游。
④ 集中转发模式三层漫游。

15.3.1 二层漫游

由于二层漫游后 STA 仍然在原来的子网中，所以 FAP/FAC 对二层漫游用户的流量转发同普通新上线用户没有区别，直接在 FAP/FAC 本地的网络转发，不需要通过隧道转回到家乡代理中转，如图 15-7 所示。

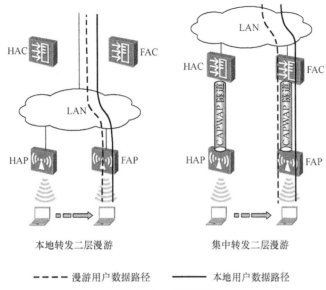

本地转发二层漫游　　　　　集中转发二层漫游

- - - - 漫游用户数据路径　　　───── 本地用户数据路径

图 15-7　二层漫游

15.3.2　三层漫游

由于三层漫游后 STA 离开了原来的子网，为保证用户仍能访问原来的网络，需要将用户流量通过隧道转回到家乡代理，再由家乡代理中转。同样，网络侧发往用户的报文也会先到家乡代理，再由家乡代理通过隧道转发到 FAP。其中，家乡代理由 HAC 或 HAP 担任。

（1）集中转发模式

集中转发模式下，HAP 和 HAC 之间的业务报文通过 CAPWAP 隧道封装，此时可以将 HAP 和 HAC 看作在同一个子网内，报文无需返回到 HAP，直接通过 HAC 中转到上层网络。

此时，FAP 和家乡代理之间的隧道实际包括两小段：FAP-FAC 之间的隧道以及 FAC-HAC 之间的隧道。对于从其他地方三层漫游过来的用户，无论 FAP 上是否配置为集中转发，其报文都固定通过 FAP-FAC 之间的 CAPWAP 隧道转发，如图 15-8 所示。

上行方向转发路径如下。

① STA 空口发出报文；

② FAP 收到 STA 报文通过 FAP-FAC 之间的 CAPWAP 隧道转发到 FAC；

③ FAC 通过 FAC-HAC 之间的 AC 间隧道转发到 HAC；

④ HAC 进行正常转发，报文可到达用户的网关。

下行方向与上行方向的转发路径相反。

① HAC 从网络侧收到发给漫游用户的报文，通过 HAC-FAC 之间的 AC 间隧道转发到 FAC；

② FAC 通过 FAC-FAP 之间的 CAPWAP 隧道转发到 FAP；

③ FAP 从空口转发给 STA。

（2）本地转发

本地转发模式下，HAP 和 HAC 之间的业务报文不通过 CAPWAP 隧道封装，无法判定 HAP 和 HAC 是否在同一个子网内，此时设备默认报文需要返回到 HAP 进行中转。

默认情况下，以 HAP 作为家乡代理。此时 FAP 和家乡代理之间的隧道包括三小段：FAP-FAC 之间的隧道、FAC-HAC 之间的隧道以及 HAC-HAP 之间隧道。对于三层漫游出去的用户，无论 HAP 上是否配置为集中转发，其报文都固定通过 HAP-HAC 之间的 CAPWAP 隧道转发，如图 15-9 所示。

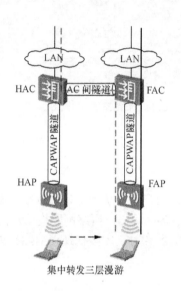

图 15-8　集中转发模式三层漫游

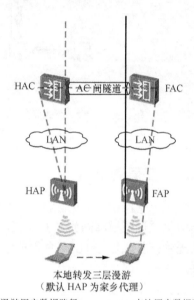

图 15-9　默认 HAP 为家乡代理

上行方向转发路径如下。

① STA 空口发出报文；

② FAP 收到 STA 报文通过 FAP-FAC 之间的 CAPWAP 隧道转发到 FAC；

③ FAC 通过 FAC-HAC 之间的 AC 间隧道转发到 HAC；

④ HAC 通过 HAC-HAP 之间的 CAPWAP 隧道转发到 HAP；

⑤ HAP 进行正常转发，报文可到达用户的网关。

下行方向与上行方向的转发路径相反。

① HAP 从网络侧或空口收到发给漫游用户的报文，通过 HAP-HAC 之间的 CAPWAP 隧道转发到 HAC；

② HAC 通过 HAC-FAC 之间的 AC 间隧道转发到 FAC；

③ FAC 通过 FAC-FAP 之间的 CAPWAP 隧道转发到 FAP；

④ FAP 从空口转发给 STA。

如果 HAC 也能访问用户的网关，例如 HAC 和网关二层可达，或者 HAC 就是用户的网关，则可以配置能力更强的 HAC 作为家乡代理，减轻 HAP 的负担，并可以缩短 FAP

到家乡代理的隧道长度，提升转发效率，如图 15-10 所示。与家乡代理在 HAP 上相比，上下行方向分别少了步骤 4 和步骤 1。

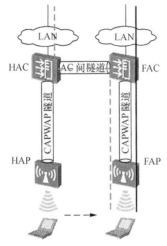

本地转发三层漫游
（设置 HAC 为家乡代理）

- - - - 漫游用户数据路径　　　　—— 本地用户数据路径

图 15-10　设置 HAC 为家乡代理

上行方向转发路径如下。

① STA 空口发出报文；

② FAP 收到 STA 报文通过 FAP-FAC 之间的 CAPWAP 隧道转发到 FAC；

③ FAC 通过 FAC-HAC 之间的 AC 间隧道转发到 HAC；

④ HAC 进行正常转发，报文可到达用户的网关。

下行方向与上行方向的转发路径相反。

① HAC 从网络侧收到发给漫游用户的报文，通过 HAC-FAC 之间的 AC 间隧道转发到 FAC；

② FAC 通过 FAC-FAP 之间的 CAPWAP 隧道转发到 FAP；

③ FAP 从空口转发给 STA。

15.4　漫游应用场景

15.4.1　小型企业 WLAN 漫游

对于小型企业，可通过 WLAN 网络为用户提供 WLAN 网络业务，用户需要在企业内部移动办公的同时保持网络业务不中断。在这种场景下，可以在企业内部部署一台 AC 和多台 AP，通过 AC 管理 AP，为用户提供 WLAN 网络服务。

如图 15-11 所示，企业部署 AC 设备对多台 AP 进行管理，用户可以通过 AP1 和 AP2 设备接入 WLAN 网络。用户进行移动办公时，从 AP1 的区域漫游到 AP2 的区域时，网络业务不中断。

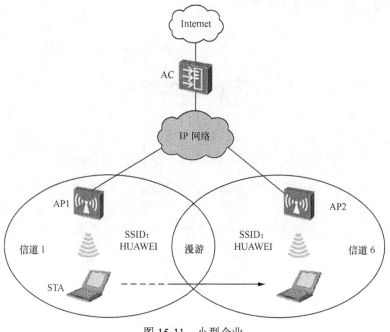

图 15-11　小型企业

　　由于用户在漫游过程中 HAC 和 FAC 是同一个 AC，因此该场景中的漫游为 AC 内漫游，各用户流量转发模型相同。

15.4.2　大型企业 WLAN 漫游

　　对于大中型企业，内部分为多个区域，若要求用户需要在企业内部不同区域间移动办公的同时保持网络业务不中断，可以在企业的不同区域内各部署多台 AC 和多台 AP，通过在不同 AC 间建立 AC 间隧道，为用户提供 WLAN 网络漫游服务。

　　如图 15-12 所示，企业部署 AC1 和 AC2 在同一个漫游组内，AC1 和 AC2 分别对企业的区域 1 和区域 2 的 AP 进行管理，用户可以通过 AP1 和 AP2 接入 WLAN 网络。用户进行移动办公时，从 AP1 的区域漫游到 AP2 的区域时，网络业务不中断。

　　同时，针对网络中不同用户类型，可部署两个 WLAN 服务，一个用于普通用户的无线接入，一个用于 VIP 用户的无线接入。对于普通用户，采用本地转发模式，用户数据进入 WLAN AP 后，直接在企业网内部进行转发；对于 VIP 用户，采用集中转发模式，所有数据通过 AP-AC 间的 CAPWAP 隧道集中在 AC 上进行转发处理。

　　两类用户均支持跨 AC 的漫游，但由于用户数据转发模式不同，对应两种漫游数据转发模型如图 15-13 所示。

　　对于本地转发的普通用户而言，当无线用户漫游到其他 AC 区域后，漫游用户的家乡代理处于 AP1 上，该漫游用户的上下行流量始终都会在 AP1 上进行中转，虽然漫游用户是本地转发用户，AC-AP 间没有固定的集转 CAPWAP 隧道，但系统会自动为该漫游用户创建动态的漫游隧道，下行流量在 AP1 上入 AP1-AC1 间漫游隧道，再经 AC 间漫游隧道、AC2-AP2 间漫游隧道到达漫游用户；上行流量会直接在 AP2 处入漫游隧道，最终到达家乡 AP1 后出漫游隧道完成后续转发。

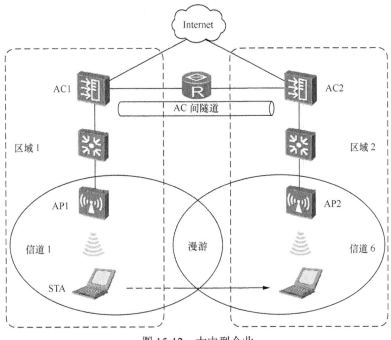

图 15-12　大中型企业

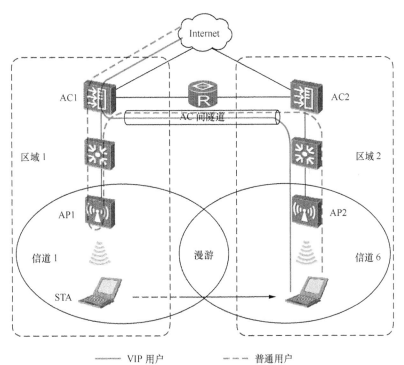

图 15-13　普通用户与 VIP 用户

对于集中转发的 VIP 用户而言，当无线用户漫游到其他 AC 区域后，漫游用户的家乡代理处于家乡 AC1 上，该漫游用户的上下行流量会在家乡 AC1 上进行中转，下行流量在 AC1 上入 AC 间漫游隧道，再经 AC2-AP2 间集转隧道到达漫游用户；上行流量也要经过 AC 间隧道送回家乡 AC1 完成后续转发。

由图 15-13 可以看出，通过设置 VIP 用户为集中转发方式，可以缩短 FAP 到家乡代理的隧道长度，提升转发效率。另一方面，集中转发方式具有更高的安全性，有助于提高 VIP 用户的用户体验。

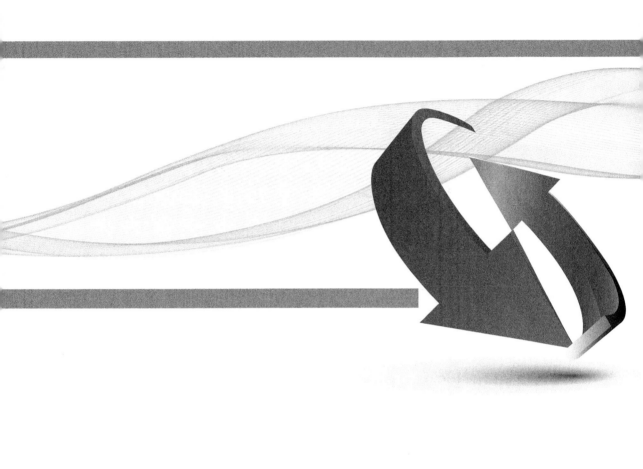

第16章
WLAN安全介绍

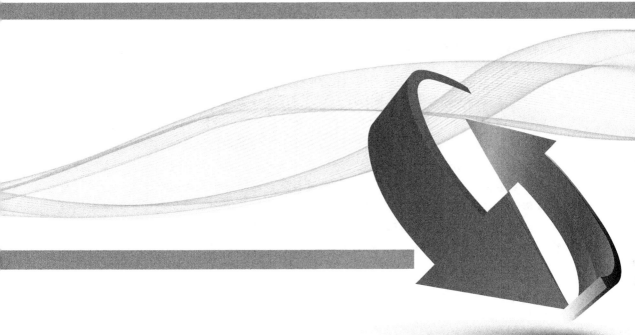

关于本章

WLAN以无线信道作为传输媒介，利用电磁波在空气中收发数据实现了传统有线局域网的功能，和传统的有线接入方式相比，WLAN网络布放和实施相对简单，维护成本也相对低廉，因此应用前景十分广阔。然而由于WLAN传输媒介的特殊性和其固有的安全缺陷，用户的数据面临被窃听和篡改的威胁，因此WLAN的安全问题成为制约其推广的最大问题。有关产品生产厂家和标准化组织为解决WLAN的安全问题也采取了各种手段，制定了一系列安全协议。

本章首先介绍WLAN可能受到的威胁，其次介绍降低威胁的方法，然后重点介绍无线系统防护技术WIDS/WIPS，最后介绍了AAA和RADIUS协议。

通过本章的学习，读者将会掌握以下内容。

* WLAN安全威胁
* WIDS和WIPS相关概念
* AAA的相关概念

16.1　WLAN 安全威胁简介

16.1.1　无线让网络使用更自由

WLAN 与有线局域网相比有无可比拟的灵活性，它可以做到在特定区域内随时随地上网，能够实现即插即用。并且随着技术的发展，当前以 802.11 为主要标准的 WLAN 还可以提供越来越高的无线接入带宽，因此越来越多的用户开始使用 WLAN 网络。现在在办公大楼、候机大厅、度假山庄、商务酒店等场所，已经随处可见 WLAN 网络的覆盖。

但是由于 WLAN 无线侧数据是在空中自由传播的，只要是在无线数据传输的范围内，用户的数据都可以被任何合适的接收装置获取，这将导致未经授权的用户可以轻易地截获传输数据，恶意攻击者可以通过伪装身份进入网络窃取信息，使用户的数据遭受威胁。再加上无线网络中的移动终端设备存储资源及计算资源的有限性，致使许多有线网络中潜在的安全威胁在 WLAN 网络中更加明显。如何保护用户敏感数据的安全，保护用户的隐私，是众多 WLAN 用户非常关心的问题。

16.1.2　WLAN 安全威胁

WLAN 网络常见的安全威胁有以下几个方面。

（1）未经授权使用网络服务

最常见的 WLAN 安全威胁就是未经授权的用户非法使用 WLAN 网络。非法用户未经授权使用 WLAN 网络，同授权用户共享带宽，会影响到合法用户的使用体验，甚至可能泄露当前用户的用户信息。

（2）非法 AP（Rogue AP）

非法 AP 是未经授权部署在企业 WLAN 网络里，且干扰网络正常运行的 AP（例如 DoS 攻击）。如果该非法 AP 配置了正确的 WEP（Wired Equivalent Privacy，有线等效保密）密钥，还可以捕获客户端数据。经过配置后，非法 AP 可为未授权用户提供接入服务，可让未授权用户捕获和伪装数据包，最糟糕的是允许未经授权用户访问服务器和文件。

（3）数据安全

相对于以前的有线局域网，WLAN 网络采用无线通信技术，用户的各类信息在无线中传输，其信息更容易被窃听、获取。

（4）拒绝服务攻击（DoS，Denial of Service）

这种攻击方式不以获取信息为目的，黑客只是想让目标机器停止提供服务。因为 WLAN 采用微波传输数据，理论上只要在有信号的范围内攻击者就可以发起攻击，这种攻击方式隐蔽性好，实现容易，防范困难，是黑客的终极攻击方式。

16.1.3　WLAN 常用的加密认证方式

在 WLAN 的安全保护措施中，认证和加密是两个必须考虑的因素，通过认证可以确保合法客户和用户通过受信任的接入点访问网络，通过加密可以给用户的数据提供隐私和机密保护。基于以上考虑，802.11 及其他标准化组织提出了一系列 WLAN 安全保护机制，期望通过认证和加密的方式保护 WLAN 网络安全或降低网络风险。例如 WEP、WPA 协议等，下文将对 WLAN 常用的加密认证方式进行介绍。

（1）WEP（Wired Equivalent Privacy，有线等效保密）

WEP 是 1999 年 9 月通过的802.11b标准的一部分，是一种用于无线局域网的安全性协议，是 WLAN 最初的安全防护方式。WEP 使用 RC4 算法来保证数据的保密性，通过共享密钥来实现认证，支持开放式系统和共享密钥两种认证方式，但是由于 RC4 算法本身的缺陷及密钥算法过于简单，WEP 的安全防护并没有达到预期效果。

（2）WPA-PSK /WPA2-PSK

WPA（Wi-Fi Protected Access，Wi-Fi 保护接入）是 Wi-Fi 联盟吸取 802.11i 工作组的一些研究成果提出的安全协议，是在 802.11i 完备之前替代 WEP 的过渡方式，采用 TKIP（Temporal Key Integrity Protocol，临时密钥完整性协议）加密算法进行加密。

WPA2 是 WPA 的第二版，是最终的 802.11i 标准，使用 CCMP（Counter CBC-MAC Protocol，计数器模式及密码块链消息认证码协议）加密算法进行加密。

WPA/WPA2-PSK（PSK，Pre-shared key，预共享密钥），该安全类型可以认为是 WPA/WPA2 的简化模式，不需要专门的认证服务器，只需要用户在每个 WLAN 节点都预先输入一个密钥，只要密钥吻合，用户就可以获得 WLAN 的访问权。此种认证方式适用于普通家庭和小型企业。

（3）802.1X

802.1X 为二层协议，对设备的要求不高，实现简单，它只定义了身份验证框架，并非一套完整的规划，具体的认证需要其他协议，支持 EAP、LEAP、EAP-TLS、EAP-TTLS 等认证方式。目前企业网大量使用该协议，而运营商网络使用较少。

（4）WAPI

WAPI（Wireless LAN Authentication and Privacy Infrastructure，无线局域网鉴别和保密基础结构）是中国无线局域网安全强制性标准（GB15629.11），由 WAI（WLAN Authentication Infrastructure）和 WPI（WLAN Privacy Infrastructure）两部分组成。它通过了 IEEE 认证和授权，是一种认证和私密性保护协议，采用非对称（椭圆曲线密码）和对称密码体制（分组密码）相结合的方法实现安全保护。由于该标准是国家标准，因此国内市场一般都要求支持，海外市场使用较少。

（5）Portal

Portal 认证也称 Web 认证，或 DHCP+Web 认证，使用标准 Web 浏览器（例如 IE）即可，不需要安装特殊的客户端软件。运营商和企业网中大量使用该种认证方式。

（6）MAC 认证

MAC 接入认证主要为客户端以自己的 MAC 地址作为身份凭据到设备端进行认证，登录时不需要输入用户名和密码，在安全要求不高的场合使用较为广泛。

16.1.4　华为 WLAN 安全机制

华为设备可提供的 WLAN 安全机制有链路认证方式、WLAN 数据加密、用户接入认证和安全系统防护。

（1）链路认证方式

链路认证方式即 STA 身份验证，是对客户端的认证，只有通过认证后，才能进入后续的关联阶段。802.11 标准要求 STA 在打算连接到网络时，必须进行 802.11"链路认证"。由于这种认证并没有传递或验证任何加密密钥，也没有进行相互认证过程，所以可以将这个链路认证视为 STA 连接到 WLAN 网络时的握手过程的起点。链路认证方式主要有开放系统认证（Open System Authentication）和共享密钥认证（Shared-key Authentication）两种，在开放系统认证中，STA 以 MAC 地址作为身份证明，所有符合 802.11 标准的终端都可以接入 WLAN 网络；而共享密钥认证必须使用 WEP 加密，要求 STA 和 AP 使用相同的共享密钥。另外还有一种 MAC 地址过滤的方式，可以在身份验证阶段过滤掉未授权的 STA 的 MAC 地址。

（2）WLAN 数据加密

802.11 协议主要通过对数据报文进行加密的方式解决用户的数据安全问题，保证只有特定的设备可以对接收到的报文成功解密。其他的设备虽然可以接收到数据报文，但是由于没有对应的密钥，无法对数据报文解密，加密方式有 RC4 加密、TKIP 加密和 CCMP 加密等。

（3）用户接入认证

用户接入认证即对用户进行区分，并在用户访问网络之前限制其访问权限。使用户在进行链路认证时只允许有限的网络访问权限，只有确定用户身份后才会允许完整的网络访问。相对于简单的 STA 身份验证机制，用户身份验证安全性更高，用户接入认证主要包含以下几种：WPA/WPA2-PSK 认证、802.1X 认证、WAPI 认证、Portal 认证和 MAC 认证。

（4）安全系统防护（IDS）

认证和加密这两种方式是目前常用的无线安全解决方案，这两种无线安全解决方案可在不同场景下对网络进行保护，但是二者皆不适用于 SOHO（Small Office Home Office，家居办公）和大型企业无线网络。大型企业网络需要采用由入侵检测系统（IDS）提供的无线系统防护功能。目前，无线系统防护主要技术有 WIDS（Wireless Intrusion Detection System，无线入侵检测系统）和 WIPS（Wireless Intrusion Prevention System，无线入侵保护系统）两种，WIDS 是无线入侵检测系统，WIPS 是无线入侵保护系统，它不但可以提供入侵的识别，还可以实现一些入侵反制的机制，以便更加主动地保护网络。许多企业网络使用 WIDS 的主要目的不是为了防范外部威胁，而是为了防范员工无意间安装的非法 AP。

16.2　WLAN IDS 介绍

16.2.1　WIDS/WIPS 概念

802.11 网络很容易受到各种网络威胁的影响，如未经授权的 AP 用户、Ad-hoc 网络、拒绝服务型攻击等。其中，非法设备对于企业网络安全来说是一个很严重的威胁（如钓鱼 Wi-Fi）。而 WIDS/WIPS 功能可以阻止 Rogue AP 带来的危害，能够有效地提供无线攻击检测和防范。

WIDS（Wireless Intrusion Detection System，无线入侵检测系统）用于对有恶意的用户攻击和入侵无线网络进行早期检测。

WIPS（Wireless Intrusion Prevention System，无线入侵保护系统）可以保护企业网络和用户不被无线网络上未经授权的设备访问。

WIDS/WIPS 可提供无线安全威胁的检测、识别、防护、反制等功能。根据网络规模的不同，WIDS/WIPS 系统功能可以分为以下几种。

- 针对家庭网络或者小型企业可以使用基于黑白名单的 AP 和 Client 接入控制。
- 针对中小型企业可以使用 WIDS 攻击检测。
- 针对大中型企业可以使用 Rogue 设备检测、识别、防范、反制。

WIDS/WIPS 常用术语如下。

- Rogue AP：网络中未经授权或者有恶意的 AP，它可以是私自接入到网络中的 AP、未配置的 AP、邻居 AP 或者攻击者操作的 AP。如果这些 AP 存在安全漏洞，黑客就有机会通过此 AP 威胁网络安全。
- Rogue Client：非法客户端，网络中未经授权或者有恶意的客户端，与 Rogue AP 类似。
- Rogue Wireless Bridge：非法无线网桥，网络中未经授权或者有恶意的网桥。
- Monitor AP：网络中用于扫描或侦听无线介质，并试图检测无线网络中攻击的 AP。
- Ad-hoc mode：无线客户端的工作模式设置为 Ad-hoc 模式时，Ad-hoc 终端可以不需要任何设备支持而直接进行通信。
- 被动扫描：在被动扫描模式下，Monitor AP 侦听该信道下网络中所有的 802.11 帧。
- 主动扫描：在侦听 802.11 帧的同时，Monitor AP 伪装成客户端发送广播探查请求并在该信道上等待所有的探查响应消息，每一个在 Monitor AP 附近的 AP 都将回应探查响应帧，Monitor AP 通过处理这些探查响应帧来分辨 Friend AP 和 Rogue AP。

16.2.2 基于黑白名单的 AP 和 Client 接入控制

家庭网络或者小型企业主要使用 WIDS/WIPS 的基于黑白名单的 AP 和 Client 接入控制功能，设备通过将 STA 加入到黑白名单列表中，对 STA 的接入模式进行控制。开启黑名单功能后，如果 STA 匹配黑名单列表，则该 STA 无法关联上 AP，从而无法访问无线网络。开启白名单功能后，如果 STA 匹配白名单列表，则该 STA 可以关联上 AP 以访问无线网络。

16.2.3 Rogue 设备攻击检测

大中型企业主要使用 WIDS/WIPS 的 Rogue 设备检测、识别、防范、反制功能。Rogue 设备检测即在需要保护的网络空间中部署适当的 Monitor AP 设备（如图 16-1 所示），并控制这些 Monitor AP 定期地对无线信号进行侦听以检查有没有非法或者恶意的设备，Monitor AP 支持主动扫描和被动扫描两种方式。

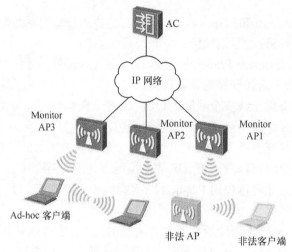

图 16-1　Rogue 设备检测

　　Rogue 设备检测比较适合于大型的 WLAN 网络，通过在已有的 WLAN 网络中制定非法设备检测规则，可以对整个 WLAN 网络中的异常设备进行监测。WLAN 网络中需要监测的设备有 AP、Client、Ad Hoc 终端、无线网桥等。

　　在 Rogue 设备检测过程中，AP 首先将收集到的设备信息定期上报 AC，然后 AC 通过监测结果判断非法设备。判断出非法设备后，则可以对非法设备进行反制，以阻止非法设备的接入。非法设备有以下几种。

- 干扰 AP：和监测 AP 的工作信道相同或相邻。
- 非法 AP：既不是本 AC 管理的 AP，也不在合法 AP 列表中。
- 非法 STA：不在本 AC 上线。
- 非法网桥：不是本 AC 管理的 WDS 设备。
- 非法 Ad-hoc：检测到的 Ad-hoc 网络设备均认为是非法设备。

AP 的工作模式可以分为三种：接入模式、监测模式、混合模式。

- 接入模式：如果未启动背景邻居探测功能，AP 仅传输 WLAN 用户的数据，不进行任何监测；如果启动了背景邻居探测功能，AP 不仅可以传输 WLAN 用户的数据，还可以扫描无线网络中的设备，探测无线信道中的所有 802.11 帧。
- 监测模式：AP 需要扫描无线网络中的设备，探测无线信道中的所有 802.11 帧。此时 AP 仅能实现监测功能，不能传输 WLAN 用户的数据，即该 AP 提供的所有 WLAN 服务都将关闭。
- 混合模式：AP 可以监测无线网络中设备，也可以同时传输 WLAN 数据。

　　只有 AP 工作在监测模式或混合模式下，才可以实现 WIDS/WIPS 功能。在混合模式时，AP 进行工作信道的邻频和同频访问。在监测模式时，不存在工作信道，AP 依次扫描所有信道，以缓存监测到的所有信息，当超过定时时间后，将这些信息上报给 AC，然后进行下一轮监测上报。AC 收集 AP 上报的周边 AP 信息后，对 AP 的 MAC 地址、

SSID、信号强度等进行分析，并对照 AC 配置的 WIDS 策略以决定 AP 是合法 AP 还是非法 AP。如果是非法 AP，还可以采取一些反制措施，如发送解除关联的报文以及关联的用户，图 16-2 所示即非法 AP 的检测流程。首先，如果 AP 匹配静态攻击列表，则直接把 AP 定义为非法 AP；其次，分别根据 MAC 地址列表、SSID 列表、厂商列表来定义 AP 是否为非法 AP。

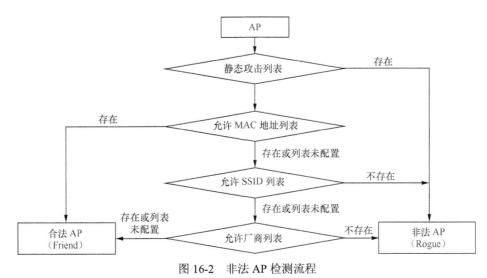

图 16-2　非法 AP 检测流程

非法客户端的检测流程和非法 AP 的检测流程大同小异。不同的是匹配 SSID 时，匹配是对客户端关联的 AP 的 BSSID 进行检查，如图 16-3 所示。另外，对于非法 Ad-hoc 网络或者无线网桥的检测，只依次检查静态攻击列表与允许的 MAC 地址列表。

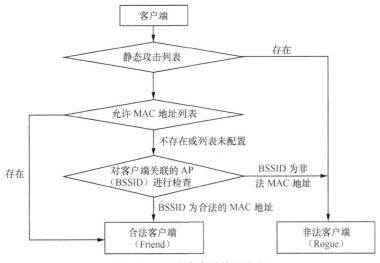

图 16-3　非法客户端检测流程

检测到 Rogue 设备后，可使用防范、反制功能，防范的功能就是根据 Rogue 设备来配置黑名单功能，来限制 AP 或者 WLAN 的接入。反制功能就是根据反制的模式监测模式 AP 根据非法设备列表对 Rogue 设备采取反制措施，阻止其工作。

设备支持对三种非法设备进行反制。

非法 AP：AC 确定非法 AP 后，将非法 AP 告知监测 AP。监测 AP 以非法 AP 的身份发送广播解除认证 Deauthentication 帧，这样，接入非法 AP 的 STA 收到解除认证帧后，就会断开与非法 AP 的连接。通过这种反制机制，可以阻止 STA 与非法 AP 的连接。

非法 STA：AC 确定非法 STA 后，将非法 STA 告知监测 AP。监测 AP 以非法 STA 的身份发送单播解除认证 Deauthentication 帧，这样，非法 STA 接入的 AP 在接收到解除认证帧后，就会断开与非法 STA 的连接。通过这种反制机制，可以阻止 AP 与非法 STA 的连接。

Ad-hoc 设备：AC 确定 Ad-hoc 设备后，将 Ad-hoc 设备告知监测 AP。监测 AP 以 Ad-hoc 设备的身份（使用该设备的 BSSID、MAC 地址）发送单播解除认证 Deauthentication 帧，这样，接入 Ad-hoc 网络的 STA 收到解除认证帧后，就会断开与 Ad-hoc 设备的连接。通过这种反制机制，可以阻止 STA 与 Ad-hoc 设备的连接。

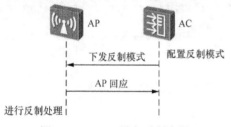

图 16-4　Rogue 设备反制流程

Rogue 设备反制的基本流程如图 16-4 所示，共分为三个步骤。

步骤一：AC 配置反制设备列表模式同时使用反制功能。

步骤二：AC 根据配置的反制模式从监测 AP 每次上报的无线列表中选择对应的 Rogue 设备列表下发到该监测 AP。

步骤三：监测 AP 根据 AC 下发的反制列表进行反制处理。

16.2.4　WIDS 攻击检测

为了保证中小型企业的 WLAN 网络安全，可以启动 WIDS 检测功能。WIDS 检测功能可以实现对 Flood 攻击、Weak IV、Spoof 攻击的检测，以便及时发现网络的不安全因素，并通过日志、统计信息以及 Trap 方式及时通知管理员。在图 16-5 所示的网络中，WLAN 在提供 WLAN 接入服务的同时可以启动 WIDS 攻击检测功能。

以下是对 WIDS 攻击检测方式的介绍。

图 16-5　WIDS 攻击检测

- Flood 攻击检测：如图 16-5 所示，当"恶意用户"发送大量的"连接请求报文"至 AP3 时，这些报文会被 AP3 转发到 AC 设备上进行处理，这样会对内部网络造成冲击。如果启动 Flood 攻击检测以及动态黑名单功能，WIDS 会检测到来自于该恶意用户的 Flood 攻击，WIDS 会将该用户添加到动态黑名单中，这样所有的来自于该用户的报文将全部被丢弃，从而实现了对于网络的安全防御。

- Weak IV 攻击检测：如图 16-5 所示，如果客户端的数据报文使用了 WEP 加密算法，则启动 IV 检测，根据 IV 的安全性策略判断是否存在 Weak IV 攻击。当一个有弱初始化向量的报文被检测到时，这个检测将立刻被记录到日志中。
- Spoof 攻击检测：这种攻击的潜在攻击者将以其他设备的名义发送攻击报文。例如恶意 AP 或者恶意用户发送一个欺骗的解除认证报文会导致无线客户端下线。当接收到这种报文时将立刻被定义为欺骗攻击并被记录到日志中。

16.3　AAA 简介

16.3.1　AAA 介绍

如上文所述，认证是保证 WLAN 安全的一个重要组成部分，根据 RSN（Robust Security Network，强健安全网络）的建议和市场需求，一个安全的无线局域网安全认证体系结构主要由申请者 STA、认证者 AP（当系统中不存在 AC 时，由 AP 承担认证者角色，这里假定 AP 为认证者）和认证服务器（AS，Authentication Server）三部分组成。认证者与服务器间的 EAP（Extensible Authentication Protocol，可扩展验证协议）认证信息的交互是需要高层协议来承载的，AAA 服务器可以较好地实现以上性能。

AAA 是 Authentication，Authorization and Accounting（认证、授权和计费）的缩写，它是对网络安全的一种管理方式，提供了一个对认证、授权和计费这三种功能进行统一配置的框架。

- 认证（Authentication）：验证用户的身份与可使用的网络服务；
- 授权（Authorization）：依据认证结果开放网络服务给用户；
- 计费（Accounting）：记录用户对各种网络服务的用量，并提供给计费系统。

认证、授权和计费一起实现了网络系统对特定用户的网络资源使用情况的准确记录，使得 AAA 系统在网络管理与安全问题中十分有效。

AAA 一般采用客户端/服务器结构，如图 16-6 所示。客户端运行于被管理的资源侧，服务器上集中存放用户信息。因此，AAA 框架具有良好的可扩展性，并且容易实现用户信息的集中管理。

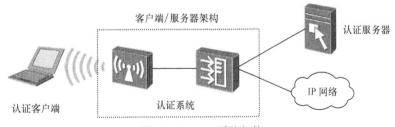

图 16-6　AAA 系统架构

16.3.2　RADIUS 服务简介

AAA 是一种管理框架，因此它可以用多种协议来实现。IETF（Internet Engineering

Task，互联网工程任务组）的 AAA 协议主要是 RADIUS（Remote Authentication Dial-In User Service，远程认证拨号用户服务）协议和 Diameter（是 RADIUS 协议的升级版本）协议。IEEE802.1X 标准推荐 RADIUS 协议，因此 AAA 服务器使用 RADIUS 协议来实现 AAA。RADIUS 是一种分布式的、客户端/服务器结构的服务方式，能保护网络不受未授权访问的干扰，常被应用在既要求较高安全性，又要求控制远程用户访问权限的各种网络环境中。

RADIUS 服务包括三个组成部分。

协议：RFC 2865 和 RFC 2866 基于 UDP/IP 层定义了 RADIUS 帧格式及其消息传输机制，并定义了 1812 作为认证端口，1813 作为计费端口。

服务器：RADIUS 服务器运行在中心计算机或工作站上，包含了相关的用户认证和网络服务访问信息。

客户端：位于网络接入服务器设备侧，可以遍布整个网络。

另外，RADIUS 服务器还能够作为其他 AAA 服务器的客户端进行代理认证或计费。

16.4　总结

WLAN 网络给用户带来便捷的同时也面临着安全问题，其主要的安全威胁有未经授权使用网络服务、非法用户入侵、数据安全的威胁以及拒绝服务攻击等。降低威胁的方法有认证、加密和系统防护，其中系统防护功能可以有效地阻止 Rogue AP 带来的危害，能够有效地提供无线攻击检测和防范。本章重点介绍了无线系统防护技术 WIDS/WIPS 和 AAA 系统以及 RADIUS 协议。

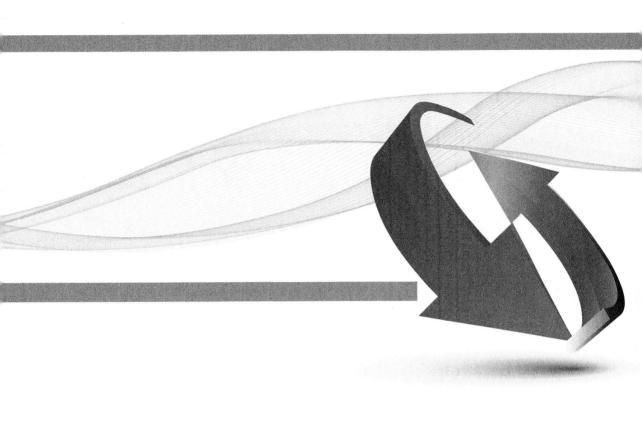

第17章
WLAN接入安全及配置介绍

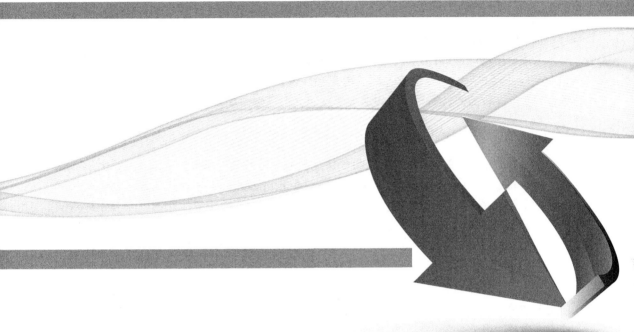

关于本章

在无线传播环境下为网络提供安全保障是部署无线局域网的一大挑战。尽管没有任何安全机制能够保证网络的绝对安全，但是部署合适的认证与加密解决方案可以使无线局域网的安全性得到极大的增强。本章详细介绍了各种WLAN认证技术和加密技术的基本原理，在此基础上列举了常见的WLAN接入安全策略并提供了相应的华为安全模板配置方法。

通过本章的学习，读者将会掌握以下内容。

- 概括WLAN认证和加密技术
- 配置华为WLAN安全模板

17.1 WLAN 认证技术

802.11 无线网络一般作为连接到 802.3 有线网络的入口使用。为保护入口的安全，必须采用有效的认证解决方案，以确保只有授权用户才能通过无线接入点访问网络资源。认证是验证用户身份与资格的过程，用户必须表明自己的身份并提供可以证实其身份的凭证。安全性较高的认证系统采用多要素认证，用户必须提供至少两种不同的身份凭证。

17.1.1 开放系统认证

IEEE 802.11-1999 标准定义了两种认证机制，分别是开放系统认证（Open System authentication）和共享密钥认证（Shared Key authentication）。传统的认证机制不太关注用户的身份，更像是对其接入能力的认证，因而可以将这些传统的认证机制看作是验证其是有效支持 802.11 设备的方法。

开放系统认证不对用户身份做任何验证，整个认证过程中，通信双方仅需交换两个认证帧。站点向 AP 发送一个认证帧，802.11 标准并未正式将此帧定义为认证请求，但其实际作用相当于认证请求。其中包含两个信息元素：认证算法标识字段设为 0，表示使用开放系统认证方式；认证事务序列号字段设为 1，表示这个帧实际上为事务序列中的第一个帧。由于网络中站点的 MAC 地址独一无二，AP 以此帧的源地址作为发送端的身份证明。AP 随即返回一个认证帧，其中包含三个信息元素：认证算法标识字段设为 0，表示使用开放系统认证方式；认证事务序列号字段设为 2；状态码用来指示身份验证的结果。开放系统认证不要求用户提供任何身份凭证，通过这种简单的认证后就能与 AP 建立关联，进而获得访问网络资源的权限。

开放系统认证是唯一的 802.11 要求必备的认证方法，是最简单的认证方式，对于需要允许设备快速进入网络的场景，可以使用开放系统认证。开放系统认证主要用于公共区域或热点区域（如机场、酒店等）为用户提供无线接入服务，适合用户众多的运营商部署大规模的 WLAN 网络。

17.1.2 共享密钥认证

共享密钥认证要求用户设备必须支持有线等效加密（Wired Equivalent Privacy，WEP），用户设备与 AP 必须配置匹配的静态 WEP 密钥。如果双方的静态 WEP 密钥不匹配，用户设备也无法通过认证。共享密钥认证过程中，采用共享密钥认证的无线接口之间需要交换质询与响应消息，通信双方总共需要交换 4 个认证帧，如图 17-1 所示。

① 用户设备向 AP 发送第一个认证帧，相当于认证请求。与开放系统认证类似，此帧的认证算法标识字段设为 1，表示使用共享密钥认证方式；认证事务序列号字段设为 1，表示此帧为事务序列中的第一个帧。

② AP 向用户设备返回包含明文质询消息的第二个认证帧，最多包含 4 个信息元素，认证算法标识字段（值为 1），认证事务序列号字段（值为 2），状态码以及质询消息。质询消息长度为 128 字节，由 WEP 密钥流生成器利用随机密钥和初始向量产生。

③ 用户设备使用静态 WEP 密钥将质询消息加密，并通过认证帧发给 AP，该认证帧认证算法标识字段设为 1，认证事务序列号字段设为 3。

④ 收到第三个认证帧后，AP 使用静态 WEP 密钥对其中的质询消息进行解密，并与原始质询消息进行比较。若二者匹配，AP 将会向用户设备发送第四个也是最后一个认证帧，包含代表成功的状态码，确认用户设备成功通过认证。若二者不匹配或 AP 无法解密质询消息，AP 将返回代表失败的状态码，拒绝用户设备的认证请求。用户设备成功通过共享密钥认证后，采用同一静态 WEP 密钥加密随后的 802.11 数据帧。

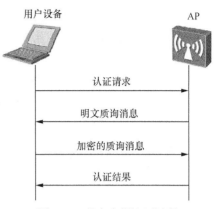

图 17-1　共享密钥认证过程

共享密钥认证的安全性看似比开放系统认证要高，但是实际上前者存在着巨大的安全漏洞。如果入侵者截获 AP 发送的明文质询消息以及用户设备返回的加密质询消息，就可能从中提取出静态 WEP 密钥。入侵者一旦掌握静态 WEP 密钥，就可以解密所有数据帧，网络对入侵者将再无秘密可言。总之，这两种传统的认证方式都无法为企业无线局域网提供有效保护。

17.1.3　服务集标识隐藏

AP 大多具备封闭网络或广播 SSID（service set identifier，服务集标识）的能力，启用封闭网络或禁用广播 SSID 可将无线网络的逻辑名隐藏起来。启用封闭网络后，信标帧中的 SSID 字段被置为空，通过被动扫描侦听信标帧的用户设备将无法获得 SSID 信息。用户的无线设备必须设置与 AP 相同的 SSID 才能与 AP 进行关联，如果用户设备出示的 SSID 与 AP 的 SSID 不同，那么 AP 将拒绝它通过本服务区上网，如图 17-2 所示。利用 SSID 设置可以很好地进行用户群体分组，避免任意漫游带来的安全和访问性能的问题。设置隐藏接入点及 SSID 区域的划分和权限控制能够达到保密的目的，可认为 SSID 是一个简单的口令，通过提供口令认证机制以实现一定的安全性。

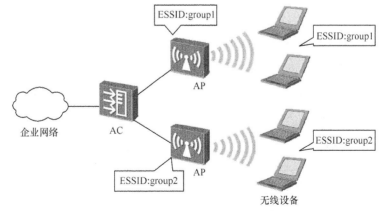

图 17-2　SSID 隐藏网络示例图

由于 802.11 标准没有定义 SSID 隐藏，实现 SSID 隐藏的方式是厂商专有的，不同厂商在启用 SSID 隐藏后的工作方式有所不同。通过主动扫描搜索 AP 时，用户设备将发送 SSID 字段为空的探询请求帧。有些厂商的 AP 启用 SSID 隐藏之后将向该用户设备返回一个 SSID 字段同样为空的探询响应帧，即无线网络将在一段时间内"隐藏"起来。不过，AP 仍然会对发送定向探询请求帧（包含特定的 SSID）的用户设备做出响应。这样可以保证合法的终端用户通过认证并与 AP 建立关联，而没有正确配置 SSID 的用户设备则无法连接到 AP。

SSID 隐藏适用于某些企业或机构需要支持大量访客接入的场景。园区无线网络可能存在多个 SSID，如员工、管理人员、访客。为减少访客连错网络的问题，园区通常会隐藏员工、管理人员的 SSID，同时广播访客 SSID，此时访客尝试连接无线网络时只能看到访客 SSID，从而减少了连接到员工和管理人员网络的情况。在隐藏企业 SSID 前，需要控制终端用户的规模，以免因为兼容性问题导致大量的连接故障。

尽管 SSID 隐藏可以在一定程度上防止业余黑客与普通用户搜索到无线网络，但只要入侵者使用二层无线协议分析软件拦截到任何合法终端用户发送的帧，就能获得以明文形式传输的 SSID。因此，只使用 SSID 隐藏策略来保证无线局域网安全是不行的。此外，SSID 隐藏还可能带来管理与技术支持方面的问题，用户为无线网卡配置 SSID 时，可能会由于配置不当而不得不寻求帮助。

17.1.4　MAC 地址认证

MAC 地址认证是一种基于端口和 MAC 地址对用户的网络访问权限进行控制的认证方法，不需要用户安装任何客户端软件。802.11 设备都具有唯一的 MAC 地址，因此可以通过检验 802.11 设备数据分组的源 MAC 地址来判断其合法性，过滤不合法的 MAC 地址，仅允许特定的用户设备发送的数据分组通过。MAC 地址过滤要求预先在 AC 或"胖"AP 中写入合法的 MAC 地址列表，只有当用户设备的 MAC 地址和合法 MAC 地址列表中的地址匹配，AP 才允许用户设备与之通信，实现物理地址过滤。如图 17-3 所示，用户设备 STA1 的 MAC 地址不在 AC 的合法 MAC 地址列表中，因而不能接入 AP；而用户设备 STA2 和 STA3 分别与合法 MAC 地址列表中的第二个、第三个 MAC 地址完全匹配，因而可以接入 AP。

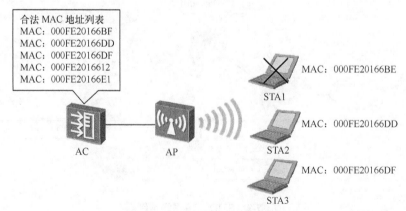

图 17-3　MAC 地址认证示例图

此外，MAC 地址认证还可以通过 RADIUS（Remote Authentication Dial-In User Service，远程认证拨号用户服务）服务器实现，即将 MAC 地址控制接入表项配置在与 AC 相连的 RADIUS 服务器中，当发现当前接入的用户设备为未知设备时，AC 会主动向 RADIUS 服务器发起认证请求，在 RADIUS 服务器完成对该用户的认证后，认证通过的 用户可以访问无线网络和相应的授权信息。

然而，由于很多无线网卡支持重新配置 MAC 地址，MAC 地址很容易被伪造或复制。 只要将 MAC 地址伪装成某个出现在允许列表中的用户设备的 MAC 地址，就能轻易绕 过 MAC 地址过滤。为所有设备配置 MAC 地址过滤的工作量较大，而 MAC 地址又易于 伪造，这使得 MAC 地址过滤无法成为一种可靠的无线安全解决方案。802.11 标准没有 定义 MAC 地址过滤，实现方式是厂商专有的。MAC 地址过滤常用于保护传统无线接口， 如老式的手持条码扫描仪。

17.1.5　IEEE 802.1X 认证

IEEE 802.1X 是基于端口的网络接入控制协议，定义了一种授权架构，其中端口可以是 物理端口，也可以是逻辑端口。802.1X 架构既可以用于无线网络也可用于有线网络，主要 由 3 部分组成：客户端（Supplicant）、认证者（Authenticator）以及认证服务器（Authentication Server，AS）。

客户端是向系统要求认证以访问网络资源的主机。每个客户端具有唯一的身份凭 证，并由认证服务器进行验证。

认证者是允许/拒绝报文通过其端口实体的设备。一般在客户端的身份验证成功之 前，认证者只允许认证报文通过，拒绝所有其他报文通过。

认证服务器对客户端提供的身份凭证进行验证，并将认证结果通知认证者。认证服 务器可以使用自身维护的用户数据库或外部用户数据库对用户身份进行认证。

在无线局域网中，客户端为要求访问网络资源的无线终端，认证服务器一般是 RADIUS 服务器。如图 17-4 所示，在自治型接入点架构下，认证者为胖 AP；在 WLAN 控制器架构下，认证者为 AC，而不是瘦 AP。客户端和认证者在协议中称为端口认证实 体（Port Authentication Entity，PAE）。认证者只负责链路层的认证交换过程，并不维护 任何用户信息，所有认证请求都会被转至认证服务器进行实际处理。

802.1X 架构里实际的认证机制是通过认证服务器来完成的。802.1X 所提供的机制主 要用来发出质询信息以及确认或拒绝访问，实际上并不负责判断对方是否有权访问。改变 认证的方式不需要大幅改变用户的设备或整个网络的基础设施。认证服务器可以重新设定 配置以便外挂其他新的认证服务，而不必更换用户所使用的驱动程序或交换器的固件。

802.1X 只是一个通用架构，并不是一个完整的认证机制，是 IEEE 采用 IETF 的可 扩展身份验证协议（Extensible Authentication Protocol，EAP）制定的。EAP 属于一种框 架协议，EAP 本身并未规定如何识别用户身份，但允许协议设计人员制定自己的 EAP 认证方式（EAP method），即用来进行交换操作的子协议。

支持 802.1X 的设备上的各个连接端口存在两种状态：授权状态（即可以使用该连接端 口）和未授权状态（即无法使用该连接端口）。整个认证交换过程在逻辑上是通过客户端与 认证服务器完成的，认证者只起到中介的作用，图 17-5 为逻辑上的协议结构。客户端与认证者之间使用 EAPOL（EAP over LAN）协议，在后端则是通过 RADIUS 封包来传递 EAP。即使连接端口尚未得到授权和 IP 地址，客户端仍然可以与 RADIUS 服务器进行 EAP 交换。

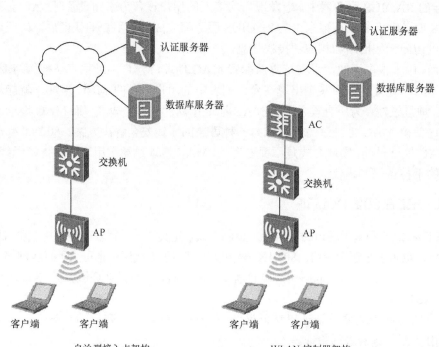

图 17-4   不同组网方式下的 802.1X 架构

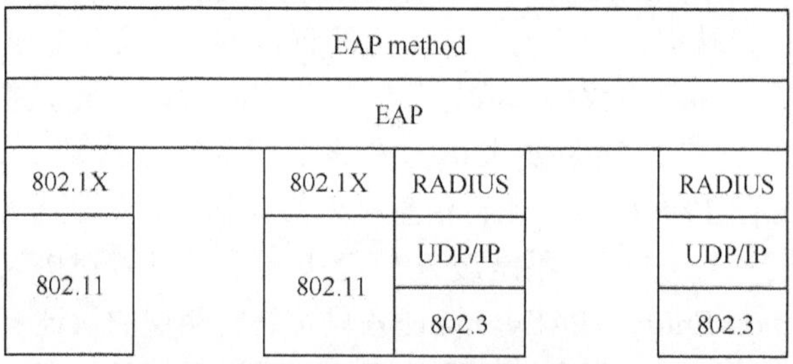

EAP method			
EAP			
802.1X	802.1X	RADIUS	RADIUS
802.11	802.11	UDP/IP	UDP/IP
		802.3	802.3

图 17-5   802.1X 协议的逻辑架构

EAP 是一种简单的封装方式，可以运行在所有链路层上，其封包格式如图 17-6 所示。封包的第一个字段是 Code（类型代码），代表 EAP 封包的类型；Identifier（标识符）是一个整数，用来匹配请求与响应；Length（长度）表示整个封包的总字节数；Data（数据）字段长度不定，取决于封包的类型，数据字段如何解析取决于 Code 字段的值。

EAP:	PPP Header	Code	Identifier	Length	Data
EAP over LAN:	LAN Header	Code	Identifier	Length	Data

图 17-6   EAP 的封包格式

EAP 帧交换的一般过程如图 17-7 所示，EAP 交换过程是一系列的步骤，从认证请求开始，以成功或失败信息结束。

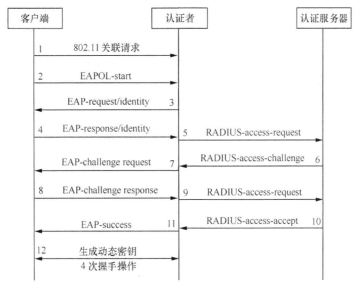

图 17-7　802.1X/EAP 认证一般过程

EAP 是一种非常灵活的二层协议，包括许多种 EAP 类型。EAP 类型既可以是厂商专有的，也可以是基于标准的。有些 EAP 类型仅提供单向认证，而有些可提供双向认证。在双向认证中，不仅认证服务器需要对客户端的身份进行验证，客户端也必须对认证服务器的身份进行验证，以防止自己提供的用户名和密码被非法或假冒的认证服务器窃取。大部分要求双向认证的 EAP 类型采用服务器证书对认证服务器的身份进行验证。表 17-1 比较并总结了几种常见的 EAP 类型的特点。EAP 的可扩展性是把双刃剑，在有新的需求出现时，可以开发新的功能，但也是可扩展性导致不同的运营商或企业使用不同的 EAP，不能互相兼容，这也是 802.1X 没有大面积覆盖的原因。

表 17-1　　　　　　　　　　　　　　常见 EAP 类型的特点

EAP 类型	认证方式	说明
EAP-MD5	用户名和密码	最早的 EAP 类型
EAP-TLS	客户端：数字证书 认证服务器：数字证书	第一个符合无线网络 三项要求的身份验证方式
EAP-TTLS	认证服务器：数字证书	可以使用任何第三方 EAP 认证方法，由 Funk Software 发起
EAP-PEAP	客户端：用户名和密码 认证服务器：数字证书	双层加密通道，由微软、思科、RSA 发起

17.1.6　PSK 认证

预共享密钥（preshared key，PSK）认证需要实现在无线客户端和设备端配置相同的预共享密钥，通过能否成功解密协商的消息来确定本端配置的预共享密钥是否和对端配置的预共享密钥相同，从而完成服务端和客户端的相互认证。

IEEE 802.11-2007 标准定义了身份验证和密钥管理服务（Authentication and Key Management，AKM），AKM 服务包括身份验证过程和加密密钥的生成与管理过程。身份验证和密钥管理协议可以采用 PSK 认证或是在 802.1X 身份验证过程中使用 EAP 协议。802.1X 认证需要 RADIUS 服务器并要求高级技能配置。家庭和小型公司网络通常负担不起

802.1X 验证服务器的成本和复杂度，因而需要使用 PSK 认证。WPA/WPA2 个人版就是 PSK 认证，而 WPA/WPA2 企业版则是 802.1X 认证解决方案。

　　大多数小型无线网络使用的是 WPA/WPA2 个人版机制，WPA/WPA2 个人版允许用户输入一个简单的 ASCⅡ字符串（称为密码短语），可以是 8～63 个字符长度。在后台，密码短语再映射成 PSK，因此，所有用户都知道这个单一、私密的密码短语，以允许访问 WLAN 网络。PSK 认证有很多别称，如 WPA/WPA2-Passphrase、WPA/WPA2-PSK 以及 WPA/WPA2 预共享密钥等。

　　WPA/WPA2 个人版定义的 PSK 认证方法是一种弱认证方法，很容易受到暴力字典的攻击。同时，由于密码是静态的，PSK 认证也容易受到社会工程学攻击。虽然这种简单的 PSK 认证是为小型无线网络设计的，但实际上很多企业也使用 WPA/WPA2 个人版。由于所有 WLAN 设备上的 PSK 都是相同的，如果用户不小心将 PSK 泄露给黑客，WLAN 的安全性将受到威胁。为保证安全，所有设备就必须重新配置一个新的 PSK。

　　一些厂商提出了私有 PSK 认证方法，每个设备或用户将拥有自己独有的 PSK，每个用户都可以映射到一个独特的 WPA/WPA2 个人版密码短语。映射到用户名或客户端的独特 PSK 数据库必须存储在 AP 或集中式无线局域网控制器上，这个映射过程可以是动态或静态创建的。采用私有 PSK 认证方法，社会工程学和暴力字典攻击还是可能发生的，但是若采用较强的独特 PSK，将使这个过程极其困难。即使某个 PSK 被破解了，管理员只需撤销这个 PSK 凭据，而不必重新配置所有 AP 和用户设备。比起标准的 WPA/WPA2 个人版，私有 PSK 认证方法是一个巨大的进步，其用户凭证是独特的，并且不需要进行 802.1X 所需的复杂配置。

17.1.7　Portal 认证

　　Portal 认证也称作 Web 认证或 DHCP+Web 认证，使用标准 Web 浏览器即可，不需要安装特殊的客户端软件。主动认证方式下，用户通过主动访问位于 Portal 服务器上的认证页面，输入用户账号信息并提交 Web 页面后，Portal 服务器将获取用户账号信息。强制认证方式下，用户试图通过 HTTP 访问其他外网被 WLAN 服务端强制重定向到 Web 认证页面后，输入用户账号信息并提交 Web 页面后，Portal 服务器将获取用户账号信息。随后，Portal 服务器通过 Portal 协议与 WLAN 服务端交互，将用户账号信息发送给 WLAN 服务端，服务端与认证服务器交互完成用户认证过程。

　　Portal 认证在 WLAN 运营网和企业网中应用广泛，可提供方便的管理功能以开展广告、社区服务、个性化业务等，使得运营商、设备提供商和内容服务提供商形成一个产业生态系统。Portal 认证通常由 4 个基本要素组成：客户端、接入服务器、Portal 服务器、AAA 服务器，如图 17-8 所示，AC 担当接入服务器。

　　Portal 认证方式分为二层认证方式和可跨三层认证方式。二层认证和可跨三层认证的区别在于：接入服务器无法获取用户 MAC 地址，因而不能进行 MAC 地址、IP 地址的绑定检查，安全性相对较差；地址解析协议（Address Resolution Protocol，ARP）请求不能穿透路由器，不能对用户进行 ARP 探测来确定其是否在线。二层认证和可跨三层认证的流程一样，具体如图 17-9 所示。

　　① 动态用户通过动态主机配置协议（Dynamic host configuration protocol，DHCP）获取地址（静态用户手工配置地址即可）；

图 17-8　Portal 认证体系架构

② 用户访问 Portal 认证服务器的认证页面,并在其中输入用户名、密码,单击登录按钮;

③ Portal 认证服务器将用户的信息通过内部协议,通知接入服务器;

④ 接入服务器到相应的 AAA 服务器对该用户进行认证;

⑤ AAA 服务器返回认证结果给接入服务器;

⑥ 接入服务器将认证结果通知 Portal 认证服务器;

⑦ Portal 认证服务器通过 HTTP 页面将认证结果通知用户;

⑧ 如果认证成功用户即可正常访问网络资源。

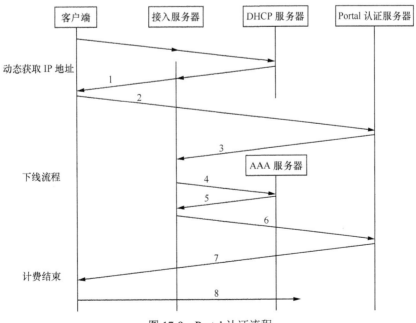

图 17-9　Portal 认证流程

　　Portal 认证用户下线包括用户主动下线和异常下线两种情况，用户主动下线流程如图 17-10 所示。

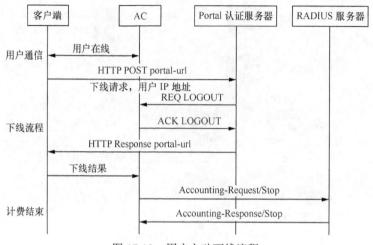

图 17-10　用户主动下线流程

　　① 当用户需要下线时，可以单击认证结果页面上的下线机制，向 Portal 服务器发起一个下线请求；

　　② Portal 服务器向 AC 发起下线请求；

　　③ AC 返回下线结果给 Portal 服务器；

　　④ Portal 服务器根据下线结果，推送含有对应的信息的页面给用户；

　　⑤ 当 AC 收到下线请求时，向 RADIUS 服务器发计费结束报文；

　　⑥ RADIUS 服务器回应 AC 的计费结束报文。

　　当 AC 检测到用户异常下线时，流程如图 17-11 所示。

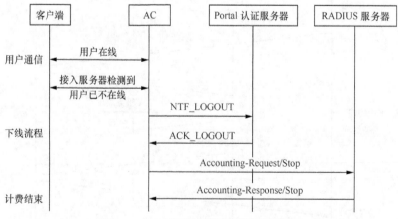

图 17-11　AC 检测到用户异常下线流程

① AC 检测到用户下线，向 Portal 服务器发出下线请求；

② Portal 服务器回应下线成功；

③ 当 AC 收到 Portal 服务器的下线成功消息时，向 RADIUS 用户认证服务器发计费结束报文；

④ RADIUS 用户认证服务器回应 AC 的计费结束报文。

当 Portal 服务器检测到用户异常下线时，流程如图 17-12 所示。

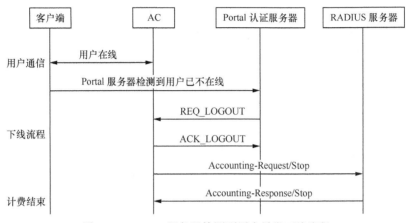

图 17-12　Portal 服务器检测到用户异常下线流程

① Portal 服务器检测到用户下线，向 AC 发出下线请求；

② AC 回应下线成功；

③ 当 AC 收到下线请求时，向 RADIUS 用户认证服务器发计费结束报文；

④ RADIUS 用户认证服务器回应 AC 的计费结束报文。

17.2　WLAN 加密技术

在 WLAN 用户通过认证并被赋予访问权限后，网络必须保护用户所传送的数据不被窥视，主要方法是对数据报文进行加密，保证只有特定的设备可以对接收到的报文成功解密。本节主要介绍 3 种加密技术，分别是 WEP 加密、临时密钥完整性协议（Temporal Key Integrity Protocol，TKIP）加密和计数器模式密码块链信息认证码协议（Counter Mode with Cipher-Block Chaining Message Authentication Code Protocol，CCMP）加密。

17.2.1　WEP 加密

WEP 是一种以 RC4 流加密为基础的二层加密机制，WEP 加密的 3 个目的是机密性、完整性和认证。

① 机密性是为了防范数据被未经授权的第三方拦截，需要在数据传输之前对其进

行加密。

　　② 完整性是指确认数据没有遭到篡改。

　　③ 认证是所有安全策略的基础，使用者必须确认数据的来源是正确的。授权与访问控制均是基于真实性的。客户端只有配置与 AP 相同的静态 WEP 密钥才能获得访问网络资源的权限。

　　802.11 标准定义了 64 位和 128 位两种版本的 WEP，如图 17-13 所示，64 位 WEP 由 40 位静态密钥与 24 位初始化向量（Initialization Vector，IV）构成。IV 由无线接口卡的驱动程序产生，以明文形式发送，每一帧的 IV 都不相同。由于总共只存在 2^{24} 个不同的 IV，因此所有 IV 值在一段时间后必定会重复。40 位静态密钥与 24 位 IV 混合后的有效密钥长度为 64 位，104 位静态密钥与 24 位 IV 混合后的有效密钥长度为 128 位。

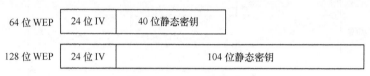

图 17-13　WEP 的构成

　　管理员通常使用十六进制字符或 ASCⅡ码作为静态密钥，但是接入点与客户端配置的静态密钥必须匹配。40 位静态密钥由 10 个十六进制字符或 5 个 ASCⅡ码组成，104 位静态密钥由 26 个十六进制字符或 13 个 ASCⅡ码组成。不过，客户端或接入点不一定能同时支持两种编码系统。管理员可以为大部分客户端与接入点配置最多 4 把独立的静态密钥，并选择其中一把作为默认的传输密钥。传输密钥属于静态密钥，发送端的无线接口使用传输密钥加密数据。客户端或接入点可使用一把密钥加密发送流量，并使用另一把密钥解密接收流量。但是通信双方所用的密钥必须严格匹配，以便正确地加密和解密数据。

　　图 17-14 直观地描述了 WEP 的加密过程，系统对需要加密的明文数据进行循环冗余校验（Cyclic Redundancy Check，CRC），然后将校验结果添加到数据末尾。系统生成一个 24 位 IV，并与静态密钥进行混合。二者作为密钥材料，通过伪随机算法生成一系列称为密钥流的随机比特，密钥流在长度上与需要加密的明文数据相等。密钥流与明文数据比特进行异或运算，输出结果即为 WEP 密文，也就是经过加密的数据。最后，将明文 IV 添加到加密数据的头部，完成整个加密过程。

　　802.11 标准将 WEP 定义为一种可选的加密方式，但 WEP 无法为企业无线局域网提供有效的保护。WEP 容易受到 IV 碰撞攻击、弱密钥攻击、再注入攻击以及比特翻转攻击。目前的 WEP 破解工具混合使用上述前 3 种攻击手段作为破解手段，可在 5 分钟之内破解 WEP 密钥。入侵者获得静态 WEP 密钥之后，就能解密所有数据帧。TKIP 是对 WEP 的完善和改进，而 CCMP 采用高级加密标准（Advanced Encryption Standard，AES）算法，其安全性更高。

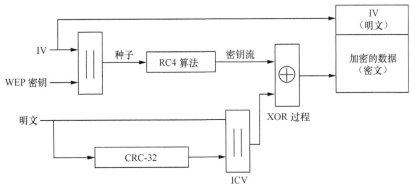

图 17-14　WEP 加密过程

17.2.2　TKIP 加密

TKIP 由 128 位临时密钥、48 位 IV、源 MAC 地址以及目标 MAC 地址通过复杂的每包密钥混合过程生成，这种密钥混合过程有助于降低 IV 碰撞攻击与弱密钥攻击造成的危害。为克服 WEP 容易遭受攻击的弱点，TKIP 在保留 WEP 的基本架构与操作方式的基础上将 IV 的长度由 24 位增加到 48 位，并整合了许多新的功能。

（1）密钥层次结构与自动密钥管理

不同于 WEP 直接使用单一主密钥的做法，TKIP 使用多个主密钥，最后用来加密帧的密钥是从这些主密钥派生而来的。TKIP 还提供密钥管理操作，使主密钥可以在安全的情况下进行更新。

（2）每帧生成密钥

虽然 TKIP 保留 WEP 所使用的 RC4 流加密机制，但是为了防范针对弱 WEP 密钥的攻击，TKIP 会为每个帧（从主密钥）派生出特有的 RC4 密钥，这个过程称为密钥混合。

（3）序列号计数器

为每个帧分配序列号可识别出次序错乱的帧，这样便能防范入侵者先拦截有效封包，一段时间后再予以重传的攻击。

（4）新的消息完整性校验（Message Integrity Check，MIC）

TKIP 以一种比较可靠的称为 Michael 的完整性校验散列算法，取代 WEP 所使用的线性散列算法。Michael 能够更容易探测伪造帧，使用完整性校验保护源地址，可以探测出宣称来自特定来源的伪造帧。

IEEE 于 2004 年批准并公布了 802.11i 修正案，802.11i 定义了两种安全性更高的动态加密密钥生成方式，其中 CCMP/AES 是默认加密方式，TKIP/RC4 是可选加密方式。在创建动态加密密钥的过程中，总共会生成 5 个独立的密钥。首先产生两个主密钥，分别是成对主密钥（Pairwise Master Key，PMK）和组主密钥（Group Master Key，GMK），PMK 可以通过 802.1X 认证生成，也可以通过 PSK 认证生成。主密钥作为密钥材料，用于创建实际加密和解密数据所需的动态密钥。最终生成的加密密钥称为成对临时密钥（Pairwise Transient Key，PTK）与组临时密钥（Group Transient Key，GTK）。PTK 用于加密和解密单播数据，GTK 用于加密和解密广播与多播数据。

802.11i 密钥管理中最主要的步骤是四次握手和组密钥更新。四次握手用于协商 PTK，主要目的是通过客户端与认证者之间动态协商生成 PMK，再由客户端和认证者在该 PMK 的基础上经过 4 次握手协商出 PTK，每个客户端与认证者之间通信的加密密钥都不相同，而且会定期更新密钥，在很大程度上保证了通信的安全性。客户端和认证者之间的密钥协商交互信息都是采用 EAPOL-Key 进行封装，四次握手过程如图 17-15 所示。需要注意的是，在 802.1X 认证或 PSK 认证结束之后，都须通过四次握手过

图 17-15　四次握手过程

程以生成实际使用的动态密钥。也就是说，四次握手是创建 TKIP/RC4 或 CCMP/AES 动态密钥不可或缺的一步。

① 认证者生成 Anonce 并向客户端发送包含 Anonce 的 EAPOL-Key 消息，其中 Snonce、Anonce 分别代表客户端和认证者的 nonce，nonce 是防范再注入攻击的随机值。

② 客户端产生 Snonce，由 Anonce 和 Snonce 使用伪随机函数产生 PTK，并发送包含 Snonce 和 MIC 的 EAPOL-Key 消息。

③ 认证者根据 Anonce 和 Snonce 产生 PTK，并对 MIC 进行校验，随后发送 EAPOL-Key 消息，其中包含 Anonce、MIC 以及是否安装加密密钥。

④ 客户端发送 EAPOL-Key 消息，确认密钥已经安装。

PTK 是单播密钥，也是用于密钥混合的基本密钥。基本密钥是密钥混合最重要的因素，如果没有一种生成独特基本密钥的方法，TKIP 尽管可以解决许多 WEP 存在的问题，但却不能解决最糟糕的问题：所有人都在无线局域网上不断重复使用一个众所周知的密钥。为了解决这个问题，TKIP 为每个帧分配一把独特的密钥，该密钥衍生自序列号计数器（初始向量 IV）、帧的发送端地址（未必是帧来源）以及临时密钥。密钥混合可以确保各个帧所使用的密钥彼此间存在显著的差异，以及防范任何假设 WEP 密钥秘密成分维持不变的攻击。将发送端地址纳入密钥混合的计算，这样不同的客户端即使采用相同的初始向量，也会衍生出不同的 RC4 密钥。

如图 17-16 所示，TKIP 将混合密钥的计算过程分为两个阶段。第一阶段以发送端地址、序列号的前 32 位及 128 位的临时密钥作为输入项，输出项则是一个长度为 80 位的值。虽然有些复杂，不过所有计算都是由一些简单的运算（如相加、移位、异或）组成，以减轻计算的负担。只要序列号的前 32 位为常数，第一阶段所计算出来的值也必然为常数，因此只要每 65535 个帧计算一次即可。

密钥混合的第二阶段必须针对每个帧计算。第二阶段以第一阶段所计算的结果、临时密钥与序列号的最后 16 位为输入项。在这些输入项中，变化的只有序列号，其变化方式经过明确定义，因此在实现时可以根据下一组序列号的值预先计算待传帧所

需的数值。

　　密钥混合第二阶段的输出值是 128 位的 RC4 密钥，可以作为 WEP 的随机数种子。最后 16 位则是用来产生一个 WEP IV 的高字节和低字节。而 WEP IV 中间的字节是一个值固定的虚设字节，用来避免产生 RC4 弱密钥。有些 802.11 接口可通过硬件的协助将 RC4 密钥作为输入项以产生密钥流，然后运用所得到的密钥流来加密帧。密钥混合第二阶段的输出项可以直接传给那些配备此类支持硬件的 802.11 接口。

　　通过四次握手与密钥混合，最终生成用于加密数据的密钥，这样保证了每个用户在每次连接网络时都有一个独立的密钥。

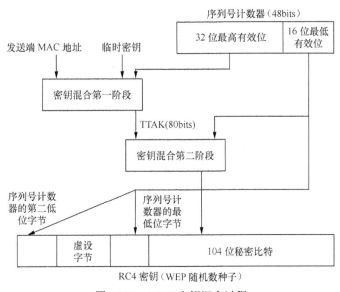

图 17-16　TKIP 密钥混合过程

17.2.3　CCMP 加密

　　CCMP 是 802.11i 定义的默认加密方式，以 AES 加密算法为基础。对于 AES 加密算法本身，目前还没有发现破解方法。CCMP 定义了一套 AES 的使用方法，AES 对 CCMP 的关系就像 RC4 对 TKIP 的关系一样。CCMP 使用密码块链信息认证码（Cipher-Block Chaining Message Authentication Code，CBC-MAC）来计算 MIC 值，使用计数器模式（Counter Mode）来进行数据加密，使得 WLAN 的安全程度大大提高，是实现强健安全网络的强制性要求。

　　CCMP/AES 采用 128 位加密密钥，信息被加密为 128 位的定长区块。CCMP/AES 密钥同样包含一个 8 字节的 MIC，不过其安全性远优于 TKIP/RC4 使用的 MIC。此外，由于 AES 算法非常安全，因而不必使用每包密钥混合。CCMP 与 TKIP 的主要差别就是采用了 AES 分组加密算法，报文加密、密钥管理、消息完整性检验码都使用 AES 算法加密。所有 CCMP 加密密钥均以动态方式生成，它们是四次握手过程的最终产物。由于 AES 对硬件要求比较高，因此 CCMP 无法通过在现有设备的基础上进行升级实现。

17.3 WLAN 安全策略及安全模板配置

本节将对 WLAN 常见的几种安全策略以及对应的安全模板配置方法分别进行介绍。

（1）开放系统认证+明文

此种安全策略下认证方式采用开放系统认证，数据以明文的形式传输，实际上相当于不认证，不加密。这种安全策略常常配合业务层 Portal 认证作为计费方式，广泛应用于运营商网络中，华为设备中安全模板默认配置即为不认证、不加密。

（2）共享密钥认证+WEP 加密

在共享密钥认证方式下，配置 WEP 加密方式有 WEP-40 和 WEP-104 两种方式，对于同一个接入安全模板，只能指定一种数据加密方式，如果重复配置数据加密方式，那么后面的配置会直接覆盖之前的配置。

共享密钥认证需要客户端和 AP 配置相同的共享密钥。共享密钥认证方式下 WEP 加密密钥可以同时指定 4 个密钥，密钥索引分别为 0、1、2、3。如果是 WEP-40 加密，则加密密钥可配置为 10 个十六进制或者 5 个 ASCⅡ字符，其 Web 浏览器配置界面分别如图 17-17 和图 17-18 所示，命令行配置方法如下。

```
[AC-wlan-ac-view] security-profile name test
WEP-40 hex 加密方式
[HUAWEI-wlan-sec-prof-test] security-policy wep
[HUAWEI-wlan-sec-prof-test] wep authentication-method share-key
[HUAWEI-wlan-sec-prof-test] wep key wep-40 hex 0 cipher 1234567890
[HUAWEI-wlan-sec-prof-test] wep default-key 0
WEP-40 pass-phrase 加密方式
[HUAWEI-wlan-sec-prof-test] security-policy wep
[HUAWEI-wlan-sec-prof-test] wep authentication-method share-key
[HUAWEI-wlan-sec-prof-test] wep key wep-40 pass-phrase 0 cipher 12345
[HUAWEI-wlan-sec-prof-test] wep default-key 0
```

图 17-17　共享密钥认证+WEP-40 安全模板 Web 配置界面（十六进制密钥）

图 17-18　共享密钥认证+WEP-40 安全模板 Web 配置界面（ASCⅡ字符密钥）

　　如果是 WEP-104 加密，则加密密钥可配置为 26 个十六进制或者 13 个 ASCⅡ字符，其 Web 浏览器配置界面与 WEP-40 类似，命令行配置方法如下。

```
WEP-104 hex 加密方式
[HUAWEI-wlan-sec-prof-test] security-policy wep
[HUAWEI-wlan-sec-prof-test] wep authentication-method share-key
[HUAWEI-wlan-sec-prof-test] wep key wep-104 hex 0 cipher 12345678901234567890123456
[HUAWEI-wlan-sec-prof-test] wep default-key 0
WEP-104 pass-phase 加密方式
[HUAWEI-wlan-sec-prof-test] security-policy wep
[HUAWEI-wlan-sec-prof-test] wep authentication-method share-key
[HUAWEI-wlan-sec-prof-test] wep key wep-104 pass-phrase 0 cipher 1234567890abc
[HUAWEI-wlan-sec-prof-test] wep default-key 0
```

　　共享密钥认证+WEP 加密（RC4）这种安全策略常用于对安全性要求不高的家庭、个人无线网络中，需要专人来维护密钥。

　　（3）WPA

　　Wi-Fi 保护接入（Wi-Fi Protected Access，WPA）是由 Wi-Fi 联盟所推行的商业标准，由于早期的 WEP 认证加密被证明很不安全，市场急需推出一个可以代替 WEP 的方案，在 IEEE 802.11i 标准没有正式发布前，Wi-Fi 组织推出了针对 WEP 改良的安全解决方案，即 WPA。WPA 针对 WEP 的各种缺陷进行了改进，使用 TKIP 加密技术，其核心的数据加密算法仍然是 RC4 算法。

　　WPA 分为 WPA 个人版和 WPA 企业版，WPA 个人版采用 WPA 预共享密钥认证方式，无需认证服务器，WPA 企业版采用 802.1X+EAP 的认证方式，需要有认证服务器，两种安全策略都采用的是 TKIP 加密技术。WPA 个人版适合对网络安全要求相对较低的个人、家庭与小型 SOHO 网络，WPA 企业版则适合安全性要求较高的企业网络。这两种 WPA 安全策略的 Web 浏览器配置界面分别如图 17-19 和图 17-20 所示。

图 17-19   WPA 个人版安全模板 Web 配置界面

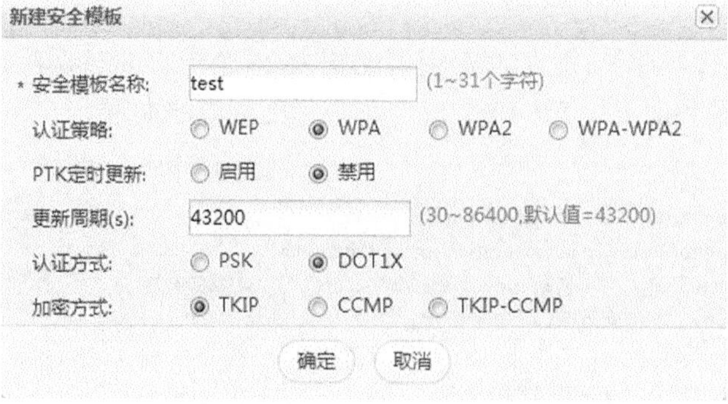

图 17-20   WPA 企业版安全模板 Web 配置界面

命令行配置方法如下。

```
WPA-PSK（TKIP 加密方式）
[HUAWEI-wlan-sec-prof-test] security-policy wpa
[HUAWEI-wlan-sec-prof-test] wpa authentication-method psk pass-phrase simple 12345678 encryption-method tkip
WPA-PEAP（TKIP 加密方式）
[HUAWEI-wlan-sec-prof-test] security-policy wpa
[HUAWEI-wlan-sec-prof-test] wpa authentication-method dot1x encryption-method tkip
```

需要注意的是，如果在安全策略中选择了 802.1X 方式，则必须在 WLAN-ESS 接口
视图下执行命令 dot1x-authentication enable 和 dot1x authentication-method{chap|pap|eap}，
配置 WLAN-ESS 接口下的认证方式为 802.1X 并配置 WLAN 用户的 802.1X 认证方法。

（4）WPA2

随着 IEEE 802.11i 标准的正式推出，2004 年 Wi-Fi 联盟以 802.11i 正式标准为基准
推出了 WPA2。与 WPA 类似，WPA2 安全策略也分为 WPA2 个人版和 WPA2 企业版。
WPA2 个人版采用 WPA2 预共享密钥认证方式，WPA2 企业版采用 802.1X 的身份验证框
架，支持的认证方式有 EAP、LEAP、EAP-TLS、EAP-TTLS、PEAP 等。由于每次产生

的密钥种子不一样，由种子衍生出来的数据加密密钥理论上很安全。WPA2 可选择的加密技术有两种：TKIP 和 CCMP。WPA2 个人版（WPA2 PSK 认证+TKIP/CCMP 加密）安全策略的 Web 配置界面如图 17-21 所示，命令行配置方法如下。

```
[HUAWEI-wlan-sec-prof-test] security-policy wpa2
[HUAWEI-wlan-sec-prof-test]wpa2 authentication-method psk pass-phrase cipher 12345678 encryption-method tkip
```

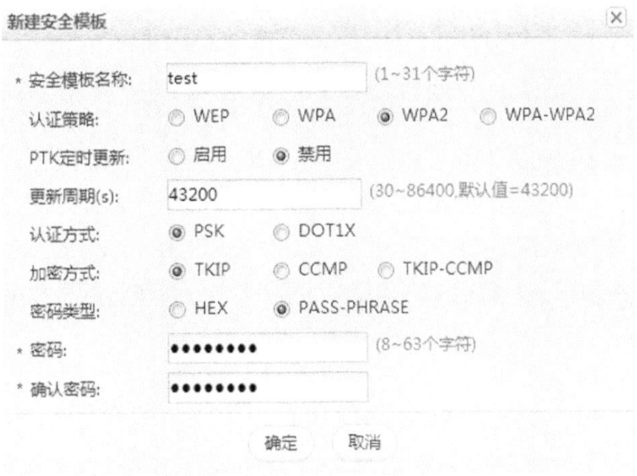

图 17-21　WPA2 个人版安全模板 Web 配置界面

WPA2 企业版（802.1X+EAP 认证+TKIP/CCMP 加密）安全策略的 Web 配置界面如图 17-22 所示，命令行配置方法如下。

```
radius-server template huawei
    radius-server shared-key cipher huawei
    radius-server authentication 10.1.10.100 1812
aaa
    authentication-scheme huawei
    authentication-mode radius
    domain default
    authentication-scheme huawei
    radius-server huawei
interface WLAN-Ess1
    port hybrid pvid vlan 101
    port hybrid untagged vlan 101
    dot1x-authentication enable
    dot1x authentication-method eap
security-profile name security-3 id 3
    security-policy wpa2
    wpa2 authentication-method dot1x encryption-method ccmp
service-set name huawei101 id 2
    WLAN-ess 1
    ssid huawei101
    traffic-profile id 1
    security-profile id 3
    service-vlan 101
```

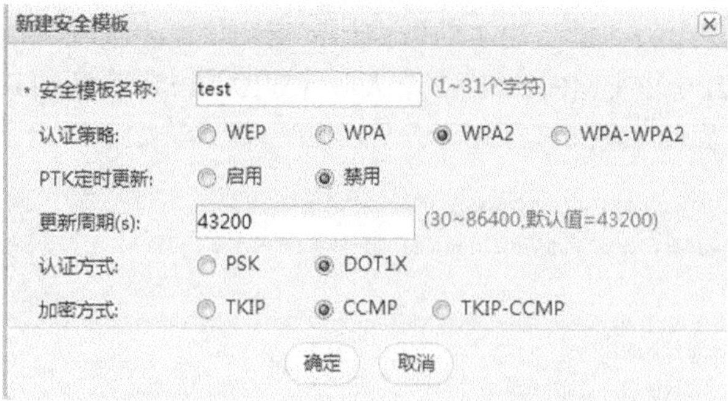

图 17-22　WPA2 企业版安全模板 Web 配置界面

经过升级，WPA 和 WPA2 都可以选择 802.1X 认证或 PSK 认证，加密技术也都可以选择使用 TKIP 或 CCMP。因此，不同的认证和加密技术可组成的安全策略有：WPA-PSK+TKIP，WPA-PSK+CCMP，WPA2-PSK+TKIP，WPA2-PSK+CCMP，WPA-802.1X+TKIP，WPA-802.1X+CCMP，WPA2-802.1X +TKIP，WPA2-802.1X +CCMP。

（5）WPA/WPA2 混合策略

由于用户的终端设备多种多样，支持的认证和加密方式也有所差异，为便于多种类型的终端接入，方便网络管理员的管理，可以使用混合方式配置 WPA 和 WPA2。配置安全策略为 WPA/WPA2 混合策略，则支持 WPA 或 WPA2 的终端都可以接入设备进行认证；配置加密方式为 TKIP/CCMP 混合加密，则支持 TKIP 加密或 CCMP 加密的终端都可以对业务报文进行加密，相应的命令行配置方法如下。

```
配置 802.1X+TKIP/CCMP/混合加密
security-profile { id profile-id | name profile-name }
security-policy wpa-wpa2
wpa-wpa2 authentication-method dot1x encryption-method tkip-ccmp
配置 PSK+TKIP/CCMP/混合加密
security-profile { id profile-id | name profile-name }
security-policy wpa-wpa2
wpa-wpa2 authentication-method psk {pass-phrase|hex}cipher cipher-key encryption- method    tkip-ccmp
```

对于 WPA/WPA2，缺省情况下使用 802.1X 认证方式+TKIP/CCMP 混合加密方式。

（6）WAPI

WAPI 是 WLAN Authentication and Privacy Infrastructure（无线局域网鉴别与保密基础结构）的简称，是中国提出的以 802.11 标准为基础的无线安全标准，WAPI 的以太类型字段为 0x88B4。WAPI 是我国首个在计算机宽带无线网络通信领域自主创新并拥有知识产权的安全接入技术标准，也是中国无线局域网强制性标准中的安全机制。

WAPI 是一种仅允许建立强健安全网络关联（Robust Security Network Association，RSNA）的安全机制，比 WEP 和 WPA 安全性更强。WAPI 协议由两部分构成：无线局域网鉴别基础结构（WLAN Authentication Infrastructure，WAI）和无线局域网保密基础结构（WLAN Privacy Infrastructure，WPI）。WAI 是用于无线局域网中身份鉴别和密钥管理的安全方案；WPI 是用于无线局域网中数据传输保护的安全方案，包括数据加密、数据鉴别和重放保护等功能。

802.11 体系没有从根本上改变二元认证架构，WEP 和 802.1X 都是二元安全架构，其中 WEP 安全架构包含两个物理实体，而 802.1X 包含三个物理实体。WEP 实行单向认证，无法保证安全。802.1X 虽然实行双向认证，但是 AP 没有独立身份，易被攻击，仍无法保证安全。WAPI 是基于三元对等认证的访问控制方法在无线局域网领域应用的一个实例，AP 有独立身份，在三个物理实体两条路径上做了双向的认证，有效地保证了无线局域网的安全，如图 17-23 所示。

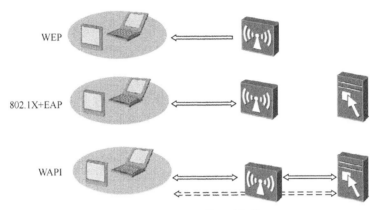

图 17-23　WAPI 的三元架构

　　WAPI 与 WEP/WPA/WPA2 的区别在于 WAPI 支持客户端和接入网络的双向认证，即网络验证用户的合法性，用户也可以验证接入网络的合法性；WAPI-CERT 采用证书认证方式，证书认证过程采用公钥算法，客户端和服务端需要部署证书；WAPI 认证虽然使用非对称加密算法，但对无线数据的加密仍使用对称加密算法，主要是基于加解密效率和软硬件实现复杂度方面的考虑。

　　对上述各种 WLAN 安全策略可结合的认证计费协议以及应用情况总结对比，如表 17-2 所示。运营商 WLAN 网络基本都是采取不认证不加密的安全策略，只进行 Portal 认证。可见，目前大量使用的公众 WLAN 网络的安全性都是比较低的，需要应用层来保证其安全性。而企业 WLAN 网络大多采用的是 WPA/WPA2+802.1X 认证，以此保证企业 WLAN 用户的安全性。

表 17-2　　　　　　　　　　　　　　　WLAN 安全策略对比

认证技术	加密技术	可结合的认证计费协议	应用情况
开放系统认证	明文	Portal，PPPoE	运营商网络采用的主流安全策略
开放系统认证	WEP（RC4）	Portal，PPPoE	基本不会使用，没有人来维护 WEP 需要的密码
共享密钥认证	WEP（RC4）	Portal，PPPoE	基本不会使用，没有人来维护 WEP 需要的密码
共享密钥认证	明文	Portal，PPPoE	基本不会使用，没有人来维护 WEP 需要的密码
WPA-PSK	TKIP/CCMP	Portal，PPPoE	基本不会使用，没有人来维护 WPA 需要的密码

（续表）

认证技术	加密技术	可结合的认证计费协议	应用情况
WPA+802.1X	TKIP/CCMP	已有 802.1X	企业网络大量使用，运营商网络使用较少，结合新的 EAP-AKA 等规范可能会使用
WPA2-PSK	TKIP/CCMP	Portal，PPPoE	基本不会使用，没有人来维护 WPA 需要的密码
WPA2+802.1X	TKIP/CCMP	已有 802.1X	企业网络大量使用，运营商网络使用较少，结合新的 EAP-AKA 等规范可能会使用
WAPI PSK	SMS4	Portal，PPPoE	尚未使用
WAPI	SMS4	Portal，PPPoE	尚未使用

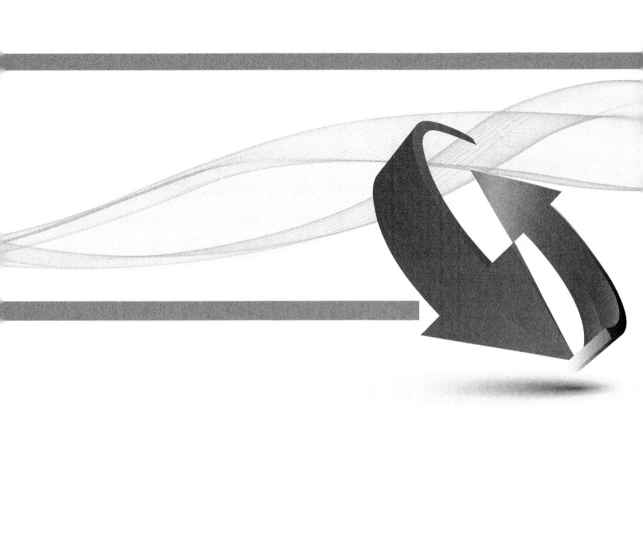

第18章
802.11 MAC架构

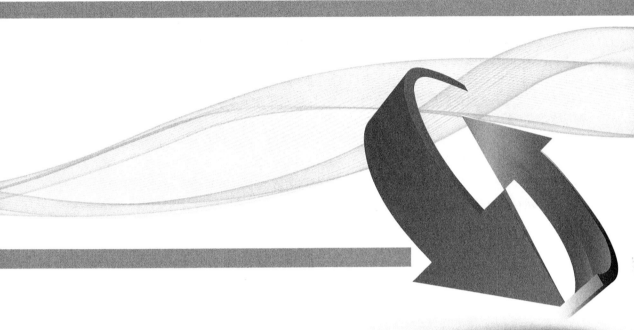

关于本章

数据在计算机间传递的过程中，从OSI模型上层逐步向下移至物理层，最终在物理层被转移到其他设备。数据按OSI模型传输时，每层都将在数据上添加报头信息。这使得它被另一台计算机接收时可以重新组合数据。在网络层，来自4～7层的数据被添加IP报头。第3层的IP数据包封装了来自更高层的数据。

在数据链路层，IP数据包被封装在帧（frame）内并增加了MAC报头。802.11数据链路层分为两个子层，上层为逻辑链路控制（Logical Link Control，LLC）子层，下层为媒体访问控制（Media Access Control，MAC）子层。IEEE 802.11标准主要定义了MAC子层的操作功能。最终，当帧到达物理层时，会被增加携带大量信息的物理层报头。在物理层，数据将按比特格式传输。

本章主要介绍上层信息如何进行802.11帧的封装、802.11帧的三种类型和主要子类型。还会介绍在MAC层完成的功能及完成这些功能所需要的特定802.11帧。通过本章的学习，读者将会掌握以下内容。

- 802.11帧封装过程
- 802.11帧的格式
- 802.11三种帧类型及作用

18.1 802.11 帧封装

当数据在计算机间传递的过程中，它从 OSI 模型上层逐步向下移至物理层，最终在物理层被转移到其他设备，每层都将在数据上添加包头信息。这使得它被另一台计算机接收时可以重新组合数据。在网络层，来自 4～7 层的数据被添加 IP 报头。第 3 层网络层的 IP 数据包封装了来自更高层的数据。网络层将数据发送到第 2 层，即数据链路层，802.11 数据链路层分为两个子层，上层为逻辑链路控制（Logical Link Control，LLC）子层，下层为媒体访问控制（Media Access Control，MAC）子层。数据被移交给 LLC 后即成为 MAC 服务数据单元（MAC Service Data Unit，MSDU）。MSDU 包含 LLC 和第 3 至 7 层的数据。简单来说，就是包含 IP 数据包和一些 LLC 数据的数据净荷部分。图 18-1 描述了上层信息向下移动到数据链路层和物理层的流程图。

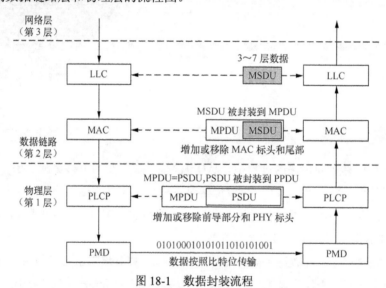

图 18-1　数据封装流程

18.1.1 MAC 层

LLC 将 MSDU 发送到 MAC 子层后，需要给 MSDU 增加 MAC 报头信息。被封装后的 MSDU 称为 MAC 协议数据单元（MAC Protocol Data Unit，MPDU），它其实就是 802.11 MAC 帧，如图 18-2 所示，它包含第 2 层（数据链路层）报头、帧主体和帧尾。帧尾是 32 比特的循环冗余校验（Cyclic Redundancy Check，CRC）码，也被称为帧校验序列（Frame Check Sequence，FCS）。802.11 帧 MAC 报头的更多细节会在本章后面详细阐述。

图 18-2　802.11 MPDU

此时，帧已经做好传输到物理层的准备，物理层会为帧传输做进一步的准备工作。

18.1.2　物理层

与数据链路层相似，物理层也被分为两个子层。上层被称为物理层汇聚协议（Physical Layer Convergence Procedure，PLCP）子层，低层部分称为物理媒介相关（Physical Medium Dependent，PMD）子层。PLCP 为传输数据帧做好准备，将 MAC 子层的帧变成 PLCP 协议数据单元（PLCP Protocol Data Unit，PPDU）。PMD 子层进行数据调制处理并按比特方式进行传输。

物理层的 PLCP 服务数据单元（PLCP Service Data Unit，PSDU）就是 MAC 层的 MPDU，它们的区别就在于 OSI 模型不同层次的观察角度。PLCP 接收到 PSDU 后，准备要传输的 PSDU 并创建 PPDU，将前导部分和 PHY 报头添加到 PSDU 之上。前导部分用于同步 802.11 无线发射和接收射频接口卡。前导部分和 PHY 报头的细节超出了 HCNA 考试范围，本书不作具体介绍。创建 PPDU 后，PMD 子层将 PPDU 调制成数据位后开始传输。

18.2　802.11 帧格式

IEEE 802.11 MAC 帧按照功能可分为数据帧、控制帧与管理帧三大类。数据帧是用户间交换的数据报文；控制帧是协助发送数据帧的控制报文，例如 RTS、CTS、ACK 报文；管理帧负责 STA 和 AP 之间的能力级的交互、认证、关联等管理工作，例如信标（Beacon）、探询（Probe）、认证（Authentication）、关联（Association）。

不论哪种类型的帧，均由以下三大部分组成。

① MAC 首部，最大 30 字节（IEEE 802.11n 的帧 MAC 首部最大 36 字节），帧的复杂性都集中于帧的首部；

② 帧主体，也就是帧的数据部分，为可变长度，最大长度 2312 字节（IEEE 802.11n 的帧主体最大 7955 字节）；

③ 帧尾部是校验序列，共 4 字节，包含一个 32 bit 的循环冗余检验。

这样的帧格式包含一个按给定顺序出现的字段集，如图 18-3 所示，但并不是所有帧类型中都必须出现这些字段。

字节数 2	2	6	6	6	2	6	0~2312	4
帧控制	时长/ID	地址1	地址2	地址3	序列控制	地址4	数据载荷	帧校验

图 18-3　MAC 帧结构

IEEE 802.11n 的 MAC 帧结构与 IEEE 802.11a/b/g 不完全一致，其增加了"QoS 控制"及"HT 控制"字段，如图 18-4 所示。

字节数 2	2	6	6	6	2	6	2	4	0~7955	4
帧控制	时长/ID	地址1	地址2	地址3	序列控制	地址4	QoS 控制	HT 控制	数据载荷	帧校验

图 18-4　IEEE 802.11n MAC 帧结构

18.2.1　帧控制字段

"帧控制"字段长 2 字节，由多个子字段组成，共 16 bit，如图 18-5 所示。

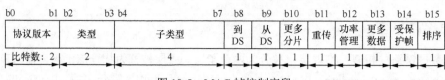

图 18-5　MAC 帧控制字段

（1）"协议版本"字段

协议版本字段长度为 2 bit，目前已经发布的 IEEE 802.11 系列协议均相互兼容，因此版本字段被设置为"00"。仅当未来新修订版本与标准的原版本之间完全不兼容时才会修改此协议字段。

（2）"帧类型"与"子类型"字段

IEEE 802.11 标准定义了 3 种帧类型：管理帧、控制帧、数据帧。每种帧类型下又定义了几种子类型。"帧类型"与"子类型"字段合在一起指定了一个帧的功能，具体定义请参见 18.3、18.4 及 18.5 节。

（3）"到 DS"和"从 DS"字段

"到 DS"和"从 DS"字段各占 1 bit，组合起来共有 4 种含义，如表 18-1 所示。

表 18-1　　　　　　　　　IEEE 802.11 "到 DS"和"从 DS"字段组合

到 DS	从 DS	含　义
0	0	在同一个 IBSS 中，从一个 STA 直接发往另一个 STA 的数据帧相关的管理与控制帧
0	1	一个离开 DS 或者由 AP 中端口接入实体所发送的数据帧
1	0	一个发往 DS 或者与 AP 相关联的 STA 发往 AP 中端口接入实体的数据帧
1	1	使用标准中第四个地址的帧

（4）"更多分片"字段

无线信道的通信质量相对有线信道较差，因此 Wi-Fi 传输的数据帧不宜过长。当帧长为 n 而误比特率 $p=10^{-4}$ 时，正确接收到这个帧的概率 $P=(1-p)^n$。若 $n=12144bit$（相当于 1518 字节长的以太网帧），这时计算得出 $P=0.2969$，即正确接收到这样的帧的概率还不到 30%。因此为了提高传输效率，在信道质量较差时，需要把一个较长的帧划分为许多较短的分片。这时可以在一次使用 RTS 和 CTS 帧预约信道后连续发送这些分片。不过此时仍然要使用停止等待协议，即发送一个分片，等到收到确认 ACK 后再发送下一个分片，如图 18-6 所示。

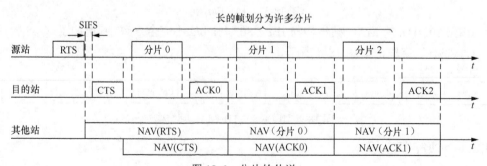

图 18-6　分片的传送

"更多分片"字段长度为 1 bit，其置为"1"时表示当前这个帧属于一个帧的多个分片之一，但不是最后一个分片。

（5）"重传"字段

IEEE 802.11 协议在工作时，可能由于干扰或者碰撞，导致帧的发送失败，这时要进行帧的重传。"重传"字段即为此设置，长度为 1bit。"重传"字段在任何为前一个帧重传的数据帧或管理帧中被设置为"1"，在其他所有帧中被设置为"0"。接收站点根据"重传"字段的标示来帮助其丢弃重复帧。

（6）"功率管理"字段

"功率管理"字段标示站点在完成一个帧序列接收后的功率管理模式，长度为 1bit。如果该字段值为"0"则表示该站点将处于活跃（active）模式，而该字段值为"1"则表示该站点将处于节能（Power Save，PS）模式。目前此字段一般都设置为"0"。

（7）"更多数据"字段

"更多数据"字段只有在站点处于 PS 模式时才有意义，其标示在 AP 上为该站点缓存了更多的数据。

当 AP 向一个站点发送广播/多播帧时，如果在同一信标间隔内 AP 还有额外的广播/多播帧要向该站点发送，则将"更多数据"字段设置为"1"，已通知站点不要进入休眠。

（8）"受保护帧"字段

当"受保护帧"字段被设置为"1"时，标示"帧体"字段已经被加密。"受保护帧"字段只能在数据帧以及"认证"管理帧中被设置为"1"。

（9）"排序"字段

通过"排序"字段，当向一个节能站点（可能处于休眠状态）发送时，AP 可以改变广播及多播 MSDU 相对于单播 MSDU 的发送顺序。该字段在 IEEE 802.11n 协议出现之前未被广泛使用过，仅在"QoS 数据"帧（子类型字段为 1000 的数据帧，具体参见18.3 节）中作为保留字段，该值被恒定设置为 0。在 IEEE 802.11n 中，其被重用于标示"QoS 数据"帧中存在"HT 控制"字段。

18.2.2　时长/ID 字段

"时长/ID"字段占 16 位。最高位为"0"时该字段表示持续期，这样除了最高位以外还有 15 位来表示持续期，这样持续期不能超过 $2^{15}-1=32767$，单位为μs，其被用于更新网络分配向量（Network Allocation Vector，NAV）。如果在一个 PS-Poll 帧中两个高位比特被设置的话，余下的 14 个比特就被解读为关联标识符（Association ID，AID）。

18.2.3　地址字段

IEEE 802.11 网络节点按照功能及位置可分为 4 类：源端、传输端、接收端及目的端。与之对应的 4 类地址为源地址（Source Address，SA）、传输地址（Transmitter Address，TA）、接收地址（Receiver Address，RA）及目的地址（Destination Address，DA）。

IEEE 802.11 数据帧最特殊的地方就是有四个地址字段，这四个字段的内容可能为以下 MAC 地址：RA、TA、BSSID、DA 和 SA。通常 802.11 帧只使用前三个地址字段，地址 4 字段仅用于无线分布系统（WDS）中。各个地址字段的内容取决于控制字段中的"到 DS"和"从 DS"这两个子字段的数值。两个子字段合起来有四种组合，用于定义 IEEE 802.11 帧中的几个地址字段的含义，如表 18-2 所示。

表 18-2			IEEE 802.11 帧的地址字段			
场景	到 DS	从 DS	地址 1	地址 2	地址 3	地址 4
IBSS	0	0	DA/RA	SA/TA	BSSID	未使用
从 AP	0	1	DA/RA	BSSID/TA	SA	未使用
到 AP	1	0	BSSID/RA	SA/TA	DA	未使用
WDS	1	1	BSSID/RA	BSSID/TA	DA	SA

图 18-7 分别与之前表 18-2 中四种组合对应。

① 图 18-7（1）中源端和传输端都是 STA，目的端和接收端都是 AP，信号从终端发出，与 AP 进行通信。地址 3 中 BSSID 用以过滤非此 BSS 的帧。

② 图 18-7（2）中源端是与 AP 相连的交换机，传输端是 AP，信号是从 AP 向无线链路发送，所以"从 DS"为 1，目的端和接收端为 STA。

③ 图 18-7（3）中源端和传输端都是 STA，接收端是 AP，信号从无线链路向 AP 发送，所以"到 DS"为 1，发送的目的端为与 AP 相连的交换机。

④ 图 18-7（4）为 WDS 模型，表 18-2 第四种情况只在这种模型中会有，即四个地址位都被使用。WDS 模型既有无线链路向 AP 发送信号，又有 AP 向无线链路发送信号，所以"到 DS"和"从 DS"均为 1。

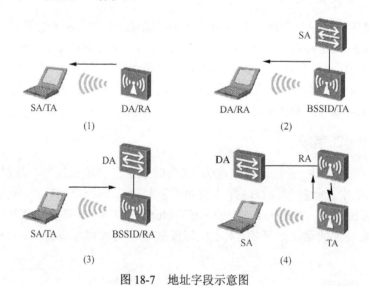

图 18-7   地址字段示意图

18.2.4 序列控制字段

序号控制字段占 16 位，其中序号子字段占 12 位，分片子字段占 4 位。重传的帧的序号和分片子字段的值都不变。序号控制的作用是使接收方能够区分开是新传送的帧还是因为出现差错而重传的帧。

18.3　数据帧

当帧控制字段中的"帧类型"字段为"10"时，代表该帧为数据帧。不同的子类型值标识了不同的数据帧，如表 18-3 所示。

表 18-3　　　　　　　　　　　IEEE 802.11 数据帧类型

类型值 b2b3	类型描述	子类型值 b4b5b6b7	子类型描述
10	数据	0000	数据
		0001	数据+CF-Ack
		0010	数据+CF-Poll
		0011	数据+CF-Ack+CF-Poll
		0100	空（无数据）
		0101	CF-Ack（无数据）
		0110	CF-Poll（无数据）
		0111	CF-Ack+CF-Poll（无数据）
		1000	QoS 数据
		1001	QoS 数据+CF-Ack
		1010	QoS 数据+CF-Poll
		1011	QoS 数据+CF-Ack+CF-Poll
		1100	QoS 空（无数据）
		1101	保留
		1110	QoS CF-Poll（无数据）
		1111	QoS CF-Ack+CF-Poll（无数据）

数据帧中，子类型"0000～0111"是在最初的 IEEE 802.11 标准中引入的。而"1000～1111"则是在 IEEE 802.11e 规范中引入的。

因为 IEEE 802.11n 数据帧字段集合大于 IEEE 802.11a/b/g，以 IEEE 802.11n 为例进行介绍，其数据帧通用格式如图 18-8 所示。

字节数 2	2	6	6	6	2	6	2	4	0～7955	4
帧控制	时长/ID	地址 1	地址 2	地址 3	序列控制	地址 4	QoS 控制	HT 控制	数据载荷	帧校验

图 18-8　IEEE 802.11n MAC 帧结构

图 18-8 所示的帧中，并不是所有字段都出现，"地址 4"字段只有在 Ad-hoc 组网时才出现。"QoS 控制"字段只在子类型为"QoS 数据"的数据帧中出现。"HT 控制"字段只在"QoS 数据"帧中出现，而且是在该帧中"帧控制"字段中的"排序"字段被设置为 1 时才存在。

18.4　控制帧

当帧控制字段中的"帧类型"字段为"01"时，代表该帧为控制帧。不同的子类型值标识了不同的控制帧，如表 18-4 所示。

表 18-4　　　　　　　　　　　　　　IEEE 802.11 控制帧类型

类型值 b2b3	类型描述	子类型值 b4b5b6b7	子类型描述
01	控制	0000~0110	保留
		0111	控制包裹
		1000	块确认请求
		1001	块确认
		1010	PS-Poll
		1011	RTS
		1100	CTS
		1101	ACK
		1110	CF-End
		1111	CF-End+CF-Ack

子类型值为"0111"的"控制包裹"帧是在 IEEE 802.11n 中新引入的，其可以替换普通的控制帧。该帧复制了其所替换的控制帧中的所有字段，并在其基础上增加了一个"HT 控制"字段，近似于将原先的帧包裹起来，故而得名"控制包裹"。

18.4.1　RTS

请求发送（Request To Send，RTS）帧用于对信道进行预约，其包括源地址、目的地址和本次通信所需的时间，具体格式如图 18-9 所示。

字节数 2	2	6	6	4
帧控制	时长	源地址	目的地址	FCS

图 18-9　RTS 帧结构

RTS 帧的源地址代表接下来数据传送目的站点的地址，该站点为接下来的数据或者管理帧的直接接收方。RTS 帧的目的地址部分为发送本 RTS 帧的站点的地址。

"时长"字段是一个以 μs 为单位的时间值，传送接下来的数据或管理帧的时间需求。

18.4.2　CTS

允许发送（Clear To Send，CTS）帧用于对信道预约进行响应，其包括源地址和本次通信所需的时间，具体格式如图 18-10 所示。

字节数 2	2	6	4
帧控制	时长	源地址	FCS

图 18-10　CTS 帧结构

CTS 帧的源地址与之前 RTS 帧中目的地址相同,该站点为接下来的数据或者管理帧的直接发送方。RTS 帧的目的地址部分为发送本 RTS 帧的站点的地址。

"时长"字段是一个以μs 为单位的时间值,其值等于 RTS 帧中获得的值减去一个 SIFS 的时长,再减去 CTS 帧的时长。

18.4.3　ACK

ACK 帧用于对接收到数据帧的确认,具体格式如图 18-11 所示。

图 18-11　ACK 帧结构

ACK 帧的源地址是从其前一个数据、管理、BAR、BA 或 PS-Poll 帧的地址 2 字段中复制得到的,以确认对前一个帧的正确接收。

18.5　管理帧

当帧控制字段中的"帧类型"字段为"00"时,代表该帧为管理帧。不同的子类型值标识了不同的管理帧,如表 18-5 所示。

表 18-5　　　　　　　　　　　　　IEEE 802.11 管理帧类型

类型值 b2b3	类型描述	子类型值 b4b5b6b7	子类型描述
00	管理	0000	关联请求
		0001	关联响应
		0010	重关联请求
		0011	重关联响应
		0100	探询请求
		0101	探询响应
		0110~0111	保留
		1000	信标
		1001	广播业务量指示消息(ATIM)
		1010	去关联
		1011	认证
		1100	解除认证
		1101	功能帧
		1110	无需确认的功能帧
		1111	保留

表 18-5 中子类型为"1101"的"功能帧"是在 802.11h 中引入的。子类型为"1110"的"无需确认的功能帧"是在 802.11n 中引入的。

管理帧的帧格式如图 18-12 所示。

字节数 2	2	6	6	6	2	0~2312	4
帧控制	时长/ID	目的地址	源地址	BSSID	序列控制	帧主体	帧校验

图 18-12　管理帧的帧格式

管理帧的帧格式与帧的子类型无关，且地址字段不随帧的子类型而改变。其中，帧主体由每个管理子类型帧定义的必须固定字段和信息元素组成，且它们只能以特定的顺序出现。

第19章
802.11媒体访问

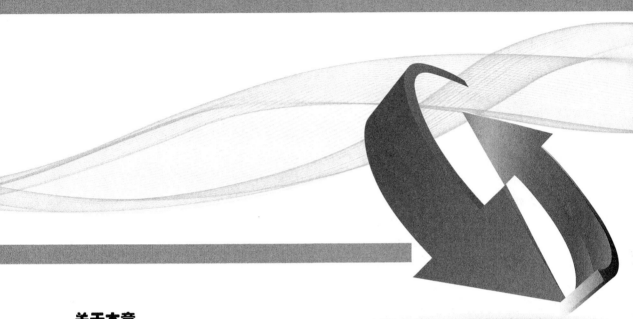

关于本章

网络通信都需要一套有效可控的网络媒体访问规则，WLAN也不例外。媒体访问方法有很多种，媒体访问控制（MAC）是描述各种不同媒体访问方法的通用术语。早期的大型主机使用轮询方法，按顺序检查每一个终端有无数据需要处理。之后令牌传送和竞争的方法也被用于媒体访问。

当前，有两种媒体访问形式被广泛采用：载波侦听多路访问/冲突检测（Carrier Sense Multiple Access with Collision Detection，CSMA/CD）和载波侦听多路访问/冲突避免（Carrier Sense Multiple Access with Collision Avoidance，CSMA/CA）。使用这两种访问方法的站点首先必须倾听是否有其他设备正在传输。如果有其他设备正在传输，该站点必须等待直到媒体可用再进行传输。对CSMA/CD站点来说，当站点希望传输且检测到信道空闲时，会立即开始传输。如果传输时发生冲突，客户端可以检测到并暂停传输。而802.11网络站点没有同时进行传输和接收的能力，所以无法在传输时检测冲突，这也是为什么802.11无线网络使用CSMA/CA进行冲突避免，而不是利用CSMA/CD进行冲突检测的原因。

同时，由于802.11无线网络信号传播的开放性，使得AP信号发射范围内的任何STA都可以收到其发送的信号。为了解决信息安全传输的问题，WLAN中的STA必须首先通过链路认证才可以加入服务集，只有加入到服务集后STA才能发送信息。STA在加入某个服务集之后（通过链路认证过程），发送信息之前，还要求STA与所加入服务集中的AP建立关联关系。

本章重点介绍802.11媒体访问控制机制及媒体访问过程。通过本章的学习，读者将会掌握以下内容。

- 802.11媒体访问控制机制
- 802.11媒体访问过程
- 802.11媒体接入机制

19.1 802.11 媒体访问控制机制

19.1.1 CSMA/CA

IEEE 802.11 标准的 MAC 层提供了许多功能，其中站点寻址和信道接入控制尤为关键，使得同一网络中的多个站点之间相互通信成为可能。

IEEE 802.11 之所以常被称为"无线以太网"，这是因为其与以太网标准 IEEE 802.3 标准有很多相似之处。关于信道共享，IEEE 802.11 使用的是载波侦听多路访问/冲突避免 CSMA/CA 机制，以太网使用的是 CSMA/CD 机制。

两种机制不同的根本是无线媒体和有线介质差异很大。

① 相比于有线介质，无线媒体上更容易发生数据传输错误；

② 无线媒介上，并非每个站点都能检测到其他站点发送的电磁波；

③ 距离和其他环境因素对信道影响更大；

④ 发射机无法一边接收数据，一边检测其他站点功率。

以太网信道接入机制 CSMA/CD 的基本原理是需要发送数据的站点检测信道，等待信道变为"空闲"状态后，开始传输数据，同时，持续对信道进行检测，若数据传输过程中检测到数据包发生碰撞，则停止传输并开始一个随机回退时段。具体流程如下。

站点发送数据前，先监听总线是否空闲。若总线忙，则不发送；若总线空闲，则把准备好的数据发送到总线上。在发送数据的过程中，站点边发送边检测总线，判断是否自己发送的数据有冲突。若无冲突则继续发送直到发完全部数据；若有冲突，则立即停止发送数据，但是要发送一个加强冲突的 Jam 信号，以便使网络上所有工作站都知道网上发生了冲突，然后，等待一个预定的随机时间，在总线为空闲时，再重新发送未发完的数据，如图 19-1 所示。

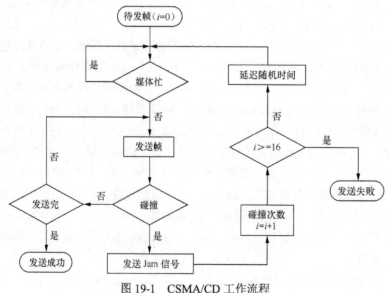

图 19-1　CSMA/CD 工作流程

　　WLAN 在无线媒体中传输数据，发射机无法边发射边检测，仅能试图避免碰撞。WLAN 使用的 CSMA/CA 基本原理是需要发送数据的站点检测信道，当信道"空闲"时，站点开始等待一个随机时长时段，在此期间继续对信道进行检测，直到等待时段结束，若信道仍为"空闲"，则站点进行数据发送。具体流程如图 19-2 所示。

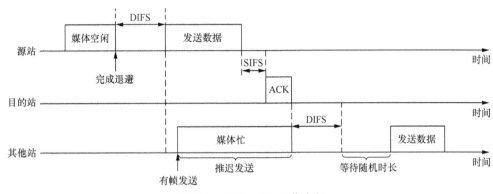

图 19-2　CSMA/CA 工作流程

　　两种机制的共同之处在于均以信道检测为基础，如果判断信道为"空闲"，则站点允许传输数据，如果判断信道为"繁忙"，则站点被推迟传输。

19.1.2　冲突检测

　　在上一小节中提到，802.11 设备无法同时发送和接收数据，因此无法检测到冲突发生。如果无法检测冲突，则无法得知发送数据是否成功传输。针对以上问题，802.11 标准规定，802.11 设备每传输一个单播帧，接收端会回复确认（ACK）帧以证明该帧被正确接收。

　　与单播帧不同，广播帧与多播帧并不要求确认。如果单播帧遭到任何损坏，循环冗余校验（Cyclic Redundancy Check，CRC）将会失败，接收端将不会回复 ACK 帧。此时，ACK 帧被认为是无线帧成功交付的证据。如果发送端没有收到 ACK 帧，即单播帧未得到确认，该帧就需要重传。

　　由上述过程可知，802.11 网络并未进行实质性冲突检测。但如果发送端没有收到 ACK 帧，就假设冲突发生了。

19.1.3　信道检测

　　在 CSMA/CA 机制中，802.11 设备在开始传输前执行的第一个动作就是载波侦听，即检测信道是否空闲。载波侦听有两种方式：虚拟载波侦听和物理载波侦听。

　　（1）虚拟载波侦听

　　虚拟载波侦听（Virtual Carrier Sense，VCS）使用的计时器机制称为网络分配向量（Network Allocation Vector，NAV）。NAV 计时器通过查看之前传输帧的 Duration 字段来预测未来信道占用情况。

　　当站点侦听到其他站点发送的帧时，会查看这个帧的报头部分，确定 Duration/ID 字段是否包含 Duration 的值。若该字段为 Duration 字段，监听站点会将其 NAV 计时器设置为此值，然后开始进行倒计时，它将认为无线媒体在 NAV 值倒计至零之前都是繁忙的。这一机制使得正在发送的 802.11 站点通知其他站点这段时间内无线媒体会被占用，直到站点的 NAV 计时器为 0 时，站点才能开始竞争无线媒体。

（2）物理载波侦听

虚拟载波侦听是当某站点接入无线媒体时，阻止其他站点传输的一种方法。不过，有可能因为无线站点无法读取 Duration/ID 字段并设置 NAV 计时器，从而无法通过虚拟载波侦听检测到无线媒体被占用。这时，CSMA/CA 会利用另一道防线确保无线站点在其他站点传输时停止传输，即物理载波侦听（Physical Carrier Sense，PCS）。

所有尚未开始传输或者正在传输的站点会持续进行物理载波侦听，实质是通过信道能量检测来判断是否有任何其他无线发射机正在占用信道，包括非 802.11 设备。

物理载波侦听的目的有两个。一是确定是否有帧在进行传输以便接收，如果无线媒体繁忙，站点将尝试与该传输同步；二是在传输前确定无线媒体是否繁忙，称为空闲信道评估（Clear Channel Assessment，CCA）。

请务必了解虚拟载波侦听与物理载波侦听总是同时进行的。虚拟载波侦听位于 OSI 模型中第二层，而物理载波侦听位于 OSI 模型第一层。只有在物理和虚拟载波侦听均判定无线媒体未被占用时才能得出无线媒体"空闲"的结论。

19.1.4　隐藏节点

在以太网中，站点通过接收传输信号来行使 CSMA/CD 的载波侦听功能。物理的媒体线路中包含了信号，而且会传输至各网络节点。无线网络的界限比较模糊，有时候并不是每个站点都可以跟其他站点直接通信。

如图 19-3 所示，STA2 可以直接跟 STA1 及 STA2 通信。由于 STA1 与 STA3 距离过远，无法接收到对方的无线电波，因此 STA1 与 STA3 无法通信。从 STA1 的角度来看，STA3 属于隐藏节点（hidden node）。STA1 与 STA3 有可能在同一时间传送数据给 STA2，这会造成 STA2 无从响应任何数据，这种问题叫做"隐藏节点问题"。

图 19-3　隐藏节点问题

在无线网络中，由隐藏节点所导致的冲突问题相当难以监测，因为 802.11 设备的工作模式通常为半双工，即无法同时收发数据。为了防止冲突发生，802.11 允许站点使用请求发送/允许发送（Request To Send/Clear To Send，RTS/CTS）机制来清空无线媒体。RTS/CTS 机制如图 19-4 所示。

如图 19-4 所示，站点 1 有数据帧等待传输，则完成退避过程后发送一个 RTS 帧以启动整个过程。RTS 帧本身有两个目的：预约无线媒体的使用权以及要求接收到这一帧的其他站点保持沉默（通过 NAV 设定）。一旦接收到 RTS 帧，接收端会以 CTS 帧应答。和 RTS 帧一样，CTS 帧在对 RTS 作出响应的同时，也会令附近的站点保持沉默。

由于 STA3 是 STA1 的隐藏节点，无法接收到 RTS，因此不会基于 RTS 的 Duration 设置 NAV。但 STA3 可接收到 STA2 发送的 CTS 帧，进而设置 NAV，从而解决隐藏节点问题。

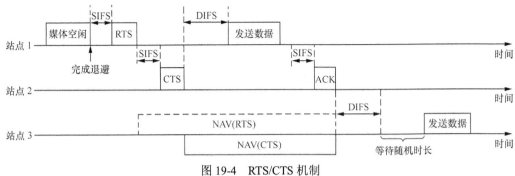

图 19-4　RTS/CTS 机制

如果 802.11 网卡的驱动程序支持，用户可通过调整 RTS/CTS 阈值（Threshold）来控制 RTS/CTS 交换过程。只要大于此阈值，RTS/CTS 交换过程就会进行；小于此阈值则会直接传送帧。

如图 19-5 所示，（STA1，STA2，STA3）和（STA2，STA3，STA4）组成两个传输范围。如果这时 STA2 向 STA1 发送信号，STA3 也想和 STA4 通信，但是，由于 STA3 检测到无线媒体上被占用，为了避免冲突，就不向 STA4 发送数据。其实 STA2 向 STA1 发送数据并不影响 STA3 向 STA4 发送数据，这种能检测到无线媒体上已存在信号，但又不影响发送数据的问题叫作"暴露节点问题"。

图 19-5　暴露节点问题

采用 RTS/CTS 机制后，STA2 发送 RTS 帧，STA1 接收到 RTS 帧后回应 CTS 帧。此时 STA3 只收到 STA2 的 RTS 帧却未收到 STA1 的 CTS 帧，因此判定自己可以发送数据，从而解决暴露节点问题。

19.2　信道接入机制

19.2.1　DCF

分布式协调功能（Distributed Coordination Function，DCF）是一种分布式的、基于竞争的信道接入技术。当一个站点需要发送数据时，首先要对无线媒介进行一个固定时长的侦听，从而判断无线媒介是否为空闲状态，这个固定时长称为 DCF 帧间间隔（DCF Inter-Frame Space，DIFS）。若无线媒介为空闲状态，则站点认为其可以开始一个帧交换；若无线媒介为繁忙状态，则站点等待无线媒介变为空闲状态，后延 DIFS 时长，并进一步等待一个随机的回退时段。如果媒体在 DIFS 后延以及回退时段期间保持空闲状态，则站点认为其可以拥有无线媒介并且开始一个帧交换。

随机回退时段提供了碰撞防止功能。当网络负载量较大时，多个在无线媒介繁忙时积累了需要发送的分组的站点可能在等待无线媒介变为空闲。由于按概率分布，各站点选择的回退间隔各不相同，由于多个站点在同一时刻发起传输而造成碰撞的情况概率较低，回退间隔 $BackoffTime$=Random[0，$CW(k)$]*aSlotTime。

其中，$CW(k)$ =min(2^kCW$_{min}$, CW$_{max}$)；aSlotTime 是时隙大小；k 是回退级数，即当前传输尝试次数。若是首次尝试传输，则 k 取值为 0，CW 取最小值 CW$_{min}$，每次传输失败时，k 加 1，CW 增加一倍，直到 k 增加至最大值。若在此过程中有一次传输成功，CW 将重置为 CW$_{min}$，下一次回退过程从 CW$_{min}$ 重新开始。

回退间隔选定后，若站点侦听到信道空闲，计时器将在每个空闲时隙的开始减 1，若在此过程中信道变忙，计时器将停止计时，待下一次信道空闲时间达到 DIFS 后，重新开始递减，直至减为 0 后，站点开始发送，CW 重置为 CW$_{min}$，若此时产生冲突，则 CW 加倍，重新开始争用信道，开始新一轮退避过程。

一旦站点取得了对媒体的接入，其通过在帧序列间维护一个被称为短帧间间隔（Short Inter-Frame Space，SIFS）的最小间隔来保持对媒体的控制。由于别的站点必须等待一个比 SIFS 长的固定时长，它们不会取得对媒体的接入。同时，发起通信的站点也可以使用可靠调制的 RTS/CTS 帧来开始一个短控制帧交换序列。

19.2.2　PCF

点协调功能（Point Coordination Function，PCF）是一种集中式协调的信道接入技术。位于 AP 中的点协调器（Point Coordinator，PC）建立一个周期性的无竞争周期（Contention Free Period，CFP）。在无竞争周期 CFP 中对无线介质的无竞争接入由点协调器协调。在 CFP 期间，所有邻近站点的 NAV 都被设为 CFP 的最大期望时长。此外，所有在 CFP 期间的帧传输使用同一个帧间距。该帧间距短于在 DCF 下接入信道时的帧间距，从而防止站点使用基于竞争的机制获得对介质的接入权。

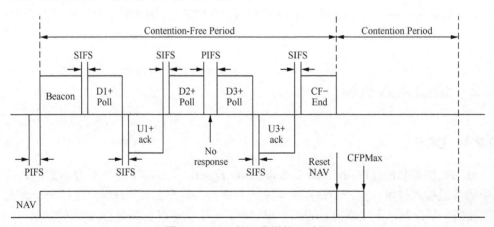

图 19-6　PCF 协议信道接入过程

PC 定期使用信标帧建立起一个 CFP。CFP 的长度由 PC 控制，其最大时长由信标帧中的"CF 参数集合"里的 CFPMaxDuration 参数指定。如果 CFP 时长要长于信标间隔，PC 会在 CFP 期间合适的时刻传输信标。CFP 的实际时长与在 CFP 期间交换的数据量有关，但是这个时长不会超过 CFPMaxDuration。在 CFPMaxDuration 时刻来临之前，PC 通过发送一个 CF_End 帧来终止 CFP。在 CFP 结束时，PC 重置所有站点的 NAV，以允许基于竞争的接入。

在 CFP 期间，AP 可以向单个站点发送单播数据。AP 同时要轮询各站点，查看它们是否有数据要传输。对站点的轮询是通过时用 CF_Poll 来完成的。CF_Poll 可以作为一个单独的 CF_Poll 帧发送，也可以捎带在一个数据帧中。

由于无竞争时段与 DTIM 时段的频度相同，当使用 PCF 的站点需要在一个 CFP 结束通信时，其可能只在下一个 CFP 中被轮询。同样，需要在 DCF 时段内被发送，但在 CFP 时段内被接收到的通信必须等到 CFP 结束，可以取得信道接入时才能被发送，严重影响了那些对延迟敏感的通信。另外，如果一个 BSS 处于 CFP 中，则相邻的 BSS 需要等待这个 CFP 结束以开始自己的 CFP。如果两个 CFP 加起来的时长超过了任何一个 BSS 的 CFP 重复间隔，那么服务承诺就无法兑现，这是 PCF 的局限性。PCF 并没有被广泛实现，基于竞争的分布式接入机制更为简单，但实践应用发现在大多数情况下是可靠的、强健的，基本满足了一般网络应用的需求。

19.2.3　EDCA

增强的分布式信道访问（Enhanced Distributed Channel Access，EDCA）是对基本 DCF 的扩展，用以支持带优先级的 QoS。EDCA 机制定义了 4 种接入类别（Access Categories，AC）：背景（AC_BK）、尽力而为（AC_BE）、视频（AC_VI）、语音（AC_VO）。每个 AC 由一组接入参数的特定赋值定义，这些参数在统计上规定了各 AC 对信道接入的优先级别。

在 EDCA 下，离开系统的通信被逻辑排序成 4 个队列，每个对列对应一个 AC。在每个非空的队列上按该 AC 的接入参数运行一个 EDCA 接入功能实例来竞争接入。EDCA 接入功能竞争媒体的流程如下：当媒体变为空闲状态后首先后延一个固定时长，称为仲裁帧间间隔（Arbitration Inter-Frame Space，AIFS），然后后延一个随机回退时段。EDCA 接入所使用的参数与 DCF 中使用的参数相似，但为每一个 AC 单独定义。为每一个 AC 定义的 AIFS 值记为 AIFS[AC]。用来选择随机回退计数的竞争窗口则记为 CW[AC]。对应于一个特定 AC 的 AIFS 由以下公式定义：AIFS[AC]=aSIFSTime+AIFSN(AC)*aSlotTime，其中 AIFSN(AC) 表示时隙数。

每一个特定 AC 所使用的竞争窗口 CW[AC] 从值 CWmin[AC] 开始。如果在一个特定 AC 上的帧传输不成功，则其被有效翻番。一旦 CW[AC] 达到 CWmax[AC]，则其保持在该值，直到被重置为止。在一个 AC 上进行一次成功的 MPDU 传输后，CW[AC] 被重置为 CWmin[AC]。如果两个或更多的 EDCA 接入功能实例同时获得了信道接入权，则解决这种内部冲突的办法是赋予高优先级 AC 信道接入权。而其他 AC 则按发生了外部冲突的情况处理：将竞争窗口翻番，然后为下一次竞争尝试做好准备。

在 EDCA 下，站点通过信道接入过程获得传输机会（Transmission Opportunity，TXOP）。一个 TXOP 指的是站点可以传输特定通信类别的有界时段。为获得这个 TXOP，所使用的接入参数由该 TXOP 将被用于的特定通信类别决定。一旦获得了 TXOP，站点可以继续传输数据帧、控制帧、管理帧以及接收响应帧。前提条件是这些帧序列的时长不超过为该 AC 所设置的 TXOP 上限。TXOP 上限为零意味着在再次竞争信道接入前，只能传输一个 MSDU 或管理帧。

表 19-1　　　　　　　　802.11 物理层默认的 EDCA 接入参数

AC	CWmin	CWmax	AIFSN	TXOPlimit
AC_BK	31	1023	7	0
AC_BE	31	1023	3	0
AC_VI	15	31	2	3.008ms
AC_VO	7	15	2	1.504ms
legacy	15	1023	2	0

其中最后一行 legacy 代表 DCF 所使用的等价参数。

EDCA 的接入参数由信标以及试探响应帧中的"EDCA 参数集"信息元素给出。BSS上的站点使用最新接收到的参数集。随着时间变化，AP 可能调整这些参数。EDCA 接入参数决定了在多大程度上一种 AC 优先于另外的 AC。在其他参数相同的情况下，AIFSN值较低的 AC 比具有较高值的 AC 更频繁地取得信道接入权。对于 CWmin 参数，随机回退计数从区间[0，CW]中选出。相对 AIFSN 而言，增大这个区间对整个后延时长影响更大。对于 TXOP 上限，在 TXOP 分配数量相等的情况下，具备较大 TXOP 上限的 AC 比具备比较小的 TXOP 上限的 AC 能够得到更多的传输时间。

19.2.4　HCCA

HCF 混合控制的信道接入（Hybrid Coordination Function Controlled Channel Access，HCCA）是由 AP 中的混合协调器（hybrid coordinator，HC）集中协调的一种信道接入技术。在使用 HCCA 时，站点不竞争对无线介质的接入，而是靠 AP 定期轮询它们来取得信道接入。HC 在信标帧中置入 CF 参数集合部分来声明无竞争时段的开始、长度及下次无竞争时段开始的时间。站点在收到信标帧后便按 CF 参数集合内的信息设置其 NAV 计时器，以避免在无竞争时段发送帧而造成碰撞。在无竞争时段结束之前，HC 会送出一个 CF-End 控制帧来声明无竞争时段的结束。在接下来的竞争时段，站点按 EDCA 或是DCF 模式进行无线介质传输权的竞争，直至下次无竞争时段开始。

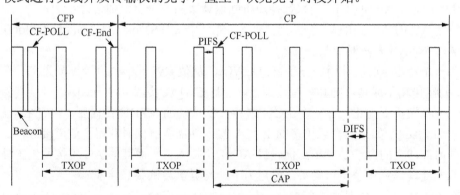

图 19-7　HCCA 协议信道接入过程

HCCA 支持参数化的 QoS，当使用参数化的 QoS 时，站点向 HC 注册用于一个通信流（Traffic Stream，TS）的 QoS 请求，若 HC 接受了这个注册，则其建立一个轮询时间表来满足这些要求。一个 TS 是一个特定的单向传输 MSDU 集合，该集合中的 MSDU 需要满足一定的 QoS 要求。站点在 TSPEC（Traffic Specification）中提供针对一个 TS 的 QoS 需求，

TSPEC 包括了要描述一个数据流 QoS 需求的必要信息。当 TSPEC 完成交换动作且接入点接受该规格时，则接入点与站点将遵照此规格对速率与时间的限制来传送属于此数据流的帧。

HCCA 在两个重要方面改进了 PCF：HC 既可以在 CP 也可以在 CFP 期间轮询站点。由于需要被轮询的站点相对于只在 CFP 期间被轮询而言，具有更多被轮询的机会，这样一来降低了延迟；站点在被轮询时获得一个 TXOP，站点在这个 TXOP 中可以在 TXOP 时限内发送多个帧。在 PCF 下，PC 对每个帧都要单独轮询站点。

19.3　WLAN 媒体访问过程

19.3.1　无线用户接入过程

相对于有线网络，WLAN 存在以下特点：它使用无线媒介，必须通过一定手段使终端设备感知它的存在；无线媒介是开放的，所有在其覆盖范围之内的用户都能监听信号，需要加强 WLAN 的安全与保密性。为此，IEEE 802.11 协议规定了站点（STA）与接入点（AP）间的接入和认证过程，如图 19-8 所示。

STA 与 AP 间的关联过程为：STA 首先需要通过扫描发现周围的无线网络，然后根据扫描结果发送探询请求帧。AP 端应答后发回给 STA 探询响应帧。STA 收到探询响应帧后，就开始链路认证请求。待 STA 收到链路响应帧后发送关联请求帧，AP 端收到关联请求帧后向 STA 发出关联响应帧，至此完成整个关联过程。关联过程中使用的消息都采用管理帧的格式封装。

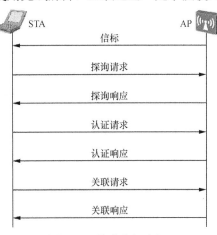

图 19-8　关联建立过程

19.3.2　扫描

STA 在接入任何无线网络之前，首先必须识别出该网络的存在。STA 可以通过扫描的方式获取到周围的无线网络信息。扫描有两种方式：一种是被动扫描，STA 只是通过监听周围 AP 发送的信标（Beacon）帧获取无线参数信息；另外一种为主动扫描，STA 在进行扫描时，主动发送一个探询请求（Probe Request）帧，通过收到探询响应（Probe Response）帧获取网络信息。

1. 被动扫描

被动扫描是指 STA 搜寻其附近 AP 周期性广播的信标帧，目的是获取接入该 BSS 所需要的基本参数。提供无线服务的 AP 都会周期性发送信标帧，所以 STA 可以定期在支持的无线信道列表中监听信标帧，以获取周围的无线网络参数。当用户需要节省电量时，可以使用被动扫描。

AP 广播信标帧的时间由目标信标传输时间（Target Beacon Transition Time，TBTT）

来确定，在信道空闲的前提下，AP 会在 TBTT 时刻或者尽量靠近 TBTT 时刻发送信标帧，如图 19-9 所示。

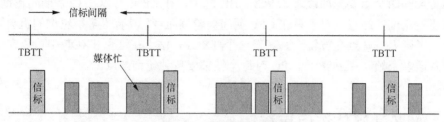

图 19-9　发送信标的时刻

信标帧的帧主体（Frame body）包含控制信息、能力信息以及用来管理 BSS 的信息，表 19-2 列出了信标帧帧主体的部分参数信息。

表 19-2　　　　　　　　　　　　　　　　信标帧的帧主体

顺序	信　　息	说　　明
1	时戳（Timestamp）	
2	信标间隔（Beacon Interval）	信标帧的时间间隔
3	能力信息（Capability info）	能力信息字段的长度为 16bit，包含设备/网络的能力信息，例如网络类型（Ad-hoc 或者 Infrastructure 类型）、是否支持轮询以及加密信息等
4	SSID	无线网络的 SSID
5	支持速率（Supported rates）	AP 所支持的速率
6	FH 参数设置（FH Parameter set）	FH 参数设置信息元素是可选字段，出现在采用跳频 PHY 的 STA 产生的信标帧中
7	DS 参数设置（DS Parameter set）	DS 参数设置信息元素是可选字段，出现在采用直接序列 PHY 的 STA 产生的信标帧中
8	CF 参数设置（CF Parameter set）	CF 参数设置信息元素是可选字段，仅出现在支持 PCF 的 AP 产生的信标帧中

在被动扫描过程中，STA 会在信道列表所列的各个信道之间不断切换并且会记录所收到的任何信标帧的信息。

2. 主动扫描

STA 工作过程中，会定期地在无线网卡支持的信道列表中发送探询请求帧，来搜索周围的无线网络，即主动扫描。当 AP 收到探询请求帧后，会向 STA 回应探询响应帧以通告相应的无线参数信息。STA 通过主动扫描，可以主动获取可使用的无线服务，之后 STA 可以根据需要选择适当的无线网络接入。

表 19-3 列出了探询请求帧帧主体包含的信息。

表 19-3　　　　　　　　　　　　　　　　探询请求帧的帧主体

顺序	信　　息	说　　明
1	SSID	SSID 可能为空，即不携带任何 SSID 信息，或者为某一特定的 SSID
2	支持速率	无线站点（STA）所支持的速率

　　探询请求帧包含 SSID 和 STA 所支持的速率等信息。根据探询请求帧是否携带 SSID，可以将主动扫描分为两种。

　　① STA 发送广播帧（SSID 为空，即 SSID 的长度为 0）：STA 会定期地在网卡支持的信道列表中发送广播探测请求帧（Probe Request 帧）扫描无线网络。当 AP 收到探询请求帧后，会回应探询响应帧通告可以提供的无线网络信息。STA 会选择信号最强的 AP 进行关联。STA 通过主动扫描，可以主动获知可使用的无线服务，之后 STA 可以根据需要选择适当的无线网络接入。广播式的探询请求帧会收到监听范围内所有 AP 的响应，因此单一探询请求帧导致多个探询响应帧被传送的情况。

　　② STA 发送单播帧（探询请求帧中携带指定的 SSID）：在 STA 配置希望连接的无线网络或者已经成功连接到一个无线网络的情况下，STA 也会定期发送单播探询请求帧（该报文携带已经配置或者已经连接的无线网络的 SSID）。当能够提供指定 SSID 无线服务的 AP 接收到探询请求后，会回复探询响应帧。通过这种方法，STA 可以主动扫描指定的无线网络。

　　AP 收到 STA 发送的探查请求帧后，会针对此请求发送一个探询响应帧。该探询响应帧包含网络 SSID 和 AP 支持的速率等信息。其中，AP 支持的速率与信标帧中指示的发送速率相同。表 19-4 中列出了探询响应帧的帧主体的一些参数信息。

表 19-4 　　　　　　　　　　　　　　　　　　　探询响应帧的帧主体

顺序	信　　息	说　　　明
1	时戳	
2	信标间隔	信标帧的时间间隔
3	能力信息	能力信息字段的长度为 16bit，包含设备/网络的能力信息，例如网络类型（Ad-hoc 或者 Infrastructure 类型）、是否支持轮询以及加密信息等
4	SSID	无线网络的 SSID
5	支持速率	AP 所支持的速率，与信标帧中指示的发送速率相同
6	FH 参数设置	FH 参数设置信息元素是可选字段，出现在采用跳频 PHY 的 STA 产生的信标帧中
7	DS 参数设置	DS 参数设置信息元素是可选字段，出现在采用直接序列 PHY 的 STA 产生的信标帧中
8	CF 参数设置	CF 参数设置信息元素是可选字段，仅出现在支持 PCF 的 AP 产生的信标帧中
9	IBSS 参数设置	TIM 信息元素是可选字段，仅出现在 IBSS 中的 AP 产生的探询响应帧中

　　3．扫描报告

　　扫描结束后会产生一份扫描报告，报告中列出了该次扫描所发现的所有 BSS 及其相关参数。这些参数包括 BSSID、SSID、BSS 类型、信标间隔、DTIM 周期、定时参数、PHY（物理层）参数、CF 参数、IBSS 参数、BSS 基本速率集等。

　　扫描结果汇总之后，STA 就可以利用这份完整的参数列表来选择加入所发现的无线网络。接入网络是建立关联的前置操作，不过此时还不能访问网络。访问网络之前必须经过身份认证和建立关联。

　　通常用来决定 STA 接入哪个 BSS 的判断标准是功率电平和信号强度，同时也可以通过人为操作来选择接入的无线网络。此外，STA 还得匹配 PHY 参数，此参数用以保证该 BSS 的任何传送操作均会在正确的信道中。扫描结果还包含能力信息，可确认是否使用 WEP 以及任何的高速功能。STA 还必须采用所选 BSS 的信标帧间隔以及 DTIM 周期。

19.3.3　认证

为了保证无线链路的安全，无线用户接入过程中 AP 需要完成对 STA 的认证，只有通过认证后才能进入后续的关联阶段。目前，IEEE 802.11 链路认证只是单向认证。试图接入某个网络的 STA 必须通过链路认证，然而网络方面并不会对 STA 证明自己的身份。最初的 IEEE 802.11 规范支持两种链路级别的认证方式：开放系统认证（Open system authentication）和共享密钥认证（Shared Key authentication）。

1. 开放系统认证

开放系统认证是缺省使用的认证机制，也是最简单的认证算法。开放系统认证包括两个步骤：第一步是 STA 发起认证请求，第二步 AP 确定 STA 是否通过无线链路认证并回应认证结果。开放系统认证实际上是一个空认证，接入点并没有对移动终端进行审核，而是对提出认证申请的移动终端都接受认证请求。一般而言，凡是采用开放系统身份认证的请求客户端都能认证成功，当不需要对 STA 进行身份认证时，一般采用此认证方式。而当 IEEE 802.11 WLAN 中有任何对 STA 进行控制的需求时，都不能使用这种认证机制。

2. 共享密钥认证

与开放系统认证相比，共享密钥身份认证提供了更高的安全检查级别。共享密钥认证需要 STA 和 AP 配置相同的共享密钥，同时要求双方支持有线等效保密（WEP）协议。共享密钥认证的认证过程如下。

① STA 先向 AP 发送认证请求。

② AP 收到请求认证帧之后，会返回一个认证帧，该认证帧包含 WEP 服务生成的 128 字节的质询文本。

③ 站点将质询文本复制到一个认证帧中，用共享密钥加密，然后再将其发往 AP。

④ AP 接收到该消息后，对该消息进行解密，然后将其与之前发送的质询文本进行比较。如果互相匹配，AP 返回一个表示认证成功的确认帧；如果不匹配，则返回失败认证帧。

由于 WEP 加密的安全性较弱，在很多场合已不建议采用该种方式。因此实际网络部署中采用的认证方式是 IEEE 802.1x/EAP 认证机制，即 IEEE 802.11i 认证。

19.3.4　关联

若 STA 要接入无线网络，必须与特定的 AP 建立关联。STA 通过指定 SSID 选择无线网络，并通过 AP 完成链路认证后，就会立即向 AP 发送关联请求（Association Request）帧。AP 会对关联请求帧携带的能力信息进行检测，最终确定该 STA 是否具备接入网络的能力，并向 STA 回复关联响应（Association Response）帧以告知链路是否关联成功。通常，STA 只能同时与一个 AP 建立关联链路，且关联请求总是由无线终端发起的。

关联只限于基础结构型（Infrastructure）网络。一旦完成此过程，STA 就可以通过分布式系统与 Internet 连接。

关联请求管理帧的帧主体包含如表 19-5 所示的信息。

表 19-5　　　　　　　　　　　　　　关联请求帧的帧主体

顺　　序	信　　息
1	能力信息
2	侦听间隔
3	SSID
4	支持速率

关联响应管理帧的帧主体包含如表 19-6 所示的信息。

表 19-6　　　　　　　　　　　　　　关联响应帧的帧主体

顺　　序	信　　息
1	能力信息
2	状态代码
3	关联 ID（AID）
4	支持速率

1．关联过程

与链路验证相同，关联操作也是由 STA 发起的。一般包括三个步骤，在此并不需要用到序列编号。其中所用到的两个帧被归类为关联管理帧。和单播管理帧一样，关联过程由一个关联帧及必要的链路层响应组成。

一旦 STA 与 AP 完成身份验证，STA 便可发送关联请求帧。尚未经过身份验证的 STA 会在 AP 的响应中收到一个 Deauthenticaton（取消关联）帧。AP 随后会对关联请求进行处理。IEEE 802.11 标准并未规定如何判断是否允许关联，这因不同厂商 AP 的实现而异。较常见的方式是考虑帧缓存所需空间的大小。一旦关联请求获准，AP 就会以代表成功的状态码 0 及关联标识符来响应。关联请求如果失败，就会返回状态码并且中止整个过程。

之后，AP 可为 STA 处理帧。使用的分布式系统媒质通常是以太网，当 AP 收到的帧的目的地为与之关联的 STA 时，就会将该帧从以太网桥接至无线媒质。在共享式以太网中，该帧会被送至所有 AP，不过只有与目的 STA 相关联的 AP 才会进行桥接处理。

2．重新关联过程

重新关联过程主要是指从原 AP 转移至新 AP 的过程。在无线媒质中，这个过程几乎和关联过程相同。不过在骨干网络方面，AP 之间会彼此通信以便转移帧。当站点从某个 AP 的覆盖范围内转移至另外一个 AP 时，就会进行重新关联过程，以便把自己的新位置通知 IEEE 802.11 网络。

整个过程之前，STA 必须已关联至某个 AP。STA 会持续监测从当前接入的 AP 以及同一个扩展服务集（ESS）中其他 AP 所收到的信号强度。一旦 STA 检测到其他 AP 或许是较好的关联对象，就会启动重新关联过程。用以做出转换接入点决定的考虑因素因产品而异。所收到的信号强度可根据每个帧加以判断，Beacon（信标）帧的传送是否正常也可以作为判断来自 AP 的信号强度的基准。在进行第一个步骤之前，STA 必须先与要接入的新 AP 完成身份验证过程。重新关联过程包括以下步骤。

① STA 对要接入的新 AP 发出重新关联请求（Reassociation Request）。

② AP 开始处理重新关联请求。

③ 如果 Reassociation Request 获准，AP 就会以代表成功的状态码 0 及关联标识符来响应。如果 Reassociation Request 失败，则只会返回状态码，而整个过程也会中止。

④ 要接入的新 AP 与原 AP 取得联系以完成整个重新关联过程。AP 间的通信属于接入点内部协议（IAPP）的一部分。原 AP 把为该 STA 所缓存的帧转交给 STA 要接入的新 AP。

⑤ 重新关联完成后，接入的新 AP 可为该 STA 处理帧。

重新关联请求帧的帧主体包含如表 19-7 所示的信息。

表 19-7   重新关联请求帧的帧主体

顺　　序	信　　息
1	能力信息
2	侦听间隔
3	当前 AP 地址
4	SSID
5	支持速率

重新关联响应帧格式，子类型重新关联响应管理帧的帧主体包含如表 19-8 所示的信息。

表 19-8   重新关联响应帧的帧主体

顺　　序	信　　息
1	能力信息
2	状态代码
3	关联 ID（AID）
4	支持速率

3. 解除关联过程

无论 AP 还是 STA 都可以通过发送解除关联帧以断开当前的无线链路。STA 在离开网络时，应该主动执行解除关联操作。然而，这种操作在断开无线信号连接的情况下无法执行信息交换，AP 在与 STA 失去信号连接的情况下，可以通过一种超时机制来解除与 STA 的关联关系。

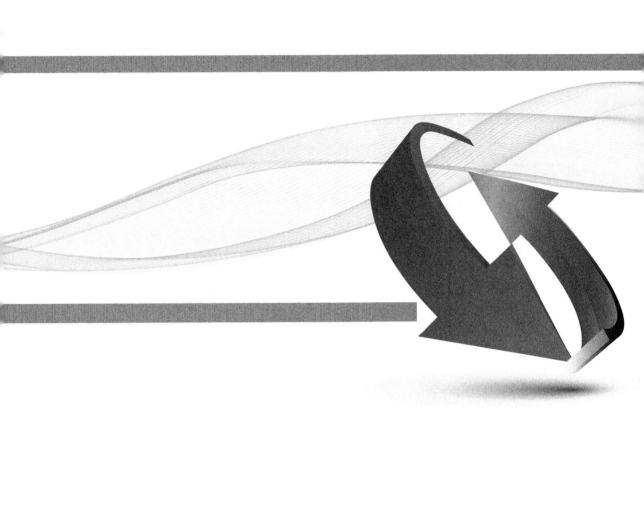

第20章
WLAN QoS介绍

关于本章

QoS（Quality of Service）即服务质量，是我们日常生活中熟悉的字眼，它体现了消费者对服务者所提供的服务的满意程度，是对服务者服务水平的度量和评价。计算机系统，特别是计算机网络系统，作为计算和信息等服务的提供者，同样存在服务质量优劣的问题。从计算机诞生到互联网的出现，再到后来的移动互联网的普及，人们一直孜孜不倦地致力于提高系统的服务性能和服务质量。目前，网络的QoS问题已经成为国际网络研究领域最重要、最富有魅力的研究之一，并且和网络安全等问题一道被称为新一代计算机网络最重要的研究领域。QoS问题对未来网络的研究、应用和发展具有举足轻重的意义。

通过本章的学习，读者将会掌握以下内容。

- QoS概念及服务模型介绍
- WLAN QoS模板介绍
- WLAN QoS模板配置

20.1 QoS 概述

20.1.1 QoS 的概念

QoS（Quality Of Service），即服务质量。它是网络在传输数据流时要求满足一系列的服务请求，具体可以量化为带宽、延迟、延迟抖动、丢包率、吞吐量等性能指标。此处的服务具体是指数据包（流）经过若干网络节点所接受的传输服务，强调端到端（End-to-End）或网络边界到边界的整体性。QoS 反映了网络元素（例如应用程序、主机或路由器）在保证信息传输和满足服务要求方面的能力。

支持 QoS 功能的设备针对某种类别的数据流可以赋予数据流某个级别的传输优先级，用以标识数据流的相对重要性。同时还能提供各种优先级转发策略、拥塞避免等机制为这些数据流提供特殊的传输服务。网络管理者在配置了 QoS 的网络环境下，通过相应的 QoS 策略对网络资源进行合理的规划和分配，既增加了网络性能的可预知性，又能够有效地分配网络带宽，同时也满足了用户业务需求的目的。

20.1.2 QoS 服务模型

通常 QoS 提供以下三种服务模型：Best-Effort Service（尽力而为服务模型），Integrated Service（综合服务模型，简称 Int-Serv），Differentiated Service（区分服务模型，简称 Diff-Serv）。

（1）Best-Effort 服务模型

Best-Effort 服务模型是个单一的服务模型，也是最简单的服务模型。通过 FIFO（First in First out 先进先出）队列来实现。

Best-Effort 服务模型的特点如下。

- Best Effort 模型中应用程序可以在任何时候，发出任意数量的报文，而且不需要事先获得批准，也不需要通知网络。
- Best Effort 模型中，网络尽最大的可能性来发送报文，但对时延、可靠性等性能不提供任何保证。
- Best Effort 模型是 Internet 的缺省服务模型，它适用于绝大多数网络应用，如 FTP、E-Mail 等。

（2）Int-Serv（集成服务）模型

Int-Serv（集成服务）模型是一个综合服务模型，它的特点是在发送报文前要先向网络提出申请，这个申请是通过信令来完成的。

Int-Serv 服务模型的特点如下。

- 应用程序首先通过信令通知网络它的 QoS 需求（如时延、带宽、丢包率等指标）。在收到资源预留请求后，传送路径上的网络节点实施许可控制（Admission Control），验证用户的合法性并检查资源的可用性，决定是否为应用程序预留资源。

- 一旦认可并为应用程序的报文分配了资源,则只要应用程序的报文控制在流量参数描述的范围内,网络节点将承诺满足应用程序的 QoS 需求。预留路径上的网络节点可以通过执行报文的分类、流量监管、低延迟的排队调度等行为来满足对应用程序的承诺。
- Int-Serv 模型的最大优点是可以提供端到端的 QoS 投递服务。Int-Serv 模型的最大缺点是可扩展性不好。网络节点需要为每个资源预留维护一些必要的软状态(Soft State)信息。

Int-Serv 模型常与组播应用结合,适用于需要保证高带宽、低延迟的实时多媒体应用,如电视会议、视频点播等。传统电话正是建立在这个模型上的,如果未预约到资源,则无法进行通话,也就是我们通常所说的占线。如果预约到资源,则能对通话质量进行一定的保证。在与组播应用相结合时,还要定期地向网络发资源请求和路径刷新信息,以支持组播成员的动态加入和退出。上述操作要耗费网络节点较多的处理时间和内存资源,在网络规模扩大时,维护的开销会大幅度增加,对网络节点特别是核心节点线速处理报文的性能造成严重影响。因此,Int-Serv 模型不适宜在流量汇集的骨干网上大量应用。

(3)Diff-Serv 服务模型

Diff-Serv 服务模型是一种多服务模型,它可以满足不同的 QoS 需求,在 Internet 上针对不同的业务提供有差别的服务质量。

Diff-Serv 服务模型的特点如下。

- Diff-Serv 模型与 Int-Serv 模型不同,应用程序在发出报文前,通过设置报文头部的优先级字段,向网络中各设备通告自己的 QoS 需求,而不需要通知途经的网络设备为其预留资源。
- Diff-Serv 模型中,网络不需要为每个流维护状态,它根据每个报文携带的优先级来提供特定的服务。可以用不同的方法来指定报文的 QoS,如 IP 报文的优先级(IP Precedence),报文的源地址和目的地址等。

用户平常所使用的 QQ 语音、QQ 视频等采用的是 Best Effort 模型,对通信质量并没有一个很好的保证,而通常进行的视频会议等对通信质量要求较高的通信需求的业务则一般会采用 Diff-Serv 模型,以提高通信质量。

20.1.3　WLAN QoS 介绍

随着越来越丰富的视频、音频业务的出现和无线通信技术的发展,在任何时间、任何地点以各种方式享用网络服务再次成为人们关注的热点,原来实现于固定网络中的多媒体视频、音频实时业务,正日益向无线、移动的趋势发展。

802.11 网络提供了基于竞争的无线接入服务,但是不同的应用需求对于网络的要求是不同的,而原始的网络不能按照应用需求提供不同质量的接入服务,所以已经不能满足实际应用的需要。2005 年,IEEE 802.11e 标准针对实时业务的 QoS 保证作出补充方案,2007 年新版 802.11 协议合并了 802.11e 的内容。

WLAN QoS 能针对各种不同需求提供不同的网络服务质量,对实时性及可靠性要求高的数据报文提供更好的服务质量,并进行优先处理,而对于实时性不强的普通数据报文，则提供较低的处理优先级，向用户的业务提供端到端的质量保证。

20.2　WLAN QoS 模板介绍

　　IEEE 802.11e 为基于 802.11 协议的 WLAN 体系添加了 QoS 特性，这个协议的标准化时间很长，在这个过程中，Wi-Fi 组织为了保证不同设备厂商提供 QoS 的设备之间可以互通，定义了 WMM（Wi-Fi Multimedia，Wi-Fi 多媒体）标准。WMM 标准使 WLAN 网络具备了提供 QoS 服务的能力。WLAN QoS 管理是基于 WMM 标准，对提供 WLAN 端到端全流程的不同质量的无线接入服务进行的管理。WLAN QoS 模板可以分为两类：无线侧 WMM-profile 和有线侧 Traffic-profile。

- 无线接入服务主要采用 WMM 标准，利用 WMM 模板进行管理。
- 有线接入服务利用 Traffic 模板进行管理。

20.2.1　WMM 模板介绍

　　WMM 协议将数据报文分为 4 个 AC 队列（AC_VO、AC_VI、AC_BE、AC_BK），高优先级的 AC 占用信道的机会大于低优先级的 AC，每个 AC 队列定义了一套信道竞争 EDCA（Enhanced Distributed Channel Access，增强的分布式信道访问）参数，该参数决定了队列占用信道的能力大小。

　　WMM 协议通过对 802.11 协议的增强，改变了整个网络完全公平的竞争方式，将 BSS（Basic Service Set，基本服务集）内的数据报文分为 4 个 AC 队列，其与 802.11 报文中的 UP（User Priority，用户优先级）值对应关系如表 20-1 所示。

表 20-1　　　　　　　　802.11 报文中的 UP 值与 AC 队列对应关系

UP	7	6	5	4	3	0	2	1
Access	AC_VO		AC_VI		AC_BE		AC_BK	
WMM Designation	Voice		Video		Best Effort		Background	

　　在表 20-1 中，UP 值表示用户优先级，它代表 802.11 报文的优先级，存在于 802.11 的 MAC 头的 QoS 字段里面。UP 值的范围是 0～7 共 8 个等级。在 WMM 协议中，每个 AC 队列映射到两个 UP 值中。在 AP 上，根据数据报文的 UP 值确定数据属于哪一个 AC 队列，然后根据 WMM 的优先级转发数据。在四个优先级队列中，高优先级的 AC 占用信道的机会大于低优先级的 AC，从而使不同的 AC 能获得不同级别的服务。通常我们视频会议中的语音以及视频对应的就是 AC_VO 和 AC_VI，而我们网络上的 QQ 语音、QQ 视频均为 AC_BE。

　　WMM 模板主要包括 WMM 的相关参数：模板名称、WMM 开关、EDCA 参数、ACK 策略及参数等。WMM 允许无线通信根据数据类型定义一个优先级范围，时间敏感的数据（如视频/音频数据）将比普通的数据有更高的优先级。为了使 WMM 功能工作，无线客户端必须也支持 WMM，同时客户可以根据需求选择是否开启此功能。

　　EDCA 是 WMM 定义的一套信道竞争机制，有利于高优先级的报文享有优先发送的权利和更多的带宽。WMM 协议对每个 AC 定义了一套信道竞争 EDCA 参数，EDCA 参数的含义如表 20-2 所示。

表 20-2　　　　　　　　　　　　EDCA 参数的含义

参数名	参数含义	具体用法
AIFSN	仲裁帧间隙数（Arbitration Inter Frame Spacing Number）	AIFSN 数值越大，用户的空闲等待时间越长，优先级越低
ECWmin ECWmax	最小竞争窗口指数和最大竞争窗口指数形式（Exponent form of CWmin, Exponent form of CWmax）	这两个值共同决定了平均退避时间值，这两个数值越大，用户的平均退避时间越长，优先级越低
TXOPLimit	传输机会限制（Transmission Opportunity Limit）	用户一次竞争成功后，可占用信道的最大时长，这个数值越大，用户一次能占用的信道时长越大。如果是 0，则每次占用信道后，只能发送一个报文
ACK	协议规定 ACK 策略有两种：Normal ACK 和 No ACK	No ACK 针对通信质量较好、干扰较小的情况；Normal ACK 指在成功接收到报文后，发送 ACK 进行确认

- AIFSN（Arbitration Inter Frame Spacing Number，仲裁帧间隙数），在 802.11 协议中，空闲等待时长（DIFS）为固定值，而 WMM 针对不同 AC 可以配置不同的空闲等待时长，AIFSN 数值越大，用户的空闲等待时间越长。见图 20-1 中 AIFS 时间段。

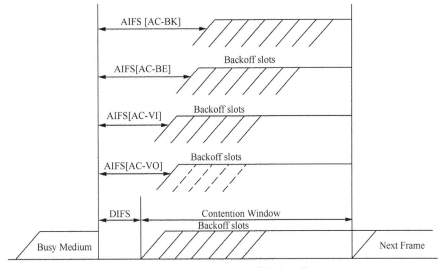

图 20-1　每个 AC 的信道竞争参数

- ECWmin（Exponent form of CWmin，最小竞争窗口指数形式）和 ECWmax（Exponent form of CWmax，最大竞争窗口指数形式），决定了平均退避时间值，这两个数值越大，用户的平均退避时间越长。见图 20-1 中 Backoff slots 时间段。
- TXOPLimit（Transmission Opportunity Limit，传输机会限制），用户一次竞争成功后，可占用信道的最大时长。这个数值越大，用户一次能占用信道的时长越大，如果是 0，则每次占用信道后只能发送一个报文。

协议规定 ACK 策略有两种：Normal ACK 和 No ACK。

- No ACK（No Acknowledgment）策略是在通信质量较好且干扰较小的情况下，在无线报文交互过程中不使用 ACK 报文进行接收确认的一种策略。No ACK 策略能有效提高传输效率，但在不使用 ACK 确认的情况下，如果通信质量较差，即使接收端没有收到发送包，发送端也不会重发，所以会造成丢包率增大的问题。
- Normal ACK 策略是指对于每个发送的单播报文，接收者在成功接收到发送报文后，都要发送 ACK 进行确认。

20.2.2　Traffic 模板介绍

Traffic 模板内容主要包括各种优先级映射及流量抑制等参数，其参数包括模板名称、802.3 优先级映射策略、隧道优先级映射策略、UP 字段优先级映射策略、流量监管等。

表 20-3　　　　　　　　　　　　　**Traffic 模板参数说明**

参数名	说　　明
Client/VAP 的无线上下行限速	限制无线客户端或整个 VAP 上下行的无线报文速率
上行 802.3 报文优先级映射	配置 AP 上行 802.3 报文内层的 802.1p 优先级：采用指定值或依据无线客户端发送的 802.11 报文 UP 优先级映射
上行 CAPWAP 隧道优先级映射	配置 AP 上行 802.3 报文外层的隧道优先级：采用指定值或依据内层优先级进行映射
下行 802.11 报文优先级映射	配置 AP 下行 802.11 报文的优先级

（1）Client/VAP 的无线上下行限速

802.11 报文在无线侧传递时，为了保护网络带宽资源，可以对某台终端或整个 VAP（Virtual AP，虚拟 AP）内所有终端的无线侧上下行的报文进行速率限制。设置了报文限速的 Traffic 模板被应用后，如果用户发送的报文速率过高，会产生丢包现象。

（2）上行 802.3 报文优先级映射

STA 发出的 802.11 报文在通过 AP 进入以太网时，会被转换成 802.3 报文，这期间可以不进行优先级映射，也可以按照不同的 VAP 设置不同的优先级，或按照 UP 映射到优先级。映射后的优先级信息可以存储在报文的 CoS（Class of Service，服务类别）域或 DSCP（Differentiated Services Code Point，差分服务代码点）域（或 IPv6 的 TC），也可以存储在 Cos 域和 DSCP 域。

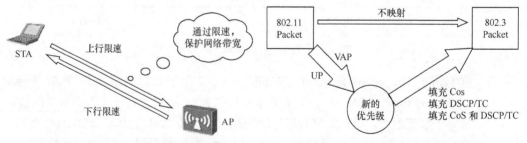

图 20-2　Client/VAP 的无线上下行限速　　　　　图 20-3　上行 802.3 报文优先级映射

802.3 和 802.11 的数据报文以不同的域表示了各自的优先级信息，它们在网络中传输和转换时可以根据需要改变。例如，支持 WMM 的 STA 发出的 802.11 报文带有 UP

域；以太网上传输的 802.3 报文如果带有 VLAN 标记，那么它具有 CoS 域；如果 802.3 报文同时也是一个 IP 报文，那么它具有 DSCP 域；如果是 IPv6 报文，那么它具有 Traffic Class（简称 TC）域。

（3）上行 CAPWAP 隧道优先级映射

经过 CAPWAP 隧道的上行数据流，必须再进行一次 QoS 映射，将原来的优先级映射到 CAPWAP 包中，因为原来的 802.3 包将被封装为 CAPWAP 报文里的数据有效载荷，载荷里面的 QoS 信息将不被识别。其模式支持指定 CoS 域值、指定 DSCP 域值、CoS 映射为 CoS、CoS 映射为 DSCP、DSCP 映射为 CoS、DSCP 映射为 DSCP，IPv4 的 DSCP 和 IPv6 的 TC 作等价处理。上行 CAPWAP 隧道优先级映射关系如图 20-4 所示。

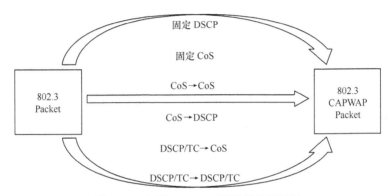

图 20-4　上行 CAPWAP 隧道优先级映射

该转换的处理流程是根据 VAP 查询映射模式的。

- 固定值写入 CoS 方式，则设置 CAPWAP 包的 CoS 为此 VAP 的固定 CoS 值，DSCP 为 0。
- 固定值写入 DSCP 方式，则设置 CAPWAP 包的 DSCP 为此 VAP 的固定 DSCP 值，CoS 为 0。
- CoS 映射为 CoS 方式，则根据此 VAP 的 802.3 CoS→CAPWAP CoS 映射表查询映射值写入 CAPWAP 包的 CoS，DSCP 为 0。
- CoS 映射为 DSCP 方式，则根据此 VAP 的 802.3 CoS→CAPWAP DSCP 映射表查询映射值写入 CAPWAP 包的 DSCP，CoS 为 0。
- DSCP 映射为 CoS 方式，则根据此 VAP 的 DSCP→CAPWAP CoS 映射表查询映射值写入 CAPWAP 包的 CoS，DSCP 为 0。
- DSCP 映射为 DSCP 方式，则根据此 VAP 的 DSCP→CAPWAP DSCP 映射表查询映射值写入 CAPWAP 包的 DSCP，CoS 为 0。

（4）下行 802.11 报文优先级映射

在 AP 收到 AC 端转发的包后，必须把它转换成 802.11 格式的包才能发给 STA，其中的 UP 域可以根据 DSCP（或 IPv6 TC）、CoS 映射而来，或者由流分类设置。流分类可以依据二层或三层参数。优先级信息根据映射模式得到，填入 802.11 报文中的 UP 域。

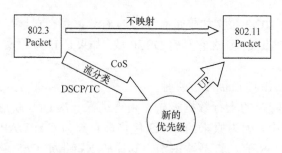

图 20-5　下行 802.11 报文优先级映射

该转换的处理流程如下。

- 根据 VAP 查询映射模式。
  * 如果不映射，优先级为 0。
  * 如果按流分类，使用流分类的结果为优先级。
  * 如果按 CoS 映射，使用 CoS 映射值为优先级。
  * 如果按 DSCP 映射，使用 DSCP 映射后的值为优先级。
  * 优先级写入到 UP 中。
- 流分类依据二层、三层、四层参数，对上行，下行流独立进行分类，得到一个优先级结果，此优先级可以填充在报文里。流分类支持的二层参数有 MAC DA、MAC SA、VLAN ID、（IEEE802.1p）User Priority、Ethernet 类型（例如 MAC Control、PPPoE、PWE3 等），支持的三、四层参数有目的 IP 地址、源 IP 地址、IP 类型（如 ICMP、IGMP、TCP、UDP 等）、IP TOS/DSCP、目的 TCP/UDP 端口、源 TCP/UDP 端口等。支持的 IPv6 参数有源和目的 IP、IP 类型、Flow Lable。

20.3　WLAN QoS 模板配置示例

20.3.1　WMM 模板配置示例

WMM 模板实现了 WMM 协议，通过创建 WMM 模板，使 AP 或客户端优先级高的报文优先占用无线信道，保证语音、视频在无线网络中有更好的质量，WMM 模板内优先级顺序为：AC_VO（语音）>AC_VI（视频）>AC_BE（尽力而为）>AC_BK（背景）。

通过配置 WMM 模板，可以为 STA 或 AP 的不同业务提供不同的无线信道抢占能力，实现不同的服务质量。

WMM 模板可以通过 Web 或者 CLI 命令行进行配置。

（1）Web 配置方法

依次单击"配置>AP 管理>射频模板>WMM 模板"，进入"WMM 模板列表"页面。 在"WMM 模板列表"页面中，单击"新建"，进入"新建 WMM 模板"页面，如图 20-6 所示。

射频模板是一组通用性较强的射频基础参数的集合，主要包括射频信道模式、射频功率模式、射频调优开关、射频调优周期等参数。如果某个射频绑定了一个射频模板，则该射频就继承了射频模板里配置的所有参数。由于一个射频模板可以被多个射频绑定，在配置多个射频时还能简化配置步骤。

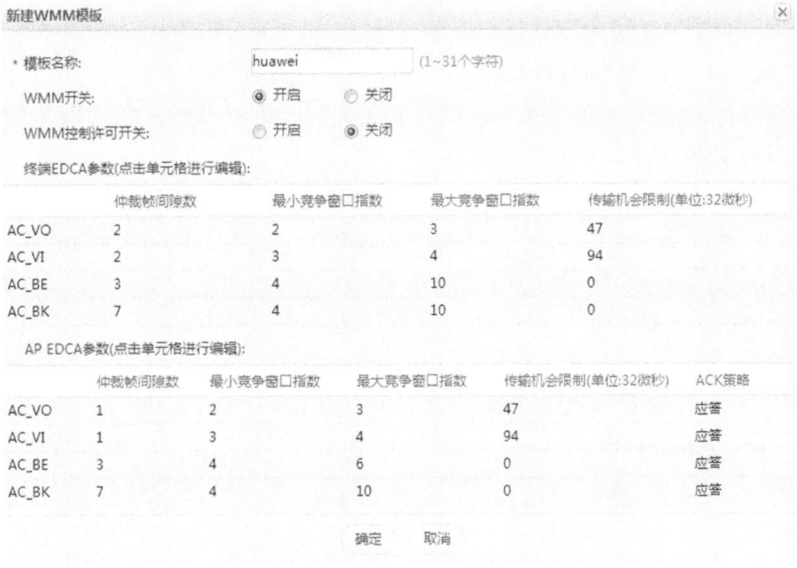

图 20-6　Web 配置 WMM 模板

依次单击"配置>AP 管理>射频模板",进入"射频模板列表"页面,如图 20-7 所示。
在"射频模板列表"页面中,单击"新建",进入"新建射频模板"页面。 在"新建射频模板"页面中,根据需要依次选择或输入各参数。

图 20-7　绑定 WMM 模板

(2) CLI 命令行配置

操作步骤如下。

① 执行命令 system-view,进入系统视图。

② 执行命令 wlan,进入 WLAN 视图。

③ 执行命令 wmm-profile { id profile-id | name profile-name } *,配置 WMM 模板。
WMM 模板创建成功后,模板内的参数均自动配置为缺省值。

④（可选）执行命令 wmm enable，开启 WMM 功能。

缺省情况下，WMM 功能已开启。只有开启 WMM 功能后，才能配置 AP 的 WMM 参数，否则 AP 使用默认的 WMM 参数。

⑤（可选）执行命令 wmm mandatory enable，打开控制许可开关。

缺省情况下，控制许可开关关闭。控制许可开关打开时，禁止未开启 WMM 功能的终端连接到该 AP 上。

⑥（可选）执行命令 wmm edca client { ac-vo | ac-vi | ac-be | ac-bk } { aifsn aifsn-value| ecw ecwmin ecwmin-value ecwmax ecwmax-value | txoplimittxoplimit-value } *，配置终端上四个 WMM 队列的 EDCA 参数。

缺省情况下，四个优先级队列的名称和优先级顺序为：AC_VO（语音）>AC_VI（视频）>AC_BE（尽力而为）>AC_BK（背景）。

⑦（可选）执行命令 wmm edca ap { ac-vo | ac-vi | ac-be | ac-bk } { aifsn aifsn-value | ecw ecwmin ecwmin-value ecwmax ecwmax-value | txoplimittxoplimit-value | ack-policy { normal | noack } } *，配置 AP 上四个 WMM 队列的 EDCA 参数。

缺省情况下，四个优先级队列的名称和优先级顺序为：AC_VO（语音）>AC_VI（视频）>AC_BE（尽力而为）>AC_BK（背景）。

⑧ 执行命令 display wmm-profile { all | id profile-id | name profile-name }，查看 WMM 模板配置的各项属性。

（3）具体配置示例

创建 WMM 模板"huawei"，并修改队列优先级参数，使优先级队列顺序如下。

AC_VI（视频）>AC_VO（语音）（WMM 模板一般采用默认配置即可）。

```
<AC> system-view
<AC> wlan
[AC-wlan-view] wmm-profile name huawei
[AC-wlan-wmm-prof-huawei] wmm edca ap AC-vi ecw ecwmin 1 ecwmax 1 aifsn 1 txoplimit 36 ack-policy normal
[AC-wlan-wmm-prof-huawei] wmm edca client AC-vi ecw ecwmin 1 ecwmax 3 aifsn 1 txoplimit 36
[AC-wlan-wmm-prof-huawei-vi] quit
```

创建 Radio 模板，并绑定 WMM 模板。

```
[AC-wlan-view] radio-profile name huawei
[AC-wlan-radio-prof-huawei] wmm-profile name huawei
[AC-wlan-radio-prof-huawei] quit
```

查看 WMM 模板配置的各项属性

```
[AC-wlan-view] wmm-profile name huawei
[AC-wlan-wmm-prof-huawei] quit
[Quidway-wlan-view] display wmm-profile name huawei
  Profile ID        : 2
  Profile name      : huawei
  WMM switch        : enable
  Client EDCA parameters:
  ------------------------------------------------
                ECWmax  ECWmin  AIFSN  TXOPLimit
  AC_VO           3       2       2       47
```

```
AC_VI          3        1        1        36
AC_BE          10       4        3        0
AC_BK          10       4        7        0
------------------------------------------------------

AP EDCA parameters:
------------------------------------------------------

               ECWmax   ECWmin   AIFSN    TXOPLimit   Ack-Policy
AC_VO          3        2        1        47          normal
AC_VI          1        1        1        36          normal
AC_BE          6        4        3        0           normal
AC_BK          10       4        7        0           normal
```

20.3.2　Traffic 模板配置示例

当需要为某个 VAP 定制特定的优先级映射、流量抑制等功能时，创建相应的流量模板并绑定到服务集中。

Traffic 模板可以通过 Web 或者 CLI 命令行进行配置。

（1）Web 配置方法

① 创建 Traffic 模板（Traffic 模板一般采用默认模板即可），如图 20-8 所示。

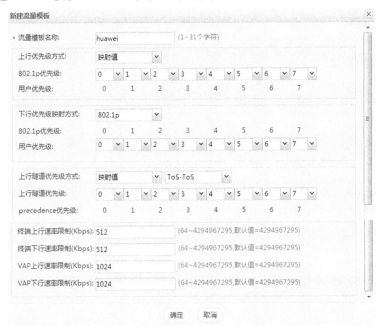

图 20-8　Web 创建 Traffic 模板

② 绑定 Traffic 模板。

（2）CLI 命令行配置

操作步骤如下。

① 执行命令 system-view，进入系统视图。

② 执行命令 wlan，进入 WLAN 视图。

③ 执行命令 traffic-profile { name profile-name | id profile-id } *，配置流量模板，如图 20-9 所示。

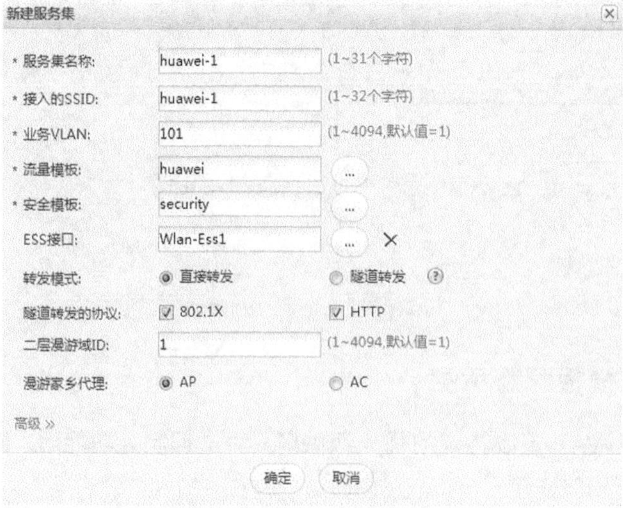

图 20-9　绑定 Traffic 模板

流量模板创建成功后，模板内的参数均为缺省值。

④（可选）执行命令 rate-limit { client | vap } { up | down } ratelimit-value，限制单个
终端或整个 VAP 内所有终端的无线侧上下行报文速率。

缺省情况下，不进行报文限速。

（3）具体配置示例

创建名为"huawei"的 Traffic 模板，设置 VAP 下行限速为 1024kbit/s，STA 上行限
速为 512kbit/s。

```
<AC> system-view
<AC> wlan
[AC-wlan-view] traffic-profile name huawei
[AC-wlan-traffic-prof-huawei] rate-limit client up 512
[AC-wlan-traffic-prof-huawei] rate-limit vap down 1024
[AC-wlan-traffic-prof-huawei] quit
```

创建名为"huawei-1"的 service-set，绑定 Traffic 模板"huawei"。

```
[AC-wlan-view] service-set name huawei-1
[AC-wlan-service-set-huawei-1] ssid huawei-1
[AC-wlan-service-set-huawei-1] traffic-profile name huawei
[AC-wlan-service-set-huawei-1] quit
```

20.4　总结

本章主要介绍了 QoS 的概念和三种服务模型（Best-Effort service、Integrated service、
Differentiated service）。在此基础上介绍了 WLAN QoS 的发展以及 WLAN QoS 两种管理
模板（无线侧 WMM-profile 和有线侧 Traffic-profile）。通过 MM 和 Traffic 模板的介绍，
使读者能深入地了解华为 WLAN QoS 的原理。在章节后面部分，通过 WLAN QoS 模板
配置示例使读者掌握如何通过 Web 或 CLI 命令简单配置 WLAN QoS 模板。

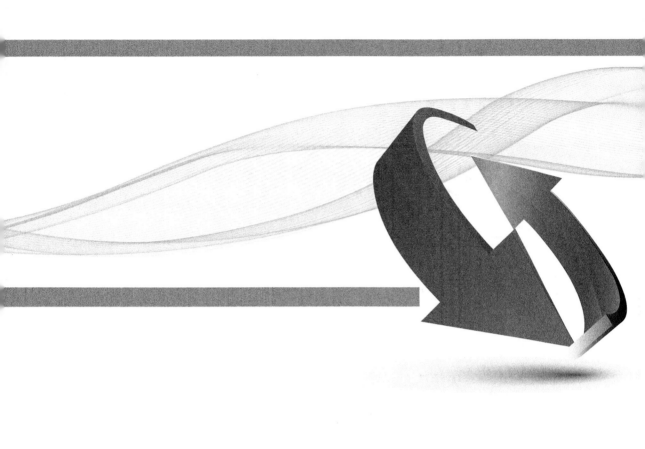

第21章
天线技术介绍

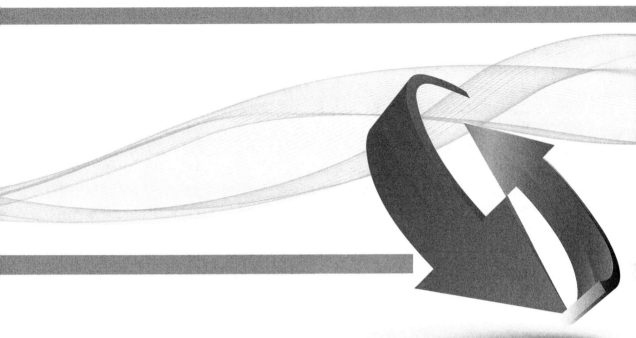

关于本章

在无线通信系统中，天线是收发信机与外界传播介质之间的接口，同一副天线既可以辐射又可以接收无线电波。WLAN系统发射机输出的射频信号功率由天线以电磁波形式辐射出去。电磁波传输到接收端后，由接收天线接收，输送到WLAN接收机。

本章介绍WLAN网络天馈系统相关知识，主要包括天线基本概念、天线主要性能指标及常见无源器件。

通过本章的学习，读者将会掌握以下内容。

- 天线的定义及作用
- 天线的主要性能指标
- 认识其他常见无源器件

21.1 天线基本概念介绍

21.1.1 无线电波基础知识

根据麦克斯韦方程，如果导电体上有随时间变化的电流，就会有电磁辐射的产生。研究电磁波的辐射，具有双重含义：一方面，电磁辐射是有害的，导电系统的电磁辐射场会对系统本身或者其他系统形成干扰，因此在系统设计时，需要进行合理的考虑，使系统的电磁辐射及防护达到规定的指标，以使系统中各电路之间以及各电子系统之间互不干扰地正常工作，这一研究范围称为电磁兼容；另一方面，电磁辐射是有益的，可以被有效地利用，利用电磁辐射源与场的关系，合理地设计辐射体——天线，使电磁能量能够携带有用的信息，有效地辐射到指定的空间区域，实现无线电通信等用途。后者才是本章讨论的重点。

什么叫电磁波？电磁波是一种能量传输形式，在远场传播过程中，电场和磁场在空间上是相互垂直的，同时这两者又都垂直于传播方向，如图 21-1 所示。

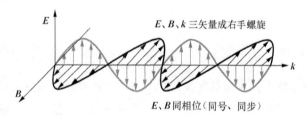

E、B、k 三矢量成右手螺旋

E、B 同相位（同号、同步）

图 21-1 电磁波传播示意图

连续波激励的电磁波无论是在时间域还是空间域，都表现出正弦波动的形态，假设其在时域的周期是 T（对应的频率是 $f=1/T$），在空间传播的波长是 λ，那么典型的，在理想波导中无损耗传输时的电场可以用式（21-1）来表示。

$$E = E_0 \cos\left(\frac{2\pi t}{T} - \frac{2\pi d}{\lambda} + \varphi\right) \qquad (21\text{-}1)$$

式（21-1）所示传输的电磁波在传播过程中能量没有耗散，所以幅度 E_0 是不变化的，在均匀介质（比如真空）中电磁波以能量扩散、耗散方式传播时，幅度是随着传播距离而递减的，但电磁波的相位部分 $\left(\dfrac{2\pi t}{T} - \dfrac{2\pi d}{\lambda} + \varphi\right)$ 是类似式（21-1）的，其中的 φ 指参考起始点的相位，t 表示传播时间，而 d 指传播距离，该式的优美之处在于时间部分 $\dfrac{2\pi t}{T}$ 和空间部分 $\dfrac{2\pi d}{\lambda}$ 的表达式是对称的，按照现代物理学的观念，时间只是时空坐标系的一个维度，所以时域的周期 T 和在空间的波长 λ 是对应的，即可以认为电磁波在时间 T 中可以传播的距离是 λ，那么就可以推导得到电磁波传播速度 V 的表达式如式（21-2）所示。

$$V = \frac{\lambda}{T} = \lambda f \qquad (21\text{-}2)$$

式（21-2）中，V 为速度，单位为 m/s；f 为频率，单位为 Hz；λ 为波长，单位为 m。

无线电波在不同的媒质中传播时，频率是不变的，但是波长不同，所以速度是不同的，真空中的电磁波传播速度是 C，我们通常使用的聚四氟乙烯型绝缘同轴射频电缆其相对介电常数 ε 约为 2.1，因此，$V_\varepsilon = C / \sqrt{\varepsilon} = C / 1.45$，$\lambda_\varepsilon = \lambda / \sqrt{\varepsilon} = \lambda / 1.45$。

21.1.2　电磁波的辐射

当一根长直导线载有交变电流时，就可以形成连续电磁波辐射，辐射的能力与导线的长度和形状有关：导线长度太短，辐射效应很微弱；当导线的长度增大到可与发射波长相比拟时，就能形成较强的辐射。

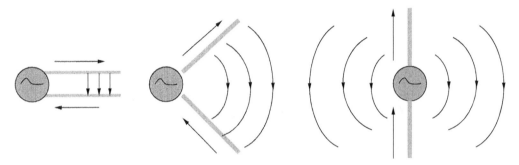

图 21-2　天线辐射示意图

如图 21-2 所示，如果两导线的距离很近，则两导线所产生的感应电动势几乎可以抵消（这就是平时见到的大部分导线都以双绞线形式存在的原因），因而辐射很微弱。如果将两导线张开一定角度，则两导线的电流在垂直方向上分量相叠加，由此所产生的感应电动势方向相同，因而辐射较强。

能产生显著辐射的直导线称为振子，其中两臂长度相等的振子叫作对称振子，而每臂长度为四分之一波长的振子，两臂长度之和等于 1/2 波长，称为对称半波振子，如图 21-3 所示。

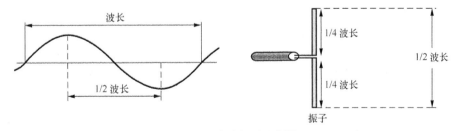

图 21-3　半波振子示意图

21.1.3　天线的定义及作用

天线作为辐射或接收无线电波的部件而应用于所有的无线电系统之中，其作用是将发射机送来的高频电流（或导波）有效地转换为无线电波并传送到特定的空间区域；或者将特定的空间区域发送过来的无线电波有效地转换为高频电流而进入接收机。前者称为发射天线，后者称为接收天线，这取决于无线电系统的功能要求，天线本身同时兼备发射和接收的功能，因此在理论上和分析设计上并不需作特别区分。天线可以定义为能够有效地向空间某特定方向辐射电磁波或能够有效地接收空间某特定方向来的电磁波的装置，如图 21-4 所示。

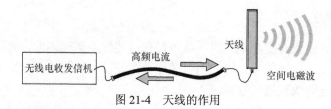

图 21-4　天线的作用

现代移动通信系统天线一般由振子、馈电网络、外壳 3 部分构成，如图 21-5 所示。振子向空间发射电磁波；馈电系统连接无线发射机与振子，实现能量的分配；外壳用来保护天线内部器件，兼有一定的美化作用。

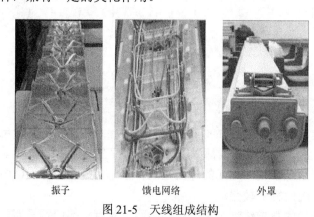

振子　　　　　　　　馈电网络　　　　　　　外罩

图 21-5　天线组成结构

21.1.4　无线电波的极化

无线电波在空间传播时，其电场方向是按一定的规律变化的，这种现象称为无线电波的极化。无线电波的电场方向称为电波的极化方向。当电场矢量在传播过程中始终平行于空间一条直线时，称之为线极化。当电场矢量在传播过程中旋转且矢量幅度恒定时，就构成圆极化。而一般的是椭圆极化方式，圆极化和线极化都可以认为是椭圆极化的极限情况。

如果线极化电波的电场方向垂直于地面，就称它为垂直极化波。如果电波的电场方向与地面平行，则称它为水平极化波。类似地，可以定义+45°极化和−45°极化。垂直极化，水平极化和±45°双极化如图 21-6 所示。

如果天线馈电后，在远场激发出某种极化形式的电场，那么将这种极化方式也称为天线的极化方式。一般的天线发射和接收特性是互易的，即接收的极化特性和发射的极化特性是一致的。当来波的极化方向与接收天线的极化方向不一致时，在接收过程中通常都要产生极化损失。例如，当用圆极化天线接收任一共面线极化波，或用线极化天线接收任一共面圆极化波时，都要产生 3dB 的极化损失，即只能接收到来波的一半能量。当来波方向不固定、不确定时，一般使用圆极化天线，这种极化尽管有极化损失，但是能避免完全失配的情况，在卫星通信中使用较多。

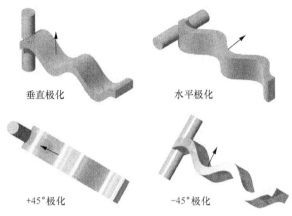

图 21-6　极化示意图

　　当接收天线的极化方向与来波的极化方向完全正交时，理论上接收天线也就完全接收不到来波的能量，这时来波与接收天线极化是完全失配的，即极化隔离。但是实际的天线不会有完全纯粹的极化特性，实际的天线会有一个主极化方向，在交叉极化上也能接收到比较小的功率。

　　双极化天线是一种新型天线，组合了+45°和-45°两副极化方向相互正交的天线，并同时工作在收发双工模式下。由于在双极化天线中，极化正交性可以保证两副天线之间的隔离度要求，双极化天线之间的空间间隔仅需 20～30cm，因此其最突出的优点是降低了天线尺寸。

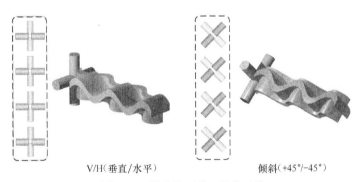

V/H（垂直/水平）　　　　　　倾斜（+45°/-45°）

图 21-7　常见的两种双极化天线

21.1.5　常用 WLAN 天线形态

1. 鞭状天线

鞭状天线体积小、外形美观、易安装，多用于独立放装型 WLAN AP，某些 AP 缺省自带数根鞭状天线（如华为 AP7110SN/DN 自带全向鞭状天线）。
鞭状天线一般提供 SMA 接口，便于与 AP 的连接。根据工作频段
的不同，鞭状天线可分为 2.4GHz、5GHz 两种。天线的增益一般
在 2～3.5dBi。

    某些室内场景采用室内放装的建设方式时，可以选用内置全
向天线的 AP，也可以选用外置全向鞭状天线的 AP，如图 21-9 某
办公室场景选用的是外置全向鞭状天线的 AP（一般情况下，外置
全向鞭状天线的 AP 用于环境较恶劣的室内场景中，如仓库等）。

图 21-8   鞭状天线

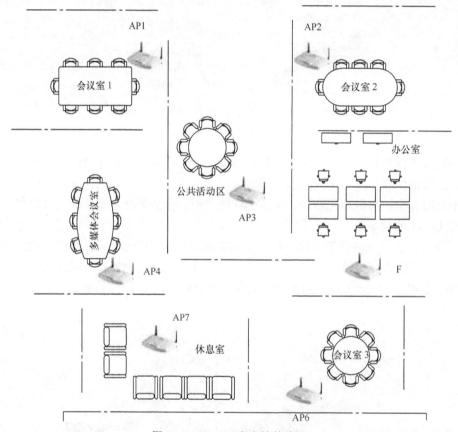

图 21-9   WLAN 室内放装建设

2. 室内吸顶天线

    室内吸顶天线具有结构轻巧、外型美观、安装方便等优点。主要用于建筑物内各区
域的无线覆盖。室内吸顶天线又可分为全向吸顶天线和定向吸顶天线，工作频段 800～
2500MHz。室内吸顶天线属于低增益天线，一般增益为 2～6dBi。

3. 室内板状天线

    室内板状天线具有结构轻巧、外型美观、安装方便等优点。主要用于对建筑物内特
定区域的某一方向进行无线覆盖。室内板状天线属于定向天线，常见的增益为 7～8dBi
左右，工作频段 800～2500MHz。室内板状天线在防水、防潮等方面没有做特殊处理，

无法满足室外安装的要求。

图 21-10　室内吸顶天线

图 21-11　室内板状天线

4. 室外板状天线

室外板状天线由于其覆盖区域呈扇形分布，因此也被称为扇区天线或扇型天线。室外板状天线具有增益高、结构牢靠、安装方便以及良好的防振动冲击和防水防腐能力等特点。WLAN 使用的室外板状天线一般工作于 2.4GHz 及以下频段。

室外板状天线主要用于覆盖较大面积的开放、半开放环境。对于部分室内环境，也可通过室外 AP 配合较高增益的定向板状天线实现室外覆盖室内。采用室外板状天线的优点是覆盖范围大，缺点是干扰不易控制、网络容量较低。

图 21-12　室外
板状天线

21.2　天线参数介绍

21.2.1　天线工程中的量值单位

在天线工程中，经常会碰到 dB、dBm、dBμV、dBμV/m 等量纲单位。不详细了解这些常用的工程量纲将对工作造成很大麻烦。表 21-2 列出了常用天线参数的计量单位。

表 21-1　　　　　　　　　　　　　天线参数的计量单位

天线参数	计量单位
波束宽度、电下倾角、波束偏移、水平角、垂直角	°（度）或者弧度（rad）
增益	dBi、dBd
方向图一致性、交叉极化比、前后比、上旁瓣抑制、零点填充、隔离度	dB、dBc

1. dB

Bel，贝尔，是计量功率比值的一个单位，等于功率比值以 10 为底求对数，是为了纪念电话的发明者亚历山大·格拉汉姆·贝尔的杰出贡献而以他的名字来命名的。为了便于计算，通常使用 dB 来代替 Bel。两个功率比值以 10 为底取对数的 10 倍的单位是

dB(decibel)，dB 是一个相对值单位，即有

$$a = 10 \times \lg\left(\frac{P_1}{P_2}\right) dB \qquad (21\text{-}3)$$

工程上经常会碰到很大或很小的数字，在很多情况下只关心它们之间的比例关系。例如，无线电发射的功率为 80W，而接收机接收的功率只有 0.000 000 002W，接收的功率只有发射功率的 0.000 000 002 5%，在这种情况下用对数来表示就非常方便了，发射功率为 49dBm，接收功率为-57dBm，功率差异为 49-(-57)=106（dB）；另外一个例子，有两级功率放大器的增益分别为 12 倍和 16 倍，那么总增益为 12×16=192 倍，如果换成对数来运算，第一级和第二级功放的增益分别为 10.8dB 和 12dB，那么总增益为 10.8+12=22.8dB。

当表示成 dB 相关量纲单位时，会将数字的变化范围缩小，而且很多乘法和除法的运算可以转变为加减运算，加减法运算相对乘除法要简单一些，这就是广泛采用 dB 相关量纲单位的原因。

2. dBm

求一个功率值和一个固定的参考功率之比的对数值，就可以获得这个功率的对数表示值。在通信和无线频率工程中最常用到的参考值是 50Ω 阻抗上的 1mW（1/1 000W），因此参考功率 P_2 为 1mW，功率的对数值量纲单位是 dBm，即有

$$P = 10 \times \lg\left(\frac{P_1}{1\text{mW}}\right) dBm \qquad (21\text{-}4)$$

为了便于读者理解通信中常用数值的数量级，这里举一些例子。信号源的输出功率范围从-140dBm～+20dBm 意味着 0.01fW～0.1W；移动基站天馈线接口输出+43dBm 等于 20W；移动电话输出+10～+33dBm 意味着 10mW～2W；广播发射机输出+70～+90dBm 意味着 10kW～1MW。

如果参考功率为 1W，那么功率的对数值量纲就是 dBW。功率的对数值和相对值 dB 相加减意味着该功率增加或减小，因此量纲单位还是 dBm，只是数值上相加减，例如 5dBm+8dB=13dBm。如果功率变化 10 倍，则对数值功率变化 10dB；如果功率变化 1 倍，则对数值功率变化 3dB。常见的线性值功率用对数值表示的对应关系如下。

- 0.1mW=-10dBm
- 1mW=0dBm
- 1W=30dBm
- 2W=33dBm
- 20W=43dBm
- 50W=47dBm

当计算多个信号的总功率时，即功率相加，不能直接用量纲单位 dBm 表示的对数值来计算，应该首先将对数值转换为线性值进行计算，再将计算后的线性值转换为对数值。例如，30dBm 和 30dBm 的信号功率相加就不是 60dBm，而是 1W+1W=2W，转换为对数值后为 33dBm。

3. dBc

dBc 的全称是 decibels relative to carrier,即相对于载波的 dB 值,在射频测量方面,谐波功率和载波功率的比值、杂散发射和载波功率的比值都用 dBc 来表示。天线的三阶互调指标一般用 dBc 表示。对于 dBc,要注意以下正确和不正确的表述。

- 两个信号的差值是 100dBc　　　　✕
- 两个信号的比值是 100dBc　　　　√
- 两个信号的 dB 差值是 100dBc　　　√

4. dBi 和 dBd

dBi(dB related to isotropic antenna)和 dBd(dB related to dipole) 都是天线增益的单位,天线增益的概念 21.2.2 节会有解释。dBi 是相对全向天线的增益,"i"指 isotropic,全向、无方向性之意。说某天线增益是 12dB,就是说 12dBi。dBd 是指相对标准半波偶极子天线的增益(增益 2.17dB),"d"指 dipole,偶极子之意,dBd 在天线测量中最常用,因为天线的增益测量一般是以标准偶极子为参照接收天线完成的。12dBi 等效于(12−2.17)dBd,如图 21-13 所示。

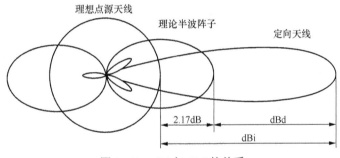

图 21-13　dBi 与 dBd 的关系

21.2.2　天线的电气性能指标

在选择天线时,需要考虑其电气和机械性能。电气性能指标主要包括工作频段、增益、极化方式、波瓣宽度、预置倾角、下倾方式、下倾角调整范围、前后抑制比、副瓣抑制、零点填充、回波损耗、功率容量、阻抗、三阶互调等。机械性能指标主要包括尺寸、重量、天线输入接口、风载荷等。

(1)天线增益

目前 WLAN 系统中主要使用无源天线,作为无源器件,其增益的概念与一般功率放大器增益有所不同。功率放大器具有能量放大作用,但天线本身并没有增加所辐射信号的能量,只是通过天线振子的组合,并改变其馈电方式将能量集中到某一方向。因此,天线增益指的是在输入功率相等的条件下,实际天线与理想辐射单元在空间同一点处所产生的信号功率密度之比。天线增益表征天线在某一方向集中辐射能量的能力。

表示天线增益的单位通常有两个:dBi、dBd。两者之间的关系如下。

$$dBi = dBd + 2.17 \tag{21-5}$$

- dBi 定义为实际的方向性天线(包括全向天线)相对于各向同性天线能量集中的

相对能力，"i"即表示各向同性——isotropic。

- dBd 定义为实际的方向性天线（包括全向天线）相对于半波振子天线能量集中的相对能力，"d"即表示偶极子——dipole。

（2）天线方向图

天线辐射的电磁场在固定距离上随角坐标分布的图形，称为天线方向图。用辐射场强表示的称为场强方向图，用功率密度表示的称为功率方向图，用相位表示的称为相位方向图。

天线方向图是空间立体图形，但是通常用两个互相垂直的主平面内的方向图来表示，称为平面方向图，一般包括垂直方向图和水平方向图。就水平方向图而言，有全向天线与定向天线之分，图 21-14 是一定向天线的水平及垂直方向图。天线具有方向性，本质上是通过振子的排列以及各振子馈电相位的变化来获得的，在原理上与光的干涉效应十分相似。因此会在某些方向上能量得到增强，而某些方向上能量被减弱，即形成一个个波瓣（或波束）和零点。能量最强的波瓣叫主瓣，上下次强的波瓣叫第一旁瓣，依次类推。对于定向天线，还存在后瓣，如图 21-14 所示。

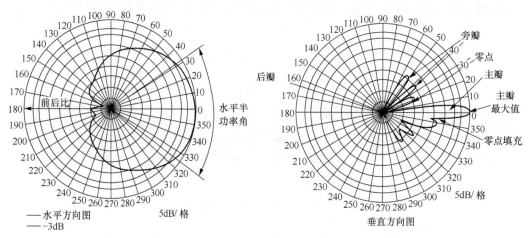

图 21-14　定向天线水平与垂直方向图

全向天线的水平及垂直方向图如图 21-15 所示，因为其水平方向上各向辐射近乎一致，所以水平方向图近乎为圆形。

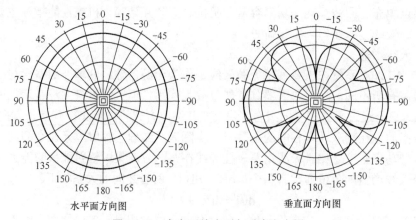

图 21-15　全向天线水平与垂直方向图

（3）波瓣宽度

波瓣宽度也称半功率角，是指天线方向图中主瓣两半功率点间的夹角，如图 21-16 所示。

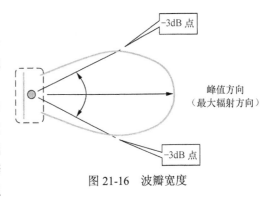

图 21-16　波瓣宽度

波瓣宽度是定向天线的重要指标，分为水平波瓣宽度和垂直波瓣宽度。水平波瓣宽度越大，在小区交界处的覆盖越好，但天线角度改变时也容易形成越区覆盖。水平波瓣宽度较小时，在小区交界处的覆盖较差，但容易实现对指定区域的精确覆盖，不造成对其他小区的越区覆盖。

垂直平面的波瓣宽度越小，就越容易通过调整天线倾角的方式准确控制覆盖范围。市区中的基站由于站距小，应当采用垂直波瓣宽度较小的天线，以利于控制基站覆盖区域。

（4）前后抑制比

天线方向图中，前后瓣最大值之比称为前后比，记为 F / B。前后比越大，天线的后向辐射越小，如图 21-17 所示。

图 21-17　前后比

前后比定义如式（21-6）所示。

$$F / B = 10\lg\left(前向功率密度/后向功率密度\right) \tag{21-6}$$

前后比表明了天线对后瓣抑制的程度。选用前后比低的天线，天线的后瓣有可能产生越区覆盖，导致干扰提升，产生掉话。

（5）输入阻抗

天线的输入阻抗是天线馈电端输入电压与输入电流的比值。天线与馈线的连接，最佳情形是天线输入阻抗是纯电阻且等于馈线的特性阻抗，此时馈线上没有驻波，不会产生功率反射。天线的匹配工作就是消除天线输入阻抗中的电抗分量，使电阻分量尽可能地接近馈线的特性阻抗。匹配的优劣一般用四个参数来衡量，即反射系数，行波系数，驻波比和回波损耗，四个参数之间有固定的数值关系，使用哪一个纯粹出于习惯。在日常维护中，用的较多的是驻波比和回波损耗。一般 WLAN 天线的输入阻抗为 50Ω。

（6）驻波比

驻波比（SWR），一般又称电压驻波比（VSWR，Voltage Standing Wave Ratio），表征入射波与反射波的情况，可用于表示天线和电波发射台的匹配程度，如式（21-7）所示。

$$VSWR = \frac{1+|S_{11}|}{1-|S_{11}|} \tag{21-7}$$

式（21-7）中，S_{11} 为反射系数，可表示如下。

$$S_{11} = \frac{馈线阻抗-天线输入阻抗}{馈线阻抗+天线输入阻抗} \tag{21-8}$$

驻波比是行波系数的倒数，其值在 1 到无穷大之间，越接近 1 越好，其与功率效率的关系如图 21-18 所示。

如图 21-18 所示，VSWR 为 1 时，输入阻抗等于传输线的特性阻抗，表示完全匹配，但实际中几乎不可能达到；VSWR 为 1.25 时，反射功率占入射功率的 1.14%；VSWR 为 1.5 时，反射功率占入射功率的 4.06%；VSWR 为 1.75 时，反射功率占入射功率的 7.53%。VSWR 越大，反射功率越高。在移动通信系统中，一般要求 VSWR 小于 1.5，但实际应用中 VSWR 应尽可能小于 1.2。过大的驻波比会减小基站的覆盖范围并造成系统内干扰加大，影响基站的服务性能。

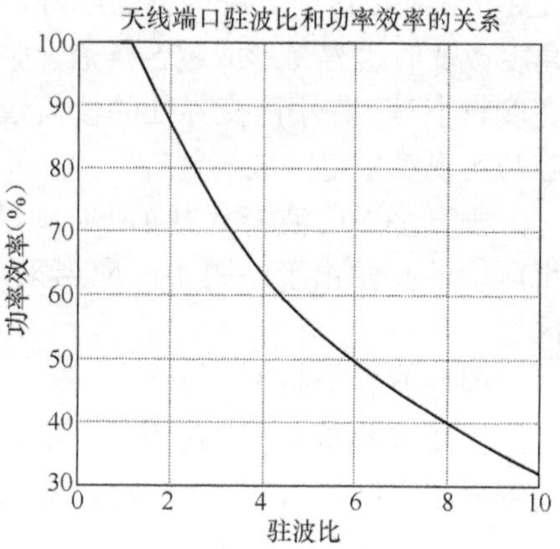

图 21-18　驻波比与功率效率的关系

（7）工作频段

无论是发射天线还是接收天线，总是在一定的频率范围（频带宽度）内工作的。工作在中心频率时，天线所能输送的功率最大，偏离中心频率时，它所输送的功率将减小，据此可定义天线的工作频段。

天线的工作频段有两种不同的定义。

- 在驻波比 VSWR≤1.5 条件下，天线的工作频带宽度；
- 天线增益下降 3dB 范围内的频带宽度。

在移动通信系统中，天线工作频段通常使用前一种定义。具体地说，天线的频带宽度就是其驻波比 VSWR 不超过 1.5 时，天线的工作频率范围。一般说来，在工作频带宽度内的各个频率点上，天线性能是有差异的，但这种差异造成的性能下降是可以接受的。

（8）回波损耗

回波损耗是反射系数绝对值的倒数，以分贝值（dB）表示。回波损耗的值在 0dB 到无穷大之间，回波损耗越小表示匹配越差，回波损耗越大表示匹配越好。0 表示全反射，无穷大表示完全匹配。在移动通信系统中，一般要求回波损耗大于 14dB。

（9）零点填充

基站天线垂直面内采用赋形波束设计时，为了使业务区内的辐射电平更均匀，下副瓣第一零点需要填充，不能有明显的零陷。高增益天线由于其垂直半功率角较窄，尤其需要采用零点填充技术来有效改善近处覆盖。通常零深相对于主波束大于-20dB，即表示天线有零点填充，有的供应商采用百分比来表示，如某天线零点填充为 10%。这两种表示方法的关系如式（21-9）所示。

$$Y(dB) = 20\lg(X\%/100\%) \tag{21-9}$$

如零点填充 10%，即 $X=10$；用 dB 表示为 $Y=20\lg（10\%/100\%）=-20\text{dB}$。

21.3　其他器件介绍

21.3.1　常见无源器件

1．功分器

功分器是一种将信号能量进行等值分配的器件，目前的技术水平可以达到较宽（800～2500MHz）的频带特性。功分器按照制作原理和工艺可分为微带功分器和腔体功分器，功分器外观如图 21-19 所示，左侧为宽频腔体功分器，右侧为宽频微带功分器。

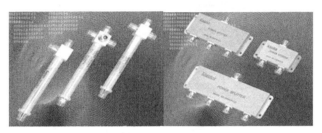

图 21-19　功分器

因腔体功分器在功率容量及插入损耗等指标上要优于微带功分器，目前在实际工程中主要选用腔体功分器。常用的功分器有二功分、三功分和四功分。使用功分器时，若某一输出口不接基站输出信号，则必须接匹配负载（即负载电阻），不应空载。腔体功分器常温电性能指标如表 21-2 所示。

表 21-2　　　　　　　　　　　　腔体功分器常温电性能指标

指标\规格			二功分器	三功分器	四功分器
工作频段			800～2500MHz		
总插入损耗（分配损耗+插入损耗）/dB			≤3.3	≤5.2	≤6.5
输入端口驻波比			≤1.25	≤1.25	≤1.3
带内波动/dB			≤0.3	≤0.45	≤0.55
输入口反射互调抑制	单系统总功率 36dBm 及以上	三阶	≤-140dBc(+43dBm×2)		
		五阶	≤-155dBc(+43dBm×2)		
	单系统总功率 36dBm 以下（N 型头）	三阶	≤-120dBc(+43dBm×2)		
		五阶	≤-145dBc(+43dBm×2)		
功率容量	单系统总功率 36dBm 及以上	均值功率	≥200W（4×50W EDGE 载波，GSM900 下行频段）		
	单系统总功率 36dBm 以下（N 型头）	均值功率	≥200W（1×200W EDGE 载波，GSM900 下行频段）		

2．耦合器

耦合器是一种将能量进行不等值分配的器件，可将信号不均匀地分成两份，目前的技术水平可以达到较宽（800～2500MHz）的频带特性。耦合器按照制作原理和工艺可分为微带耦合器和腔体耦合器，耦合器外观如图 21-20 所示，左侧为宽频腔体耦合器，右侧为宽频微带耦合器。

图 21-20　耦合器

与功分器类似，腔体耦合器在功率容量上要优于微带耦合器，同时插入损耗略低于微带耦合器。耦合器的主要参数如表 21-3 所示。

表 21-3　　　　　　　　　　　　　　　耦合器主要参数

指标\耦合度规格			5dB	7dB	10dB	15dB	20dB
工作频段			800～2500MHz				
总插入损耗（含分配损耗）/dB			2.15	1.47	0.96	0.44	0.34
隔离度			≥24	≥25	≥28	≥33	≥38
耦合度偏差/dB			±0.6	±0.6	±1	±1	±1
带内波动/dB			1dB				
驻波比			1.25				
输入口反射互调抑制	单系统总功率 36dBm 及以上	三阶	≤−140dBc(+43dBm×2)				
		五阶	≤−155dBc(+43dBm×2)				
	单系统总功率 36dBm 以下（N 型头）	三阶	≤−120dBc(+43dBm×2)				
		五阶	≤−145dBc(+43dBm×2)				
功率容量	单系统总功率 36dBm 及以上	均值功率	≥200W（4×50W EDGE 载波，GSM900 下行频段）				
	单系统总功率 36dBm 以下（N 型头）	均值功率	≥200W（1×200W EDGE 载波，GSM900 下行频段）				

一般来说同一楼层内功率被分配到不同的天线时，使用等功率分配的功分器；从干线向不同楼层的支路分配功率时，使用不等功率分配的耦合器。耦合器与功分器的搭配使用，主要是为了使信号源的发射功率能够尽量平均分配到系统的各个天线口，使整个分布系统中的每个天线发射功率基本相同。

3. 合路器

合路器的作用是将两路或多路功率信号合并到单个通路上去，同时尽可能避免各个端口信号之间的相互影响。一般具有两个或多个输入端口和一个输出端口。合路器的外观如图 21-21 所示。

图 21-21　合路器

合路器的工作原理类似于双工器，但要求被合成的信号不在同一频段范围内，如

GSM 信号和 WCDMA 信号。而且合路器具有插入损耗低、功率容量大、隔离度大（大于 70～90dB）和温度稳定性好等特点。

考虑到要将 CDMA2000、WCDMA、LTE、WLAN 等多系统合路，器件选择上优先选用工作频率范围为 800～2500MHz 的器件。如现有器件无法满足需求，需要后续更换的，则需要在器件安装位置预留未来设备安装和更换的空间。

合路器的常温电性能指标如表 21-4 所示。

表 21-4 合路器的常温电性能指标

指标\规格	合路器 1	合路器 2	合路器 3
	GSM/DCS 合路器（双路）	GSM/WLAN 合路器（双路）	GSM&DCS/WLAN 合路器（双路）
工作频段	通路 1：889～954MHz 通路 2：1710～1830MHz	通路 1：889～954MHz 通路 2：2400～2483.5MHz	通路 1：889～954MHz 1710～1830MHz 通路 2：2400～2483.5MHz
插入损耗/dB	≤0.6	≤0.6	≤0.6
驻波比	≤1.3	≤1.3	≤1.3
带内波动/dB	≤0.5	≤0.5	≤0.5
带外抑制/dB	通路 1：≥80 通路 2：≥80	通路 1：≥80 通路 2：≥80	通路 1：≥80 通路 2：≥80

4. 电桥

电桥是一种将同频段载波进行合路的器件，如 CDMA 1X 载波和 CDMA EV/DO 载波的合路或者 WCDMA 两个载波的合路，也可以叫同频合路器。通常使用的电桥为 3dB 电桥，即信号合路后有 3dB 的损耗。在室内分布系统中，有时两个输出端口都要用到，这时就不需要接负载；若只需要一个输出端口，则另一个端口一定要接匹配负载。电桥外观如图 21-22 所示，电桥主要参数如表 21-5 所示。

图 21-22 电桥

表 21-5 电桥主要参数

参 数	指 标
插损（含分配损耗）（dB）	≤3.2
移相（°）	90±1.5
端口电压驻波比	≤1.15
分配器间隔离度（dB）	≥25
功率容限（W）	100
工作温度（℃）	−25～+60
工作湿度（%）	0～90
接口方式	N-F

5. 负载

负载是一种特殊的衰减器，衰减值可趋于无穷大，通常用来防止系统空载。在实际工程中负载的应用比较少，主要用于空余端口的射频匹配。负载外观如图 21-23 所示，负载的主要参数如表 21-6 所示。

图 21-23　负载

表 21-6　　　　　　　　　　　　　　　负载主要参数

参　　数	指　　标
阻抗（Ω）	50
工作温度（℃）	−20～+60
驻波比	≤1.1
功率容限（W）	≥5
接口方式	N-K

6. 同轴电缆

同轴电缆用作室内分布系统中射频信号的传输，它将来自蜂窝基站或是直放站的信源信号传输到室内分布系统的天线，其主要工作频率范围为 100～3000MHz。

常用的编织外导体同轴电缆有 5D（外金属屏蔽直径为 5mm，以下类似）、7D、8D、10D、12D 这几种，其特点是比较柔软，可以有较大的弯折度，适合室内的穿插走线。皱纹铜管外导体同轴电缆如 1/2"（外金属屏蔽直径为 0.5 英寸，即 12.7mm，以下类似）、7/8"等型号，其电缆硬度较大，对信号的衰减小，屏蔽性也比较好，较多用于信号的传输。超柔同轴电缆用于基站内发射机、接收机、无线通信设备之间的连接线（俗称跳线），超柔同轴电缆弯曲直径与电缆直径之比一般小于 7。同轴电缆的主要参数如表 21-7 所示。

表 21-7　　　　　　　　　　　　　　　射频电缆主要参数

技术参数	5D	7D	8D	10D	1/2"	7/8"	超柔
百米损耗（dB，900MHz）	20.4	14.3	13.8	11.0	7.2	4.1	11.2
百米损耗（dB，1800MHz）	29.7	21.1	20.8	16.8	10.6	6.1	16.5
每百米重量（kg）	8	11.5	14	18	25	57	21
导线护套外径（mm）	7.5	9.8	10.4	13.2	15.8	28	14.7
特性阻抗（Ω）	50	50	50	50	50	50	50
驻波比	≤1.20	≤1.20	≤1.20	≤1.20	≤1.20	≤1.20	≤1.20
最小弯曲半径（mm）	70	100	110	140	200	280	35

同轴电缆的外观如图 21-24 所示。

图 21-24　同轴电缆

21.3.2　无源器件射频指标

1. 插入损耗

插入损耗（insertion loss）指在传输系统的某处由于元器件的插入而发生的负载功率的损耗，它表示该元器件插入前负载上所接收到的功率与插入后同一负载上所接收到的功率以分贝为单位的差值。常见的无源器件中，耦合器、功分器、合路器、电桥等都会产生插入损耗。表 21-8 列出了这些器件对该项指标的标准和要求。无源器件的插入损耗越大，功率通过器件后的衰减越大，导致网络覆盖越小，其建设成本会越高。

表 21-8　　　　　　　　　　　　无源器件的插入损耗指标

器件类型	标准与要求
腔体功分器	二功分器的插入损耗≤0.3dB 三功分器的插入损耗≤0.4dB 四功分器的插入损耗≤0.5dB
耦合器	耦合度≤10dB 时，损耗≤0.5dB 耦合度>10dB 时，损耗≤0.3dB
3dB 电桥	≤0.5dB
合路器	≤0.6dB

2. 带内波动

带内波动（In-band Ripple）是指在无源器件的通带内信号上下起伏的范围，通常用 dB 表示。表 21-9 列出了无源器件测试中，带内波动指标的标准和要求。带内波动规定了标称工作带内的传输损耗的稳定度。该指标过大导致信号在通带内上下起伏的幅度过大。如果带内指标太差，会造成宽带调制信号失真。

表 21-9　　　　　　　　　　　　无源器件的带内波动指标

器件类型	标准与要求
腔体功分器	≤0.3dB
3dB 电桥	≤0.5dB
合路器	≤0.5dB
衰减器	3dB 衰减器≤0.3dB 6dB 衰减器≤0.5dB 10dB 衰减器≤0.7dB 15dB 衰减器≤0.8dB

3. 耦合度偏差

耦合度偏差（Coupling deviation）是指耦合器的实际耦合度与厂家声称的耦合度之间的差值。对于不同型号的耦合器，其耦合度偏差要求不同。一般耦合度越大，其允许的偏差值越大。表 21-10 列出了耦合度偏差的标准与要求。耦合度偏差是耦合器的关键指标，偏差过大会严重影响耦合器的性能。

表 21-10　　　　　　　　　　　　无源器件的耦合度偏差指标

器件类型	标准与要求
耦合器	耦合度≤7dB 时，偏差≤±0.6dB 7dB<耦合度≤30dB 时，偏差≤±1dB 耦合度>30dB 时，偏差≤±1.5dB

4. 隔离度

隔离度（Isolation degree）定义为本振或射频信号泄漏到其他端口的功率与输入功率之比，单位 dB。耦合器和电桥的隔离度指标如表 21-11 所示。隔离度不好，会导致信号泄漏到其他端口，引起系统阻塞。

表 21-11　　　　　　　　　　　　无源器件的隔离度指标

器件类型	标准与要求
耦合器	耦合度≤15dB 时，隔离度≥20dB 耦合度>15dB 时，隔离度≥30dB
3dB 电桥	≥20dB

5. 带外抑制

带外抑制（Out-band Spurious）是指对使用频带以外的信号控制，其定义为通带内的信号与通带外的信号功率值之比，单位 dB。带外抑制不够会导致相邻频段的信号互相干扰，影响通信质量。以合路器为例，一般要求带外抑制≥80dB。

6. 电压驻波比

电压驻波比（Voltage Standing Wave Ratio，VSWR），是为了表征和测量入射波与反射波的情况。入射波和反射波相位相同的地方，电压振幅相加为最大电压振幅 V_{max}，形成波腹；在入射波和反射波相位相反的地方电压振幅相减为最小电压振幅 V_{min}，形成波节。其他各点的振幅值则介于波腹与波节之间。这种合成波称为行驻波。驻波比是驻波波腹处的幅值 V_{max} 与波节处的幅值 V_{min} 之比。它可以用来表示天线和电波发射台是否匹配。如果 VSWR 的值等于 1，则表示发射传输给天线的电波没有任何反射，全部发射出去，这是最理想的情况。如果 VSWR 值大于 1，则表示有一部分电波被反射回来，最终变成热量，使得馈线升温。被反射的电波在发射台输出口也可产生相当高的电压，有可能损坏发射台。

在对耦合器、负载等无源器件的测试中，电压驻波比均非常重要。表 21-12 列出了常见无源器件的驻波比指标要求。

表 21-12　　　　　　　　　　　　无源器件的电压驻波比指标

器件类型	标准与要求
腔体功分器	≤1.25
耦合器	≤1.25
3dB 电桥	≤1.3
合路器	≤1.3
衰减器	≤1.2
负载	≤1.2

7. 无源互调

无源互调（Passive Inter-Modulation，PIM）作为互调失真的一种，是由无源器件（如天线、电缆、连接器或带有两个或以上大功率输入信号的双工器）产生的。当两个以上不同频率的信号作用在具有非线性特性的无源器件上时，会产生无源互调产物。无源互调不能达到要求，会出现以下现象。

① 互调信号落入至上行接收频段，导致信号无法正常通信；

② 互调信号容易产生邻频干扰或同频干扰，通话质量下降；

③ 基站干扰等级受互调信号影响；

④ 互调信号造成相邻系统无法正常运行。

无源互调不达标会导致严重的信号干扰，影响整个通信系统的质量，因此在搭建无源系统时，我们应当尽量减小无源器件的互调，以提高系统质量。常见减小无源互调的措施包括如下几种。

① 尽量不使用非线性材料，如果一定要用，那么必须涂上一定厚度的银板或铜板，且不要将非线性材料放在电流通道或电流通道附近；

② 尽可能少用非线性器件（如集总虚拟负载、隔离器和某些半导体器件）；

③ 在对无源互调比较敏感的区域或在容易造成无源互调问题的地方，不使用非线性元器件；

④ 导电通道上的电流密度应保持低值，如接触面积和导体要大，使用大尺寸连接器；

⑤ 使金属接触的数量为最小，提供足够的电流通道，保持所有的机械连接清洁、紧固；

⑥ 提高线性材料的连接工艺，确保连接可靠、无缝隙、无污染和无腐蚀；

⑦ 在电流通道上尽可能避免使用调谐螺丝或金属与金属接触的活动部件。如果非用不可，应将它们放在低电流密度区域；

⑧ 保持最小的热循环，因为金属材料的膨胀和压缩可能产生非线性接触；

⑨ 使用滤波器和物理分离法尽量将大功率发射信号和低功率接收信号分开；

⑩ 一般来说，电缆的长度应为最小，必须使用高质量低无源互调电缆；

⑪ 如果高低功率电平不可避免地要使用同一信道，那么降低无源互调的出发点应该是合理选择发射频率和接收频率，并且收发频率应尽可能远离；

⑫ 进行频率规划时，应考虑高阶无源互调的频率影响。

室分所使用的无源器件有多制式分端口的无源器件和多制式共用端口的无源器件。由于网络多系统的共用，互调已不再是单独的系统内部收发互调的问题，而是多系统的互调问题。如何对室内分布式系统所用的器件进行互调测试，是目前实现无线基础设施共建共享的关键问题之一。由于多制式系统的共存，其技术要求常扩展到以下几个方面：第一，系统内部收发互调，也就是端口的反射互调；第二，系统内互调落入其他系统接收频段的干扰；第三，系统间互调落入各个系统接收频段的干扰，仅适用于多制式端口的无源器件，如 GSM/CDMA/WCDMA/CDMA2000 与 TD-F/TD-A/TD-E 的合路。因此，只有全面测试无源器件尤其是多频合路器的互调指标，才能减少无源器件对系统的干扰。在具体测试中，最常测量的是二阶和三阶互调，常测量的系统以及频带范围如表 21-13 所示。

表 21-13　　　　　　　　　常见系统的无源互调测试

无源互调	系统	TX(MHz)	RX(MHz)	PIM3 范围	影响系统（接收）
三阶 $(2f_1-f_2, 2f_2-f_1)$	GSM-25M	935～960	890～915	910～915	GSM
	DCS	1805～1880	1710～1785	1730～1785	DCS
二阶（f_1+f_2）	GSM-25M	935～960	890～915	1870～1920	DCS, WCDMA TD-SCDMA

互调指标为 PIM3≤-120dBc（输入功率+43dBm×2）的无源器件适合于 2W/每载波以下（含 2W/每载波）的小功率应用场景，以降低组网成本；而互调指标为 PIM3≤-140dBc（输入功率+43dBm×2）的无源器件适合于 2W/每载波至 20W/每载波（含 20W/每载波）的场景，以提高网络质量；互调指标为 PIM3≤-150dBc（输入功率+43dBm×2）的无源器件适合于 20W/每载波以上的大功率应用场景，以提高大功率基站的网络质量。常用的无源器件的测试标准以及指标要求如表 21-14 所示。

表 21-14   无源器件的互调指标

器件名称	器件分类		标准与要求
腔体功分器，耦合器，3dB电桥，合路器	单系统总功率 36dBm 及以上型	三阶	≤-140dBc（输入功率+43dBm×2）
		五阶	≤-155dBc（输入功率+43dBm×2）
	单系统总功率 36dBm 以下型	三阶	≤-120dBc（输入功率+43dBm×2）
		五阶	≤-145dBc（输入功率+43dBm×2）
负载，衰减器	50W 以下	三阶	≤-120dBc（输入功率+33dBm×2）
		五阶	≤-145dBc（输入功率+33dBm×2）
	50W 及以上	三阶	≤-105dBc（输入功率+43dBm×2）
		五阶	≤-125dBc（输入功率+43dBm×2）

8. 功率容限

在多信道的无线通信系统中，由于射频能量传输的"趋肤效应"，阻抗变化将会引起信号的反射，传输介质的温度变化都会转化为热能，电阻和介质损耗所消耗产生的热能导致器件的老化、变形以及有可能出现的电压飞弧现象。飞弧现象是由于功率容限不足，特别是对峰值功率的承受能力不足，产生异常发热、电场击穿、打火现象，从而引起底噪升高，造成整个系统的干扰，其危害十分严重。

功率容限（power capacity）是指由于最大输入信号所引起的热能不会引起问题的最大承受限度。无源器件功率容限不能达到要求，会出现以下现象。

① 器件会出现打火烧坏，驻波变大，信源的发射信号会全反射；
② 信号的全反射，严重会导致信源烧坏；
③ 器件局部微放电，造成频谱扩张，产生宽带干扰，影响多个系统；
④ 器件因烧坏击穿，引起网络通信中断。

无源器件功率容限是指最大输入功率对各种发射信号的幅度分布进行基于互补积累分布函数（Complementary Cumulative Distribution Function，CCDF）的分析，在 CCDF 函数值为 0.01%的门限点取峰值功率，然后计算峰均比，峰均比值以及网络组合对功容限的要求如表 21-15 所示。

表 21-15   系统峰均比

发射信号	峰均比（dB）	网络组合	功率容限要求（W）
GSM	0.16	GSM+EDGE	63.8
EDGE	3.34	GSM+EDGE+DCS	84.5
CDMA2000 1 载波	9.7	GSM+DCS+TD（三载波）	234.1
CDMA2000 3 载波	10.8	GSM+DCS+TD F+A（三载波）	383.7

（续表）

发射信号	峰均比（dB）	网络组合	功率容限要求（W）
CDMA2000 6 载波	12.66	GSM+DCS+TD F+A（三载波）+WLAN	391.6
EVDO 1 载波	9.7	GSM+DCS+TD F+A（三载波）+WLAN+LTE	550.1
EVDO 3 载波	10.8	GSM+EDGE+DCS+WCDMA（单载波）	288.6
WCDMA 1 载波	10.1	GSM+EDGE+DCS+WCDMA（3 载波）	396.3
WCDMA 3 载波	11.94	GSM+EDGE+DCS+WCDM（3 载波）+WLAN	404.3
TD-SCDMA 下行 3 时隙	8.7	GSM+EDGE+DCS+WCDMA（3 载波）+WLAN+LTE	562.8
TD-SCDMA 3 载波	8.75	CDMA（3 载波）+EVDO	426.1
LTE	9	CDMA（6 载波）+EVDO	554.3
WLAN	12	CDMA（3 载波）+EVDO+WLAN	434.0

在移动分布系统中，不断增加的功率使得无源器件承受的功率负荷越来越重，功率超容限的概率在加大。为了保证整个系统的通信能力和通信质量，必须从源头上减少系统干扰，因此有必要对无源器件进行功率容限测试，以保证无源器件的性能指标符合网络建设需求，不会在应用时因为功率容限不足而导致器件老化、变形或者飞弧现象，进而保障整个系统的网络质量。功率容限测试的主要原理是通过射频信号经功率放大器放大后，通过查看器件性能是否恶化来判断器件耐高峰值功率的性能好坏，它是用于考察无源器件设计和工业制造水平的重要测试技术。功率容限测试系统通过集成信号发生器和功率放大器来实现大功率信号加载到被测无源器件上，然后通过频谱分析仪来观测飞弧现象和信号幅度变化，进而对无源器件的功率容限能力进行评估。

对于单系统总功率 36dB 及以上型的无源器件来说，测试系统加载到器件上的信号功率为 4×50W EDGE 载波，均值功率为 200W，峰值功率范围约为 1～1.3kW；对于单系统总功率 36dBm 以下型的无源器件来说，测试系统加载到器件上的信号功率为 1×200W EDGE 载波，均值功率为 200W，峰值功率约为 400W。

第22章
WLAN基础网络规划介绍

关于本章

完整的无线网络建设过程包括前期调研、网络规划、工程实施和网络优化等阶段。网络规划是整个建设过程中的关键阶段，决定了系统的投资规模，规划结果确立了网络的基本架构，且基本决定了网络的效果。合理的网络规划可以节省投资成本和建成后网络的运营成本，提高网络的服务等级和用户满意度。

对于用户而言，WLAN网络所能提供的服务质量是其最关心的问题，其中，覆盖范围是服务质量的重要方面。同时，在一定成本条件下，如何增加网络容量、满足网络未来发展的需求，也是规划时需要考虑的问题。这些问题都需要通过网络规划来解决，通过网络规划可以使无线通信网络在覆盖、容量、质量和成本等方面达到良好的平衡。

本章介绍WLAN基础网络规划，主要包括WLAN网络规划基本流程、WLAN网络常见干扰因素及WLAN基本的负载均衡方式。

通过本章的学习，读者将会掌握以下内容。

- WLAN网络规划的基本流程
- WLAN网络常见干扰因素
- WLAN基本的负载均衡方式

22.1 WLAN 网络规划基础

22.1.1 WLAN 无线网络规划总体流程

WLAN 无线网络规划流程可以分为以下几个步骤：需求分析、现场勘察、干扰探测、覆盖规划、容量规划、频率规划、方案评审、安装施工、实地测试和调整优化。WLAN 无线网络规划的流程如图 22-1 所示。

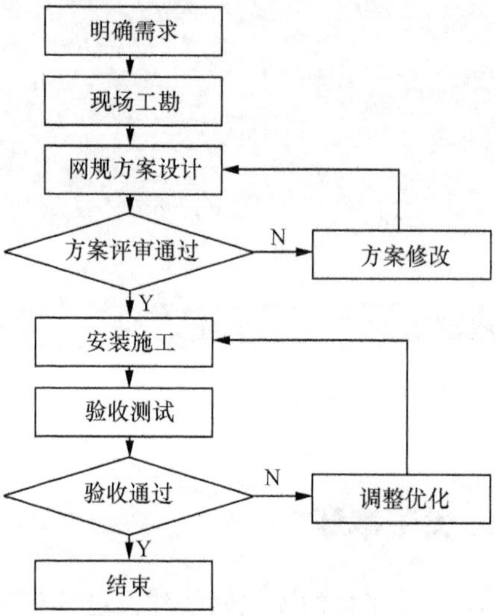

需求分析是 WLAN 网络规划的第一步。通过调研了解客户需求，明确网络的覆盖目标、应用背景、网络设计容量以及网络的预期质量，分析目标用户群的规模和行为习惯，掌握用户数量、业务特征等情况。

现场勘察是 WLAN 网络规划的基础，是获得规划输入参数的过程。由于 WLAN 信号所处频段较高，在空间中衰减较快，且多应用于室内环境，建筑结构和材质对 WLAN 信号的影响很大，故需要对目标区域进行现场勘察，获得现场环境参数以及传输、电源及点位等资源情况，为 WLAN 网络的规划做好前期准备。

WLAN 工作于非授权频段，需要实地测量 WLAN 覆盖现场的干扰情况，若有干扰源存在，例如微波炉干扰和无绳电话干扰，需及早考虑屏蔽措施。

图 22-1 WLAN 无线网络规划流程

在覆盖规划阶段，应首先确定 WLAN 网络的覆盖方式，即采用室内还是室外覆盖方式，单独建设还是与移动蜂窝网络室分系统合路等方式。确定覆盖方式之后，根据现场环境参数进行传播模型校正和无线链路预算，确定单 AP 的覆盖范围，进而得到发射功率与天线选型等参数，然后在此基础上初步确定 AP 点位及数量。在有条件的情况下，可进行 WLAN 仿真，预测规划效果，并根据仿真结果进行调整，直到各项参数达到目标值为止。

容量规划是根据收集和预测的用户需求以及单 AP 所能接入的用户数来确定空间内 AP 数量的。并将此结果与前面计算的满足覆盖要求的 AP 数量进行比较，选择其中较大值，作为初步规划所需布放的 AP 数量。

经过覆盖规划与容量规划之后，根据前面确定的 AP 点位及数量合理地进行频率规划，规避频率干扰，力求将干扰降到最小。若频点始终无法合理规划，则需重新调整 AP 点位及数量。

WLAN 网络规划方案完成后应进行评审，评审通过就可以进行现场施工，不通过则进行方案的修改，再次组织评审。

最后，在 WLAN 设备安装完毕后要进行实地测试，确认是否达到预期效果，并及时做出相应的调整与优化，使网络性能达到最优。各项参数符合要求后，出具验收报告，验收通过后，整个网规流程结束。

WLAN 网络规划的这几个步骤之间是相互关联、不可分割的，进行实际规划设计时应综合考虑这几个方面，才能减少网络规划往复次数，并最终使 WLAN 网络性能接近最优。

22.1.2　WLAN 建设需求分析

在进行 WLAN 网络建设之前，最好事先搜集技术上的需求，征询用户信息以了解用户所关注网络性能指标，勘察人员可以使用下列检查项来记录用户需求。

（1）吞吐量

WLAN 网络使用的设备类型以及资源规划在很大程度上将取决于满足用户业务需求的吞吐量。

（2）覆盖范围

明确覆盖目标以及覆盖率。对难以覆盖的特殊区域进行覆盖时需要采取其他的策略，例如，电梯井通常位于中央大楼的核心，比较难以覆盖。

（3）用户密度

除了确定用户所在的热点位置，还需要注意覆盖区域内的用户密度。公共场所的用户通常比较密集，例如会议室、机场出发厅和餐厅等。

（4）用户数目

需要明确估计使用 WLAN 网络的用户数量以及用户期望达到的网络服务质量，同时需要考虑未来的用户增长情况。

（5）组网方式

需要根据实际情况来决定是采用 AC 直连组网方式或者 AC 旁挂组网方式。

（6）配电方式

需根据 WLAN 覆盖地点附近是否有交流电方便引入或者易于布放 POE 交换机来决定具体采用的配电方式。

22.1.3　WLAN 无线网络勘察

现场勘察是成功部署 WLAN 网络的关键。WLAN 具有组网灵活、高效率、低成本的优势，但同时也容易受到环境因素的影响，进而使网络实际性能下降。通过现场勘察并调整网络规划方案，来确保网络建成后每个用户接收到的信号足够强，且在其工作区域得到最大的网络吞吐速率，这就是对现场环境进行勘察的目的。

现场勘察首先是要清楚地了解用户对于网络的需求，包括覆盖范围、网络设计容量和网络的预期质量等。除了要知道如何布置网络来满足需求之外，还要考虑 WLAN 网络本身的限制因素。影响无线电波传播与信号质量的因素很多，如建筑材料、结构与楼层规划均会影响无线电波在整栋建筑物中的传播。每栋建筑物里的干扰程度也不尽相同，而且温度和湿度也会对信号质量造成影响。及早进行现场勘察有助于掌握相关的无线传播环境因素，同时为网络建设方案的确定提供可靠的实测数据。

1. 环境因素的考虑

网络所处的环境对勘察结果也有很大的影响。AP 和用户之间的障碍物会导致无线信号的折射、反射和散射，从而造成信号质量下降。以下是需要考虑的环境因素。

（1）天线位置

减少 AP 和用户终端直线间的障碍就可以最大程度地降低对信号的影响。在有各种文件柜的办公室环境内，将天线放置在较高的位置一般会改善其对于室内各用户的信号质量。

（2）障碍物

诸如架子、柱子之类的障碍物都会影响 WLAN 设备的性能，无线信号受到金属障碍物的影响比其他物体更明显。所以要特别注意 AP 和用户之间大型的金属障碍物，例如存储柜及金属架子等。

（3）建筑材料

无线电波穿透性能受建筑材料影响很大，例如玻璃比混凝土砖块的衰减要低，因此允许更大的无线电波传输距离。

（4）物理环境

整洁或空旷的环境能够比封闭或拥挤的环境提供更大的覆盖距离。

2. 无线网络勘察准备

在进行现场勘察前，勘察人员需要根据选址原则和设计规范的要求制定勘察站点列表，安排勘察计划，并通过业主等方面获取站点的建筑设计图。若站点已经设有移动室内分布系统覆盖，勘察前需准备现有室内分布系统施工图纸，以便现场勘察时作为馈入方案的参考。

（1）勘察设备

在进行现场勘察前，勘察人员应准备好勘察所需设备，如表 22-1 所示。

表 22-1 　　　　　　　　　　　　　勘察所需设备

勘察设备名称	数量	备 注
数码照相机	1 部	带好备用电池及大容量存储卡
测距仪器或工程用卷尺	1 部	
GPS 卫星定位仪	1 部	
便携指北针	1 个	磁北
照明用品	1 个	手电、头灯等
频谱扫描设备	1 套	满足 WLAN 工作频段范围
标准勘察记录表	多份	根据情况，准备充足
笔记本电脑或 WLAN 测试仪	1 部	便携性好，带多块备用电池

将勘察物品准备妥当后，应再次检查物品的完备性，对于电子产品应检查其电池情况，同时带好备用电池。

（2）勘察准备工作

① 根据选址原则和设计规范要求，制定勘察站点列表，安排勘察计划。

② 提前与勘察地点的业主取得联系，得到业主的勘察准许。

③ 如站点已经建设有运营商室内分布系统覆盖，勘察前需准备室内分布系统施工

图纸，以便现场勘察时作为馈入方案的参考。

④ 如无勘察地点的建筑示意图，应与业主进行沟通，获得尽可能详细的大楼建筑图纸，建筑图纸应包括以下内容。

- 每个楼层的平面图。
- 楼层各个方向立体图。
- 大楼内部强电井、弱电井施工图纸。
- 大楼内部可用电源及传输线路示意图。

3．WLAN 无线网络现场勘察

（1）勘察信息记录

勘察记录表使用要求统一，记录时字迹清晰、填写完整，绘制示意图时要求有必要尺寸标注、磁北方向标识以及设备安装位置定位和周边情况注释。

① 在勘察记录表上填写项目名称、站点名称、站点详细地址。

② 在勘察记录表上填写勘察人员、勘察日期。

③ 在站点所在位置记录卫星定位经纬度，经纬度表示方式要统一。

④ 了解站点属于何种类型以及目标区域、特殊区域的位置数量和特征等，将详细情况记录在勘察记录表上。

⑤ 了解站点覆盖目标区域用户情况，记录在勘察记录表上。

（2）勘察照片拍摄原则

为了便于了解建筑物结构，需要拍摄照片，加深记忆。拍照之前要选择特征楼层，这样能够保证以较高的效率完成照片拍摄工作，并提供足够的建筑物特征信息。

照片拍摄时要遵循以下原则。

① 拍摄站点外观照片、周边环境照片，以说明站点特征。

- 对于室外环境，应尽量拍摄带有建筑物明显特征的外形轮廓全景照。
- 对于室内环境，应对于楼层平面布局、天花板结构特征、窗户和屋门等进行拍照。

② 拍摄以太网交换机设备安装位置照片。

③ 在新增 WLAN 天线位置处拍摄照片。

④ 如果属于馈入方式引入 WLAN 系统，需拍摄原有设备间照片。

⑤ 拍摄现有电力系统照片，要求照片质量达到可看清电力设备标识的程度。

⑥ 拍摄楼层馈线穿孔位置。

⑦ 拍摄异常结构（如大的金属物件）。

一般的商业楼宇对于室内摄影、摄像控制比较严格，因此拍摄室内照片之前需要获得业主许可。

（3）WLAN 无线接入勘察要求

① 基本要求。

a．依据站点选址及设计规范，结合现场情况初步确定站点的分布方式。

b．现场勘选 AP 设备的可用安装位置，并在勘察记录表上草绘示意图。

c．对照建筑示意图，标明楼宇的内部结构、材质等信息。

d．根据现场情况确定天线类型、增益、安装位置、安装方式以及天线覆盖方向，并草绘天线安装位置示意图。天线安装位置选择时应充分考虑目标覆盖区域，减少信号传播阻挡、避开干扰源。

e. 现场确定连接 AP 设备的各类线缆（超五类线、电源线、馈线）的路由。

f. 勘查人员需要与业主沟通，确认业主对设备安装是否有特殊要求（如明装、暗装、隐蔽安装等）。

② 馈入原有分布系统要求。

对于采用合路馈入原有分布系统提供覆盖的情况，应现场核实原有分布系统天线位置是否能够合理有效地满足 WLAN 覆盖要求，如果不能满足，需要按照设计规范中的要求，现场拟定原有天线迁移方案以及确定新增天线数量和位置，并在勘察记录表上草绘示意图。同时对于拟定的新增天线的位置进行拍摄，并在照片上标记天线位置示意图。

勘察人员应在现场初步确定 AP 设备合路馈入分布系统的具体位置，同时使用数码相机对位置进行拍摄。馈入点如在建筑吊顶内，则需选择靠近检修口的位置，以便于安装维护。

对于合路共用天线的情况，经现场拟定建设方案后，需详细记录下需要更换为双频或多频天线的位置以及数量。

③ 新建室外站点要求。

如需新建站点，则在现场勘察的过程中，需要确定在天线安装所要求的位置与高度上是否有安装条件。如果需要新建天线抱杆、桅杆、铁架等各类支撑，需在现场确定其安装位置和高度等，并将架设方案绘制在勘察记录表上。

室外安装天线时，应考虑到 AP 设备与天线的距离不能过远的原则，落实好 AP 设备的安装位置。

由于室外天线一般都距离建筑物有一定的距离，因此需要在勘察时考虑到如何保障室外设备、线缆等的安全。

（4）交换机勘察要求

① 根据初步方案中 AP 设备数量，初定以太网交换机型号（接口数量）以及交换机数量。

② 勘查人员应现场确定交换机的安装位置，并在勘察记录表上绘制安装草图。安装位置应具备安全性、可操作维护性、可扩容性。

③ 勘查人员应现场确定以太网交换机至各个 AP 设备的线缆布放路由以及以太网交换机至配套设施的线缆连接路由。

④ 当以太网交换机至 AP 设备的线缆路由长度超过 100m 时，需要增设五类线信号中继器或者增设一台以太网交换机，其间以光纤连通，保证 AP 设备与交换机间信噪比不会严重恶化。

⑤ 对于确定的交换机安放位置、布缆位置等，需要使用数码照相机进行拍摄，每个位置拍摄 1～2 张照片。

（5）配套设施勘察要求

① 电源。

a. AP 供电方式。

对于每一台 AP 设备，需要现场确定供电方式，如果现场具备使用以太网交换机供电（Power Over Ethernet，POE）条件，则使用以太网交换机集中供电，不再选用 220V 市电单独供电。对于确定的电源位置，需要拍摄照片进行存档，同时，在勘察记录表中进行位置记录。关于 POE 技术的选取，对于普通 IEEE 802.11a/b/g 设备可使用 IEEE 802.3af 标准进行供电，对于功耗较高的设备（包括部分 IEEE 802.11n 制式 AP、智能天线 AP 等），建议使用 IEEE 802.3at 标准（POE+交换机）进行供电。

AP 设备安装于室外时，需根据设备情况配置交流电缆或者由中频控制电缆对其供电。勘察时需要确定电缆长度、路由以及输电端点。电缆路由长度不应超过 90m。

b．以太网交换机供电系统。

若利用已有电力系统，需详细记录现有电力系统情况，包括已用空气开关数量、剩余空气开关数量、上级开关能力。

若新建电力系统，需记录引电节点、引电电缆路由、交流配电盘以及电表安装位置。对于安装位置需要摄像记录。

② 传输。

根据现场情况，记录具备何种传输上联条件：光纤直接上联、通过 E1 线路上联、通过租用专线上联。根据不同上联条件，绘制上联设备安装位置草图。

③ 防雷接地。

a．现场勘察需按照《通信局（站）防雷与接地工程设计规范》YD/T 5098-2005 中的要求，对防雷接地系统能力进行核查。对于不能满足规范要求的站点，需注明新建或改建防雷接地系统，并勘选接地引入路由。

b．所有需要连接室外天线的射频馈线，在进入室内前，均要求接地。

c．设备保护地、馈线、天线支撑件的接地点应分开。每个接地点要求接触良好，不得有松动现象，并做防氧化处理（加涂防锈漆、银粉、黄油等）。

④ 防水防尘。

在勘察现场应注意检查待安装仪器的工作环境，对于空气中湿度较大、灰尘杂质含量较多的环境，应做以专门记录，以便后续采取相应解决方案。

4．勘察结果整理

① 对于勘察记录表应尽快进行电子化，以便保管和使用，勘察记录表按照"勘察时间-勘察地点"的命名方式进行命名。

② 对于数码相机拍摄的照片，在拍摄完成后应立即导入到电脑当中，并且按照"勘察时间-勘察地点-用途"的命名方式，对数码照片进行命名。

③ 如有 AutoCAD 格式的电子版建筑图纸，则在平面图上标记确定的 AP 位置、以太网交换机位置、电源供电位置以及走线位置。

④ 对于每次勘察，建立专门的文件夹保管所有资料，文件夹按照"勘察时间-勘察地点"的命名方式进行命名。此文件夹中应包含以下内容。

- 勘察记录表。
- 勘察照片。
- 建筑图纸。

⑤ 分阶段对于站点勘察成果进行汇总，并建立专门的勘察数据库对阶段性资料进行存储。

22.1.4 WLAN 覆盖方式

WLAN 网络大体可以分为下面两种覆盖场景，三类覆盖方式。

① 室内覆盖场景：主要有室内放装、室内分布系统合路两种不同的覆盖方式。由于 WLAN 系统工作频段较高，信号反射和绕射损耗较大，同时接收机灵敏度低，因而规划人员需要跟据现场勘察的实际情况进行覆盖方式选择。

② 室外覆盖场景：室外型 AP 覆盖方式。

1. 室内放装

室内放装建设方式是在目标覆盖区域或目标覆盖区域附近直接部署 AP，AP 通过其自带天线或简易天馈系统（包括功分器或耦合器、短距离馈线、天线等）实现 WLAN 覆盖。

（1）方案描述

室内放装 AP 采用自带天线时一般使用 2.4GHz/5.8GHz 或 2.4GHz+5.8GHz 双频室内型 100mW AP；采用简单天馈系统方式时一般使用 2.4GHz 室内型 100mW AP。

由于 AP 功率较小，WLAN 覆盖范围也较小，覆盖范围受到建筑物内部设施、房间分隔的影响，实际应用中一般以不穿透墙或只穿透一堵墙为宜。由于楼板穿透损耗较高，因而在不同楼层需要使用不同的 AP 进行覆盖。该方案示意图如图 22-2 所示。

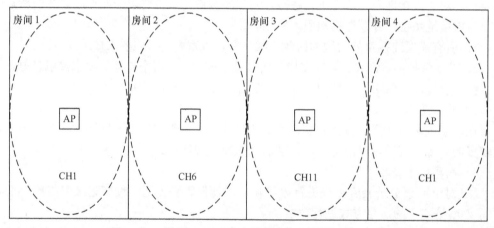

图 22-2　AP 独立放装方案示意图

当采用简单天馈系统时，可根据覆盖区域的具体情况，选用全向吸顶天线或者定向板状天线。该方案示意图如图 22-3 所示。

（2）方案特点

该方案的特点是 AP 的部署位置比较灵活，网络容量较高；但工程量较大，后期维护相对复杂。

（3）适用场景

该方案适用于覆盖区域比较小，室内放装 AP 即可覆盖整个区域的情形，例如酒店中的会议室、商场里的咖啡馆等；或区域内 WLAN 容量需求比较大的情形，例如宿舍楼等。

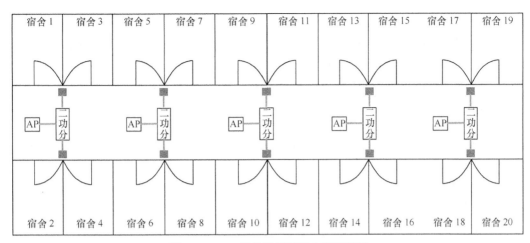

图 22-3　AP+简单天馈系统方案示意图

（4）注意事项

可以利用房间墙壁等的隔离效果，降低单 AP 发射功率等方式，增加 AP 数量，缩小单 AP 覆盖范围，提高网络容量。同时应做好频率规划与网络优化，降低干扰。

2. 室内分布系统合路

室内分布系统合路是将 WLAN 信号通过合路器馈入现有移动通信室内分布系统，各系统信号共用天馈系统进行覆盖。

（1）方案描述

室内分布合路主要采用 2.4GHz 室内合路型大功率 AP。一般 GSM/WCDMA/LTE 信号是在天馈系统主干进行馈入，AP 通过合路器将 WLAN 信号馈入天馈系统的支路末端。根据实际的覆盖区域情况，天线可选择室内全向吸顶天线或定向天线。该方案示意图如图 22-4 所示。

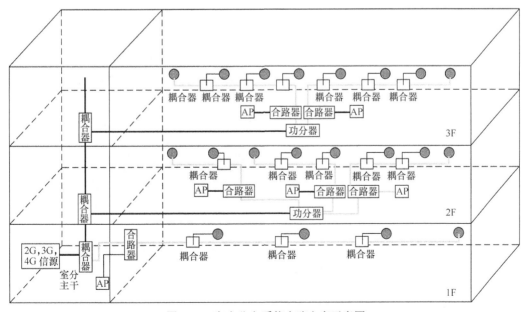

图 22-4　室内分布系统合路方案示意图

（2）方案特点

该建设方式 2G/3G/4G/WLAN 共用分布系统基础设施，综合建设投资较小，建设周期短，无线信号覆盖面积较大，信号分布均匀；需要按 2G/3G/4G/WLAN 联合覆盖需求统一规划、设计、优化分布系统，满足各系统的无线覆盖要求；实现大容量覆盖难度较大。

（3）适用场景

该方案适用于室内覆盖面积较大，已有或未来需建设分布系统的场景，例如宿舍楼、教学楼、机场、写字楼等。

（4）注意事项

该方案一般不在 AP 和分布系统之间增加干放设备。为避免不同频点 AP 之间的干扰，不建议将多个 AP 合路到一个支路中。在 WLAN 信号覆盖的重叠或邻接区域，可以考虑采用定向天线来降低干扰。

分布系统的设计应同时满足 2G/3G/4G/WLAN 各系统的覆盖要求，特别是将 WLAN 馈入已有分布系统时，应考虑原有分布系统能否满足 WLAN 覆盖的要求，是否需要进行改造，同时应注意对 2G/3G/4G 无线覆盖的影响。

应该尽量使天线与目标覆盖区域之间无墙体等阻挡。若需穿透墙体实现覆盖，原则上只考虑穿透一堵墙体，天线入口功率一般不低于 10dBm。

对于后期扩容需求，可以考虑对分布系统进行多支路改造，将分布系统主干向前端延伸，增加目标覆盖区域的分布系统支路数量，降低每个支路的覆盖面积，将 AP 合路到各支路末端，提高目标覆盖区域的 AP 数量，提升网络容量。

3. 室外型 AP 覆盖方式

该方式中 AP 主要采用 2.4GHz 室外型大功率 AP，若 AP 安装在室内也可采用室内型 AP，定向天线主要采用高增益板状天线。AP 或定向天线一般安装在目标覆盖区域附近的较高位置，如灯杆、建筑物上端等，向下覆盖目标区域或室内。该方案示意图如图 22-5 所示。

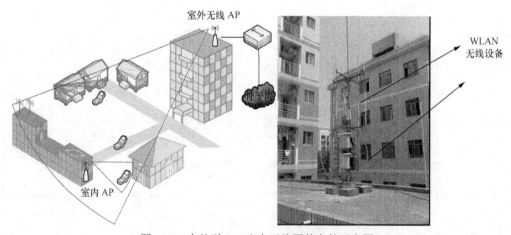

图 22-5　室外型 AP+定向天线覆盖室外示意图

（1）方案特点

该方案的特点是部署简单，成本较低。但系统容量较小，一般以信号覆盖为主；通过室外覆盖室内时，室内深度覆盖难度大；业主协调工作量较大。

（2）适用场景

该方案适用于用户较为分散、无线环境简单的区域，如公园等；对单体较小、排列比较整齐的楼宇也可采用该方式，如居民区等。

（3）注意事项

AP 安装位置应该选择视野开阔的区域，目标覆盖区域与天线之间最好为视距环境。当通过室外覆盖室内时，可以通过使用 CPE 设备来加强室内覆盖。

AP 安装在室外时，需要做好相关设备、线缆等室外设施的防护措施，包括防水、防雷、防尘、防盗等。

通过室外覆盖室内时，一般考虑只穿透一堵墙体为宜，在设计过程中要注重严格的模测。室外天线可考虑选择窄波束天线，降低干扰。

可以根据建筑物的结构，考虑采用楼房两侧分别覆盖等方式，提升覆盖效果。

22.1.5　WLAN 信道规划

WLAN 频率规划需要考虑的因素很多，包括楼宇的建筑结构、楼层间或墙体间的穿透损耗以及线路系统的部署等因素。由于室分系统目前尚不支持 5GHz 频段，室分合路方式原则上只能采用 2.4GHz 频段；但随着国家对 5GHz 频段的大力开放，引入了更多可用的频率资源，除了共室内分布系统方式以外的其他建设方式，建议优先使用 5GHz 频段。另外，使用 2.4GHz 频段时，若无法有效规避干扰，或系统容量不够而需要增加时，也可考虑使用 5GHz 频段。

在使用 2.4GHz 频点时，只要两个信道的频点号间隔大于等于 5，即可保证彼此之间频谱不交叠，因此除了 1、6、11 号信道不交叠以外，还有 1、7、13 以及 1、6、12 等多种不交叠频率组合。工程上经常提及 1、6、11 三个互不干扰信道，实际上是由于美国 FCC 仅允许使用 1～11 号信道，因此在美国仅有 1、6、11 号信号不交叠，而国内 WLAN 运营者大多借鉴了美国的经验，因此在网络建设中相邻小区所使用的信道中心频率间隔要求不低于 25MHz，以避免相互间的干扰。在 2.4GHz WLAN 使用的频段范围内，能提供用于同时工作的互不重叠的信道只有 3 个，一般采用 1、6、11 号三个信道。

在 5GHz 可用频段中，提供了 13 个互不交叠的频点，可用资源丰富。IEEE 802.11n 既可支持 20MHz 带宽组网，同时也能通过物理层信道绑定技术将两个 20MHz 的信道捆绑在一起合成一个 40MHz 的信道。但是在 40MHz 信道捆绑特性带来性能提升的同时，也带来了很多共存问题，因为 40MHz 运行使用了两个 20MHz 信道，需要考虑与附近独立使用 20MHz 信道的 AP 之间的干扰问题。802.11ac 还可以通过信道绑定技术绑定 4 个信道，能支持带宽 80MHz 的信道，甚至可以支持带宽 160MHz 的信道，能支持的最大吞吐量高达 6.9Gbit/s。

对于 5GHz WLAN 网络建设，可使用的互不交叠信道比较多，但一般用于独立布放的网络场景中。在用户对无线网络带宽和速率要求较高、干扰较少的环境中，可采用一个 20MHz 和一个 40MHz 双频组网，也可采用一个 40MHz 单频组网。使用 802.11ac 建网的区域，还可以考虑用 80MHz 甚至 160MHz 频点组网。

1. 室外频率规划

（1）2.4GHz 室外频率规划

移动通信网络中所采用的蜂窝结构的组网思路，也可以被引用到 WLAN 网络组网规划。采用蜂窝结构组网不仅可以扩大网络的覆盖范围，同时还能提高频谱利用率。WLAN 网络的容量提升可在蜂窝结构中通过频率有效复用实现，从而摆脱频率受限的桎梏。然而，在 2.4GHz 组网中最大的问题就是同频干扰，因此在频率复用时应采用合适的复用频率集进行复用。

同频干扰会导致网络性能下降及用户感知体验较差等一系列问题，因此，在室外进行 2.4GHz 频率规划设计时，尽量使相邻的 AP 被设定在互不交叠的两个信道上，既保证相邻间 AP 互不干扰，同时还带来整体网络容量的提升。

在室外使用 2.4GHz 频点组网时，通常采用 1、6、11 三个频点，其组网结构如图 22-6 所示。

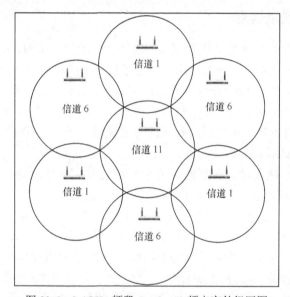

图 22-6　2.4GHz 频段 1、6、11 频点室外组网图

当组网选用的 AP 杂散指标较差时，可考虑采用 1、7、13 频点进行复用，其组网结构如图 22-7 所示。

在网络容量需求较高及频率重用实现困难的环境下，也可考虑 1、5、9、13 这四个信道进行重用。其组网结构如图 22-8 所示。

在实际的 2.4GHz WLAN 现网建设中所使用的频点配置方案主要还是图 22-6 所示的配置方式，一般不用图 22-7 或图 22-8 所示的配置方式。

（2）5GHz 室外频率规划

根据工业和信息化部通知，在室外环境下，只能使用 5.8GHz 频段而不能使用 5.2GHz 频段，由于 5.8GHz 频段信道间总体干扰较少，可考虑采用一个 20MHz、两个 40MHz 组网方案（与 2.4GHz 三个频点对应）或者三个 20MHz、一个 40MHz 组网方案，也可以采用 5 个 20MHz 频点组网（AP 部署密集情况）。

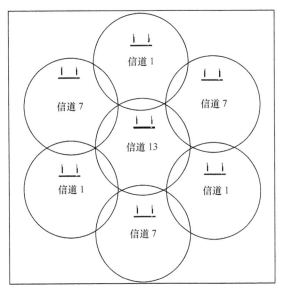

图 22-7　2.4GHz 频段 1、7、13 频点室外组网图

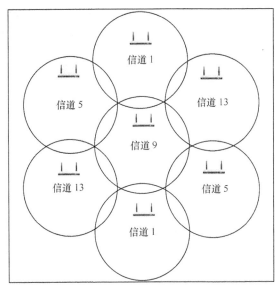

图 22-8　2.4GHz 频段 1、5、9、13 频点室外组网图

室外 AP 覆盖区频点组网时，为了实现 AP 的有效覆盖，最大限度地减少相邻 AP 之间的信道重叠和干扰，在分配信道时，应尽量错开分配相邻频点，使重叠区域的信号不受邻频干扰。在 AP 部署较密集，干扰不易控制时，建议采用 5 个 20MHz 信道组网并引入移动通信系统的蜂窝覆盖原理。20MHz 频点组网如图 22-9 所示。

图 22-9 中当客户端在使用某一个信道（如信道 149）的蜂窝内移动时，将会产生漫游现象，客户端必须完成从一个信道到另一个信道的切换工作。

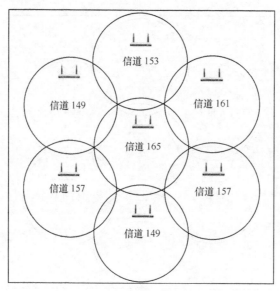

图 22-9　室外 20MHz 频点组网

随着技术的发展进步，IEEE 802.11n/ac 可通过信道绑定技术将两个 20MHz 信道捆绑合成为一个 40MHz 的信道，使得传输通道变得更宽，传输速率也成倍增长。40MHz信道设计的基础是，只有相邻的 20MHz 信道被结合起来形成一个 40MHz 信道。国际上一般只将 5.8GHz 频段的 149 和 153 信道捆绑，157 和 161 信道捆绑。由于 5.8GHz 频段干扰较少，且不存在相邻信道重叠的问题，在 AP 数量部署较少或者呈链状部署的情况下，可考虑采用两个 40MHz 信道组网，组网设计模型如图 22-10 所示。

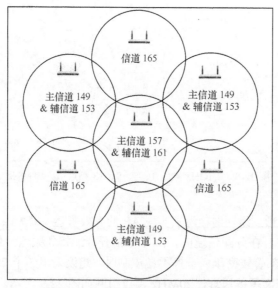

图 22-10　室外两个 40MHz 频点组网

在 IEEE 802.11n 的载波捆绑体系里，标准组没有定义跨物理信道的聚合载波，原因是 802.11 工作组从实际的市场需求及经济效益出发，重点考虑的首要目标就是设计简单和降低成本。对于绑定的两个连续载波，其中一个作为主信道，另一个作为次信道，如149 和 153 绑定，可以使用 149 作为主信道，153 作为次信道，也可以使用 153 作为主信道，149 作为次信道。在混合的 20/40MHz 环境中，AP 通过主信道发送所有的控制和管理帧。在同样的环境中，所有 20MHz 用户只和主信道相关，因为指示分组只在主信道中传输。

在 AP 数量部署较密但干扰易于控制的情况下，也可以选择 1 个 40MHz 信道组网，其覆盖设计图如图 22-11 所示。

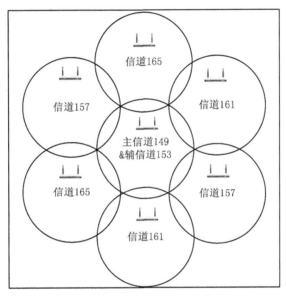

图 22-11　室外一个 40MHz 频点组网

图 22-11 采用的是捆绑连续信道 149 和 153 的组网方式，也可以采用捆绑连续信道157 和 161 的方式组网，其组网覆盖图与图 22-7 类似，不再赘述。具体选择何种方式组网可依据实际使用效果而定。

（3）5GHz 和 2.4GHz 双频率信道规划

目前对于分布系统合路型 AP 仅要求其支持 2.4GHz 频段，而对于室内放装型及室外型 AP，要求其支持 2.4GHz/5.8GHz（5725～5850MHz）双频同时工作，且设备具备软件升级支持 5150～5350MHz 和 5470～5725MHz 频段的能力。

在实际室外组网中，可使用 2.4GHz 和 5.8GHz 两个频段进行双频组网，利用 2.4GHz频段解决覆盖需求，利用 5.8GHz 频段解决容量需求。双频 20MHz 信道带宽的一般配置方法如图 22-12 所示。

目前，WLAN 网络所使用的 AP 设备大部分都可同时支持 2.4GHz 和 5.8GHz 频段，5.8GHz 频段干扰较少，频点资源丰富，可使用户对网络的接入质量和速率有较好的感知。由于 5.8GHz 频段处于高频段位置，因此其空间衰耗大大高于 2.4GHz 频段，导致其覆盖的范围也大大缩小，所以对于 5.8GHz AP 采用密集部署的方式可提升网络的系统容量。

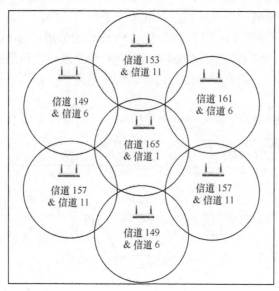

图 22-12   室外 2.4GHz 和 5.8GHz 双频组网

2．室内频率规划

（1）2.4GHz 室内频率规划

2.4GHz 室内的频点配置原则与室外的频点配置原则相似，室内 AP 覆盖区进行频点配置时应充分利用楼层建筑结构，利用自然隔断提高空间损耗，降低干扰；同时，从同楼层横向和上下楼层纵向两个方面尽量避免相邻 AP 覆盖区使用相同的频点，以避免相邻 AP 间产生的相互干扰。无论是采用室内独立放装还是室内分布系统合路都是用 1、6、11 频点进行组网，其组网如图 22-13 所示。

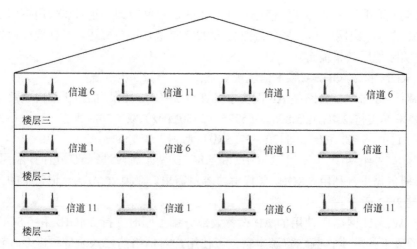

图 22-13   室内 2.4GHz 频段 1、6、11 频点组网

（2）5GHz 室内频率规划

在室内环境下，采用 20MHz 频点组网时，可用的频点共有 13 个，为减少干扰，

建议将 5.8GHz 频段的 5 个频点和 5.2GHz 频段的 8 个频点相间组网，相邻小区尽量使用频率相隔较远的频点。采用 40MHz 和 80MHz 频点组网时，也建议将 5.2GHz 频段和 5.8GHz 频段的频点相间组网。采用 160MHz 频点组网时，只能在 5.2GHz 频段容纳一个这样的频宽，对于 AP 的批量部署来说，这将成为一个比较大的障碍，而且 5.2GHz 频段上的 160MHz 运行比较复杂，因此，一般不建议使用 160MHz 信道带宽组网。为实现 AP 的有效覆盖，可根据实际场景及频率资源选择带状组网或蜂窝组网的方式。

　　同 2.4GHz 室内组网一样，室内 AP 覆盖区进行频点配置时应充分利用楼层建筑结构，利用自然隔断提高空间损耗，降低干扰；同时，从同楼层横向和上下楼层纵向两个方面尽量避免相邻 AP 覆盖区使用相同的频点，以避免相邻 AP 间产生的相互干扰。20MHz 频点组网如图 22-14 所示。40MHz 频点组网如图 22-15 所示。80MHz 频点组网如图 22-16 所示。

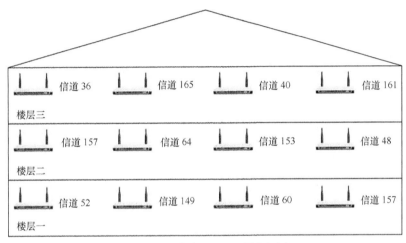

图 22-14　室内 20MHz 频点组网

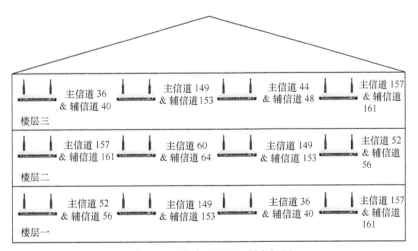

图 22-15　室内 40MHz 频点组网

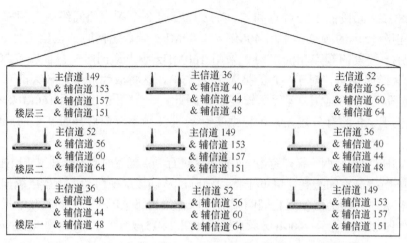

图 22-16　室内 80MHz 频点组网

22.1.6　WLAN 组网设计

随着 WLAN 网络建设规模的扩大，传统的胖 AP 组网方式和管理模式已很难适应现有的网络规模，运营商及企业逐渐采用了一种全新的网络架构，即瘦 AP+AC 集中式管理模式。本节主要从以下几个方面考虑 AC 与 AP 间的网络互联方式。

① AC 的物理连接要求：旁挂、直连。

物理直连方式是指 AC 串接于下行传输链路和网络设备之间。直连模式中，瘦 AP 的管理 VLAN 和业务 VLAN 通过串接的 AC 上行。

物理旁挂方式是指 AC 分别通过上、下行端口与现有网络设备互连，AC 置于网络设备旁边。这种方式对现有网络改动较小，灵活性高。瘦 AP 的 VLAN 通过交换机汇聚传送至 AC，流量再通过 AC 传回汇聚交换机，然后再上行至核心交换机。

直连和旁挂取决于网络状况和接口要求。AC 可旁挂于交换机、路由器设备。两者在逻辑上是完全一样的。直连方式数据流比较清晰，两个汇聚平台上的 VLAN 划分比较清晰，容易进行故障排查。

采用旁挂方式时，网络扩展比较容易，在接入端口不够用时，所有设备都可以用于接入，从网络结构上来看可以分为核心、汇聚、接入，网络层次比较清晰。

② 数据流量转发方式：隧道转发或直接转发。

瘦 AP 和 AC 组成统一集中管理系统完成 WLAN 覆盖，由 AC 实现对 AP 的集中管理，并支持基于网元管理系统的远程管理功能。AC 和 AP 间的流量分为用户业务流量和用户管理流量。根据业务流量的不同转发模式，该集中控制型架构可分为隧道转发和直接转发两种数据转发方式。

在直接转发方式下，无线用户的业务流量直接由 AP 本地进行处理，但此时 AP 还是通过 AC 进行集中的管理和控制。AC 与 AP 间建立的 CAPWAP 隧道只传输管理流量，实现对 AP 的管理和控制；而用户的业务流量不经过 AC，直接由 AP 负责直接转发，实现无线报文的宽带接入。

在隧道转发方式下，AP 和 AC 之间构建控制隧道和数据隧道，所有用户业务流量和管理流量由 CAPWAP 隧道传送到 AC 处。这个数据隧道中传输的是二层数据，所以即使 AP 和 AC 间为三层网络，从逻辑上看，用户到 AC 还是二层结构，所有用户的业务流量都必须到 AC 上再转发。

直连式组网设计中，AC 下直接接入 AP 或接入交换机，同时扮演 AC 和汇聚交换机功能，AP 的数据业务和管理业务都由 AC 集中转发和处理。AP 和 AC 之间建立 CAPWAP 管理隧道，AC 通过该 CAPWAP 管理隧道实现对 AP 的集中配置和管理。无线数据可以通过 CAPWAP 数据隧道在 AP 与 AC 之间转发，也可以由 AP 直接转发。

由于直连式组网中，AC 自然串接在线路中，故多采用直接转发模式，无线数据在 AP 上实现转发。AC 启动 DHCP Server 功能，给 AP 分配 IP 地址，AP 通过 DHCP 方式、DNS 方式或广播方式发现 AC，建立数据业务通道。

如图 22-17 所示，直接转发模式下 AP 的管理流封装在 CAPWAP 协议的隧道中，而 AP 的数据流不加 CAPWAP 封装，直接由 AP 发送到 AC，再由 AC 透传至上层设备中。

在这种方式下，需预先在交换机配置管理 VLAN，还需要在 AC 上配置数据 VLAN，用于区分不用的 WLAN 数据流。由于 AC 兼有一定的接入汇聚交换能力，可以直接接入 AP 并提供 PoE/PoE+供电能力。直连方式数据直接转发的组网设计适用于中小规模集中部署的 WLAN 网络，并可以简化网络架构。

直连方式数据隧道转发的组网设计中，AP 直连或通过 AC 下层交换机连接到 AC，上下行数据均经过 AC 进行转发，业务数据经 CAPWAP 封装，直接通过管理 VLAN 转发，在 AC 处完成 CAPWAP 加封或解封，如图 22-18 所示。这种组网设计配置相对简单，但对 AC 的处理能力要求更高。

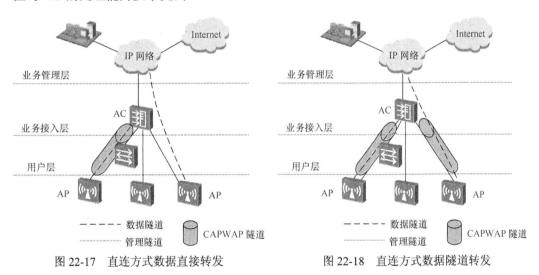

图 22-17　直连方式数据直接转发　　　图 22-18　直连方式数据隧道转发

旁挂式组网设计中，AC 旁挂在现有网络中（多在汇聚交换机旁边），实现对 AP 的 WLAN 业务管理，适合于 AP 比较分散的热点部署的组网应用。旁挂式组网属于现网叠加方式，对现网改造少，部署快速方便。可根据对无线用户的控制要求，根据需求选择采用直接转发或隧道转发模式。

隧道转发模式下，无线数据也封装在 CAPWAP 隧道中，在 AP 与 AC 间转发。如

图 22-19 所示，不仅 AP 的管理流封装在 CAPWAP 协议的隧道中，而且 AP 的数据流也进行 CAPWAP 封装，由 AP 发送到 AC，再由 AC 透传至上层设备中。这种方式多用于无线用户的集中独立控制场景。通过此方式，一方面具有了旁挂式组网的快速叠加部署的优点，同时通过 CAPWAP 数据隧道将分散的多 AP 接入的所有无线用户流量汇聚到 AC，实现对所有无线数据流量的集中控制。

直接转发模式下，AP 的数据业务不经过 AC，无线数据直接在 AP 上完成 802.3 和 802.11 报文转换后，通过上行的汇聚交换机进行转发，如图 22-20 所示。

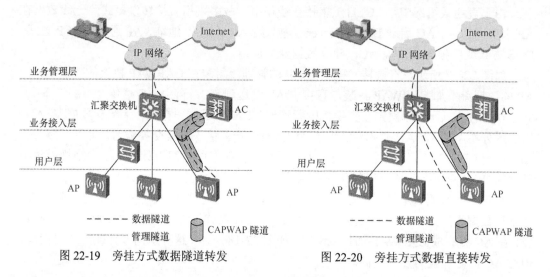

图 22-19　旁挂方式数据隧道转发　　　　图 22-20　旁挂方式数据直接转发

AC 旁挂在汇聚交换机旁边，仅完成对 AP 的管理，所有的 AP 管理流必须全部到达 AC。汇聚交换机预留与 AC 连接的端口，并启动 DHCP Server 功能给 AP 分配 IP 地址，AP 通过 DHCP 方式、DNS 方式或者广播方式发现 AC。终端用户可根据不同的 SSID 配置不同的业务 VLAN，配置接入交换机和汇聚交换机识别这些业务 VLAN，转发到上层设备。由汇聚交换机对终端用户进行接入控制和 IP 地址的分配等，并根据认证方式对用户进行身份验证，验证通过后，用户流量通过 IP 网络进入 Internet 网络。

这种方式是常用的组网模式，此时无线数据无需经过 AC 集中处理，基本无带宽瓶颈，而且便于继承现有网络的安全策略，故此模式是推荐的融合网络部署方案。

22.1.7　AP 位置规划

采用室内独立放装的 WLAN 覆盖方式应注意以下几方面要求。

① 在安装交换机和 AP 设备时，要考虑以太网交换机跟 AP 之间的距离限制，一般不大于 80m；

② 交换机端口使用数量应根据 AP 功耗、交换机的供电能力计算，并预留扩容、维护等的端口需求；

③ AP 的安装位置应便于网线、电源线及馈线的布线，便于维护和更换；

④ 需注意 AP 的天线位置和天线方向性，AP 周围 2m 内不得有大的金属体阻挡；

⑤ AP 的覆盖范围、AP 之间的间距应根据链路预算和边缘场强要求确定；

⑥ AP 安装位置应合理选择：一方面尽量靠近拟覆盖区，满足对拟覆盖区域的覆盖；一方面应利用房间隔断等隔离同频干扰，提高网络容量；

⑦ 对于有漫游需求的区域，相邻 AP 的覆盖范围保持 15%～20%的重叠，以保证终端在 AP 间的平滑切换；

⑧ AP 位置离立柱较近时，射频信号被阻挡后，会在立柱后方形成比较大的射频阴影，在 AP 布放时要充分考虑柱子对信号覆盖的影响，避免出现覆盖盲区或弱覆盖；

⑨ 对于需要重点关注的区域，适当地增加 AP，保证信号覆盖。

22.2　WLAN 无线网络干扰分析

无线通信系统的性能在存在干扰的环境中会受到影响，影响的大小与干扰的形式、频率和强度等诸多因素有关。WLAN 系统，特别是工作在 2.4GHz ISM 频段的 IEEE 802.11b/g/n 系统，由于会受到许多干扰源的影响，其物理层的性能将会下降。因此，如何避免干扰，减弱干扰的影响，乃至与干扰共存都是需要考虑的问题。

22.2.1　无线通信中的干扰类型

1. 按干扰机理分类

干扰可以定义为影响通信的一种信号，当干扰信号进入接收机时，会影响正常的判决过程。根据其形成机理，可以分成两种类型：一种是加性干扰，一种是乘性干扰。加性干扰可以视为类噪声的源，包括来自其他相似系统、本系统内部或者元件非线性产生的噪声（滤波器的互调信号或码间干扰）；而乘性干扰是由无线系统中信号的反射、衍射和散射而导致的多径效应产生。

（1）加性干扰

加性噪声由通信设备的有源或者无源器件产生，一般服从正态分布，且功率谱是平坦的。

① 同频干扰（Co-Channel Interference，CCI）。

同频干扰是指与有用信号处在相同载波频率的干扰。

② 邻频干扰（Adjacent Channel Interference，ACI）。

邻频干扰可以分为带内干扰（In-band）和带外干扰（Out-of-band）。前者是指干扰信号落入期望信号带宽之内，干扰落入期望带宽之外的则是带外干扰。具有相同功率级的邻频干扰和同频干扰同时存在时，邻频干扰通常影响较小。

③ 互调干扰（Intermodulation Interference，II）。

在模拟信号转换和处理的过程中（如变频、放大等），由于器件的非线性可能会产生寄生信号，从而在相邻信道上产生干扰。当非线性器件被许多载波同时使用时，就会产生互调产物，从而导致信号的失真。

④ 码间干扰（Inter-Symbol Interference，ISI）。

码间干扰是数字通信系统中除噪声之外最重要的干扰。造成 ISI 的原因有很多，信道的衰减和群时延失真都可能导致信号波形失真，产生 ISI。实际上，只要传输通道的频带是有限的，就会不可避免地造成一定的 ISI。以一定速度传输的波形序列受到非理想信道的影响表现为各码元波形持续时间拖长，从而使相邻码元波形产生重叠，造成判决错误。而当线性失真严重时，ISI 就会比较严重。为了消除码间干扰，通常有两条途径。第一，传输系统具有均匀且无穷宽的频带，这样传输信号将不产生任何失真，但实际上是不可能的；第二，只保证信号在取样时刻无码间干扰，而对非取样点的取样值不做要求。

⑤ 远近效应（Near-Far Effect，NFE）。

远近效应发生在蜂窝移动通信系统中。移动台的位置在基站的服务区内随机分布。假设存在两个移动台，其中一个距离基站较远，另一个距离基站较近，如果两个移动台的发射机同时以相同功率和相同频率发射，远端弱信号就会被近端强信号湮没。由于距离不同而造成的路径损耗称为远近干扰，表示为多条路径的路径损耗之比。

（2）乘性干扰

乘性干扰是由无线系统中信号的反射、衍射和散射而导致的多径效应产生的。

① 第一类多径干扰。

由快速移动用户附近的物体反射而形成的干扰。其特点是在信号频域上产生多普勒（Doppler）扩散而引起的时间选择性衰落。

② 第二类多径干扰。

由远处山丘或者高大建筑物反射而形成的干扰。其特点就是信号在时域上产生扩散，从而引起相对应的频率选择性衰落。

③ 第三类多径干扰。

由基站附近的建筑物和其他物体反射而形成的干扰信号，其特点是严重影响到达无线信号入射角的分布，从而引起空间选择性衰落。

2. 按干扰来源分类

（1）系统外干扰

系统外干扰是指来自其他系统的干扰。例如，ISM 频段存在大量无线设备，每个系统都可能承受来自其他系统的干扰。

（2）系统内干扰

系统内干扰是无线通信中的另一类主要干扰，其产生原因是在同一无线通信系统内，由于多个用户要求同时通信，而又不能完全隔离彼此信号而引起的干扰。

3. 提高通信可靠性的手段

无线通信的主要特征就是误码率高（可靠性低）和带宽受限（传输容量受限），这就需要采取一系列措施来检测和纠正无线传输过程中的错误，从而提高通信可靠性。可采用编码技术、调制技术、多址技术、实时处理技术、信号检测技术（如信道估计、Rake 接收、多用户检测等），还可结合空域的智能天线、空时编码等技术。其具体手段如表 22-2 所示。

表 22-2 提高通信可靠性的手段

干扰类型		表现	解决方法
加性干扰	同频干扰	频带重叠	频率分隔
	邻频干扰	边带干扰	
	互调干扰		增加器件线性范围

（续表）

干扰类型		表现	解决方法
加性干扰	远近效应	近处信号覆盖远端信号	功率控制
	白噪声		信道编码，调制
乘性干扰	第一类多径	时间选择性衰落	信道交织
	第二类多径	频率选择性衰落	自适应均衡和 Rake 接收
	第三类多径	空间选择性衰落	空间分集
多址干扰			功率控制，多用户检测

22.2.2　WLAN 系统内干扰

1. 同频干扰分析

（1）同频干扰产生原理

同频干扰指两个工作在相同频率上的 WLAN 设备之间的相互干扰。WLAN 系统使用的是具有统一规范的扩频码，因此，相同的扩频码完全有可能被系统内不同的设备使用，如果相邻的 AP 使用了相同的频率，则会产生非常严重的同频干扰。

（2）同频干扰的程度分析

假设在同一个信道上有 N 个 AP 工作，则计算 AP 间同频干扰程度的方法可按照如下步骤进行（工作在 2.4GHz 和 5GHz 频段的 AP 计算方法相同，此处以工作在 2.4GHz 频段的 AP 为例）。

① 使用公式 $\left[(90+\text{Signal Level}) \times 100/60\right]$ 换算信号强度值。

② 假设 N=2，则将两个换算后的值交换即可得两 AP 间干扰的百分比。如表 22-3 所示，AP1 根据公式 $\left[(90+\text{Signal Level}) \times 100/60\right]$ 的计算值为 50，则其对 AP2 的干扰为 50%；AP2 的计算值为 33，则其对 AP1 的干扰为 33%。

③ 若 N>2，将其余 N−1 个 AP 换算后的信号强度值求和即可得出第 N 个 AP 的干扰百分比，如表 22-4 所示。

表 22-3　　　　　　　　　　同频干扰程度表（N=2）

AP 编号	信道	信号强度	（90+S）*100/60	干扰
1	11	−60 dBm	50	33%
2	11	−70 dBm	33	50%

表 22-4　　　　　　　　　　同频干扰程度表（N=3）

AP 编号	信道	信号强度	（90+S）*100/60	干扰
1	153	−60 dBm	50	50%
2	153	−70 dBm	33	67%
3	153	−80 dBm	17	83%

（3）同频干扰表现

对于一个高密度场景下的大型 WLAN 网络来说，不同的 AP 往往需要使用相同的频点，而这些 AP 覆盖重叠时，重叠区就会产生同频干扰。某公寓的 AP 信道设置如图 22-21

所示，因墙体等自然物体的隔离度较差，同楼层的同频可见 AP 及上下楼层同频 AP 间产生相互干扰。

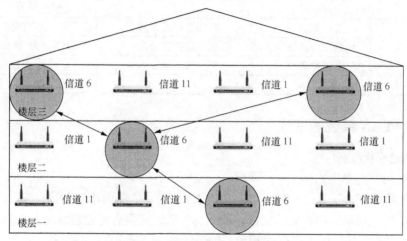

图 22-21　某公寓的 AP 信道设置图

两个同频可见 AP 同时进行数据收发时，会遵循带有冲突避免的载波侦听多址接入 CSMA/CA 原则，相互间进行避让，导致网络性能急剧下降，单个 AP 性能总是会优于使用同信道的两个 AP 的总性能。

（4）同频干扰规避措施

对同频干扰的解决措施可以从如下几个点进行考虑。

① WLAN 网络建设初期，通过合理的布局、设计，尽可能地实现干扰抑制。在网络预规划阶段做好扫频等相关工作，对无线环境信息有一个整体的把握，做好运营商之间及路由器用户间的协调工作避免网络部署时邻近 AP 使用相同的信道，从而避免存在同频覆盖产生同频干扰。

② 合理进行信道重用，在进行频率规划时必须确保相邻或者相同 AP 覆盖区设置的信道为不交叠信道，同时也可以充分利用地形地物形成的天然隔离物来增加信号路损以规避同频干扰。

③ 使用定向和智能天线减少系统内同频干扰，同时有助于系统容量的提升，对于密集场景下多 AP 组网，建议最好不要使用全向天线。

④ 在进行网络优化测试中发现有同频干扰的存在而影响网络性能时，可以考虑使用功率调整或者天馈调整的方式减少同频干扰。

⑤ 根据动态频率算法，通过跳频，可有效避免同频干扰，提高系统的吞吐量。

2．邻频干扰分析

（1）发射频谱掩模（Transmit Spectral Mask）

2.4GHz 频段发送频谱掩模如图 22-22 所示。从图中可以看到发射频谱有一段不超过 22MHz 的 0dBr 带宽（dBr 是指信号频谱密度相对于信号最大频谱密度的 dB 数），在 fc±11MHz 频率偏移处为−30dBr，在 fc±22MHz 频率偏移处为−50dBr，fc 为信道的中心频率。发射信号的频谱密度应被包含在频谱掩模范围内。

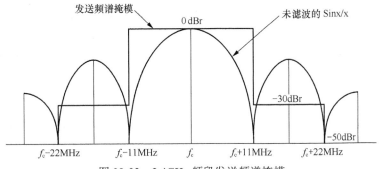

图 22-22 2.4GHz 频段发送频谱掩模

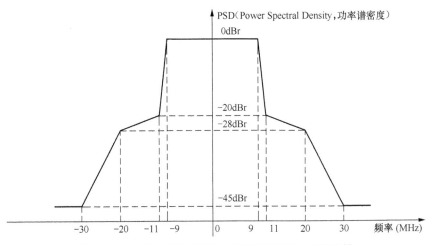

图 22-23 5GHz 频段 802.11n 标准的 20MHz 频谱掩模

5GHz 频段 802.11n 标准的 20MHz 频谱掩模如图 22-23 所示。从图中可以看到发射频谱有一段不超过 18MHz 的 0dBr 带宽，在±11MHz 频率偏移处为-20dBr，在±20MHz 频率偏移处为-28dBr，在±30MHz 以上的频率偏移处为-45dBr。发射信号的频谱密度应被包含在频谱掩模范围内。

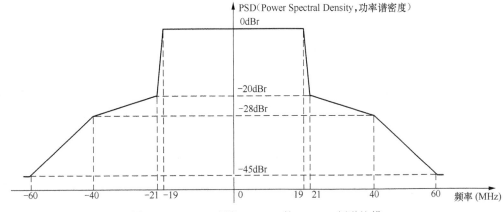

图 22-24 5GHz 频段 802.11n 的 40MHz 频谱掩模

5GHz 频段 802.11n 标准的 40MHz 频谱掩模如图 22-24 所示。从图中可以看到发射频谱有一段不超过 38MHz 的 0dBr 带宽，在±21MHz 频率偏移处为-20dBr，在±40MHz 频率偏移处为-28dBr，在±60MHz 以上的频率偏移处为-45dBr。

5GHz 频段 802.11a 标准和 802.11ac 官方草案标准的 20MHz 频谱掩模如图 22-25 所示。

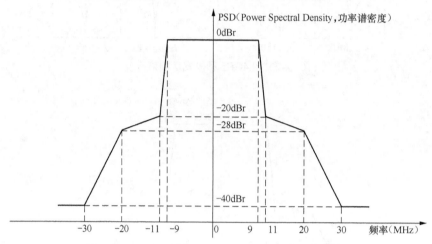

图 22-25   5GHz 频段 802.11a/ac 的 20MHz 频谱掩模

从图 22-25 和图 22-23 的对比中可以看出 IEEE 802.11a 标准和 IEEE 802.11ac 官方草案标准的 20MHz 频谱掩模与 IEEE 802.11n 的 20MHz 频谱掩模略有不同，主要体现在±30MHz 以上的频率偏移处相差了 5dBr。由此可以表明，802.11 工作组在设定频谱掩模时，对 802.11n 的设定要求更为严格，所以企业及相关的设备厂商在使用 5GHz 频段的 WLAN 时应以 802.11n 的掩模设定值为标准，以保证同时能满足 IEEE 802.11a/n/ac。

（2）相邻信道干扰原理

从图 22-22 到图 22-25 的频谱掩模可知，信号在发射频谱带宽外不可能迅速降至为 0，而是逐渐衰减。若两个发射信号的频谱的边带落入对方的发射带宽内，就会对对方产生影响，形成邻频干扰。即便两相邻信道无重叠区，但发射功率过大或设备距离过近，也可能产生相互间的影响（如 2.4GHz 的 1、6 信道，5GHz 的 161、165 信道）。2.4GHz 相邻信道间干扰如图 22-26 中阴影部分所示。

根据图 22-27 所示的 20/40MHz 频谱掩模图可分析出，当 40MHz 设备和 20MHz 设备位于相邻信道时，20MHz 设备受到的干扰比它与另一个 20MHz 设备相邻时受到的干扰大。图中显示，一个 20MHz 设备与一个 20MHz 以及 40MHz 设备相邻，三者接收功率水平相同。可以看出，40MHz 频谱掩模的外转（roll out）位于 20MHz 通带内-20～-28dBr。这是 20MHz 设备无法滤掉的干扰，即图中红色阴影部分。另一方面，可观察到，邻近 20MHz 设备的外转（roll out）位于 20MHz 通带内-20～-45dBr，这一部分也是 20MHz 设备无法滤掉的干扰，即图中绿色阴影部分。通过分析可以表明，相邻信道有干扰存在，而且 40MHz 设备可能会产生比 20MHz 设备更高的相邻信道干扰，图中表现为红色阴影面积大于绿色阴影面积。

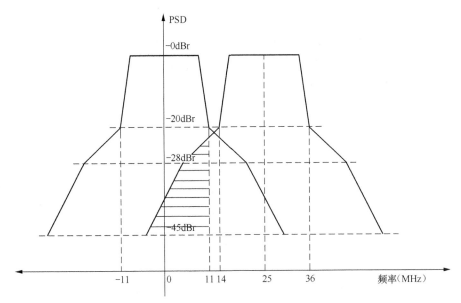

图 22-26　2.4GHz 的相邻信道干扰

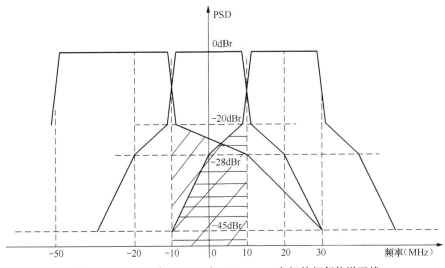

图 22-27　5GHz 中 20MHz 与 20/40MHz 之间的相邻信道干扰

　　相邻信道干扰的另一个组成是有用信号和干扰信号之间的相对功率。随着 5GHz 中额外频谱的分配，在采用 5GHz 的大多数情况下，都可以把空间上相邻的 AP 设在不相邻的信道上。因此，相邻信道的 AP 在空间上就可以分得很开，干扰功率就比较低。所以 802.11 标准组在设定 40MHz 频谱掩模时并不很严格，其主要原因就是为了使成本和复杂度的增加最少，也使发送功率放大器和发送过滤的功率效率的减少最低。带外干扰主要是由于功率放大器的频谱再生。一个较为严格的掩模意味着需要更多的功率备份，以使功率放大器运行在一个更线性的点。额外的备份减少了输出功率，因此减少了覆盖。反过来，较大的功率放大器可以保持同样的输出功率。但这样成本更高，消耗更多的支流功率，从而缩短功率敏感设备中电池的寿命。

（3）邻频干扰的程度分析

在进行不同信道或相邻信道间的干扰计算时，必须先调整信号强度值才能进一步提高计算的准确度。根据信道的间隔不同，调整的值也随之变化，一般而言，间隔越大调整值也越大。表 22-5 给出了不同信道间隔时所使用的调整值。

表 22-5　　　　　　　　　　不同信道间隔及调整值

信道间隔	示例	信号调整值
1	信道 1&2	−2 dBm
2	信道 1&3	−5 dBm
3	信道 1&4	−12 dBm
4	信道 1&5	−20 dBm

工作在邻近信道的多个 AP 间的邻频干扰程度分析可按照如下计算方法进行。

① 根据表 4-4 中不同信道间隔调整信号强度值。

② 根据公式 $\left[(90+\text{Signal Level}) \times 100/60\right]$ 换算信号强度。

③ 若 $N=2$，将换算后的信号强度值相互交换即可得出干扰的百分比，如表 22-6 所示。

④ 若 $N>2$，将其余 $N-1$ 个 AP 换算后的信号强度值求和即可得出第 N 个 AP 的干扰百分比，如表 22-7 所示。

表 22-6　　　　　　　　　　邻频干扰程度分析（$N=2$）

AP 编号	信道	信号强度	信号调整值	调整后的信号强度	(90+S) *100/60	干扰
1	1	−50 dBm	−12 dBm	−62 dBm	47	40%
2	4	−54 dBm	−12 dBm	−66 dBm	40	47%

表 22-7　　　　　　　　　　邻频干扰程度分析（$N=3$）

AP 编号	信道	信号强度	信号调整值	调整后的信号强度	(90+S) *100/60	干扰
1	149	−50 dBm	−20 dBm	−70 dBm	33	42%
2	153	−55 dBm	−20 dBm	−75 dBm	25	50%
3	157	−60 dBm	−20 dBm	−80 dBm	17	58%

（4）邻频干扰规避措施

① 保证相邻信道的 AP 在空间上的相隔距离。

② 对于相邻 AP 可以考虑使用间隔的频点，如 1 和 11，149 和 157，可减少邻频干扰。

③ 提升产品的邻频抑制能力。

22.2.3　WLAN 系统外干扰

2.4GHz ISM 频段是目前唯一的在世界范围内通用和开放的频段，该频段也因此存在许多来自各种不同系统的干扰信号，例如射频识别（Radio Frequency Identification，RFID）、WLAN 和 WPAN（Wireless Personal Area Network，无线个人区域网）（包括 Bluetooth、ZigBee、WiMedia 和 HomeRF 等）。部分 ISM 频段无线通信设备如表 22-8 所示。

表 22-8	ISM 频段无线设备			
无线连接技术	蓝牙	HomeRF	IEEE 802.11b	ZigBee
传输介质	微波	微波	微波	微波
最大速率	1Mbit/s	10Mbit/s	11Mbit/s	250kbit/s
范围（m）	10	50	100	75
扩频方式	FHSS	FHSS	DSSS	DSSS
抗干扰性	中	中	低	中
功耗	低	高	高	低

此外，ISM 频段还存在微波炉、无绳电话等设备，因此各设备之间存在干扰，干扰的大小与干扰的形式、频率和强度等诸多因素有关。由于各种无线技术的机制不同，相互之间的干扰有不同的特性。有的干扰是无规则的，或者规则难以预料的，如微波炉的干扰、人为主动干扰等；有的干扰是非协作系统之间的干扰，如 FCC15.247 标准规定的无绳电话、蓝牙和 ZigBee 等。下面分别对其干扰原理进行介绍。

（1）微波炉干扰

微波炉工作原理是通过微波发生器产生高频振荡的微波，通过高频微波穿透食物，使食物中的水分子也随之产生高频的剧烈振动，从而产生大量热能来加温食物。国际上规定用于加热和干燥的微波频率有 4 段，分别为 L 频段，890MHz～940MHz；S 频段，频率为 2.4GHz～2.5GHz；C 频段，频率为 5.725GHz～5.875GHz；K 频段，频率为 2.2GHz～2.225GHz。而家用微波炉的频段为 L 频段和 S 频段，其中又以 S 频段居多。S 频段家用微波炉辐射基频为 2.45（±0.05）GHz，其射频输出的功率范围为 500～1000W，在宽频带内产生的辐射会对周围的电子通信设备产生影响。其原理主要是脉冲扩展，它靠磁控管发射电波，发射的信号是连续波，当交流市电为 220V/50Hz 时，对于一个任务周期是 0.5 的磁控管，其有效工作时间是 1/50×0.5=10ms，其频率辐射展开的频段很宽（几十甚至几百兆赫兹），可能将整个 ISM 的工作频段都湮没在微波炉的辐射干扰之中。

因为 IEEE 802.11b/g/n 与家用微波炉工作于 2.4GHz 统一频段，微波炉的功率又远远大于 WLAN 产品的功率，即使微波炉屏蔽性能已较好，对 WLAN 的影响还是较大。据测试，在微波炉工作时，距其 2m 以内的 WLAN 设备无法正常工作，只有距离 4m 以上的 WLAN 设备才能正常工作。

同时还需注意，当有大型体育赛事时，赛事供餐公司会使用大型微波加热设备加工食品，因其最大功率在 100kW 左右，所以必须对其增加屏蔽设施，以降低对赛场 WLAN 设备的干扰。

（2）无绳电话干扰

无绳电话的发射功率较低，一般小于 10dBm，跳频扩频（Frequency Hopping Spread Spectrum，FHSS）系统的无绳电话带宽只有 1MHz，直接序列扩频（Direct Sequence Spread Spectrum，DSSS）系统的无绳电话的 6dB 带宽通常小于 2MHz。无绳电话对 WLAN 设备的影响取决于无绳电话的信号强度、占据的带宽、与 WLAN 设备之间的距离和频率间隔。实验数据表明，采用 FHSS 或 DSSS 的无绳电话系统对 DSSS 的 WLAN 设备一般没有明显影响。当 DSSS 无绳电话系统的发射功率较大（如超过 20dBm），带宽较宽（大于 3MHz），且两种设备距离很近时，才会对 WLAN 设备产生较大影响。测试结果建议，

IEEE 802.11 设备的载波频率应距这些无绳电话的载波频率大于 20MHz。而 FHSS WLAN 设备在上述环境下性能有显著下降。

（3）蓝牙干扰

蓝牙也是 ISM 频段中广泛使用的技术之一，它采用 FHSS 技术，一般使用 79 个信道，每信道带宽为 1MHz，跳频速率为 1600Hz。蓝牙与 WLAN 工作在相同的频段上，因此蓝牙信号是 2.4GHz WLAN 的主要干扰源，当蓝牙帧落在 IEEE 802.11 帧的频段上时，从频域上看就是典型的窄带信号对直接序列扩频信号的干扰。蓝牙采用了一系列独特的措施，如自适应跳频（Adaptive Frequency Hopping，AFH）、侦听（Listen Before Talk，LBT）和功率控制等技术来克服干扰，避免冲突。AFH 技术是蓝牙技术中采用的预防频率冲突的机制，它能对干扰进行检测和分类，编辑跳频算法以使跳频通信过程自动避开被干扰的跳频频点，然后把分配后的变化告知网络中的其他成员，并周期性地维护跳频集，从而以最小的发射功率、最低的被截获概率达到在无干扰的跳频信道上长时间保持优质通信的目的。

（4）ZigBee 干扰

ZigBee 技术主要面向的应用领域是低速率无线个人区域网（Low Rate Wireless Personal Area Network，LRWPAN），典型特征是近距离、低功耗、低成本、低传输速率，主要适用于自动控制以及远程控制领域，目的是为了满足小型廉价设备的无线联网和控制，典型的如无线传感器网络（Wireless Sensor Network，WSN）。其主要工作于全球范围内免许可证的 2.4GHz 的 ISM 频段。

ZigBee 物理层标准把 2.4GHz 的 ISM 频段划分为 16 个信道，每个信道带宽为 2MHz。假定 WLAN 系统工作在 2.4GHz 任一信道，则 ZigBee 和其信道频率重叠的概率为 1/4。ZigBee 可以通过对 ISM 频段进行扫描，根据具体的判断标准动态选择最佳的传输信道，避免占用同一信道，减小 WLAN 对其干扰。而 ZigBee 对 WLAN 的干扰相对来说要小得多，由于 ZigBee 信号带宽只有 3MHz，相对于 WLAN 的 22MHz 带宽属于窄带干扰源，通过扩频技术 IEEE 802.11 可以一定程度地抑制干扰信号。同时，ZigBee 设备天线的输出功率被限制在 0dBm（1mW），相对于 IEEE 802.11 的 20dBm（100mW）发射功率相差甚远，因此 ZigBee 对 WLAN 的影响并不大。

22.3　华为负载均衡技术

当前的 IEEE 802.11 协议并没有对负载均衡方面做出具体规定，没有负载均衡将会导致网络存在以下问题。

- 无线网络的效率和性能会降低。
- 增加网络拥塞的风险。
- 降低网络的容忍度。
- 资源利用率较差。

没有负载均衡的网络，终端切换是自由和盲目的，大量用户涌入热点 AP，离开原有的 AP，而终端向目的 AP 切换的质量不能保证。当热点 AP 饱和后，新的无线终端就不能接入或者接入后造成整体拥塞，业务中断。

由于没有负载均衡技术，总是几个热点 AP 长期处于饱和状态，其他 AP 的资源无法获得使用，造成网络部分资源的闲置。

华为提供了先进的多种负载均衡技术，可以有效地避免以上问题，充分合理地使用WLAN 网络。

22.3.1　负载均衡原理

由于用户使用终端行为的差异，可能出现相邻的两个 AP 业务承载差异较大的情况，如一个 AP 负载较高，而另外一个 AP 负载很低。负载均衡特性可以按照用户数量和用户流量，将用户分配到同一组但负载不同的 AP 上，从而实现不同 AP 之间的负载分担，避免出现单个 AP 负载过高而使其性能不稳的情况。

在 STA 与 AP 进行关联的过程中，AC 负责执行负载均衡。AP 周期性地向 AC 发送与其关联的 STA 的信息，AC 根据这些信息执行负载均衡过程。

当 STA 发送关联请求时，AC 检查 AP 上连接的 STA 是否达到设定负载的阈值。如果小于该阈值，则当前请求的连接将被接受；否则，将基于负载均衡的配置，决定当前连接是否被接受。

如图 22-28 所示，STA1 想要连接到 AP1 上，但是由于 AP1 的负载过高（连接到 AP1上的 STA 过多），STA1 将会被关联到 AP2 上。

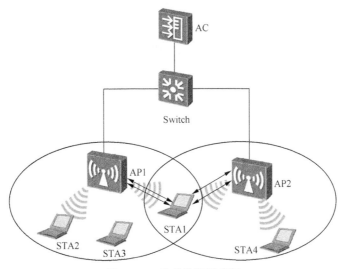

图 22-28　负载均衡示意图

启动负载均衡功能的 AP 必须连接到同一 AC 上，且 STA 能够扫描到相互进行负载均衡的 AP。

如图 22-29 所示，假设该环境中有三个 AP，但 AP1 与其他 AP 重叠区域没有重叠。当 AC 执行负载均衡功能，STA1 准备与 AP 关联时，AC 检查发现 AP1 上连接的 STA已经达到设定的负载阈值，于是 AP1 拒绝 STA1 的关联请求，使 STA1 尝试接入 AP2和 AP3。但是实际上，STA1 不在 AP2 和 AP3 的覆盖范围内，所以 STA1 只能继续关联 AP1。

当 STA 发送关联请求时，AC 检查 AP 上连接的 STA 是否达到设定负载的阈值。如果小于该阈值，则当前请求的连接将被接受；否则，将基于负载均衡的配置，决定当前连接是否被接受。

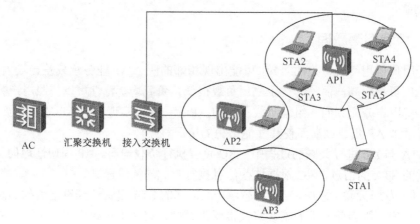

图 22-29　负载生效条件

22.3.2　负载均衡模式

当前的负载均衡算法主要基于流量模式及会话模式两类。

（1）流量模式

根据各 AP 射频的流量（上下行之和）差值作为判断依据。流量模式的负载均衡算法如下。

- 通过公式（当前实际射频流量/当前射频能达到的理论最大速率）×100%，计算出均衡组内所有成员（即所有 AP 射频）的负载百分比，得到最小值。
- 然后取 STA 拟加入的 AP 射频的负载百分比与最小值的差值，并将此差值跟设置的负载差值门限（通过命令行配置）比较，如果差值小于预设置的负载差值门限，则认为负载均衡，允许该 STA 接入；否则，认为负载不均衡，拒绝 STA 接入。
- 如果 STA 继续向此 AP 发送关联请求，重复次数大于设置的最大关联次数，则最终还是允许 STA 接入。

（2）会话模式

根据各射频下的 STA 数目差值作为判断依据。会话模式的负载均衡算法如下。

- 通过公式（当前射频已关联的用户数/当前射频支持的最大关联用户数）×100%，计算出均衡组内所有成员（即所有 AP 射频）的负载百分比，得到最小值。
- 然后取 STA 拟加入的 AP 射频的负载百分比与最小值的差值，并将此差值跟设置的负载差值门限（通过命令行配置）比较，如果差值小于预设置的负载差值门限，则认为负载均衡，允许该 STA 接入；否则，认为负载不均衡，拒绝 STA 接入。
- 如果 STA 继续向此 AP 发送关联请求，重复次数大于设置的最大关联次数，则最终还是允许 STA 接入。

　　一般推荐采取基于会话模式，即各射频下的无线客户端数目差值来实现 AP 的负载均衡。在这种情况下，需要预先在 AC 上配置 AP 的负载差值门限值，即各射频下的无线客户端数目差值。当各射频下的无线客户端数目差值高于门限值时，AP 开始运行负载均衡，拒绝任何尝试连接的用户。

　　当各射频下的无线客户端数目差值低于门限值时，AP 会接受尝试连接的用户的连接请求，关联该用户。

　　创建负载均衡组后，AC 默认采用基于会话的负载均衡模式，负载均衡组内各个射频间的负载差值为 4%（取值范围 1～100），最大关联次数为 6 次（取值范围：1～30）。当 STA 请求关联负载均衡组内指定射频超过最大关联次数后，无论是否满足负载均衡条件，STA 都允许被关联。

第23章
WLAN网络规划方法及典型案例

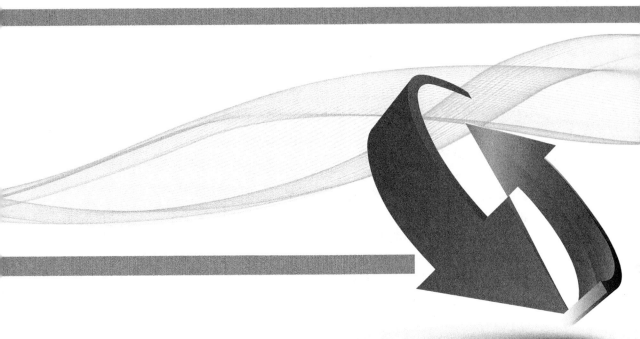

关于本章

WLAN网络可以应用于校园、公共场所、会展中心等多种场景。随着市场的不断发展，WLAN热点和用户在不断增多。若网络规划不合理，容易造成网络之间的相互干扰，影响用户体验。本章首先介绍WLAN的典型应用场景，其次重点介绍WLAN网络规划方法，最后介绍WLAN的几个典型应用案例。

通过本章内容的学习，读者可以掌握以下内容。

- WLAN典型的应用场景
- WLAN网规的设计流程
- WLAN典型场景网规的设计方法

23.1　WLAN 典型应用场景描述

23.1.1　WLAN 典型应用场景描述

随着越来越多 Wi-Fi 终端的出现以及 WLAN 建设规模的逐步增加，用户对 WLAN 网络的使用也越来越普及，业务需求也越来越多样化。WLAN 应用场景也有了新的延伸和发展。目前 WLAN 网络的主要应用场景有以下几类。

- 校园场景：这类场景属于大型、综合性场景。通常包含有教学楼、图书馆、食堂、学生公寓、教师宿舍、体育馆、操场等室内外场所。
- 公共场所：此类场景的共性是人流临时性、汇聚密度较大，如汽车站、火车站、机场候机厅、餐饮场所、游乐场所、休闲场所、图书馆，医院、大型体育馆等。
- 会展中心：这类场景是指以流动人员为主的、人流量较大的场所，包括会展中心、高交会馆、人才中心等区域。
- office 办公楼：这类场景通常总体面积较大，建筑物高度适中，热点内包含会议室、餐厅、办公区等场所。
- 宾馆酒店：此类场景中，建筑物高度或面积根据宾馆档次存在差异，需重点覆盖客房、大堂、会议厅、餐厅、娱乐休闲场所。
- 产业园区：产业园通常包含大型工业区的厂房、办公楼、宿舍区等楼宇及室外区域，场景特征与校园网类似。
- 住宅小区：这类热点通常楼层结构多样，楼内用户普遍装有线网络，无线网络作为辅助手段对住宅区进行覆盖。
- 商业区：此类场景涵盖的对象比较多，包括繁华商业区的街道、休息点、休闲娱乐场所、沿街商铺等对象，其特点是人口流动性强，和会展中心类似。

23.1.2　WLAN 网络典型场景特点

不同的 WLAN 应用场景有不同用户和网络应用特点，在进行网络规划设计时应区别对待，表 23-1 为对不同网络场景特点的概括。

表 23-1　　　　　　　　　　　　　　　WLAN 网络典型场景特点

场景类型	场景特点
校园	用户密度极高，并发用户数高，持续流量大，网络质量敏感
会议室、会展中心	用户密度高，并发用户数高，突发流量大，网络质量敏感，覆盖区域开阔、无阻挡
宾馆酒店	用户密度低，并发用户少，持续流量较小，覆盖范围大，覆盖区域受住宿房间阻挡
休闲场所	用户密度不高，持续流量较小，覆盖范围小，覆盖区域基本无阻挡
交通枢纽	用户流动性大，覆盖范围较大，覆盖区域较开阔、无阻挡，网络质量敏感度低
office 办公楼	用户密度较高，持续流量高，网络质量敏感度高

（1）校园

校园热点属于大型、综合性热点，热点内通常包含有教学楼、图书馆、食堂、学生宿舍、教师宿舍、体育馆、操场等室内外场所。该类场景用户密度极高，并发用户数高，突发流量大，对网络质量敏感。

对教学楼、图书馆等无线上网概率较大的区域进行重点覆盖；对宿舍楼等有线上网方便的楼宇进行次要覆盖；其他场景如食堂、体育馆、操场的覆盖可依学校具体特征来确定，如部分学校食堂在用餐时间之外可供学生看书用，可对这类食堂进行重点覆盖；部分学校体育馆比较简单，对 WLAN 业务的需求不高，此外操场、草地等室外区域的覆盖以信号覆盖为主，容量设置在其次。

（2）会议室、会展中心

大型会议室和会展中心的场景特点与校园类似，其面积更大、更开阔并且无阻挡。该场景 WLAN 覆盖一般采用室内放装建设方式。可根据容量需求和覆盖面积确定 AP 数量以及安装位置。

（3）宾馆酒店

宾馆酒店的用户密度低，并发用户少，持续流量较小，覆盖范围大，覆盖区域容易受住宿房间阻挡，对于酒店大堂、会议室、娱乐场所等室内较开放无明显遮挡的区域，可通过室内放装型 AP 进行覆盖。对于客房等区域，由于客房的墙壁多采用复合吸音材料，穿透损耗较高，且酒店内墙壁数目较多，楼层间穿透损耗较大，因此首选覆盖方式为天线入户方式，天线应在满足房间覆盖的前提下尽量安装在房间入口处，降低辐射影响及信号泄漏。对于走廊里天线的布放，按照信号只穿透一堵墙的原则，天线尽量安装在房间门口，单侧覆盖房间数为 1～2 个。

（4）休闲场所

休闲场所一般用户密度不高，持续流量较小，覆盖范围小，覆盖区域基本无阻挡，可根据覆盖面积大小合理布放室内放装型 AP。

（5）交通枢纽

交通枢纽主要指机场、火车站、汽车站候车大厅等场所，这类场景的特点是用户流动性大，覆盖范围较大，覆盖区域较开阔、无阻挡，网络质量敏感度低，对于该类场景的覆盖，应以人员聚集停留区域的覆盖为主，主要是候车区。公交站点一般较为开阔且区域较小，可采用室外放装型 AP 进行覆盖。

（6）office 办公楼

office 办公楼的用户密度较高，持续流量高，网络质量敏感度高，对于会议室、休息区等环境较为开放的区域，可布放放装型 AP 进行覆盖。对于办公区域需考虑需求进行覆盖，可根据建筑物结构采用全向吸顶天线或定向吸顶天线，将天线布放在走廊内房间门口处。

23.1.3　WLAN AP 设备类型及应用

表 23-2　　　　　　　　　　　　　　WLAN AP 设备类型及应用

设备类型	特性对比	适用场景
室内放装型	带宽高易部署	用户密集、带宽高、并发率高的场景，如多媒体教室、会议室、展厅等

（续表）

设备类型	特性对比	适用场景
室内分布型	单空间流	覆盖面积大、用户密度低、带宽要求一般的场景，如酒店客房
	天馈系统灵活	
	室内覆盖区域大	
	成本节约	
室外型	发射功率大	室外场景应用或对防水防尘要求高于普通室内要求的场景
	覆盖距离远	
	防水防尘	

室内放装型 AP 以小功率为主，一般为 100mW，并可以通过多天线阵支持 2×2 MIMO，3×3MIMO 技术，可以提供较高的吞吐量；

室内分布型 AP 也称室内大功率 AP，通过接入室内分布系统，将信号覆盖范围扩大，同时还可以与 2G/3G 的室分系统合路提供信号覆盖，节省投资；

室外型主要应用于室外场景，相对于室内 AP，室外型 AP 在防水防雷防尘方面要求较高。

23.2　WLAN 网络规划设计流程

23.2.1　无线侧网络规划设计流程

在进行 WLAN 网络规划设计时，按照以下的流程指示进行操作，可以得到更好的规划设计结果且不易出现重大错误，取得事半功倍的效果。

需求分析：确定用户网络业务类型、用户分布及发展策略等，确定覆盖目标和重点覆盖区域。

现场工勘：收集覆盖区域信息，指导后续方案设计。

方案设计：包括覆盖方式及设备选型、频率规划、链路预算和容量规划四个方面。

设备配置：配置 AP 发射功率。

工程实施：按照设计方案进行施工。

调整优化：根据试运行网络质量评估测试，优化 AP 及天线布局。

规划案例如下。

需求分析：某办公区总用户数 200 人，用户并发率 75%，要求每个用户带宽为 2Mbit/s；

现场工勘：半开放环境，有玻璃、石膏隔断和承重柱。

方案设计：

- 室内放装直接覆盖，采用 2.4GHz 和 5GHz 双频；
- 2.4GHz 频段可用 1、6、11 信道，5GHz 频段

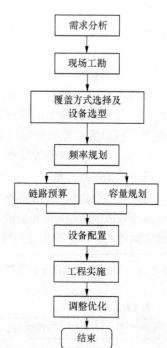

图 23-1　无线侧网络规划设计流程

可用频点有 149、153、157、161 和 165 共 5 个频点；

- 每 AP 覆盖半径 8～12 米；
- 并发用户数=150 人，每 AP 双频接入用户数按 40 人进行规划，共需 150/40≈4 台。

设备配置：在 2.4GHz 频段采用 10dBm 发射，5GHz 频段采用 20dBm 发射。

23.2.2　无线覆盖方式选择

表 23-3　　　　　　　　　　　　　无线覆盖方式选择

区域类型	典型场景	覆盖方式建议
室内半开放区域	酒店大堂/休息室/餐厅	室内放装 AP 覆盖
	会议室/展厅	室内放装 AP 覆盖
		室内分布系统覆盖
室内多隔断区域	写字楼/酒店客房	室内放装 AP 覆盖
		室内分布系统覆盖
室外区域	广场/街道	室外 AP 覆盖

对于会议厅/咖啡厅等有特殊覆盖要求的房间建议使用房间内壁挂或者吸顶覆盖方式。

对于酒店标准客房，采取走廊吸顶天线即可，如对信号质量要求较高，可将天线部署进客房内。

办公大楼场景的室内环境一般比较开阔，遮挡物主要为承重柱和隔断墙。一般采用室内放装型 AP 覆盖方案可以满足标准办公室。

23.2.3　AP 供电方式

AP 的供电方式有 PoE（Power over Ethernet，以太网供电）、本地供电、PoE 模块供电三种。

- PoE 供电（推荐）：由 PoE 交换机负责 AP 的数据传输和供电，如图 23-2 所示；
- 本地供电：非 PoE 交换机负责 AP 的数据传输，独立电源负责 AP 的供电，如图 23-3 所示；

图 23-2　PoE 交换机供电方式　　　　　　图 23-3　本地供电方式

- PoE 模块供电：由 PoE 适配器负责 AP 的数据传输和供电，如图 23-4 所示。

本地供电的方式不方便取电，电源线外露既影响美观，又可能带来安全隐患；PoE 模块供电的方式不需要取电，但会增加一个潜在故障点，不便于维护；而 PoE 供电的方式施工便捷，供电稳定、安全，解决了取电困难的问题，因此推荐采用 PoE 供电的方式为 AP 供电。在实际 WLAN 网络规划中，我们可根据网络预算、AP 数量、管理需求等方面来综合考虑，选择最适合的 AP 供电方案。

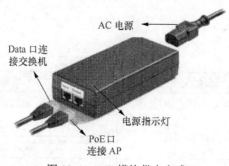

图 23-4   PoE 模块供电方式

23.2.4 频率规划

频率规划分为频点确认和频点选择两部分，不同的国家对 WLAN 可以使用的频段是不同的。

1. 频点确认

首先根据国家码及当地法规，确定该地区可用频点。在大多数国家，2.4GHz 频段可用信道为 1～13 信道或 1～14 信道，不重叠的可用信道共 3 个；5GHz 可用频点在不同国家和地区差异较大，主要分布在 5.1～5.3GHz，5.4～5.7GHz 和 5.8GHz。在中国 2.4GHz 共有 13 个信道，可用的非重叠信道共 3 个，如 1、6、11 信道；在 5GHz 可使用 149～165 共 5 个信道。规划前务必确认该地区可用频点，避免与当地法规冲突。

2. 频点选择

在频点确认后，具体使用哪些频点需要进行现场勘察才能确定。通过现场勘察清查现场信道占用情况和干扰程度，便于频点选择和干扰规避。5GHz 频点干扰程度通常远小于 2.4GHz 频段，若终端支持 5GHz，建议启用 5GHz 射频，降低干扰，增加系统容量。

23.2.5 链路预算

链路预算是移动通信无线网络覆盖分析最重要的手段之一，通过链路预算，可以估算无线覆盖距离或估算不同天线下接收端信号强度。

链路预算的公式如下。

接收机接收电平 Pr＝Pt+Gt+Gr-PL-Ls。

其中，Pr 为接收机接收电平。

Pt 为 AP 发射功率。

Gt 为发射天线增益。

Gr 为接收天线增益。

PL 为空间传播损耗，PL=46+25*log(n)，n 为距离，单位为 m。

Ls 为电缆及器件损耗。

终端与 AP 处于非视距时，还应考虑中间障碍物的穿透损耗，在衡量墙壁等对于 AP 信号的穿透损耗时，需考虑 AP 信号入射角度。在满足接收端接收灵敏度要求的条件下，需要预留一定的系统链路余量，应对潜在的额外损耗。系统链路余量越大，则无线传输系统应对潜在传输损耗的能力越强，也越容易满足通信要求。

链路预算示例如下。

室内半开放环境，AP 发射功率 20dBm，天线增益 4dBi，电缆及器件损耗 0dB，终端接收天线增益 2dBi，2.4GHz 频段 10m 传播损耗：PL=46+25*log(10)=71dB。

终端在 10m 处接收电平 RSSI，即 Pr=20dBm+4dBi−71dB+2dBi=−45dBm。

23.2.6　容量规划

容量规划主要从设备性能、用户数、带宽需求和无线环境等方面出发，估算出满足业务量所需的 AP 数量。

决定容量的主要因素有设备性能、并发用户数、带宽需求、频率干扰等。

容量规划示例如下。

需求：某办公室共有 2.4G 终端用户 150 人，用户并发率 60%，要求每个用户带宽下行 2Mbit/s，上行 1Mbit/s。

计算：在满足用户带宽需求的前提下，每台 AP 按接入用户数 20 人设计，不考虑干扰，需要的 AP 数量=150*60%/20=4.5，即至少需要 5 台 AP 才能满足容量需求。

23.3　室内放装型 AP 典型应用案例

本节以某办公写字楼 WLAN 覆盖为例对室内放装型 AP 的典型应用进行介绍。

23.3.1　项目背景

移动办公已成为企业信息化发展的趋势，主要体现在两个方面：传统有线网络接口的数量有限，满足不了新员工的需求，假设新增网络接口势必会破坏装修、影响员工正常办公；传统固定网络也无法适应移动办公的新需求，因此无线网络辅助办公将成为现有有线办公的有效补充及提升。

23.3.2　客户无线网络业务需求

1. 业务需求

本案例中客户的无线网络业务需求如下。

- 满足员工访问 Internet、收发邮件等业务网络需求；
- 无线覆盖所有会议室和开放办公区，楼道/洗手间可选；
- 信号连续覆盖，满足基本移动需求，重点区域要求较好的覆盖质量。

2. 场景分析

办公写字楼通常具有以下共同特征。

- 整体覆盖场景内为半开放区域，有较少障碍物；
- 存在一定封闭区域，各区域墙体材质存在一定差异；
- 用户密集且并发率高，对网络容量及稳定性有较高要求；
- 用户有移动办公需求。

该场景对信号覆盖要求高，且用户容量高；半开放结构，障碍物少，考虑美观性及隐蔽性，建议采用室内放装型设备直接覆盖，容量高，施工便捷；AP 需支持 2.4GHz 和 5GHz 双频段，5GHz 频段主要用于分摊流量，增加系统总带宽。

23.3.3　无线侧网络规划设计

① 覆盖需求分析：用户为 200 人，大约 75%的并发率，单用户期望带宽为 2Mbit/s。

② 工勘：通过现场勘察得知，用户办公区的覆盖面积大约为 1000m²，半开放办公区人均面积约 4~6m²，隔断以石膏板/玻璃为主。

③ 设备选型：考虑到用户数量及带宽需求，选择支持 2.4GHz/5GHz 双频段和 802.11n 的室内放装型 AP。

④ 网络规划设计主要从频率规划、链路预算和容量规划等方面进行。

- 频率规划：在 2.4GHz 使用 1、6、11 信道，在 5.8GHz 使用 149、153、157、161、165 信道（5.8GHz），信道需交叉复用以避免同频干扰和邻频干扰；
- 链路预算：由链路预算得知每台 AP 的覆盖半径为 8~12 米，终端信号强度大于 −65dBm；
- 容量规划：主要与用户人数和平均带宽有关，办公区 AP 数量=用户数*并发率*带宽/每 AP 平均吞吐量，以带宽为 80Mbit/s 为例进行计算，则有 200*75%* 80/2=3.75 台≈4 台，所以办公区有 4 台 AP 即可满足用户需求，另外每个会议室需布放 1 台 AP。

⑤ 参数配置：建议 2.4GHz 时 AP 发射功率为 10dBm，5GHz 时 AP 发射功率为 20dBm。

23.3.4　覆盖方案描述

办公区覆盖方案可描述如下。

① 2.4GHz 与 5GHz 双频覆盖，信道交叉复用。

② 降低发射功率，半开放办公区每 AP 覆盖面积 150~300 m²。

③ 中型会议室独立 AP 覆盖。

④ AP 吸顶安装或壁挂安装，合理利用立柱、墙角等障碍物控制 AP 覆盖区域。

办公区 AP 布放方案如图 23-5 所示，不同的轮廓形状代表 AP 工作在不同的频段，会议室在开会时用户数量较高，因此需单独布放 AP。半开放办公区由于无阻碍，在满足容量条件下应尽可能少布放 AP，减低同邻频信号干扰，建议视距范围内 AP 个数不超过 3 个。该办公楼一共 5 层，各层之间也需要考虑信号泄漏的问题，因此各楼间的信道规划需遵循交叉规划原则。

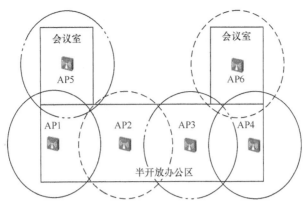

图 23-5　办公区 AP 布放方案

23.4　室内分布型 AP 典型应用案例

本节以某酒店客房 WLAN 覆盖为例对室内分布型 AP 的典型应用进行介绍。

23.4.1　项目背景

室内分布型 WLAN 可以利用原来建筑物内的 2G/3G 室内覆盖系统来提供 WLAN 数据传输的功能，具有无线网络部署工程小，施工速度快，对酒店客房以及公共区域运作影响较小等好处。本案例采用室内分布型 AP 的方案对该酒店客房进行覆盖，以满足多用户多样化终端同时上网和酒店员工无线办公的需求。

23.4.2　客户无线网络业务需求

1．业务需求

本案例中客户的无线网络业务需求如下。

- 酒店客房内无线信号全覆盖，无信号死角，以满足酒店员工和房客的上网需求；
- 单用户带宽需求为 2Mbit/s。

2．场景分析

酒店客房通常具有以下共同特征。

- 洗手间靠近走廊，石膏板或砖墙隔断；
- 用户均匀分布在不同客房内，用户密度适中；
- 如果采用室分系统，室内分布型 AP 只有一个天线输出口，不支持 MIMO。

23.4.3　无线侧网络规划设计

① 覆盖需求分析：客房 100 间，1～2 人/间，单用户带宽 2Mbit/s。
② 工勘：隔断以石膏板/玻璃为主。
③ 设备选型：室内分布型 AP，全向吸顶天线。
④ 网规设计如下。

- 频率规划：1、6、11 信道（2.4GHz），信道交叉复用；
- 链路预算：链路预算时要保证每个客房的信号强度大于−75dBm，因为室分系统可以用功分器和耦合器，因而一个室内分布型 AP 可以带多个天线工作，但是不建议带太多，数量为每 AP 带 6～8 个天线为宜；
- 容量规划：每台 AP 可覆盖 10～15 个房间，因此在该案例中所需 AP 数量为 100/12≈9 台 AP。

⑤ 参数配置：由于室分天线较多，因此要求 AP 设备发射功率相对较高，建议 2.4GHz 时 AP 发射功率为 27dBm。

23.4.4　覆盖方案描述

酒店覆盖方案描述如下。

① 天线安装进客房内，避免洗手间穿透损耗，每副天线覆盖 1～2 个房间。

② 链路预算确定功分器及耦合器，使各天线口输出功率均匀。

③ 每台 AP 带 6～10 个天线，每副天线口输出功率为 5～12dBm。

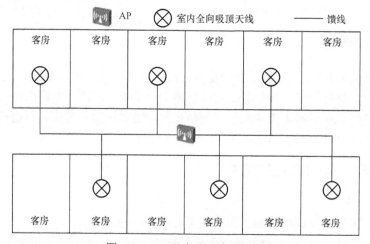

图 23-6　AP 及室分天线平面图

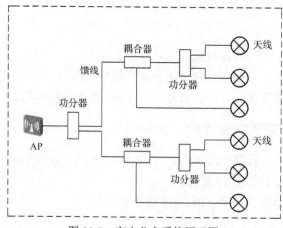

图 23-7　室内分布系统原理图

若部分场景受装修及布线限制，天线无法安装进客房内，天线可安装在走廊中间，但覆盖效果略差于天线安装进房间，根据酒店隔断、装修情况差异，客房个别角落内信号可能偏弱；建议现场模拟测试验证天线的覆盖范围、布放密度和输出功率要求。

23.5　室外型 AP 典型应用案例——室外覆盖

本节以某企业园区室外公共区域 WLAN 覆盖为例对室外覆盖进行介绍。

23.5.1　项目背景

该企业园区已实现室内覆盖，现要实现室外公共区域无线覆盖。

23.5.2　客户无线网络业务需求

本案例中客户的无线网络业务需求如下。

- 园区主干道路、广场、停车场和绿地等重点区域覆盖，以满足园区用户无间断上网的需求。该园区平面图如图 23-8 所示。
- 单用户带宽需求大于 1 Mbit/s。

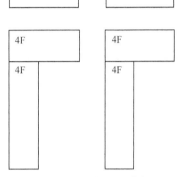

图 23-8　园区平面图

23.5.3　无线侧网络规划设计

① 覆盖需求分析：覆盖室外区域，用户密度适中，单用户带宽 1Mbit/s。

② 工勘：市区，楼宇间距 20～30m。

③ 设备选型：采用室外型 AP，天线使用 8dBi 全向天线+11dBi 定向天线；采用高增益天线可以提高用户的信号接收强度，但是天线增益越高，天线的方向性越强，在天线正下方的辐射增益就越弱，因此室外天线不应一味追求高增益，在短距离覆盖范围内，如 500m 时，相对增益较小的天线能保证天线近点的覆盖效果，高增益天线在天线近点的覆盖效果反而不好，当覆盖距离近（小于 300m），且覆盖区域的角度大于 120 度时，建议采用全向天线覆盖；覆盖区域角度较小，或距离较远时，建议采用定向天线覆盖。

④ 网规设计。

- 频率规划：1、6、11 信道（2.4GHz），信道交叉复用；
- 链路预算：当覆盖区域采用 11dBi 定向天线时，AP 覆盖距离 300m 内信号强度大于-65dBm；
- 容量规划：用户密度较低，每台 AP 按最大接入 30 用户，1Mbit/s/用户。

⑤ 参数配置：AP 发射功率可以根据无线覆盖的范围进行调整，这里园区的面积较大，因此采用 27dBm 的功率运行。

23.5.4　覆盖方案描述

园区的室外 AP 覆盖平面图如图 23-9 所示，覆盖方案描述如下。

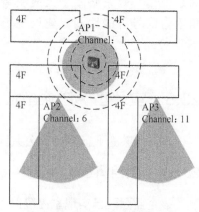

图 23-9　室外 AP 覆盖平面图

① 单 AP 覆盖距离小于 200m，覆盖角度大于 120 度，选用全向天线，天线增益 8dBi。

② 相对狭长区域覆盖，但距离小于 300m，选用波瓣宽度 60 度的定向天线覆盖，天线增益 11dBi。

③ 全向天线在路口抱杆安装，定向天线可选择挂墙或抱杆安装。

④ 供电方式选择 PoE 供电。

⑤ 现场调整优化 AP 发射功率。

23.6　室外型 AP 典型应用案例——室外 WDS 回传案例

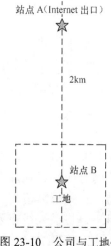

图 23-10　公司与工地位置示意图

WDS（Wireless Distribution System，无线分布式系统）是通过无线链路连接两个或者多个独立的有线局域网或者无线局域网，组建一个互通的网络实现数据访问的。

室外型 AP 的另一个应用是使用 WDS 做无线数据回传。本节将以某公司工地的 WLAN 覆盖为例来对室外 WDS 回传进行介绍。

23.6.1　项目背景

某公司需对工地 B 提供 WLAN 覆盖，但该地没有有线网络资源，向运营商申请租用有线管道，成本高；公司办公楼 A 距离该地约 2km（如图 23-10 所示），客户欲通过 WDS 来实现两地数据互联。

23.6.2　客户无线网络业务需求

本案例中客户的无线网络业务需求如下。

- 工地有 20～30 台移动终端，随机分布于工地内，用于现场数据采集，并及时反馈回公司控制台；
- 要求工地内 90% 以上地点均能接入无线网络，速率 1Mbit/s，但需要稳定不掉线。

23.6.3　无线侧网络规划设计

① 覆盖需求分析：覆盖室外区域，用户密度适中，单个用户带宽 1Mbit/s。

② 工勘：A 和 B 之间距离 2km，视距无遮挡，用户区域半径 200m。

③ 设备选型：室外型 AP，支持 WDS 功能，支持 2.4GHz 和 5GHz 频段。

④ 网规设计。

* 频率规划：WDS 回传采用 5GHz 频段，用户接入覆盖采用 2.4 GHz 频段；
* 链路预算：2km WDS 回传采用 18dBi 定向天线，2.4GHz 用户接入采用 8dBi 全向天线，AP 覆盖距离 200m 内信号强度大于−60dBm；
* 容量规划：由于在 2.4GHz 频段开启 802.11 功能后，可以提供将近 100Mbit/s 的吞吐量，因而当用户 20～30 人时，也可以满足单用户带宽 1Mbit/s 的带宽需求，每台 AP 按最大接入 30 用户，1Mbit/s/用户。

⑤ 参数配置：5GHz 采用 27dBm 的发射功率，2.4GHz 采用 24dBm 的发射功率。

23.6.4　覆盖方案描述

本例中对工地的覆盖方案描述如下（如图 23-11 所示）。

① 在室外不方便使用有线传输的场景，可以使用室外 AP 来进行 WDS 的数据回传，当距离增加时，建议使用高增益的定向天线，如本例中 WDS 回传距离 2km，则采用 18dBi 定向天线；

② 当对室外无线用户进行覆盖时，如果用户分散在很大的范围内，建议使用高增益全向天线进行覆盖，如本例中使用 8dBi 的全向天线对室外近 4 万平方米的范围进行覆盖。

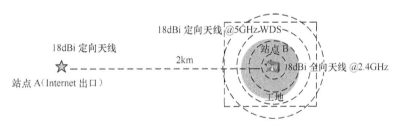

图 23-11　2.4GHz 用户接入覆盖平面图

23.7　总结

本章首先介绍了 WLAN 的典型应用场景及其特点，其次介绍了 WLAN 网络规划设计流程，主要有需求分析、现场工勘、方案设计、设备配置、工程实施、调整优化等步骤，最后又分别介绍了室内放装型 AP 的典型应用案例、室内分布型 AP 典型应用案例和室外型 AP 典型应用案例。

第24章
华为WLAN规划工具

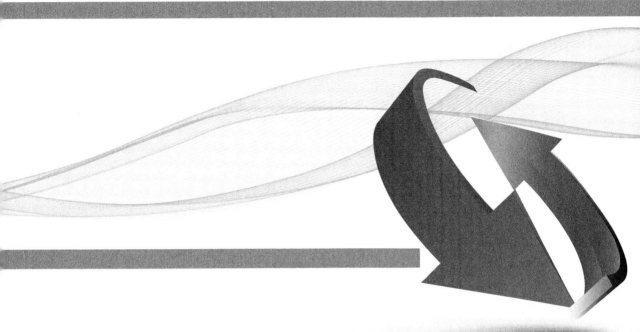

关于本章

　　目前WLAN网络规划部署存在工程覆盖设备数量计算困难、效率低下、准确性差、前期投入以及后期维护成本高等问题，为解决以上问题，华为研发了一款无线网络规划辅助工具，该工具具有现场环境规划、AP布放、网络信号仿真和报告输出功能。服务工程师使用WLAN规划工具，能够提高网络规划的效率和准确性，有效提高工作效率。

　　本章首先介绍华为WLAN规划工具的主要功能，然后通过一个规划案例详细介绍其规划流程。

　　通过本章的学习，读者将会掌握以下内容。

- 华为WLAN规划工具的功能特性
- 使用华为WLAN工具作基本的无线网络规划

24.1　华为 WLAN 规划工具的主要功能

24.1.1　产品定位和功能

随着 WLAN 技术日渐成熟，企业不断加大对 WLAN 网络建设的投入，在各热点区域（写字楼、酒店、机场等）规划部署 WLAN 网络，以满足用户不断上涨的业务需求。虽然无线局域网络相对于有线网络具有安装便捷、移动性强、覆盖范围广、易于扩展等特点，但因其频段的原因，在网络部署时面临更加复杂的环境。主要表现在以下几个方面。

- 信号质量：无线信号质量通常取决于终端与最近的 AP 之间的距离，且随着距离的增加而递减。
- 覆盖范围：无线网络性能会受到覆盖范围的大小以及建筑物的实际格局的影响。
- 信号干扰：从电波传输的角度而言，WLAN 网络随时会出现信号干扰情况，例如微波炉、电线或严重的多重路径干扰等。

以上挑战对服务工程师提出了更高的技能要求，若不能有效地解决，将难以满足 WLAN 网络部署的要求。

WLAN 规划工具是一款无线网络规划辅助工具，具有现场环境规划、AP 布放、网络信号仿真和报告输出功能。服务工程师使用 WLAN 规划工具，能够有效地支撑无线网络规划任务，提高服务工程师的工作效率。

华为 WLAN 规划工具的主要功能如下。

- 环境规划功能：可在图纸上定制墙、窗、门的材质，也可绘制覆盖区域和盲区。
- AP 布放功能：根据建筑物图纸、信号覆盖需求，自动计算 AP 的数量和布放位置，也可手动布放 AP，调整信号的覆盖范围。
- 网络信号仿真功能：可查看信号覆盖图和位置图。
- 报表管理功能：支持输出规划报告。

利用其内置的 AP 计算器，工程师可根据部署环境的实际面积、同时在线用户数要求和单个用户的带宽要求，快速估算出需要部署的 AP 数量。在明确 WLAN 项目基本信息和客户需求后，工程师可利用 WLAN 规划工具对目标网络进行设计，实现自动布放 AP 设备、模拟信号覆盖情况、输出规划报告的功能，以便指导后续施工。

24.1.2　WLAN 规划工具简介

1. WLAN 规划工具主界面

WLAN 规划工具主界面共划分为四大模块，如图 24-1 所示。

- 菜单栏：提供常用操作的快捷入口。
- 快捷工具栏：方便用户快速创建工程、打开工程和计算 AP 数量。
- 工程列表：列出已创建的工程项。
- 规划流程图：WLAN 规划工具使用的流程图。

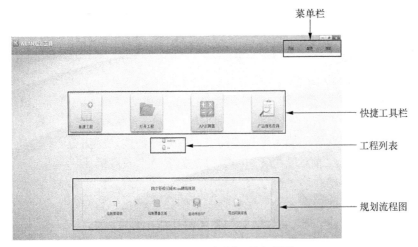

图 24-1 WLAN 规划工具主界面

2. AP 规划预评估

AP 的规划预评估就是通过 AP 计算器评估规划区域内需要使用的 AP 数量。AP 计算器是利用输入的规划参数进行仿真的规划工具,最终以直观的方式显示出规划的结果,方便技术人员的规划工作。

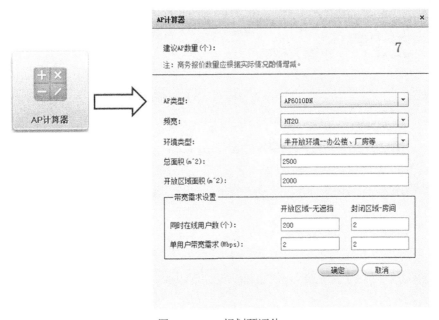

图 24-2 AP 规划预评估

功能简介:可根据部署环境的实际面积、同时在线用户数要求和单个用户的带宽要求,自动计算出需要部署的 AP 数量。

操作步骤如下。

步骤一:在 WLAN 规划工具主界面中,单击"AP 计算器",弹出"AP 计算器"界面。

步骤二:选择待部署 AP 的类型。

📖 说明

用户可自定义 AP 类型，具体操作请参见预置 AP。

步骤三：选择待部署 AP 的频宽。

步骤四：在"环境类型"对话框中，根据实际环境选择相应的"环境模式"。说明如下。

- 半开放环境：部署环境为半封闭类型，例如办公楼、厂房等。
- 隧道型环境：部署环境为隧道类型，例如隧道、长廊等。
- 开放式环境：部署环境为全开放类型，例如体育馆、广场等。
- 封闭型环境：部署环境为全封闭类型，例如包厢、休息室等。

步骤五：输入待规划网络的区域面积和相关性能参数。

步骤六：单击"确认"按钮完成操作。

3. 全局配置

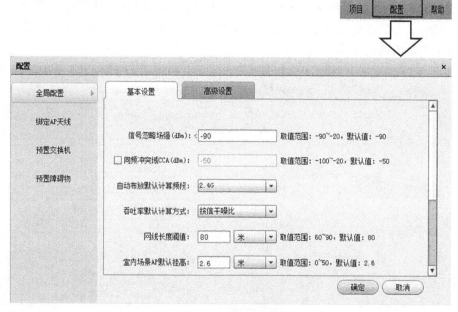

图 24-3　全局配置

功能简介：通过全局配置，可完成对 WLAN 规划工具全局属性的设置。

操作步骤如下。

步骤一：在首页中，单击右上角的"配置"，弹出"配置"界面。

步骤二：在"配置"界面的左侧，选择"全局配置"。

步骤三：在"配置"界面右侧的"基本设置"和"高级设置"页签中，根据实际需要设置全局参数。

步骤四：点击"确定"完成设置。

参数说明如下。

- 自动布放默认计算频段：分为 2.4G 和 5G 两种。

- 吞吐率默认计算方式：分为按信干噪比和按场强两种。
4. 绑定 AP 天线

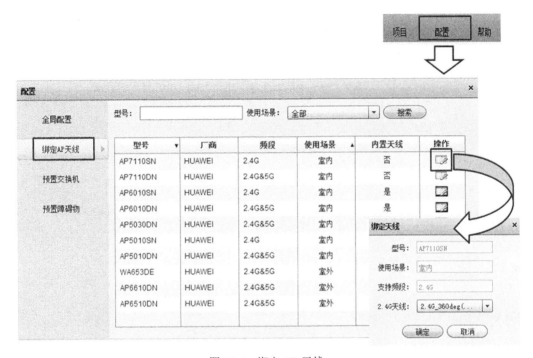

图 24-4　绑定 AP 天线

功能简介：AP 的无线信号发射和接收能力与 AP 的天线类型密切相关，不同类型的天线具有不同的信号发射强度和接收敏感度。用户可在"绑定 AP 天线"界面中设置 AP 的默认天线类型。

操作步骤如下。

步骤一：在首页中，单击右上角的"配置"，弹出"配置"界面。

步骤二：在"配置"界面的左侧，选择"绑定 AP 天线"。

步骤三：在"绑定 AP 天线"页签中，单击需要绑定的 AP 类型右侧"操作"列中的"　"，打开"绑定天线"界面。

- 说明：只有"内置天线"列为"否"的 AP 才能绑定天线。

步骤四：在"绑定天线"界面中设置 2.4G 和 5G 的天线类型。

步骤五：单击"确定"按钮完成操作。

5. 预置交换机

功能简介：WLAN 规划工具支持规划部署第三方交换机功能。用户可在"预置交换机"界面中自定义交换机类型，然后在"走线供电"页签中布放自定义的交换机设备。该页面默认预置了 5 种类型的交换机设备，分别是"S2700-26TP-PWR-EI"、"S2700-9TP-PWR-EI"、"S3700-26C-HI"、"S5700-28C-PWR-EI"和"S5700-52C-PWR-EI"，默认预置的交换机类型不能删除。

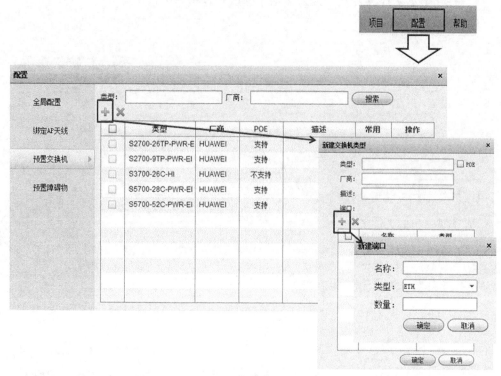

图 24-5　预置交换机

操作步骤如下。

步骤一：在首页中，单击右上角的"配置"，弹出"配置"界面。

步骤二：在"配置"界面的左侧，选择"预置交换机"。

步骤三：在"预置交换机"页签中，单击"+"，打开"新建交换机类型"界面。

步骤四：在"新建交换机类型"界面中输入自定义交换机的相关参数。

步骤五：单击"确认"按钮完成操作。

6. 预置障碍物

功能简介：WLAN 无线信号的强弱通常与障碍物的阻隔能力密切相关，不同材质的障碍物具有不同的阻隔能力，例如木门、混凝土之类的障碍物会影响 WLAN 设备的性能，金属障碍物对无线信号的影响更大。在华为 WLAN 规划工具中，用户可在"预置障碍物"界面中自定义障碍物类型，然后在图纸上绘制不同类型的障碍物。

WLAN 规划工具默认预置了 10 种类型的障碍物类型，如木门、混凝土、玻璃窗等。默认预置的障碍物类型不能删除。

操作步骤如下。

步骤一：在首页中，单击右上角的"配置"，弹出"配置"界面。

步骤二：在"配置"界面的左侧，选择"预置障碍物"。

步骤三：在"预置障碍物"页签中，单击"+"，打开"新建障碍物类型"界面。

步骤四：输入自定义障碍物的相关参数。

步骤五：单击"确认"按钮完成操作。

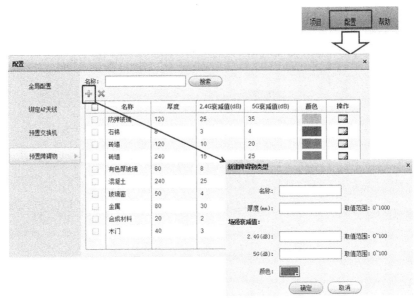

图 24-6　预置障碍物

24.2　华为 WLAN 规划工具使用流程

24.2.1　WLAN 规划流程图

工程师进行无线网络的规划设计前，首先，需要明确用户对无线网络的规划要求，如频段要求、带宽要求、信号要求、接入人数要求、走电要求和业务要求等。其次，需要获取基础项目信息，包含建筑平面图、弱电走线图和强电走线图等。并通过 WLAN 规划工具进行 WLAN 网络的规划设计，计算出 AP 的数量及位置，输出规划报告，供施工人员参考。使用华为 WLAN 规划工具进行规划的流程图如图 24-7 所示。

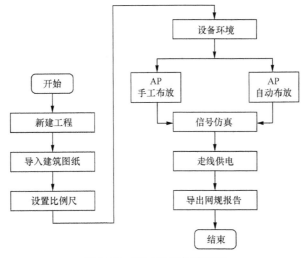

图 24-7　WLAN 规划流程图

24.2.2　规划案例

1. 新建工程

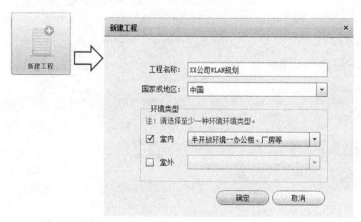

图 24-8　新建工程

功能简介：在使用 WLAN 网络规划工具对网络进行规划前，需要先创建工程，设置待规划网络所在的国家和环境类型。

操作步骤如下。

步骤一：在首页中，单击"新建工程"，弹出"新建工程"界面。

步骤二：输入工程名称。

步骤三：选择相应的国家或地区。

步骤四：因不同国家或地区对无线信道的使用规范不同，建议在新建工程时选择对应国家或地区，工具将自动屏蔽不能使用的信道。

步骤五：在"环境类型"区域选中"室内"，并根据实际环境选择相应的环境模式。

步骤六：单击"确定"按钮完成工程的创建。

2. 导入图纸

图 24-9　导入图纸

功能简介：在完成工程创建之后，需要创建楼栋并导入图纸，以便在图纸上完成环境的设置和 AP 的布放，模拟 WLAN 网络的规划。

操作步骤如下。

步骤一：在工程主界面的左侧导航树中，选择工程节点。

步骤二：单击导航树上方工具栏中的楼栋图标，弹出"新增楼栋"界面。

步骤三：输入名称并选择图纸，单击"确定"。

步骤四：在楼栋/楼层节点下可以进行如下操作。

- 创建单个楼层：右键单击楼栋节点，选择"新增楼层"，设置"楼层数"、"名称"和"图纸"，单击"确定"。
- 更新单个图纸：右键单击楼层节点，选择"更新图纸"，为该楼层选择需要的图纸。
- 创建多个楼层并导入图纸：右键单击创建好的楼栋节点，选择"批量导入图纸"，工具根据导入图纸的数量创建相应数量的楼层并为每个楼层导入图纸。
- 设置楼层属性：右键单击楼层节点，选择"楼层属性"，设置"楼层高度"、"楼板材料"、"2.4G 衰减值"和"5G 衰减值"，单击"确定"。
- 调整楼层顺序：直接拖曳楼层节点即可调整楼层的顺序。

3. 设置比例尺

操作步骤如下。

步骤一：在子图界面中，单击"设置比例尺"，鼠标状态转换为三角形图形，如图 24-10 所示。

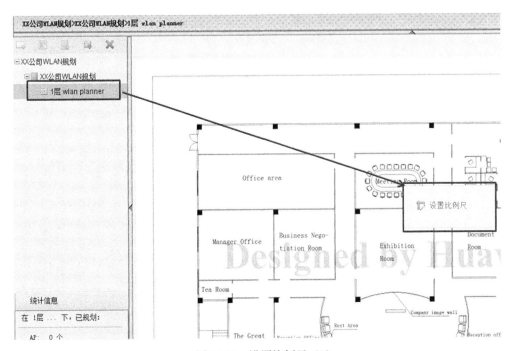

图 24-10　设置比例尺（1）

步骤二：在图纸中确定比例尺的起始点，并单击左键。

步骤三：在图纸中确定比例尺的终点，并单击左键，弹出"设置比例尺"对话框，如图 24-11 所示。

步骤四：根据实际情况，输入平面图的实际距离，并选择单位。

步骤五：单击"确定"，此时在图纸的左下角显示比例尺。

步骤六：调整基准点，如图 24-12 所示。通过调整基准点可以使各个楼层的基准点保持在同一条垂直线上，另外在有多个楼层的情况下，可以通过手动拖曳的方式调整基准点，这样能更好地模拟楼层间的真实环境。

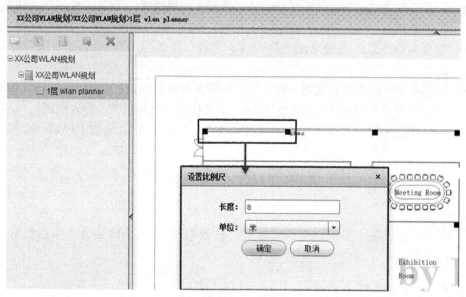

图 24-11   设置比例尺（2）

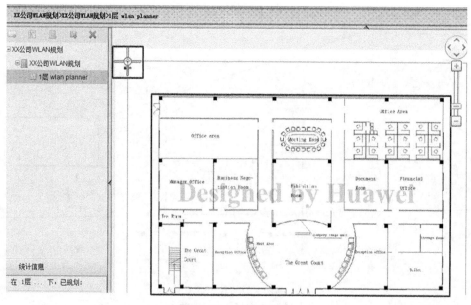

图 24-12   调整基准点

4. 环境设置

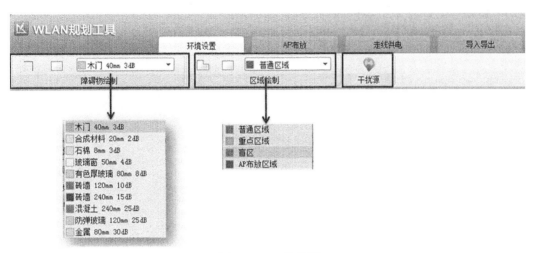

图 24-13　环境设置

功能简介：用户可以通过在图纸上设置障碍物、覆盖区域和干扰源来模拟真实的环境，以达到更接近实际的仿真效果。

操作步骤如下。

步骤一：在工程主界面上方，单击"环境设置"页签，进入环境设置页面。

步骤二：在图纸上方的工具栏中，选择障碍物类型。

说明如下。

- 用户可自定义障碍物类型，具体请参见预置障碍物。
- 自定义障碍物仅适用于室内布放的场景。

（1）障碍物设置

操作步骤如下。

步骤一：在图纸上方的工具栏中，选择障碍物类型。

- 说明：用户可自定义障碍物类型。

步骤二：在障碍物绘制工具栏中，选择障碍物图形，可选择矩形或折线。

步骤三：在图纸中，根据实际环境绘制障碍物。

（2）设置覆盖区域

操作步骤如下。

步骤一：在图纸上方的工具栏中，选择覆盖区域类型（普通区域或重点区域），如图 24-15 所示。

- 说明：普通区域与重点区域在图纸中分别用绿色和橘色区分。

步骤二：在图纸中绘制覆盖区域。

- 说明：相同类型的覆盖区域不能重叠。

步骤三：右键单击已创建的覆盖区域。选择"属性"，即在子图右侧弹出"覆盖要求属性"对话框，可修改覆盖区域的属性。

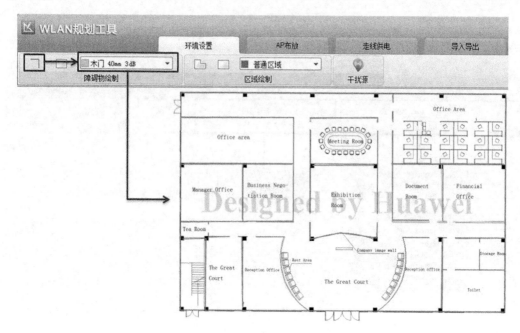

图 24-14　绘制障碍物

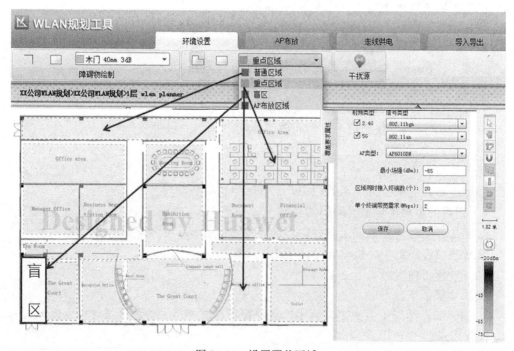

图 24-15　设置覆盖区域

　　步骤四：单击"保存"。

　　步骤五：设置覆盖盲区。首先在图纸上方的工具栏中选择盲区，其次在图纸中绘制盲区。

　　●　说明：盲区与重点覆盖区域不能重叠。

（3）设置干扰源

操作步骤如下。

步骤一：在图纸上方的工具栏中，单击干扰源图标。

步骤二：在图纸中，单击左键，即完成添加干扰源操作，如图 24-16 所示。

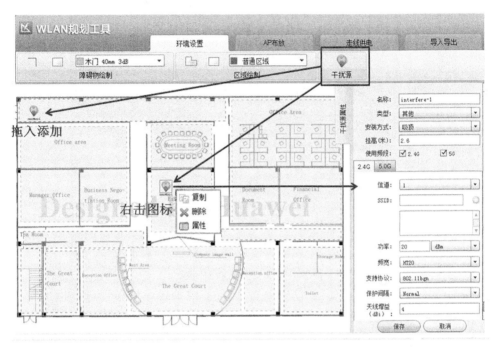

图 24-16　设置干扰源

- 说明：重复单击鼠标左键，可添加多个干扰源至图纸中。

步骤三：单击鼠标右键，可退出布放干扰源操作。

步骤四：右键单击图纸中的干扰源图标。

步骤五：选择"属性"，在子图右侧弹出干扰源属性对话框。

步骤六：根据实际需求，配置干扰源属性。

步骤七：单击"保存"。

（4）设置 AP 布放区域

操作步骤如下。

步骤一：在图纸上方的工具栏中，选择 AP 布放区域。

步骤二：在图纸中绘制 AP 布放区域，如图 24-17 所示。

- 说明：当用户采用自动布放 AP 功能时，AP 将布放在用户自定义的 AP 区域内。

5．AP 布放

（1）手动布放

功能简介：用户可根据实际环境以及布放经验，在工具中手动布放 AP。通过在图纸中增加/删除 AP、调整 AP 位置以及配置 AP 的相关属性完成布放操作。

操作步骤如下。

步骤一：在 WLAN 规划工具主界面上方，单击"AP 布放"页签，进入 AP 布放页面。

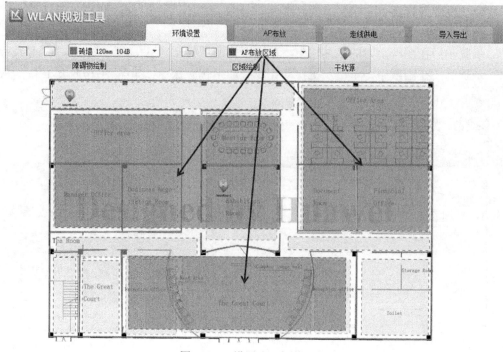

图 24-17　设置 AP 布放区域

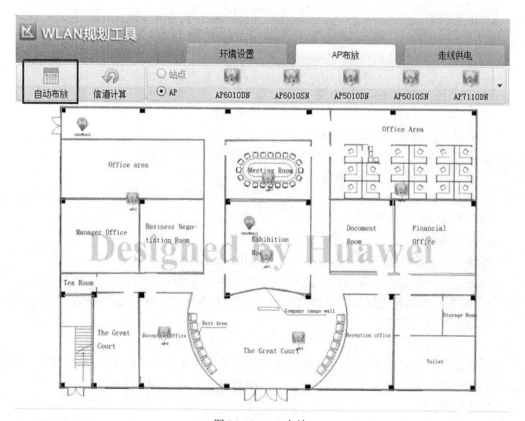

图 24-18　AP 布放

步骤二：在工具栏中，选择待部署的 AP 类型。

步骤三：在图纸中手动布放 AP。

步骤四：右键单击图纸中的 AP 图标。

步骤五：选择"属性"，在子图右侧弹出 AP 属性对话框，手动配置 AP 属性。

步骤六：单击"保存"。

（2）自动布放

功能简介：WLAN 规划工具根据图纸中设置的障碍物状态（如位置和类型）以及覆盖区域的要求（如 AP 类型、最小场强、信号类型等）自动计算 AP 的数量、位置和信道，并将计算后的 AP 放置在图纸上，如图 24-18 所示。

操作步骤如下。

步骤一：在 WLAN 规划工具主界面上方，单击"AP 布放"页签，进入 AP 布放页面。

步骤二：单击工具栏中"自动布放"，工具开始自动布放 AP。

步骤三：（可选）用户调整 AP/障碍物/覆盖区域的位置或属性后，单击图纸上方工具栏中的"信道计算"，重新计算 AP 信道。

6. 信号仿真

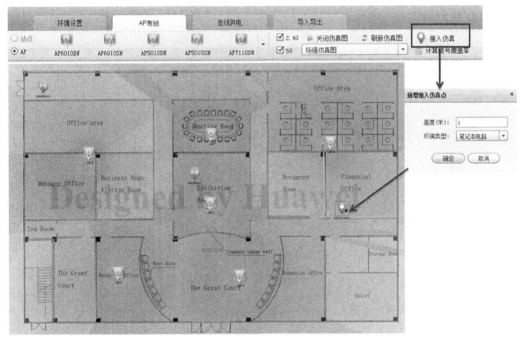

图 24-19　信号仿真

（1）环境无线信号仿真

功能简介：通过信号仿真图预览无线信号覆盖的实际效果，并根据模拟的信号覆盖效果图判断是否满足设计要求。目前工具支持场强仿真图、信干噪比仿真图、物理层吞吐率仿真图和应用层吞吐率仿真图。

操作步骤如下。

步骤一：在图纸左下角选择仿真图类型。

步骤二：单击"打开仿真图"，工具自动输出仿真效果图。

步骤三：（可选）用户调整 AP/障碍物/覆盖区域的位置或属性后，单击图纸下方工具栏中的"刷新仿真图"，工具将刷新仿真效果图。

（2）接入点仿真

功能简介：接入点仿真用于模拟单个接入点可接收的无线信号源信息，如该信号源的频率、信道、场强等信息。

操作步骤如下。

步骤一：在图纸下方的工具栏中，单击"接入仿真"。

步骤二：在图纸中部署仿真接入点。

步骤三：右键单击单个仿真接入点，选择"查看"，即可查看该接入点的可接入信号源信息。

7. 走线供电

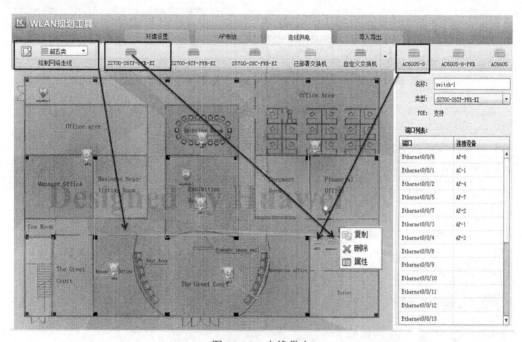

图 24-20　走线供电

功能简介：完成 AP 布放后，根据实际环境部署交换机，并将 AP 与交换机通过网线相连，为后续工程师的施工提供参考。

操作步骤如下。

步骤一：在 WLAN 规划工具主界面上方，单击"走线供电"页签，进入走线供电页面。

步骤二：在图纸上方的工具栏中，选择待部署的交换机类型。

说明如下。

- 用户可自定义交换机类型，具体请参见预置交换机。
- 已部署交换机：为虚拟交换机，用于 AP 与相连的交换机不在同一楼层的场景下。当需要将 AP 与上一层/下一层交换机连接时，需要在 AP 所在楼层的子图中布放

"已部署交换机"。

步骤三：在图纸中手动布放交换机。

步骤四：右键单击图纸中的交换机图标。

步骤五：选择"属性"，在子图右侧弹出交换机属性对话框，手动配置交换机属性。

步骤六：单击"保存"。

步骤七：在图纸上方的工具栏中选择网线类型。

步骤八：单击左上角的线缆，在图纸中绘制网线连接交换机和 AP。

8. 导出报告

图 24-21　导出报告

功能简介：用户通过工具导出详细的规划报告、AP 清单和物料清单，并用于指导施工人员进行施工。

（1）导出网规报告

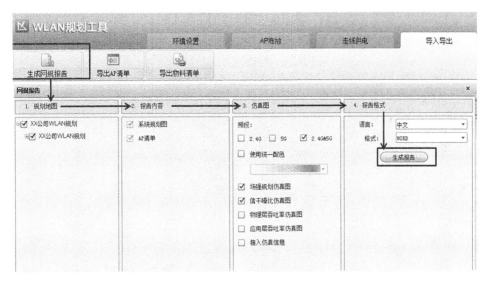

图 24-22　导出网规报告（1）

操作步骤如下。

步骤一：在 WLAN 规划工具主界面上方，单击"导入导出"页签，进入导入导出页面。

步骤二：单击工具栏中"生成网规报告"，进入"规划报告"对话框。

步骤三：选择规划地图。

步骤四：选择待导出的内容。

步骤五：选择网规报告格式。

步骤六：单击"生成报告"。

生成的报告结果如图 24-23 所示。

WLAN 规划报告

BOM	材料名称	材料类型	材料数量	备注
	AP	AP6010DN	6	
	交换机	S2700-26TP-PWR-EI	1	
	AC	AC6005-8	1	
	网线	超五类	166 米	网线长度是计算出的实际长度，施工时注意预留 10%+ 的余量。

注： 实际部署前，请先进行实地勘测，根据勘测结果进行方案调整！

图 24-23　导出网规报告（2）

（2）导出 AP 清单

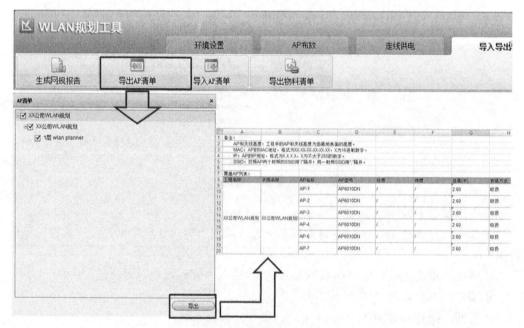

图 24-24　导出 AP 清单

操作步骤如下。

步骤一：在工程主界面上方，单击"导入导出"页签，进入导入导出页面。

步骤二：单击工具栏中"导出 AP 清单"，进入"AP 清单"对话框。

步骤三：选择规划图。

步骤四：单击"导出"。

（3）导出物料清单

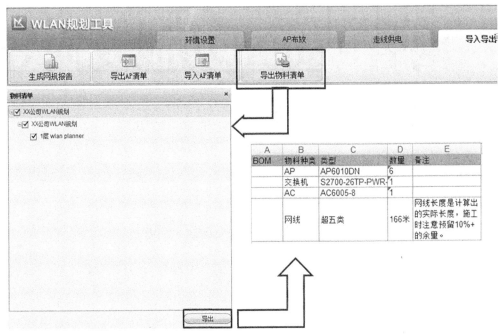

图 24-25　导出物料清单

操作步骤如下。

步骤一：在 WLAN 规划工具主界面上方，单击"导入导出"页签，进入导入导出页面。

步骤二：单击工具栏中"导出物料清单"，进入"导出物料清单"对话框。

步骤三：选择规划图。

步骤四：单击"导出"，指定物料清单存放路径。

步骤五：单击"保存"。

24.3　总结

华为 WLAN 规划工具的主要功能有环境规划功能、AP 布放功能、网络信号仿真功能和报表管理功能。本章首先介绍了其主要特性，然后通过一个 WLAN 规划案例详细介绍了 WLAN 规划的设计流程。

第25章
网管eSight功能及向导配置介绍

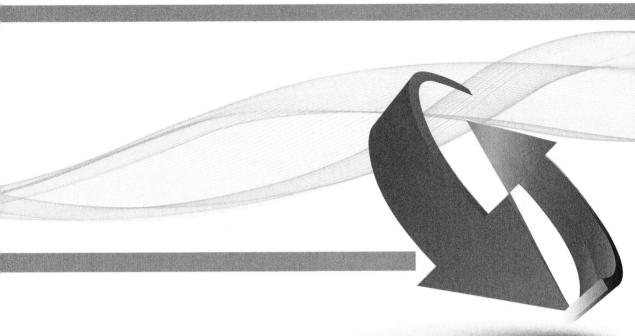

关于本章

随着企业网络应用的不断增长，网络规模的不断扩大，大量的多业务路由器、网关、WLAN AP等终端接入设职备被广泛地应用于企业园区、企业分支等分散的网络中。企业出现多厂家网络设备共存、IT&IP设备日益增多的现象，不同厂家设备又有自己配套的网管，如何降低人员学习成本以及如何实现全网设备统一管理等问题的解决都需要统一的企业管理平台。同时，企业正由单地点办公向跨地域办公演进，企业业务越来越多样化，管理需求越来越精细化，因此企业需要对所有设备进行统一管理，需要更轻松高效的运维，需要保证网络的稳定，了解网络上承载的业务，实时掌握网络质量。华为eSight WLAN网管系统为企业提供了有线无线一体化的解决方案，实现了有线网络和无线网络的融合管理，同时帮助用户实现业务的批量部署、调整、故障恢复及日常的运行维护。

通过本章的学习，读者将会掌握以下内容。

- eSight系统的基础功能
- eSight系统的组网方式
- eSight系统的技术指标
- eSight向导配置WLAN业务

25.1　eSight 网管介绍

25.1.1　eSight 网管背景

随着网络的发展，WLAN 这种低成本、高效率的网络部署和运维方式逐渐被客户认同和接受。但是由于 WLAN 对周边环境要求较高，且 WLAN 网络中 AC/AP 部署分散，因此增加了企业的运维成本和运维难度。华为 eSight 网管系统的应用，不仅提高了企业的运维效率，而且减少了企业的运维成本和运维难度。

华为 eSight 网管系统的推出主要来自于企业网管部门的两个诉求。

（1）网络管理的诉求

多厂商统一管理。从管理角度上来看，每引入一家网络设备，都需要引入配套的厂商网管，而目前的厂商网管仅能管理自己厂商的设备，不能实现全网的统一管理。从效率角度上来看，每个厂商网管风格、能力、操作界面均不相同，对于维护人员来说，几乎每个网管都需要学一遍，从而增加了维护难度，降低了维护效率。

（2）企业网络管理的诉求

管理趋于精细化，以往单纯的网络设备管理已经不能够满足企业的发展要求，企业 IT 部门的管理范围也不能单纯地局限于设备级的管理。企业 IT 部门不仅需要保证网络的稳定，还需要清晰地了解网络上承载了哪些业务，网络的运行质量如何。

25.1.2　eSight 网管特点

① 真正的轻量级系统，用户随时随地可访问网络，了解网络运行状态。
- B/S 架构，免客户端安装，web 2.0，更好操作体验。
- 可运行在便携机上的管理系统。最低硬件要求：CPU 双核 2G，内存 4G，硬盘 40G。
② 多厂商、多资源设备统一管理，用户可轻松实现全网设备统一管理。
- 全面的设备管理能力：全面支持华为路由器、交换机、AR、安全设备、WLAN、防火墙设备的管理。
- 预集成了对 HP、Cisco 等第三方主流设备的管理能力；同时支持对服务器、打印机等企业 IT 资源的管理。
- 第三方设备定制能力：可进行设备厂商、设备类型、面板、性能、告警管理的定制。
- 网元适配包：通过灵活的网元适配包方案，快速适配设备，增加能管理的设备类型和功能。
③ 全方位故障监控系统，实时了解网络故障。
- 全面的故障类型：IP 告警、IT 告警、业务告警。
- 7*24 小时不间断的故障监控，实时的故障提醒以及故障远程通知。

- 故障与拓扑和设备面板之间的快速跳转。
- 告警归并、告警屏蔽等措施，有效降低呈现在用户界面的告警数。
④ 可视化的管理，助力用户直观了解网络状态。
- 拓扑管理：提供物理拓扑和 IP 拓扑两张拓扑，实现网络设备的图形化、层次化展示，同时显示子图、网元、链路，提供网元状态的显示。
- 性能管理：多种性能监视指标，多维度呈现网络状况；性能监视视图持续刷新；不同图表展现不同性能监视指标以及历史数据的分析。
⑤ 简单便捷的日常运维操作。
- 可定制 portal：通过定制 portal，用户可了解自己关注的信息。
- 智能配置工具：预置了常用的业务配置模板，用户可以方便地选择模板，进行设备批量配置；通过规划表方式进行设备差异化批量配置。
- 配置文件管理：提供设备配置文件备份、比较、恢复的功能。备份支持立即备份、周期备份、设备变更告警触发备份。
- 智能报表：提供丰富的预定义报表，同时提供强大易用的报表设计功能，用户可根据行业特点和自身运维要求进行客户报表定制。
- 分级网管：总部网管可查看下级网管告警、拓扑、性能等信息。
⑥ 高可靠性，保证服务的连续性。
- 支持双机热备。
- 支持 Linux 操作系统。

25.2　eSight 运行环境和技术指标

25.2.1　eSight 运行环境

eSight 网管系统根据版本的不同，运行环境也不同。服务器硬件配置由管理规模（网元数）约束，涉及 CPU、内存、硬盘。服务器操作系统由用户选择的 eSight 多版本（精简、标准、专业版）约束。

eSight 应用平台-精简版，配置要求如表 25-1 所示。

表 25-1　　　　　　　　　　Huawei eSight 精简版运行环境

管理规模	硬件配置要求	操作系统	数据库
0～20	CPU：1 x 双核 2G 以上　内存：4G　硬盘空间：40G	WIN 7（32 Bits）	MySql 5.5

eSight 应用平台-标准版，配置要求如表 25-2 所示。
eSight 应用平台-专业版，配置要求如表 25-3 所示。

表 25-2   **Huawei eSight** 标准版运行环境

管理规模	硬件配置要求	操作系统	数据库
0～200	CPU：1*双核 2G 以上　内存：4G　硬盘空间：40G　说明：请选用 PC Server	配置 1：Windows Server 2008 R2 标准版（64 位）+MySql 5.5 配置 2：Windows Server 2008 R2 标准版（64 位）+Microsoft SQL Server 2008 R2-标准版 配置 3：Novell SuSE LINUX Enterprise Server-多国语言版本-企业版-11.0 SP1 + Oracle Database Standard Edition 11g R2	
200～500	CPU：2*双核 2G 以上　内存：4G　硬盘空间：60G　说明：请选用 PC Server		
500～2000	CPU：2*四核 2G 以上　内存：8G　硬盘空间：120G　说明：请选用 PC Server		
2000～5000	CPU：2*四核 2G 以上　内存：16G　硬盘空间：250G　说明：请选用 PC Server		

表 25-3   **Huawei eSight** 专业版运行环境

管理规模	硬件配置要求	操作系统	数据库
0～200	CPU：1*双核 2G 以上　内存：4G　硬盘空间：40G　说明：请选用 PC Server	配置 1：Windows Server 2008 R2 标准版（64 位）+ MySql 5.5 配置 2：Windows Server 2008 R2 标准版（64 位）+ Microsoft SQL Server 2008 R2-标准版 配置 3：Novell SuSE LINUX Enterprise Server-多国语言版本-企业版-11.0 SP1+ Oracle Database Standard Edition 11g R2	
200～500	CPU：2*双核 2G 以上　内存：4G　硬盘空间：60G　说明：请选用 PC Server		
500～2000	CPU：2*四核 2G 以上　内存：8G　硬盘空间：120G　说明：请选用 PC Server		
2000～5000	CPU：2*四核 2G 以上　内存：16G　硬盘空间：250G　说明：请选用 PC Server		
5000～20000	CPU：4*四核 2G 以上 内存：32G 硬盘空间：320G 说明：请选用 PC Server	Novell SuSE LINUX Enterprise Server-多国语言版本-企业版-11.0 SP1	Oracle Database Standard Edition 11g R2

eSight 标准版/专业版，可在虚拟机上运行。对虚拟机的配置要求如表 25-4 所示。

表 25-4   **Huawei eSight** 标准版/专业版虚拟机运行环境

管理规模	虚拟机所需的分配资源	操作系统	数据库
0～500	VMWare ESXI 5.0 CPU：1*4 核 2G 以上 内存：6G 硬盘：300G	Windows Server 2008 R2 标准版（64 位）+ Microsoft SQL Server 2008 R2-标准版	
500～2000	VMWare ESXI 5.0 CPU：2*4 核 2G 以上 内存：12G 硬盘：600G		

25.2.2　eSight 技术指标

eSight 系统提供了灵活的第三方设备管理能力。eSight 系统预适配华为、H3C、

CISCO、中兴等厂商的网络设备，以及 IBM、HP、SUN 等厂商的 IT 设备。预适配的所有设备类型可参看 eSight 系统版本设备配套说明书。

对于支持标准 MIB（RFC1213-MIB，Entity-MIB，SNMPv2-MIB，IF-MIB）的第三方设备，eSight 系统通过自定义设置就能达到与预置的第三方设备同样的管理能力。对于不支持标准 MIB 的第三方设备，可以通过打网元补丁的方式进行适配。eSight 系统的技术指标见表 25-5。由于 eSight 系统版本的不同，技术指标也可能略有不同，具体需参考 eSight 系统的产品说明书。

表 25-5　　　　　　　　　　　　　　Huawei eSight 技术指标

项目	子项目	精简版	标准版	专业版
管理能力	管理网元数量	60	5000	20000
资源占用	CPU 使用情况	—	不超过 15 分钟,占用率持续超过 30%	不超过 15 分钟, 占用率持续超过 30%
存储容量	当前告警容量	2 万条	2 万条	2 万条
	历史告警容量	—	1500 万条	1500 万条
	日志数据容量	100 万条	100 万条	100 万条
	性能数据容量	—	6000 万条	6000 万条
处理能力	告警处理响应速度	一条告警从设备上产生到网管显示不超过 30 秒	一条告警从设备上产生到网管显示不超过 30 秒	一条告警从设备上产生到网管显示不超过 30 秒
	性能处理响应速度		15 分钟,采集 3 万条性能数据	15 分钟,采集 3 万条性能数据
	界面操作影响时间	3 秒	3 秒	3 秒
状态刷新时间	设备状态	—	不超过 300 秒	不超过 300 秒
	链路状态	—	不超过 35 秒	不超过 35 秒

25.3　eSight 功能介绍

25.3.1　版本类型介绍

华为 eSight 统一管理平台为企业客户提供精简版、标准版、专业版等多个版本，企业客户可按需选择。除提供多厂商设备统一管理，拓扑、故障、性能、报表以及智能配置工具和配置文件管理功能外，同时为客户提供第三方设备的定制能力，让客户可以打造专属的网络管理系统。版本和功能见表 25-6 所示。

表 25-6　　　　　　　　　　　　　**Huawei eSight** 功能表

版本类型	功　　能
精简版	告警管理、性能管理、拓扑管理、配置文件管理、网元管理、链路管理、VLAN 管理、日志管理、物理资源、电子标签、IP 拓扑、智能配置工具、自定义设备管理、安全管理、终端资源管理、MIB 管理、设备软件管理。系统监控工具、数据库备份/恢复工具、故障采集工具。
标准版	具有精简版功能。 WLAN 管理、智能报表组件、敏捷报表、SNMP 告警北向接口、SLA 管理组件、Mobile 管理组件、NTA 网流分析组件、MPLS VPN 管理组件、MPLS Tunnel 管理组件、Secure Center 安全策略管理组件、IPSec VPN 管理组件、协作应用管理。
专业版	具有标准版功能、下级网管。 Linux 双机系统支持双机热备份功能。

25.3.2　基础功能介绍

eSight 网管的几个主要功能介绍如下。不同的业务版本会有所不同，具体功能列表以设备商产品说明书为准。

（1）系统首页

以图形化形式提供重要监控信息一览，并支持用户自定义显示的监控信息和格式。系统首页提供如下几种监控信息。eSight 系统首页如图 25-1 所示。

图 25-1　Huawei eSight 系统首页

① 资源统计类。

- 下级网管。
- 子网列表。

② 重要信息监控类。

- TOP 故障网元统计。

- TOP10 CPU 使用率。
- TOP10 内存占用率。
- TOP10 接口流入带宽利用率。
- TOP10 接口流出带宽利用率。

（2）日志管理

日志信息记录了用户的一些重要操作，用户可以查看、过滤日志列表，可以详细查看某条系统日志的内容。提供提示、一般和危险三种级别的信息。eSight 日志管理如图 25-2 所示。

- 操作日志：记录用户触发的网管各种操作。
- 安全日志：记录与系统安全相关活动的日志。
- 系统日志：记录网管系统自动触发在运行、任务执行过程中的各种关键信息。

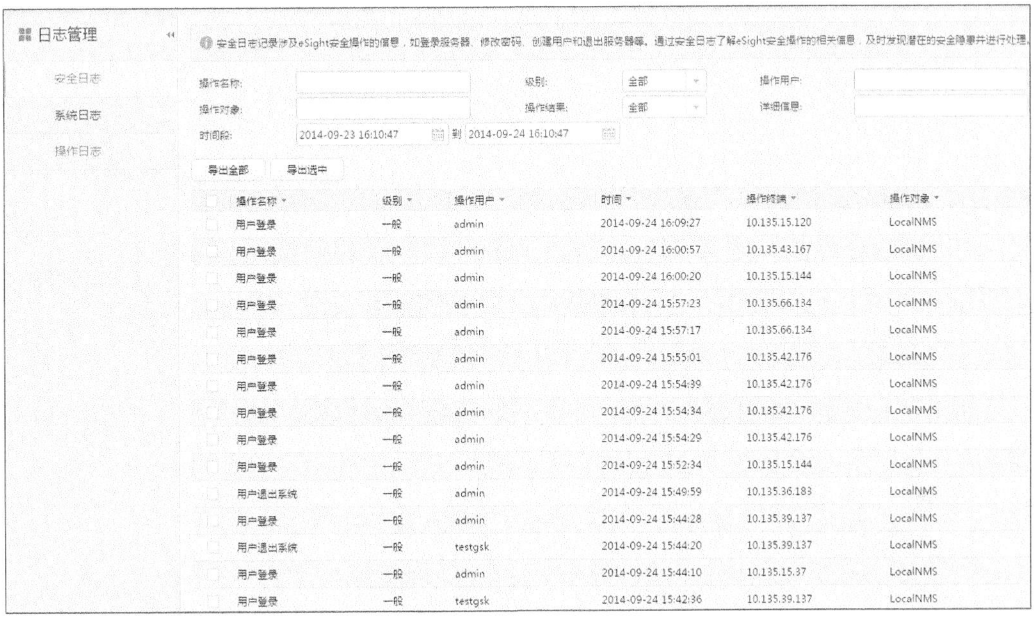

图 25-2　Huawei eSight 日志管理

（3）用户管理

用户管理实现对网管系统本身的安全控制，通过对用户、角色、权限和操作集等管理，保证网管系统的安全。

用户管理基于角色模型，从管理设备范围、操作范围两个方面对用户权限进行控制。eSight 用户管理如图 25-3 所示。

- 支持用户设定管理设备范围。
- 支持用户设定网管操作集合。
- 支持设定服务器的访问时间、访问 IP 范围限制，从而对用户登录网管服务器进行策略控制。
- 支持设置账户的安全策略，对账户、密码的设置规则进行强制约束，提升系统账户密码的安全性。

图 25-3　Huawei eSight 用户管理

（4）拓扑管理

以拓扑图的方式直观地显示网元及其之间链路连接的关系和状态。用户可以通过拓扑管理全局把握全网设备的层次结构和运行状态。eSight 拓扑管理如图 25-4 所示。

① 浏览拓扑图。

- 拓扑界面上分成左树右图的方式，对拓扑对象通过子网进行分层展示。
- 提供鹰眼、全屏进行拓扑图整体、局部观测能力。
- 显示网元、链路的告警状态及 Tips 信息，并提供图例说明。

② 提供拓扑对象搜索能力。

提供拓扑对象名称设置能力，支持拓扑中的网元按照网元名称、IP 地址进行显示设置。

③ 拓扑图操作。

- 支持拓扑图的缩放操作。
- 支持拓扑图图片导出、图片打印、设置背景图。
- 支持拓扑图节点的移动，并保持设置。
- 提供其他功能的快捷操作入口。

④ 告警级别显示。

拓扑节点的颜色直观地反映该节点相应的最高告警级别，且是动态更新显示的。用户可以根据图标颜色了解到全网设备的告警情况，如有紧急告警，可以第一时间确认和处理。

⑤ 网元管理集中入口。

用户可以通过拓扑视图中网元的快捷菜单，快速进入到该设备的单网元管理界面。

（5）资源管理

网管对设备的管理，主要包括设备添加、删除。网管同时提供子网的管理方式，用户可以根据实际设备的物理位置，划分不同的子网对设备进行区域管理。eSight 资源管理如图 25-5 所示。

添加设备作为网管管理的基础，用户可通过多种方式完成网管添加设备的过程。系统支持三种网元添加方式：手动添加设备、网段自动发现设备、文件批量导入设备。

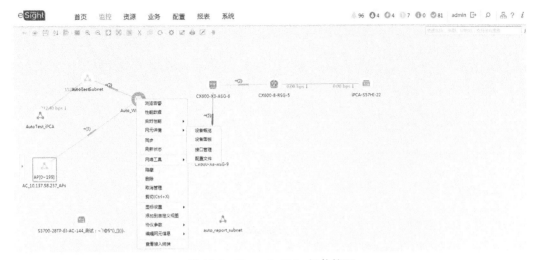

图 25-4　Huawei eSight 拓扑管理

图 25-5　Huawei eSight 资源管理

（6）故障管理

故障管理功能主要包括显示和统计告警、清除告警和确认告警等。eSight 故障管理如图 25-6 所示。

① 告警操作。

- 锁定告警：提供锁定当前告警界面功能，锁定后告警界面不再刷新新增告警，方便用户查看已有告警信息。
- 告警确认：提供了一种某条告警是否已经被用户处理过的识别手段。确认告警是否已经被用户处理。通过是否已确认的告警状态，很容易区分已处理告警和未处理告警。
- 告警清除：提供用户手动清除告警的能力，被清除的告警转入历史库，在当前告警信息中不再体现。
- 告警导出功能：提供将选择的告警、或者全部告警以 EXCEL 文件方式导出。
- 告警定位：根据告警信息定位到网元、面板。

图 25-6　Huawei eSight 故障管理

- 屏蔽告警：可以设置屏蔽规则，屏蔽符合屏蔽规则的告警。被 eSight 屏蔽的告警可以在被屏蔽的告警列表中查看该告警的信息。

② 显示和统计告警。

eSight 实时接收被管理网元产生的告警，并提供多种方式显示和统计告警。

③ 远程通知。

eSight 支持告警远程通知功能。告警远程通知为不在现场的用户提供通知的手段，支持告警通过 E-mail、手机短信息的方式通知维护人员。

- 支持 E-mail：设定 E-mail 服务器用于告警服务器转发邮件。
- 支持自定义通知内容模板：设定 E-mail 通知时，通知的内容信息。
- 支持远程通知用户组管理：设定告警通知的用户组信息，用户组中设定用户的邮箱地址。
- 远程通知规则：设定告警通知的通知规则，支持按照告警级别、告警名称设定通知规则，包含通知名称、告警清除通知开关、远程通知用户组等信息。

（7）性能管理

性能管理能为网络管理、维护人员提供一种监视手段，通过从被管对象中收集与网络性能有关的数据，分析和统计历史数据，建立性能分析的模型，预测网络性能的长期趋势，并根据分析和预测的结果，对网络拓扑结构、某些对象的配置和参数做出调整，逐步达到最佳运行状态。

eSight 性能管理主要内容如下。

- 创建监控模板：选择性能指标、设置指标阈值。
- 创建监控任务：选择指标模板或指标、选择测量对象、自动定时采集。
- 性能数据查看：性能数据查看、性能历史数据查看、实时性能查看、收藏夹。

eSight 网管在安装完成之后，会默认创建一些预制任务，对一些常用的指标进行默认采集，例如 CPU 利用率、内存利用率以及接口流量等。性能采集目前采用的是定时整点采集，例如当前时间是 10:28 分，设置 15 分钟采集一次，那么最近的一次采集时间为 10:30，下一次采集时间为 10:45。

性能数据查看主界面展示如图 25-7 所示。

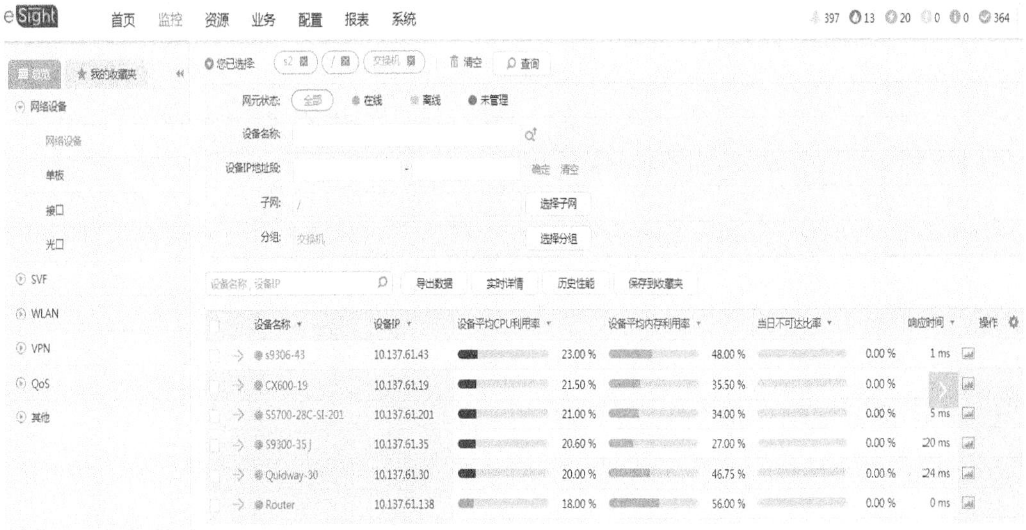

图 25-7　Huawei eSight 性能数据查看

- 图中的颜色和该指标设置的告警阈值有关，如果超过了告警阈值，则按照告警颜色显示，没有超过阈值和没有设置阈值的指标，显示绿色。
- 可以查看所有已经采集的性能指标的数据信息，通过操作后面的图标，选择哪些指标需要显示，并可以对指标进行排序。
- 指标默认按照第一列指标的数据进行排序。
- 如设有固定列，当横向翻动表格的时候，固定列保持不变。

（8）配置文件管理

配置文件管理指对设备的配置信息进行管理，提供对设备配置文件的导入、备份、恢复、比较、基线化管理。当网络出现问题时，可以根据之前备份的网络可运行时的配置文件与当前设备正在运行的配置文件进行比较，帮助用户快速定位并恢复当前出现的故障。

eSight 对设备配置文件的管理主要包括对配置文件的备份、恢复、基线化、基本的维护操作管理操作，以及配置变更的统计，如图 25-8 所示。

- 配置文件的备份：为了保证设备配置的安全性，避免设备问题导致配置丢失，且方便设备间配置相互复制，用户需要将设备上的配置文件备份到网管上。配置文件的备份传输通道支持 FTP、SFTP 方式。
- 配置文件恢复：设备的配置文件备份到网管上后，一旦设备出现问题，设备上的配置文件遭到破坏，需要从网管获取该设备的配置文件进行恢复。网管支持批量恢复设备上的配置文件。
- 配置文件基线化：将指定备份的配置文件保存成基线文件，对设备进行配置文件恢复时，可以将现有的配置文件恢复到基线文件。

- 基本维护操作：配置文件的查看、比较、删除、导入等。
- 配置变更提醒：备份完配置文件以后，若发现与上次备份的配置文件有差异，则发送配置文件变更告警。
- 配置变更统计：备份完配置文件以后和上次备份的配置文件进行比较，对配置文件变更的具体内容进行记录。

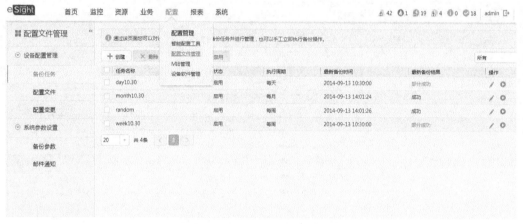

图 25-8   Huawei eSight 配置文件管理

（9）报表管理

eSight 系统通过任务执行报表生成，支持周期报表任务、即时报表任务；同时支持报表导出为 PDF、Excel、Word、PowerPoint 等常见文件格式；eSight 系统预集成了丰富的报表模板，可以满足常见的网络运维报表需求；同时，提供了灵活的报表设计工具，支持用户自定制报表模板，以实现个性化的报表需求，如图 25-9 所示。

图 25-9   Huawei eSight 报表管理

25.3.3　eSight 组网应用

eSight 网管系统无特殊组网要求，只需所管理的设备与 eSight 服务器路由可达，设备支持 SNMP 协议。

① eSight 精简版本适用于中小型企业，其组网如图 25-10 所示。

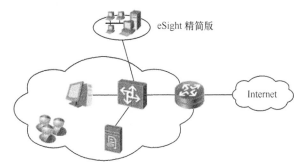

图 25-10　Huawei eSight 精简版组网图

② eSight 标准版适用于大中型企业，其组网如图 25-11 所示。

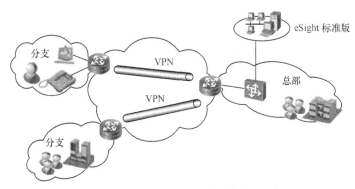

图 25-11　Huawei eSight 标准版组网图

③ eSight 专业版适用于超大规模企业。

总部部署 eSight 专业版，分支部署 eSight 标准版或专业版，总部管理人员可了解各分支网络情况。其组网如图 25-12 所示。

④ eSight 系统与 OSS 系统的对接。

eSight 应用平台支持同上层 OSS 系统集成。eSight 应用平台通过 SNMP 实现网络告警上报，与 OSS 告警系统对接，如图 25-13 所示。

eSight 网管系统与 OSS 系统集成的优势主要包括以下几点。

- 通过 OSS 系统提升网络管理的能力。
- 实现网元管理功能、网络管理功能的分离。
- 满足企业运维机制的需要。

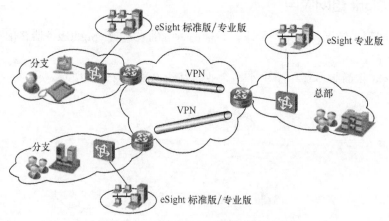

图 25-12　Huawei eSight 专业版组网图

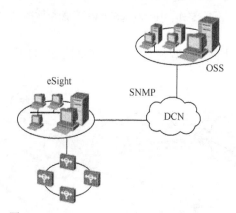

图 25-13　Huawei eSight 与 OSS 系统连接图

25.4　eSight 向导配置 WLAN 业务

25.4.1　eSight 设备资源管理

　　华为 eSight 网管系统对 WLAN 设备的资源管理，如图 25-14 所示。通过如下三种途径增加 WLAN 设备。本章以添加 AC 设备为例，其他设备参考进行配置。

　　（1）手动添加设备

　　当需要添加到 eSight 的 WLAN 设备数量较少时，可以通过手工添加的方式将 WLAN 设备添加到 eSight 中。在主菜单中选择"资源→增加设备→单个添加"，设置 SNMP 相关参数。在手动添加页面中，设置待创建 WLAN 设备的基本信息、SNMP 协议参数和添加至子网的信息。如图 25-15 所示。

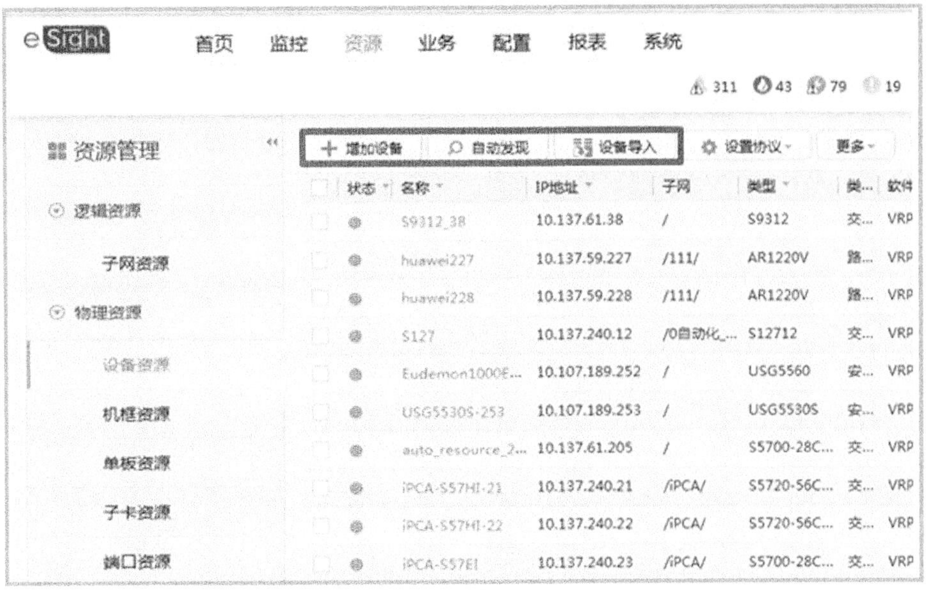

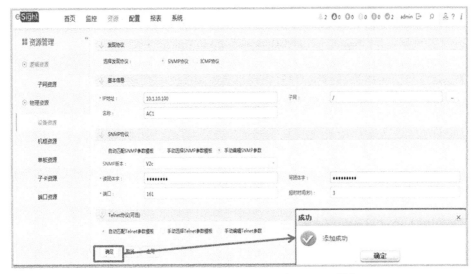

图 25-14　Huawei eSight 设备资源管理

图 25-15　Huawei eSight 手动添加 WLAN 设备

（2）自动添加设备

通过自动发现功能，可以根据指定的 SNMP 协议信息在指定 IP 网段中搜索 WLAN 设备，并把发现的 WLAN 设备添加到 eSight 中。在自动添加页面中，设置网段发现参数、SNMP 协议参数和添加至子网的信息，如图 25-16 所示。

（3）批量添加设备

当开局或设备扩容，被管理设备较多时，可以选择手工批量导入方式批量添加 WLAN 设备。在批量添加页面中，先下载配置模板，添加 WLAN 设备信息后，再上传配置文件至 eSight，如图 25-17 所示。

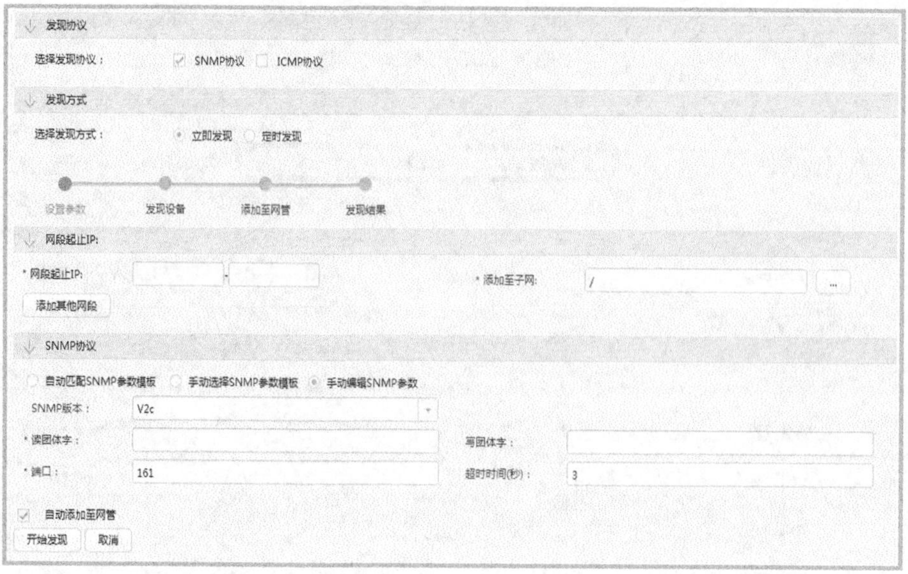

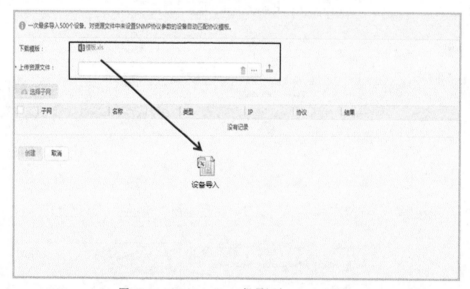

图 25-16　Huawei eSight 自动添加 WLAN 设备

图 25-17　Huawei eSight 批量添加 WLAN 设备

25.4.2　向导式配置 WLAN 业务

　　eSight 向导式配置 WLAN 业务包含了 WLAN 业务的完整配置步骤，有效指导用户配置 WLAN 业务。

　　前提条件如下。

- 已在网管中创建 AC 设备。
- AP 和 AC 之间网络连接正常。
- 已配置 SNMP 读写权限。

eSight 向导式配置 WLAN 业务步骤如下。

步骤一：在 AC 列表中选择 AC 设备，如图 25-18 所示。

- 在左侧的导航树中选择业务管理→配置向导。
- 选中 AC 后，可单击"同步"，使网管与现网中 WLAN 业务保持一致，然后进行业务配置。
- 选中某一 AC 下单击"下一步"进入 AC 属性配置。

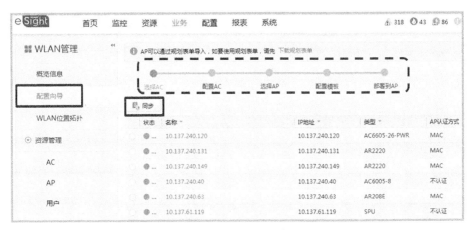

图 25-18　Huawei eSight 配置向导-选择 AC

步骤二：配置 AC 基本信息，如图 25-19 所示，配置 AC 基本属性，包括配置 AC 的"接口名称"、"AP 认证方式"、"转发类型"。

图 25-19　Huawei eSight 配置向导-配置 AC 基本信息

- "转发类型"为"ESS"时，AP 将以在绑定的 ESS 模板中设置的用户数据作为转发模式转发用户数据。
- "转发类型"为"AP"时，AP 将以自定义设置的用户数据作为转发模式转发用户数据。
- "国家码"用来标识射频所在的国家，它规定了射频特性（如功率、信道值和可用于帧传输的信道总数），在第一次配置设备之前，必须配置有效的国家码。

- 如果系统中存在已确认的 AP，将不能修改 AC 的基本属性。

步骤三：单击"增加 AP"，选择相应的 AP。单击"确定"。单击"下一步"。如图 25-20 所示。

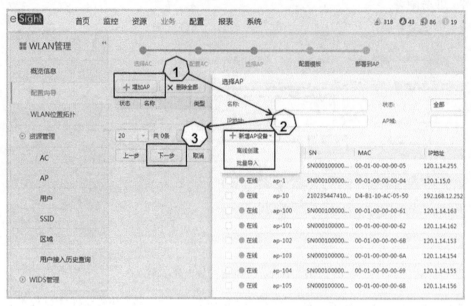

图 25-20　Huawei eSight 配置向导-增加 AP

新增 AP 设备支持以下两种方式。

- 可单击"新增 AP 设备→离线创建"，离线创建 AP 设备。
- 可单击"新增 AP 设备→批量导入"，使用 AP 规划表单批量创建 AP 设备。（单击"下载规划表单"，将待导入的 AP 设备相关信息填写到规划表单中）

步骤四：配置模板。选择 AP 模板并配置射频参数，如图 25-21 所示。

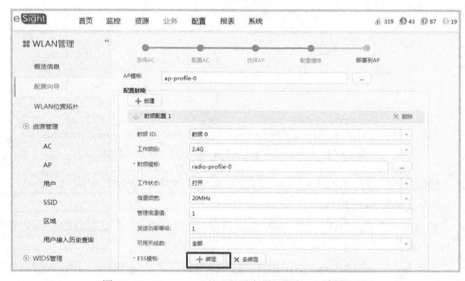

图 25-21　Huawei eSight 配置向导-配置 AP 射频配置

配置 ESS 模板。单击"增加"，创建一个 ESS 服务集，配置如图 25-22 所示。

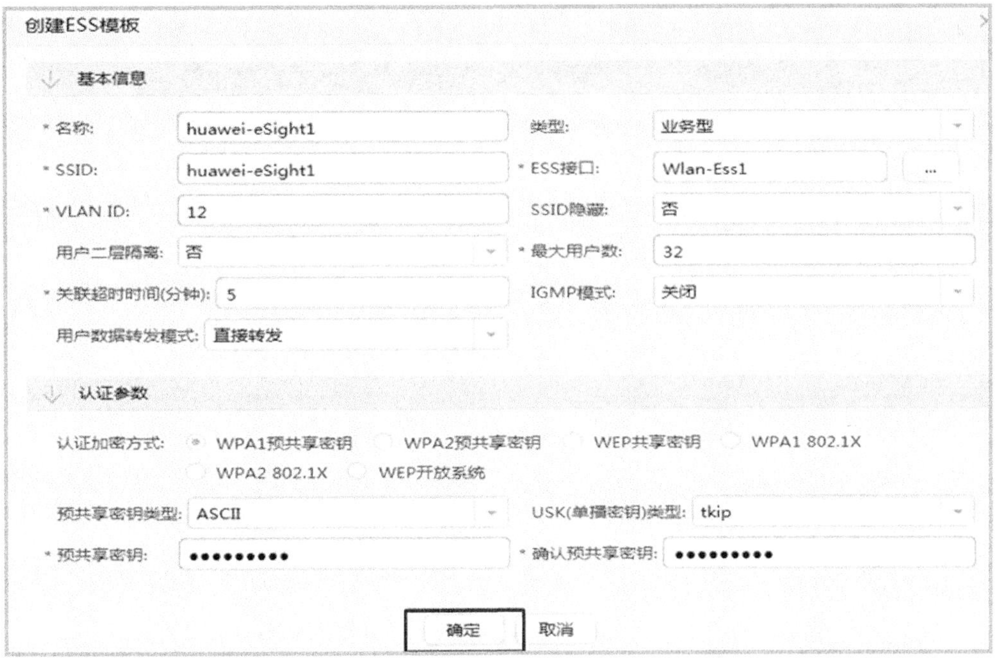

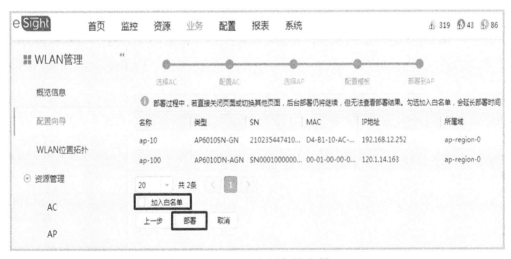

图 25-22　Huawei eSight 配置向导-配置 AP ESS 模板

步骤五：选中"加入白名单"，并单击"部署"，完成 WLAN 基本业务配置。如图 25-23 所示。

图 25-23　eSight 配置向导-部署 AP

- "加入白名单"代表此 AP 上线后，可自动进入运行状态。
- 如果 AP 不在白名单，则需要手工确认后方可运行。

步骤六：如果"部署状态"显示"完成"，"部署结果"显示"成功"，此时可以单击"完成"按钮完成向导化的 WLAN 配置。如图 25-24 所示。

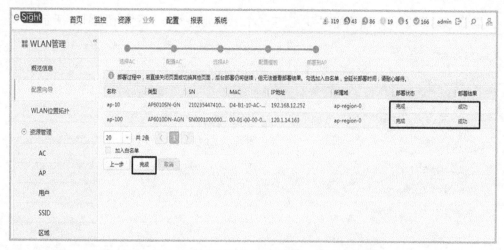

图 25-24   eSight 配置向导-完成 WLAN 业务配置

25.5   总结

华为 eSight 网管系统针对不同企业管理需求提供了三种差异化版本：精简版、标准版和专业版。精简版可以满足小规模网络的管理需求，成本低，部署简单，精简版只具备基本的管理功能。标准版可以满足大部分的网络管理需求，在分级管理中可以作为下级网管使用。专业版可以满足大规模网络的管理需求，同时在分级管理中可以作为上级网管使用。企业网络管理部门可根据企业网络的规模选择相应的 eSight 版本。本文重点讲解了 eSight 版本基础功能，同时针对不同的 eSight 版本，给出了相应的组网方案。最后通过向导配置 WLAN 业务实例，使读者掌握了如何通过 eSight 配置向导快速地配置 WLAN 业务。

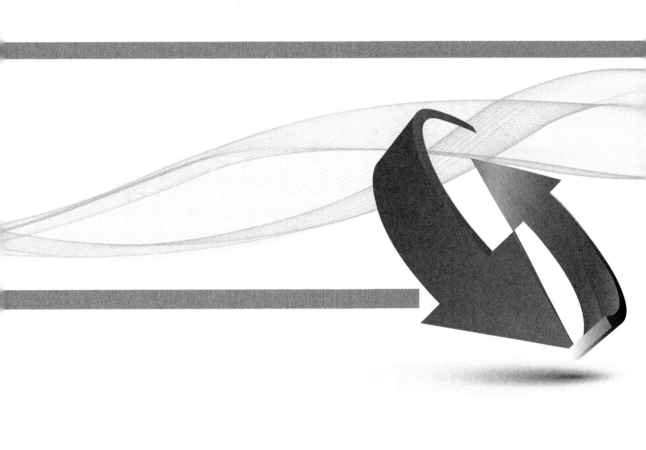

第26章
eSight WLAN日常维护

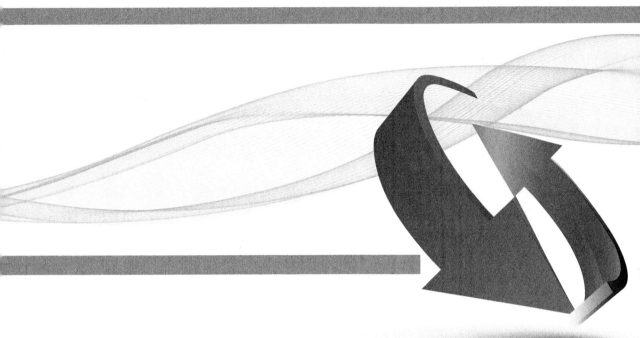

关于本章

随着WLAN网络规模的快速增加，企业在WLAN网络维护方面面临严峻挑战，维护不到位就会降低WLAN服务质量，影响用户体验。为了减轻维护压力、减少维护支出，eSight网管系统提供了WLAN设备资源管理、故障诊断和故障恢复等日常维护功能，从而节约企业人力成本，提升WLAN维护效率。eSight网管系统分别从数据管理效率提升、热点开通效率提升、故障应急效率提升以及性能管理效率提升等几方面进行优化。

通过本章的学习，读者将会掌握以下内容。

- eSight WLAN日常维护任务
- eSight WLAN日常维护操作
- eSight WLAN常见问题的处理思路

26.1　eSight WLAN 维护介绍

26.1.1　WLAN 维护的基本任务

随着国内通信网络的快速发展，维护工作在整个通信产业中的作用也逐渐凸显，日益显示出了其重要性。在 WLAN 设备维护中，由于 WLAN 设备接入范围广、对周边环境要求较高，且 WLAN 网络中 AC/AP 部署分散，所以 WLAN 维护工作是一项具有技术含量且长期性的日常工作，同时通过规范化的维护可以保证用户通信的顺利进行，给用户提供优质的服务质量。

WLAN 维护的基本任务如下。

① 保证设备的完好，保证电气性能、机械性能、维护技术指标及各项服务指标符合标准。

② 做好全网的协作配合，迅速准确地排除各种通信故障，保证全网的运行质量。

③ 确保网络层的可靠性，完善组网结构，设置合理的备用路由和备份方式。

④ 做好业务层的维护和网间配合工作，实现业务的可靠性。

⑤ 做好网络优化，提高通信质量。

⑥ 做好网络安全的管理。

⑦ 负责新设备、扩容设备的入网质量把关。

⑧ 保证设备清洁，机房环境条件良好。

⑨ 建立健全必要的系统技术资料和维护资料的档案。

WLAN 维护的主要职责如下。

① 组织制订维护作业计划，定期检查和分析设备、网络及系统的运行情况，保证设备完好，系统运行正常。

② 负责本地 AP、AC 及辅助设备的现场维护。

③ 监视 AP、AC 及辅助设备的各种告警，发现问题积极与相关部门和厂家联系，完成本地故障的检查、定位、测试和修复工作。

④ 负责 WLAN 系统软硬件版本管理及关键数据的备份，包括设备软硬件版本升级，软硬件技术资料的管理，系统数据库、文件系统的备份等。

⑤ 负责上报现场维护质量统计报表和数据统计报表。

26.1.2　WLAN 日常维护内容

WLAN 设备日常维护内容如表 26-1 所示。

表 26-1　　　　　　　　　　　　　　WLAN 日常维护内容

序号	测试范围	测试项目	测试周期
1	机房环境	机房空调、温湿度检查及记录	日
2	系统状态	硬件系统检查	日

（续表）

序号	测试范围	测试项目	测试周期
3	AP 的监控	网管到 AP 可达性监控	日
4		AP 工作状态的监控	日
5		AP 到 AC 可达性的监控	日
6		AP 覆盖区域信噪比测试	月
7		AP 覆盖区域场强测试	月
8	AC 的监控	网管到 AC 的可达性监控	日
9		AC 工作状态的监控	日
10		AC 到认证服务系统的可达性监控	日
11		AC 工作进程的状态监控	日
12		AC 工作端口的状态监控	日
13		定期查看系统日志	日
14	其他相关系统监控	其他相关系统可用性测试	日
15	性能分析	忙时接入响应分析	日
16	其他	传输资料的检查核对	月
17		设备清洁、除尘	月
18		定期修改设备密码	季
19		备品备件的清理核对	季

26.2 eSight WLAN 维护操作

eSight WLAN 日常维护操作主要包括网络基本信息的管理、业务拓扑管理、位置拓扑管理、AC/AP 故障诊断和恢复等。

26.2.1 概览信息

通过概览信息可以查看全网无线资源的数量，比如 AC 总数、Fit AP 总数、Fat AP 总数，同时还可以查看 Top *N* AP 上行流量与信道利用率以及全网在线用户统计等关键信息。如图 26-1 所示。

通过定制界面，可以定制用户需要的信息。见图 26-1，单击右上角"定制"按钮，进入定制界面，如图 26-2 所示。

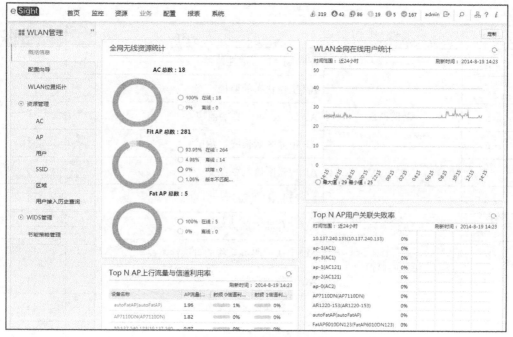

图 26-1　WLAN 维护-概览信息

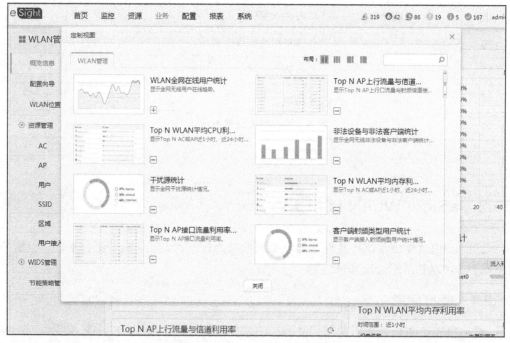

图 26-2　WLAN 维护-定制视图

26.2.2　查看 AC/AP 信息

依次单击"业务→资源管理→AC"进入 AC 管理界面，如图 26-3 所示。

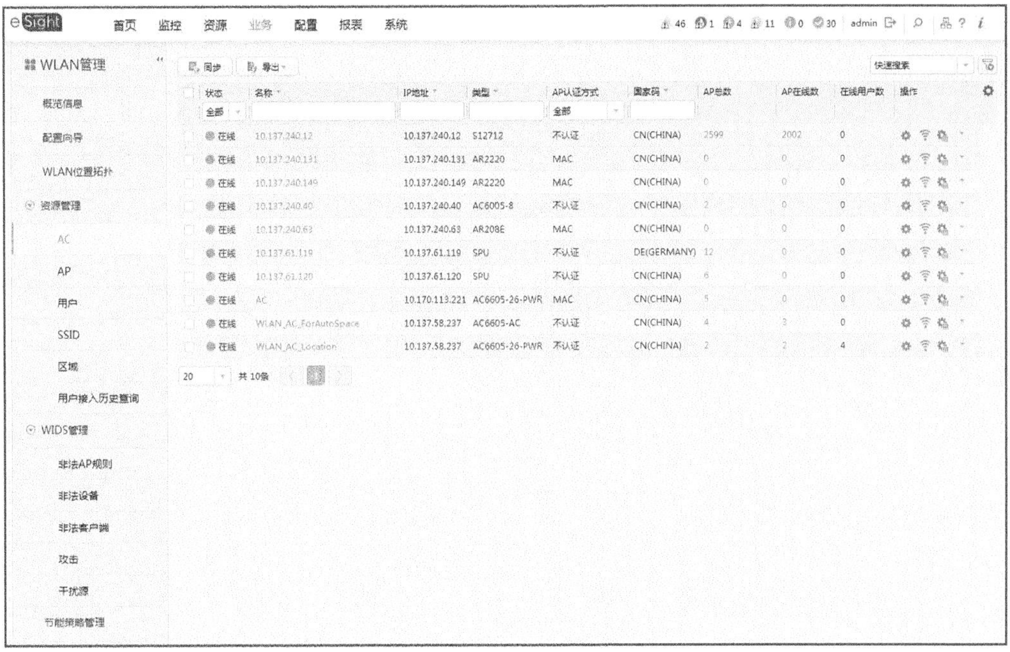

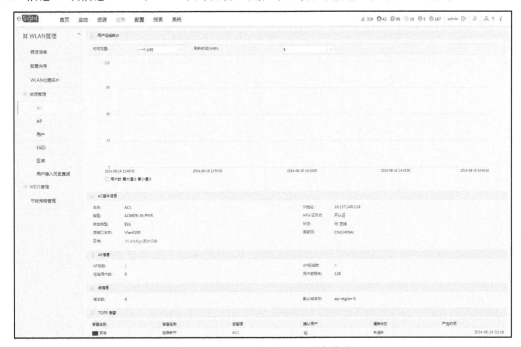

图 26-3　WLAN 维护-AC 管理

在右侧的窗口名称列中单击一个 AC 的名称，浏览该 AC 的基本信息、AC 管理的 AP 信息、域信息、AP 和 AC 中的告警、用户在线统计信息，如图 26-4 所示。

图 26-4　WLAN 维护-AC 基本信息

通过资源管理查看 AP 信息。如图 26-5 所示，配置 AP 上线后，可以通过该操作查看网管管理的所有 AP 设备信息。在右侧的窗口中单击"同步"，将 AP 设备相关信息同步到网管上。

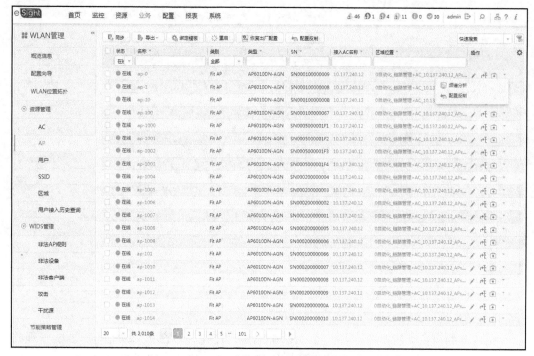

图 26-5　WLAN 维护-AP 管理

在"Fit AP"页签下单击 AP"名称"，查看 AP 的相关参数，如图 26-6 所示。

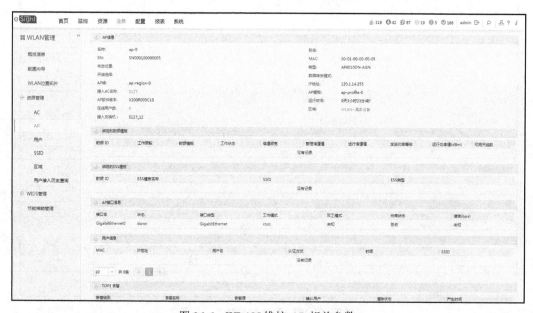

图 26-6　WLAN 维护-AP 相关参数

具体参数解释如下。

① 数据转发模式。

- 直接转发：AP 不会对数据报文进行任何处理，发送原始报文。
- 隧道转发：将数据报文封装在 CAPWAP 隧道中，转发到上层网络，提供报文转发的安全性。

② AP 域。

- 域是个逻辑概念，可以将一组 AP 划归在一个域里。域的划分由客户根据实际部署进行规划。
- 可以指定某个 AP 域为默认域，当 AP 为自动上线（即无需认证）的模式时，AP 将加入默认域。

③ 天线选择：AP 发射信号选择天线的模式，当 AP 的信号质量不佳时，可以将当前模式修改为另一种模式。

④ 信道频宽：为了避免相邻 AP 设备相互干扰，需要将相邻 AP 设备的射频信道设置为不同值。

- 当信道频宽为 20MHz 时，传输速率慢，但可选信道多，可以有效地避免相邻 AP 设备之间的干扰。
- 当信道频宽为 40MHz-minus 和 40MHz-plus 时，传输速率快，但可选信道少。40-MHz 和 40+MHz 具有相同的传输速率，只是可选信道不同。

⑤ 管理信道数：设置管理的信道数。

设置原则如下。

- 2.4G 频段：20MHz 为 1-13；40MHz-minus 为 5-11；40MHz-plus 为 1-7。
- 5G 频段：20MHz 为 149，153，157，161，165；40MHz-minus 为 153，161；40MHz-plus 为 149，157。

⑥ 运行信道数。

- 显示当前运行的信道数。
- 说明：在 AP 绑定的射频模板中，如果参数"信道管理模式"设置为"手动"，则"运行信道数"与"管理信道数"保持一致；如果参数"信道管理模式"设置为"自动"，则"运行信道数"由系统分配。

⑦ 运行功率值。

- 显示当前运行功率值。
- 说明：运行功率值决定位置拓扑中信号覆盖范围的显示。

⑧ 发送功率等级。

- 取值范围：0～15。
- 0 表示满功率，功率值由 AP 类型决定，数值越大，功率越低。

⑨ 可用天线数。

- 可用天线数必须小于或等于实际天线数。
- 关闭某些无用天线可节省电力。

26.2.3　浏览用户（STA）信息

如图 26-7 所示，浏览当前网络中所有无线终端的信息。STA 是 station 的缩写，指带有无线网卡的台式电脑或便携式笔记本电脑等终端。

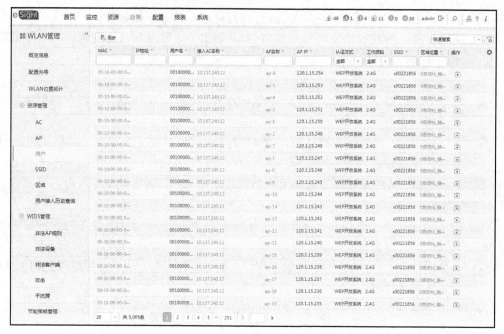

图 26-7　WLAN 用户信息浏览

单击用户名称，查看用户基本信息。如图 26-8 所示，用户基本信息中包含以下内容。

- 用户的属性信息：用户名、IP 地址、MAC 地址、接入 AC 名称、接入 AP 名称、接入 AP 的 IP、认证方式、接入射频、接入的 SSID、用户端信噪比。
- 用户的业务信息：用户在线时长、上线时间、接收/发送流量、接收/发送速率。

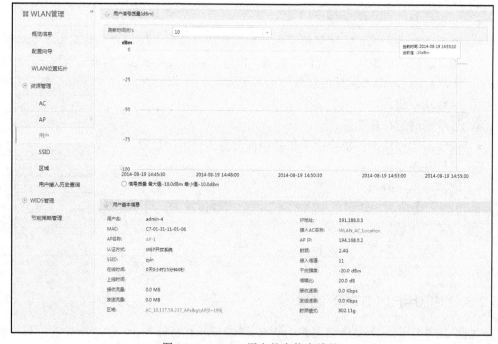

图 26-8　WLAN 用户基本信息维护

26.2.4 浏览 SSID 和管理区域

SSID 可以将一个无线局域网分为几个需要不同身份验证的子网络,每个子网络都需要独立的身份验证,只有通过身份验证的用户才可以进入相应的子网络,防止未被授权的用户进入本网络。SSID 管理如图 26-9 所示。

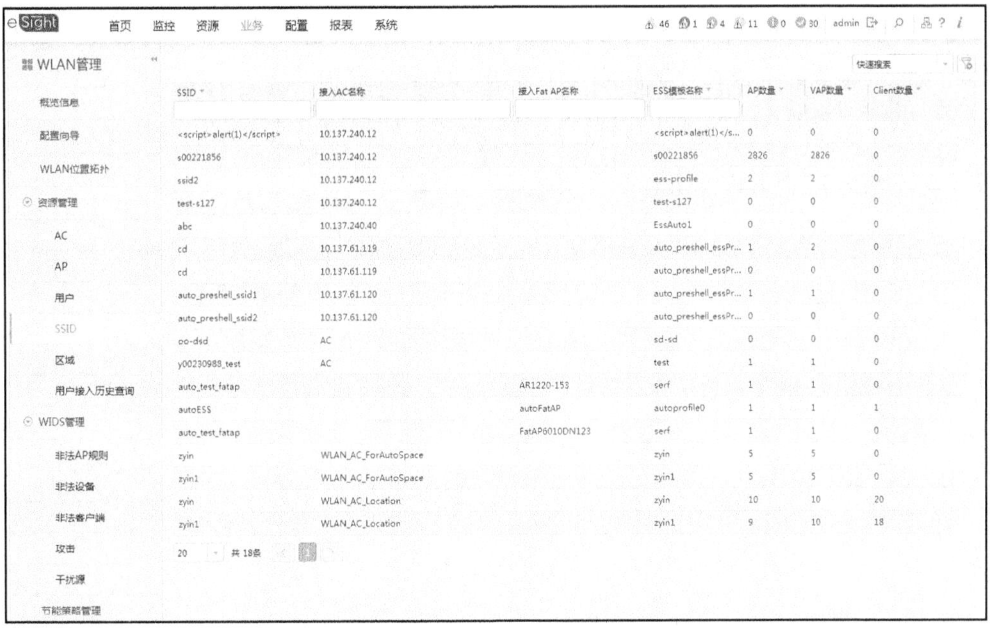

图 26-9 WLAN SSID 信息维护

管理区域信息,如图 26-10 所示。

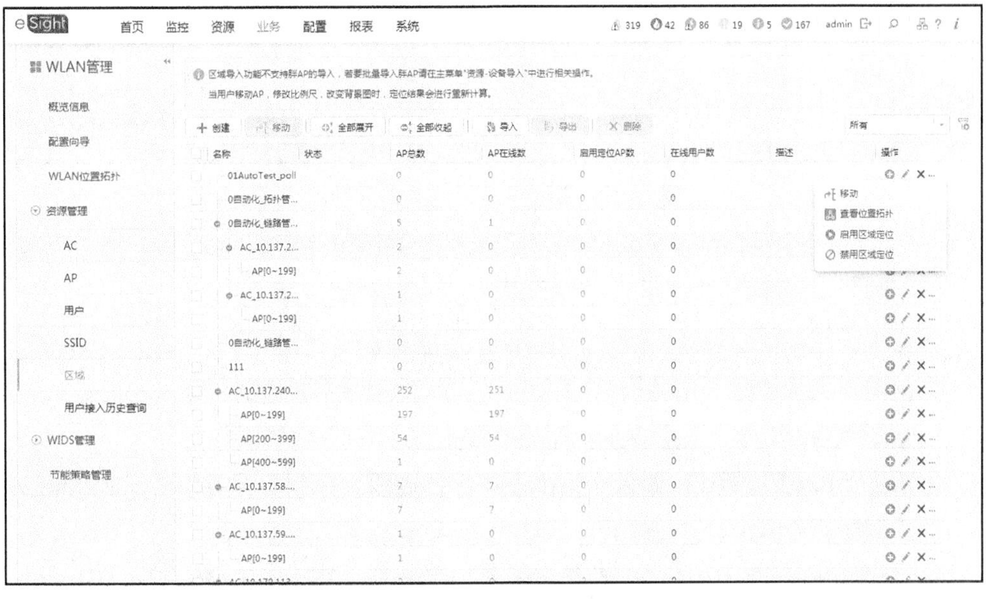

图 26-10 WLAN 维护-区域信息维护

    Rogue AP 即非法 AP，是未授权加入无线网络的接入点，或不具有正确安全配置的接入点。非法 AP 可以允许非授权的网络访问，造成无线终端在不知情的情况下错误地接入到非法 AP，从而造成网络资源的浪费。

    属性介绍如下。

- BSSID：BSSID 由运营商 ID+AC ID+AP ID+RF ID+WLAN ID 按照一定格式组成。
- 信道：接入点之间通过无线频道通信。当在同一区域中有多个接入点时，相邻接入点设置的信道至少要间隔 5 个信道，以避免互相干扰。
- RSSI（Received Signal Strength Indicator）：接收信号强度指示。

26.2.5 维护业务拓扑信息

    查看 AC、AP、非法 AP 及终端用户之间的逻辑关系。如图 26-11 所示。

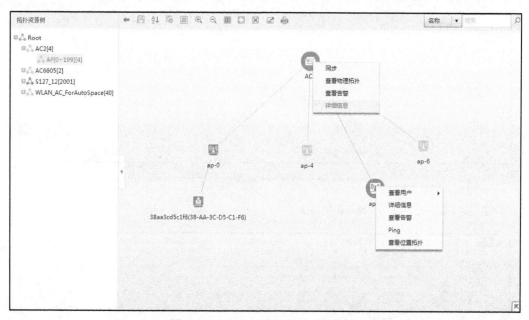

图 26-11   WLAN 维护-业务拓扑维护

    选中设备，单击右键选择执行相关操作。

- 单击"同步"，将 AC 设备上的数据同步到 eSight 网管系统上。
- 单击"查看物理拓扑"，查看 AC 设备的物理拓扑视图。
- 单击"查看告警"，查看 AC 设备或 AP 对应的 AC 设备的告警列表视图。
- 单击"详细信息"，查看设备的详细信息。
- 单击"Ping"：用于检查两个网络设备间的连通性，用一个 AP 设备去 Ping 另一个网络设备。
- 单击"查看用户"：若此 AP 设备上有用户连接，在视图中显示连接的用户。
- 单击"隐藏用户"：在视图中隐藏与此 AP 设备连接的用户。

26.2.6　维护位置拓扑信息

用户可以根据管理需要，创建位置拓扑，并将 AP 设备加入该位置拓扑中。通过位置拓扑，可以查看 AP 当前信号的覆盖范围、当前状态、AP 间信道是否冲突，同时可根据网络环境的实际情况，在位置拓扑中构建出虚拟的仿真网络环境，便于日常维护和查看。

在右侧工作区域的位置拓扑图中，单击右键选择"增加区域"，在弹出的对话框中设置区域的"名称"和"属性"，单击"确认"。一个位置视图可以包含多个设备，如图 26-12 所示。

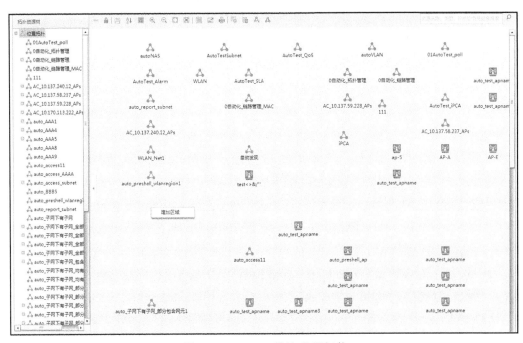

图 26-12　WLAN 维护-位置拓扑

📖 **说明**

位置拓扑可以支持多层次的子区域拓扑规划，此处的区域与拓扑管理中同源，即 WLAN 中新建的区域会在拓扑管理中同步新增。

双击新建的区域位置图标，单击快捷图标栏中的"设置背景图"。在弹出的对话框中，选中"显示背景图"，根据网络环境的实际情况，选择合适的图片，如图 26-13 所示。

📖 **说明**

图片为网络物理环境的平面图，图片文件格式支持 GIF、JPG、JPEG、PNG，图片大小不能超过 2M。

右键菜单说明如下。

（1）增加区域

可根据现网设备所在物理位置的实际情况，通过增加区域位置，将其层级关系映射到位置拓扑中。

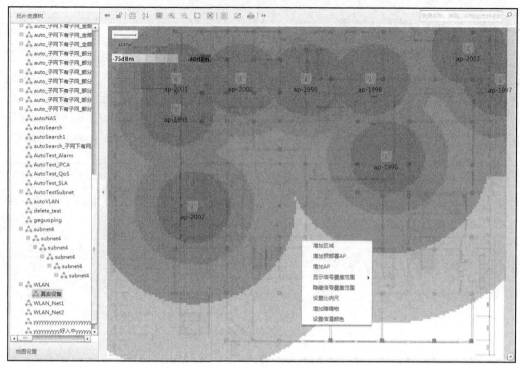

图 26-13　WLAN 维护-新建区域位置

（2）增加预部署 AP

在 WLAN 规划阶段，在拓扑图上预先摆放 AP，预置 AP 发射功率，图形化展现 WLAN 部署的效果，实现可见即可得。

（3）增加 AP

在拓扑图上添加当前系统中管理的 AP。

（4）显示信号覆盖范围

信号覆盖范围有三种显示方式：按信号强度、按速率、按信道。

📖 说明

信号覆盖范围的显示是否正常由射频模板中的运行功率值决定。如果信号覆盖范围不能正常显示，请查看射频模板中的运行功率值是否正常。

26.2.7　AC/AP 故障诊断

eSight 支持对 AP 与 AC 以及 AP 与 AP 之间进行连通性测试，如图 26-14 所示。

（1）前提条件

① 执行连通性测试的 AP 或 AC 必须处于在线状态。

② 已正确配置 AC 的 Telnet 参数。

（2）背景信息

① Ping 用于向远端的主机发送 Ping 包，检查网络主机是否可达。当需要检测网络连接是否出现故障或检查网络线路质量时，使用此功能。

②　Tracert 用于测试数据包从发送主机到达目的主机所经过的路由。当需要跟踪发送数据包经过的路由，检查网络故障发生在何处时，使用此功能。

③　当用 Ping 功能测试发现网络出现故障后，可以用 Tracert 功能定位网络何处有故障。

（3）根据场景选择需要的诊断方式

AP 设备上执行 Ping。

①　用于检查两个网络设备间的连通性。用一个 AP 设备去 Ping 一个网络设备。

②　升级过程中，用于检测 AP 与 FTP 服务器的互通。

③　在 AP 与 AC 隧道上执行 Ping 或 Tracert：

④　AP Ping 受 AP 状态正常约束，因此提供 AC 的诊断，AC 下行 Ping，可诊断 AC 至 AP 隧道通断。

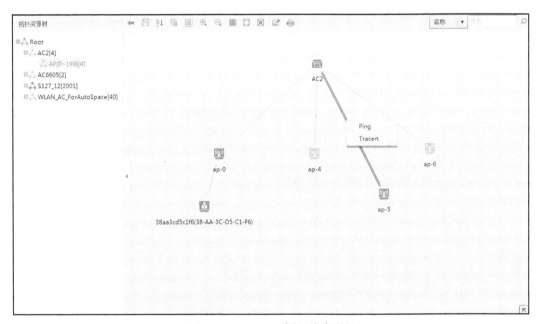

图 26-14　WLAN 维护-故障诊断

26.2.8　AP 故障恢复

网络中 AP 出现配置异常、硬件故障或升级调优时，可对 AP 进行恢复出厂配置、替换 AP 及 AP 重启操作，如图 26-15 所示。

- 恢复出厂配置：当 AP 出现配置数据异常时，需批量执行该操作。
- AP 重启：当 AP 在线升级完成后，需要批量执行该操作。
- AP 替换：当网络中某个 AP 出现硬件故障时，为避免重新配置数据，用户通过配置 AP 替换快速完成 AP 的替换。

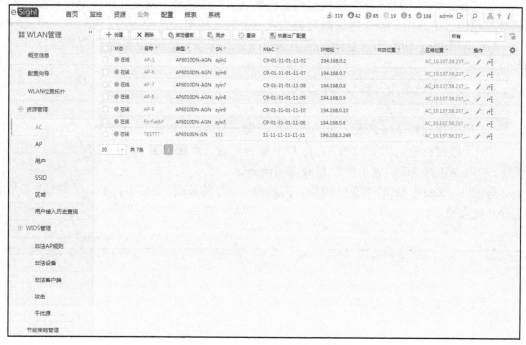

图 26-15   WLAN 维护-故障恢复

26.3   eSight WLAN 维护案例

在 WLAN 的维护过程中，会碰到各种各样的故障和问题，有效地运用维护工具和正确的处理思路，将帮助维护人员快速地处理和恢复故障。下面将通过两个典型的案例来讲解 WLAN 维护中常见问题的处理思路和解决方法。

26.3.1   案例一 网管中添加网元失败

（1）常见原因

① 网管与网元之间无法互通。

② 网元的 SNMP 参数配置错误。

（2）定位思路

① 确认网管与网元间连通性是否正常。

② 确认网元的 SNMP 参数配置是否正常。

（3）处理步骤

① 确认网管与网元间连通性是否正常。以华为 AC6605 设备为例，在网元上使用 Ping 命令，查看网元→网管间连通性是否正常，如图 26-16 所示。

同样方式在网管服务器上，使用 Ping 命令，查看网管→网元间连通性是否正常。如果连通性都正常，请继续按照下面操作检查 SNMP 参数配置是否正常。如果连通性不正常，请检查网管和网元间防火墙/NAT 设置是否正常，是否有开启 UDP 161 端口（设备接收 SNMP 请求的端口）。

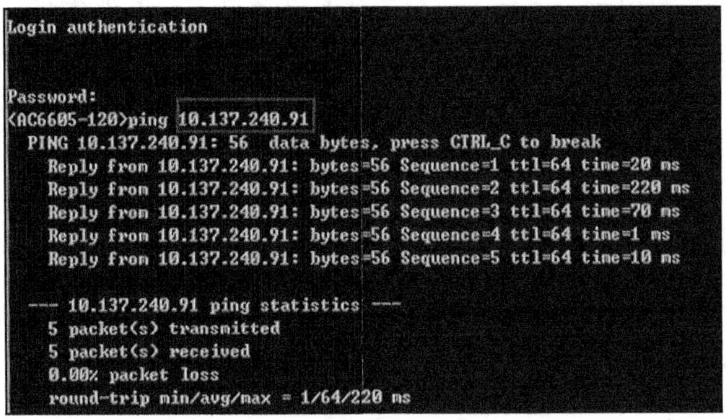

图 26-16　网元与网管间连通性测试

② 确认网元的 SNMP 参数配置是否正确。以华为 AC6605 设备为例，登录设备后，输入如下命令，确保设备上配置的参数与添加到网管时的参数是一致的。

```
SNMP v1/v2c
system-view
snmp-agent sys-info version v2c
snmp-agent community write Private@123
snmp-agent community read Public@123
```

检查配置

```
display snmp-agent community
Community name:%$%$o<0)+Puf0Bl,fq);94]Nv`WN%$%$
Group name:%$%$o<0)+Puf0Bl,fq);94]Nv`WN%$%$
```

📖 **说明**

其中 public 是设备的读团体字，private 是设备的写团体字。设备添加到网管时，需保证两个参数在设备侧和网管侧一致。

```
SNMP v3
system-view
snmp-agent sys-info version v3
snmp-agent group v3 snmpv3usergroup privacy read-view public
snmp-agent usm-user v3 snmpv3user snmpv3usergroup authentication-mode sha Hello@123 privacy-mode des56
Hello@123
```

检查用户信息

```
display snmp-agent usm-user
User name: snmpv3user
Engine ID: 800007DB0300259E0370C3 active
```

📖 **说明**

- snmpv3user 是 snmpv3usergroup 用户组中的用户名，对应网管侧的安全名。设备添加到网管时，需保证该参数设备侧与网管侧一致。
- authentication-mode 是认证方式，对应网管侧的鉴权协议。如果设备侧配置了该参数，那么设备添加到网管时，需保证该参数设备侧与网管侧一致。

- privacy-mode 是加密方式，对应网管侧的私有协议。如果设备侧配置了该参数，那么设备添加到网管时，需保证该参数设备侧与网管侧一致。
- 如果设备在 SNMP 参数中配置了 ACL，请务必确认网管服务器的 IP 地址在允许访问的地址列表中。查看 ACL 的命令为 display acl all。

26.3.2　案例二 eSight 收不到设备告警

本案例介绍解决 eSight 收不到设备告警问题的定位思路，该类问题包含 eSight 收不到全部设备的告警信息、eSight 收不到某一台设备的告警信息、eSight 收不到某台设备的某个告警信息三种。

（1）常见原因

① 网管服务器 162 端口被占用。

② eSight 服务器设置了防火墙导致告警信息不能接收。

③ 设备自身故障或者设备与网管通信故障。

④ 告警在 eSight 网管侧因增加屏蔽规则而被屏蔽。

⑤ 设备的 SNMP 参数配置出错或者不合理。

⑥ 设备的某个告警功能没有开启，导致设备的告警发送不出来。

（2）故障诊断流程

如图 26-17 所示，eSight 告警类问题处理流程。

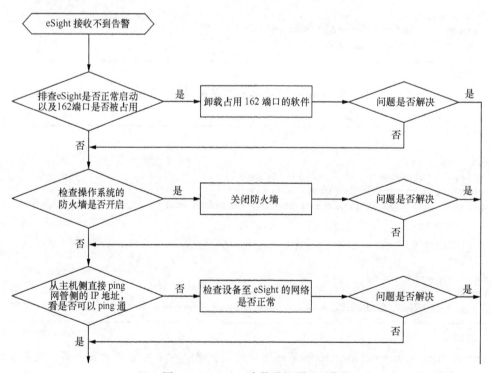

图 26-17　eSight 告警类问题处理流程

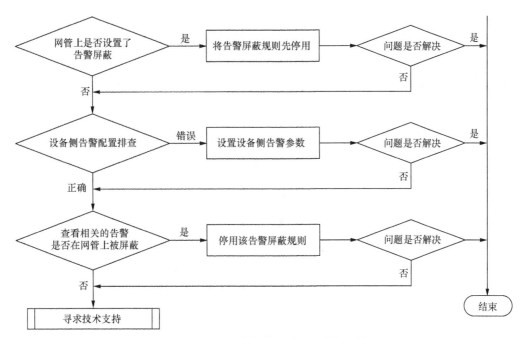

图 26-17　eSight 告警类问题处理流程（续）

（3）操作步骤

① 排查 eSight 是否正常启动以及 162 端口是否被占用。

检查方法如下。

- 启动 eSight 网管看启动项中是否有报错；
- 在运行窗口中通过 netstat -aon 查看是否有 UDP，162 端口，找到对应的 PID，下面的例子中的 PID 是 1716。

端口占用情况如图 26-18 所示。

```
Proto  Local Address       Foreign Address      State         PID
TCP    0.0.0.0:21          0.0.0.0:0            LISTENING     1716
TCP    0.0.0.0:135         0.0.0.0:0            LISTENING     1296
TCP    127.0.0.1:33306     127.0.0.1:1950       ESTABLISHED   2252
TCP    127.0.0.1:38085     0.0.0.0:0            LISTENING     5776
UDP    0.0.0.0:162         *:*                                1716
UDP    0.0.0.0:445         *:*                                4
UDP    0.0.0.0:500         *:*                                1020
UDP    0.0.0.0:1872        *:*                                1716
```

图 26-18　检查端口占用

在任务管理器进程中查看该 PID 对应的进程名，若不是 Java，说明 162 端口被其他软件占用。

通过 Windows 任务管理器查找端口占用进程，如图 26-19 所示。

解决方法是卸载占用 162 端口的软件。

② 检查操作系统的防火墙是否开启。

检查方法如下。

在"控制面板"中，打开"Windows 防火墙"的设置，如图 26-20 所示。

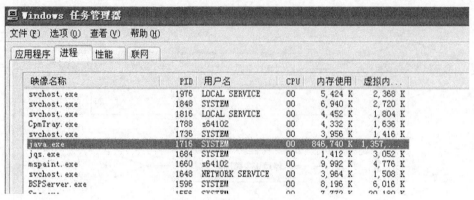

图 26-19　检查端口占用进程

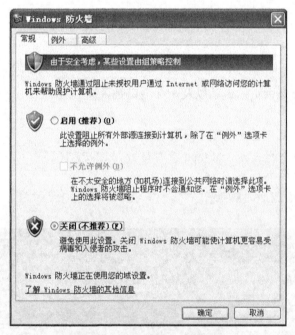

图 26-20　Windows 防火墙设置

解决方法如下。

在 Windows 防火墙"页面"，选择"关闭（不推荐）"，单击"确定"。

 注意

故障处理完成后，建议您重新启用防火墙，否则可能导致信息安全风险。

③ 从主机侧直接 ping 网管侧的 IP 地址，看是否可以 ping 通。

检查及解决方法内容如下。

- 如果不能直接 Ping 通，需要检查设备至 eSight 的网络是否正常。
- 如果需要携带 VPN 参数才能够 Ping 通，那么需要在 snmp Target-host 中配置 VPN 参数。
- 如果需要携带源地址才能 Ping 通，那么必须配置正确地 trap-source。

④ 网管上是否设置了告警屏蔽。

检查方法如下。

在 eSight 主菜单选择"监控"→"故障管理"→"告警设置"。在"屏蔽规则"页面查看是否设置了告警屏蔽规则。

解决方法如下。

可以将告警屏蔽规则先停用，然后看告警是否可以上报到网管。

⑤ 设备侧告警配置排查

检查方法如下。

在设备命令行上执行 display current-configuration | include snmp 命令

```
snmp-agent local-engineid xxx
snmp-agent sys-info version all
snmp-agent community read public
snmp-agent community write private
snmp-agent mib-view included iso-view iso
snmp-agent target-host trap address udp-domain xx.xx.xx.xxparams securityname public v2c privatexxx
```

解决方法如下。

告警的版本最好是 V2c、V3，如果是 V1，请修改为 V2c。

- Read/write 团体字必须与网管上读团体字保持一致。
- target-host：IP 地址必须是 eSight 网管的 IP 地址。
- target-host：配置 private-netmanager，用于支持告警流水号的告警可靠性，支持的设备版本为 8090 V6R2 版本及以上版本。
- target-host：如果 eSight 网管的网络地址与设备要在 VPN 中互通，则 traget_host 中要配置 VPN 实例。snmp-agent target-host trap address udp-domainxxxvpn-instancexxx。
- snmp-agent trap enable：使用全部的告警开关。
- trap-source：此接口的 IP 地址，必须是 eSight 管理此台设备的 IP 地址。

⑥ 查看相关的告警是否被屏蔽

检查方法如下。

在 eSight 主菜单选择"监控"→"故障管理"→"被屏蔽告警"，在"被屏蔽告警"页面查看是否包含该条告警。

解决方法如下。

停用该告警屏蔽规则。

26.4　总结

　　本章主要介绍了 eSight WLAN 日常维护的基本任务和维护内容，在此基础上介绍了 WLAN 的维护操作，通过对维护操作的介绍，读者能深入地了解 eSight 系统的可维护性和可管理性。在本章的最后部分，通过两个维护案例的解读，使读者学习到 eSight WLAN 维护中常见问题的处理思路和解决方法。

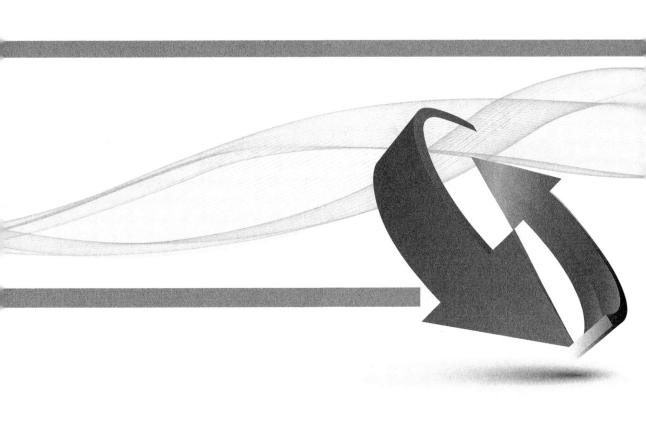

第27章
WLAN故障处理

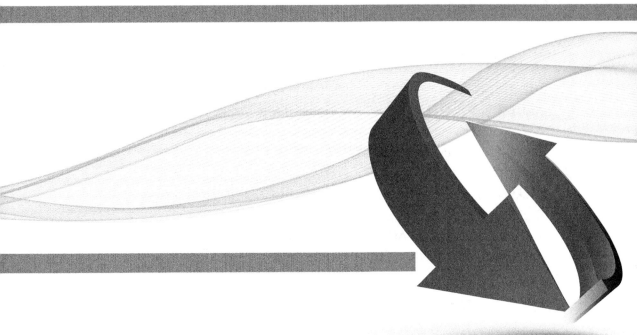

关于本章

20世纪90年代，计算机专业人员有如医师一般，必须为计算机诊断疑难杂症。有线网络会停摆，无线网络也不例外。WLAN在提供方便的网络接入的同时，出现故障的风险也相对较高，构建无线局域网后，网络工程师必须准备就绪，随时调查可能发生的问题。

不论针对何种网络，可信赖的网络分析工具在工程师的百宝箱中向来不可或缺。在有线骨干网络方面，不乏一些可以在疑难排除时提高生产力的网络分析工具。同样地，无线网络的疑难排除也可以受惠于适合的网络分析工具。有时候，就得凭借这些工具，才有办法知道无线网络出现了什么故障。

本章讲解WLAN故障排除基本方法，包括分块故障排除法、分段故障排除法及替换故障排除法。此外，重点介绍WLAN常用诊断命令及工具。在深入研究网络分析工具后，介绍WLAN故障具体排除方法流程。

通过本章的学习，读者将会掌握以下内容。

- WLAN常用故障排除方法
- WLAN常用的诊断命令与工具
- WLAN常见故障原因
- 使用故障排除工具，排除常见故障

27.1　故障排除方法介绍

27.1.1　分块故障排除法

分块故障排除法即根据不同部分功能实现上的差异,把 WLAN 网络分为多个部分,结合故障现象,分块进行排查。WLAN 组成部分根据功能不同,可分为四个部分,如图 27-1 所示。

① 管理部分:AP 分为胖 AP 与瘦 AP,胖 AP 可以自行管理,瘦 AP 需要 AC 对其统一管理;

② 业务部分:主要包括业务 VLAN 配置、无线业务类型等;

③ 端口部分:主要是 VLAN 基于端口进行的划分;

④ 有线部分:AP 与天线之间,AP 与交换机之间,接入交换机与汇聚交换机、AC 之间及上层网络。

图 27-1　WLAN 网络划分

27.1.2　分段故障排除法

尽管 WLAN 组网方式不尽相同,一般情况下,仍可以根据物理上的联系分段排查网络故障。

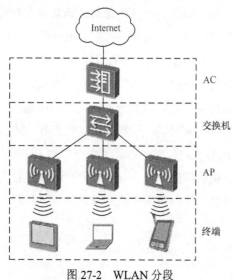

图 27-2　WLAN 分段

图 27-2 为 WLAN 网络分段示意,采用分段故障排除法,将网络分为以下几段,逐一进行排查。

① 从终端(常见为笔记本、Pad、手机等)到无线 AP,包括终端本身与无线环境。

② 从 AP 到交换机,包括 AP 硬件,PoE 供电问题。

③ 从交换机到 AC,包括交换机本身,AC 硬件和软件版本与配置。

如某区域 WLAN 上网速度较慢,或无法连接到网络。对此故障,一般从第一段开始检查,是否由于终端原因或无线环境较差导致;然后,排查 AP 方面是否出现故障;最后,检查交换机以及 AC 上是否存在异常。

27.1.3　替换故障排除法

替换故障排除法是指利用完好的部件替换可能出故障的部件,以故障现象是否消失判断部件故障情况的一种方法。在条件允许的情况下,使用替换法可以迅速定位故障,从而找出故障处理方法。

替换故障排除法通常与分块故障排除法或分段故障排除法相结合，图 27-3 为与分段故障排除法结合示意图。

常见的替换故障排除法包括以下几种。

① 网卡替换：采用外置网卡代替内置网卡，或者重装网卡驱动；

② 终端替换：如有多台终端，更换同类型的其他终端或者不同类型的终端进行尝试；

③ AP 替换："瘦" AP 是零配置，更换 AP 较方便，"胖" AP 则需要重新进行相关配置；

④ 网线替换：若网络不通可能是由网线造成的，可直接换掉某段网线进行验证。

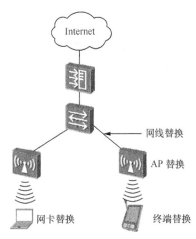

图 27-3　替换故障排除法

27.2　WLAN 常用诊断命令及工具

27.2.1　常用诊断命令

网络常用诊断命令包括 Ping 命令与 Display 命令。其他常用的网络诊断命令还有 Trace 命令与 Debug 命令。

（1）Ping 命令

Ping（Packet internet groper，分组网间探测器）是 Windows 下的一个命令，在 Unix 和 Linux 下也有这个命令。Ping 是网际控制报文协议（Internet Control Messages Protocol，ICMP）的一个应用，使用了 ICMP 回送请求和回送响应报文。利用 Ping 命令可以检查网络是否联通，可以很好地帮助分析和判定网络故障。

Ping 命令通过向目标主机发送 ICMP 回送请求报文并且监听回送响应报文来校验与远程计算机或本地计算机的连接。对于每个回送请求报文，Ping 最多等待 1 秒，并打印发送和接收报文的数量。比较每个接收报文和发送报文，以校验其有效性。默认情况下，发送四个回送请求报文。

Ping 用于检查 IP 网络连接及主机是否可达。主要测试两点之间连通性命令。

```
<Quidway> ping 10.1.101.100
PING 10.1.101.100 : 56 data bytes, press CTRL_C to break
Reply from 10.1.101.100 : bytes=56 sequence=1 ttl=255 time = 1ms
Reply from 10.1.101.100 : bytes=56 sequence=2 ttl=255 time = 2ms
Reply from 10.1.101.100 : bytes=56 sequence=3 ttl=255 time = 2ms
Reply from 10.1.101.100 : bytes=56 sequence=4 ttl=255 time = 3ms
--10.1.101.100 ping statistics—
4 packet(s) transmitted
4 packet(s) received
0.00% packet loss round-trip min/avg/max = 1/2/3 ms
```

图 27-4　Ping 命令示意

对于每一个发出的回送请求报文，如果超时仍未收到响应报文，则输出"Request time out"，否则显示响应报文中数据字节数、报文序号、TTL 和响应时间。

最终统计信息包括发送报文总数、接收报文总数、未响应报文百分比和响应时间的最小值、平均值以及最大值。

（2）Display 命令

Display 命令主要用于显示设备的运行参数。可以查看设备的版本、硬件信息、AC 中所有 AP 的状态信息、设备中的管理用户、所连接客户端的信息等。

常用 Display 命令如下。

① Display version 命令//显示当前版本信息。

② Display current-configuration 命令//显示系统当前配置信息。

③ Display interface 命令// 显示端口信息。

④ Display ap all 命令//显示所有 ap 状态。

```
<AC6605> display ap all
All AP information:
Normal[4],Fault[0],Commit-failed[0],Committing[0],Config[0],Download[0]
Config-failed[0],Standby[0],Type-not-match[0],Ver-mismatch[0]
--------------------------------------------------------------------------------
AP    AP          AP          Profile/Region   AP          AP
ID    Type        MAC         ID               State       Sysname
--------------------------------------------------------------------------------
0     AP6010DN-AGN   dcd2-fc21-5d40    0/0     normal      ap-0
1     AP6010DN-AGN   dcd2-fc9a-2110    0/0     normal      ap-1
2     AP6010DN-AGN   1047-80ac-cc60    0/0     normal      ap-2
3     AP6010DN-AGN   fc48-ef2d-3b00    0/0     normal      ap-3
--------------------------------------------------------------------------------
Total number: 4,printed: 4
```

图 27-5　Display ap all 命令示意

如图 27-5 所示，命令结果按照 AP 标识符、AP 类型、AP MAC 地址、配置文件标识、区域代码、AP 状态，分行显示 AP 的基本信息，最后显示 AP 总数。

若 AP 正常上线，在 AP STATE 状态列中可以看到 normal；AP 故障则为 fault；升级过程会出现 download 状态；AP 初始化配置失败会出现 config-failed 状态。

⑤ Display access-user 命令//查看在线用户信息

```
<Quidway> display access-user
----------------------------------------------------------------------
UserID        Username       IP address        MAC
----------------------------------------------------------------------
1157          wlan01         10.0.10.254       4016-9f14-f25d
```

图 27-6　display access-user 命令示意

如图 27-6 所示，命令结果按照用户标识符、用户名称、IP 地址及 MAC 地址，分行显示用户的基本信息。

（3）Trace 命令

Trace 命令也是 ICMP 的重要应用之一，分为 Tracert（windows 下）和 Traceroute（linux 下）两种，它可以用来跟踪一个分组从源点到终点的路径。

Tracert 命令原理如下。

源主机向目的主机发送一串 IP 数据报，数据报中封装的是无法交付的 UDP 用户数据报。第一个数据报 P_1 的生存时间（Time To Live，TTL）设置为 1。当 P_1 到达路径上的第一个路由器 R_1 时，路由器 R_1 先收下它，接着把 TTL 的值减 1。由于 TTL 等于零了，R_1 就把 P_1 丢弃了，并向源主机发送一个 ICMP 时间超过差错报告报文。

源主机接着发送第二个数据报 P_2，并把 TTL 设置成 2。P_2 先到达路由器 R_1，R_1 收下后把 TTL 减 1 再转发给路由器 R_2。R_2 收到 P_2 时 TTL 为 1，但减 1 后 TTL 变为零了。R_2 就丢弃 P_2，并向主机发送一个 ICMP 时间超过差错报告报文。这样一直继续下去。当最后一个数据报刚刚到达目的主机时，数据报的 TTL 是 1。主机不转发数据报文，因此目的主机要向源主机发送 ICMP 终点不可达差错报文。

通过以上流程，路由器和最后目的主机发来的 ICMP 报文可提供以下信息：到达目的主机所经过的路由器的 IP 地址，以及到达其中的每一个路由器的往返时间。

（4）Debug 命令

使用 Debug 命令，可以在网络发生故障时，获得路由中交换报文和帧的信息，这些信息对网络故障定位至关重要。

27.2.2　常用工具

目前，WLAN 网络分析工具十分常见，大部分 WLAN 网络分析软件都只需要配合一个 802.11 网卡即可使用。之所以不需要特殊硬件，是因为一般市售的 802.11 网卡均已提供捕获封包所需的射频硬件。

WLAN测试工具WLAN Tester是华为公司自主研发推出的Wi-Fi测试软件，可提供丰富的测试参数，并内置AP扫描和定位工具。在新网部署阶段，可用于工程验收，生成专业、可靠的验收报告，为交付高质量的网络提供依据。在网络优化阶段，通过对比优化前后的测试数据，准确把握网络优化的效果。在网络运维和排障阶段，可以协助扫描和定位非法AP位置，快速找到问题所在。本书仅描述WLAN Tester的AP扫描功能。

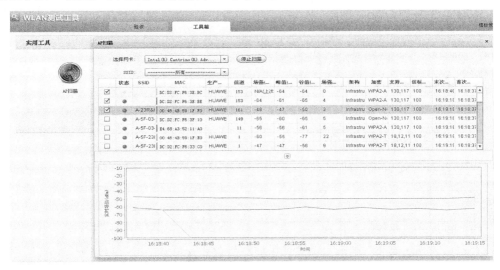

图 27-7　WLAN Tester AP 扫描界面

WLAN Tester 的 AP 扫描功能可实时扫描周边 AP 信号，并显示 AP 信号的相关信息，包括状态、SSID、MAC、生产厂商、信道、场强、架构、加密方式、支持速率、信标周期等。使用 WLAN Tester 前确保安装有无线网卡及无线网卡相应的驱动程序，以及无线网卡处于打开状态。

如图27-7所示，WLAN Tester AP扫描功能主要包括三个部分：①过滤器选项；②热点信息表；③实时场强图。

（1）过滤器选项

过滤器选项可基于不同的SIID对信号加以过滤。

（2）热点信息表

热点信息部分包括无线设备所处范围内所有的WLAN热点的一些基本信息，如表27-1所示。

表 27-1 热点基本信息

列号	名称	意义
1	SSID	热点的服务集标识符，通俗讲是无线网络名称
2	MAC 地址	热点的 MAC 地址，具有唯一性
3	生产厂商	热点生产厂商
4	信道	不同热点所使用的信道
5	场强	接收信号强度指示，单位 dBm
6	架构	通常为基础架构型，即 Infrastructure
7	加密	有 WEP、WPA2-PSK 等，Open 为不加密
8	支持速率	热点可支持的物理层速率

（3）实时场强图

实时场强图动态显示已选择信号的场强大小，软件会从时间上记录信号强度的变化情况，不同信号用不同颜色以区分。

27.3 WLAN 一般故障排除

27.3.1 WLAN 故障定位流程

WLAN 故障定位流程如图 27-8 所示，依次分别为：①检查终端各项业务；②检查接收信号强度；③检查 AP 设备；④检查中间网络设备；⑤检查 AC；⑥检查上行链路。

（1）检查终端业务是否正常

客户反馈存在故障，维护人员至现场后，检查业务是否正常，判断是否存在错误告警。询问用户故障现象，对用户反馈的问题进行重现。

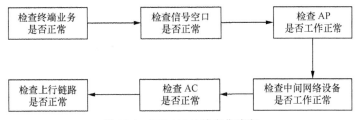

图 27-8 WLAN 故障定位流程

检查用户终端。

① 首先检查用户无线网卡开关。

② 检查信号强度。

③ 检查周围的干扰源。

用自带设备检测。

① 对常见业务做排查，SFTP 上传、下载，网页浏览。

② 对具体业务语音、视频等检查是否正常。

（2）检查空口信号质量

空口信号质量检查可利用无线信号检测软件，检查终端周围环境无线信号，主要检测信号强度以及干扰信号的影响。如借助 WLAN Tester 软件对周围信号进行扫描，检测各信号强度及对本信号的影响。一般要求重点覆盖区域 RSSI=-40～-65dBm，边缘区域 RSSI>-75dBm，同频干扰<-80dBm。

通过 WLAN Tester 工具，可以观察信号强度以及同信道的其他信号的强度。如本信号强度太弱，可能是硬件或者无线环境较差；如同信道其他信号较多，且强度很大，可以尝试更换信道。如 2.4G 频段可以选择 1、6、11 等其中干扰较少的信道。

（3）检查 AP 是否工作正常

检查 AP 是否正常的方法一般有两种：一是根据 AP 指示灯进行观察初步判断；二是通过登录 AC 观察 AP 状态。

不同的厂商 AP 状态指示灯略有不同，不同型号的 AP 指示灯分布和数量也不完全一致，但一般应包含无线状态（射频）指示灯、系统状态（电源）指示灯及链路状态指示灯，如图 27-10 所示。

在日常 AP 设备维护期间，若发现电源指示灯熄灭，表示 AP 设备已断电或者供电故障。同时，根据指示灯状态可以简单判断故障情况，如表 27-2 所示。

通过登录 AC 可以使用查看命令观察 AP 状态，如使用"display ap all"命令可以观察到 AP 的运行状态。

（4）检查中间网络设备问题

中间网络通常包括二层交换机、三层交换机。首先，需检查交换机硬件是否损坏，交换机设备外表是否明显挤压、破损；其次，通过调试口登录交换机，检查交换机 IP 地址、掩码、路由、端口工作方式是否配置正确；最后，观察网络运营状态，主要包括是否构成环路，是否存在广播风暴、攻击包等。

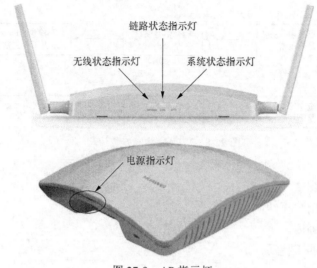

链路状态指示灯

无线状态指示灯　　　系统状态指示灯

电源指示灯

图 27-9　AP 指示灯

表 27-2　　　　　　　　　　　　　AP 指示灯与运行情况

指示灯	状态	AP 运行情况
无线状态指示灯 （2.4G 和 5G）	绿色常亮	射频单元开启
	闪烁（周期 0.25s）	正在传送数据
	熄灭	射频单元关闭
链路状态指示灯 （LAN）	绿色常亮	10/100/1000Mbit/s 以太网连接已经建立
	闪烁（周期 0.25s）	10/100/1000Mbit/s 以太网正在传送数据
	熄灭	以太网链路没有连接或者已经关闭
电源指示灯 （PWR）	绿色灯常亮	设备正常工作
	熄灭	设备已断电或故障
	启动阶段闪烁（周期 1.0s）	系统正在自检或载入软件程序
	运行阶段闪烁（周期 0.5s）	运行阶段系统检测到异常

（5）检查 AC 是否工作正常

检查 AC 是否工作正常，主要是检查 AC 上配置的认证加密方式是否正确。同时，需要检查 AC 业务配置是否正确。必要时，可查看 AC 当前关联 AP 数量是否接近阈值。

WLAN 接入认证策略有 4 种，分别为 WEP 认证、WPA 认证、WPA2 认证和 WAPI 认证。不同的认证加密方式对于设备的支持情况不同，检查 AC 上配置的认证加密方式，并了解设备对认证加密方式的支持情况。

对于 AC 业务配置，主要包括以下几个方面：AC ID 及 AC 的运营商标识配置；AC 的国家码标识配置；AC 的源接口配置；AP 射频配置及 VAP 参数配置。

（6）检查 AC 上行链路是否正常

AC 上行链路组成部分主要为路由器，首先应检查路由器等硬件是否损坏，之后检查路由器各项设置是否正确。

27.3.2 安装维护类问题

（1）无线设备运行日常维护注意事项

① 遵守并监管维护工作规范性，负责网络实施规范检查。

② 常见问题受理，总结归纳，输出文档指导客户。

③ 关注网络运行状况，定期巡检，及时发现网络隐患。

④ 面对突发问题，积极响应，收集有效信息，及时彻底定位。

（2）WLAN 产品维护注意事项

① 保证设备按照要求可靠接地。

② 维护人员做好防静电措施。

③ 尽量避免无线网络运行环境中的其他干扰源。

④ 保证有线网络的稳定，以免影响无线网络使用效果。

⑤ 注意室外特殊环境下的工程规范性与安全性要求。

无线设备日常维护规范，严格遵守相关规范，保障设备正常运行，提前预防网络隐患，面对故障问题，及时解决。

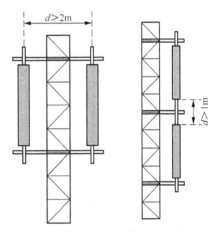

图 27-10 天线安装间距要求

安装不规范问题属于构建网络硬件体系不合要求的问题，需依据规范要求检查工程实施的各个环节，保证无线网络部署的规范性。其中，天线安装尤其是室外天线的安装，一定要严格按照要求，在保证信号质量的情况下，做好防雷防水等安全措施，避免意外事故的发生。

同时，进行 AP 外接天线架设时，两个 AP 所接天线之间的距离需按照规范相隔一定间距，否则会造成信号接收饱和，干扰严重，影响使用。一般垂直距离要求在 1m 左右，水平安装时在 2m 左右。

27.3.3 用户侧故障排除

对于用户侧故障排除，分为以下几个步骤。

① 确认用户终端是否存在故障，用户无线网卡是否启用，开关是否打开；

② 检查用户周围信号覆盖状况，可以借助相关软件如 WLAN Tester 等，查看当前信号状态以及干扰状况，查看周围有无明显干扰源存在，如微波炉开启等；

③ 询问用户密码来源是否可靠，确认密码是否正确，如不正确，尝试其他正确密码；

④ 对于采用 dot1x 认证用户，确认证书是否正确安装。

27.3.4 AP 侧故障排除

对于 AP 侧故障排除，工程师并不会每次都前往现场，可采取远程排障与现场排障相结合的方法，共分为六个步骤，如图 27-11 所示。

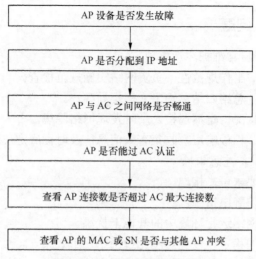

图 27-11　AP 侧故障排除流程

（1）AP 设备是否发生故障

① 查看电源指示灯、网线指示灯是否正常闪烁；

② 登录 AC 查看 AP 状态；

③ 登录 POE 交换机查看 MAC 地址表。

（2）查看 AP 是否分配到 IP 地址

① DHCP 服务器上通过执行命令"display ip pool"；

② 如果 AP 未分到 IP 地址，则配置 DHCP 服务器。

（3）查看 AP 与 AC 之间网络是否畅通

如果无法或单方 ping 通，则查看并修改 VLAN 方面的配置。

（4）查看 AP 是否通过 AC 认证

如果 AP 没有认证，则添加 AP 到白名单中。

（5）查看 AP 连接数是否超过 AC 最大连接数

① 未加载 license 文件时，AC6605 默认支持 AP 数为 4；

② 如果超过当前的最大连接数，则申请并加载 AP license。

（6）查看 AP 的 MAC 或 SN 是否与其他 AP 冲突

缩略语

英文缩写	英文全称	中文名
3		
3GPP	the 3rd Generation Partnership Project	第三代移动通信合作伙伴项目
A		
AAA	Authentication，Authorization，Accounting	认证，授权，记账
AC	Access Controller	接入控制器
AC_BE	Access Best Effort	尽力而为接入
AC_BK	Access Background	背景接入
AC_VI	Access Video	视频接入
AC_VO	Access Voice	语音接入
ACI	Adjacent Channel Interference	邻道干扰
ACK	ACKnowledgement	确认字符
ACL	Access Control List	访问控制列表
ADSL	Asymmetric Digital Subscriber Line	非对称数字用户线路
AES	Advanced Encryption Standard	高级加密标准
AFH	Adaptive Frequency Hopping	自适应跳频
AID	Association ID	关联标识符
AIFS	Arbitration Inter-Frame Space	仲裁帧间间隔
AIFSN	Arbitration Inter-Frame Spacing Number	仲裁帧间隙数
AKM	Authentication and Key Management	身份验证和密钥管理
A-MPDU	Aggregate Medium Access Control Protocol Data Unit	MAC 协议数据单元聚合
A-MSDU	Aggregate Medium Access Control Service Data Unit	MAC 服务数据单元聚合
AP	Access Point	接入点
ARP	Address Resolution Protocol	地址解析协议
AS	Authentication server	认证服务器
AT	Access Terminal	接入终端
B		
B3G	Beyond Third Generation	超三代
BA	Block Acknowledgement	块确认
BCC	Binary Convolutional Coding	二进制卷积码
BPSK	Binary Phase Shift Keying	二进制相移键控
BRAN	Broadband Radio Access Networks	宽带无线电接入网络
BRAS	Broadband Remote Access Server	宽带远程接入服务器

（续表）

英文缩写	英文全称	中文名
B		
BSA	Basic Service Area	基本服务区
BSS	Basic Service Set	基本服务集
BSSID	Basic Service Set IDentifier	基本服务集标识
BTS	Base Transceiver Station	基站收发台
BYOD	Bring Your Own Device	自带设备
C		
CAPWAP	Control And Provisioning of Wireless Access Points	无线接入点控制与配置协议
CATV	Cable Television	有线电视
CBC-MAC	Cipher-Block Chaining Message Authentication Code	密码块链信息认证码
CCA	Clear Channel Assessment	空闲信道评估
CCDF	Complementary Cumulative Distribution Function	互补积累分布函数
CCI	Co-Channel Interference	同频干扰
CCK	Complementary Code Keying	补码键控
CCMP	Counter Mode with Cipher-Block Chaining Message Authentication Code Protocol	计数器模式密码块链信息认证码协议
CFP	Contention Free Period	无竞争周期
CFR	Code of Federal Regulations	美国联邦监管法典
CLI	Command Line Interface	命令行接口
CoS	Class of Service	服务类别
CPU	Central Processing Unit	中央处理器
CRC	Cyclic Redundancy Code	循环冗余校验码
CSMA/CA	Carrier Sense Multiple Access with Collision Avoidance	载波侦听多路访问/冲突避免
CSMA/CD	Carrier Sense Multiple Access with Collision Detection	载波侦听多路访问/冲突检测
CTP	CAPWAP Tunneling Protocol	CAPWAP 隧道协议
CTS	Clear To Send	允许发送
CWMP	Customer Premises Equipment Wide Area Network Management Protocol	用户端设备广域网管理协议
D		
DA	Destination Address	目的地址
DBPSK	Differential Binary Phase Shift Keying	差分二进制相移键控
DC	Direct Current	直流电
DCA	Dynamic Channel Assignment	动态信道分配
DCF	Distributed Coordination Function	分布式协调功能
DCS1800	Digital Cellular System at 1800MHz	1800MHz 数字蜂窝系统
DECT	Digital Enhanced Cordless Telecommunication	数字增强型无绳通信
DFS	Dynamic Frequency Selection	动态频率选择

（续表）

英文缩写	英文全称	中文名
D		
DHCP	Dynamic Host Configuration Protocol	动态主机设置协议
Diff-Serv	Differentiated Service	区分服务模型
DIFS	DCF Inter-Frame Space	DCF 帧间间隔
DLL	Data Link Layer	数据链路层
DLS	Direct Link Setup	直接链接设置
DNS	Domain Name System	域名系统
Dos	Denial Of Service	拒绝服务攻击
DPSK	Differential Phase Shift Keying	差分相移键控
DQPSK	Differential Quadrature Phase Shift Keying	差分正交相移键控
DS	Direct Sequence	直接序列
DSCP	Differentiated Services Code Point	差分服务代码点
DSM	Distribution System Medium	分布式系统介质
DSSS	Direct Sequence Spread Spectrum	直接序列扩频
DTLS	Datagram Transport Layer Security	数据包传输层安全性协议
E		
E-DCH	Enhanced Dedicated Channel	增强专用信道
EAP	Extensible Authentication Protocol	可扩展认证协议
EAPOL	EAP over LAN	局域网上的可扩展认证协议
EAP-MD5	EAP-Message Digest 5	扩展认证协议—消息摘要协议第5版
EAP-TLS	EAP- Transport Layer Security	扩展认证协议—传输层安全
EAP-TTLS	EAP-Tunneled Transport Layer Security	扩展认证协议—隧道传输层安全
EBA	Enhanced Block Acknowledgement	增强块确认
ECWmax	Exponent form of CWmax	最大竞争窗口指数
ECWmin	Exponent form of CWmin	最小竞争窗口指数
EDCA	Enhanced Distributed Channel Access	增强的分布式信道访问
EDGE	Enhanced Data Rate for GSM Evolution	增强型数据速率 GSM 演进技术
EHF	Extremely High Frequency	极高频
EIRP	Equivalent Isotropic Radiated Power	等效全向辐射功率
ELF	Extremely Low Frequency	极低频
ESS	Extended Service Set	扩展服务集
ESSID	Extended Service Set Identifier	扩展服务集标识
ETSI	European Telecommunications Standards Institute	欧洲电信标准协会
F		
FBSST	Fast Basic Service Set Transition	快速基本服务设置转换
FCC	Federal Communications Commission	美国联邦通信委员会

（续表）

英文缩写	英文全称	中文名
F		
FCS	Frame Check Sequence	帧校验序列
FFT	Fast Fourier Transform	快速傅里叶变换
FH	Frequency Hopping	跳频
FHSS	Frequency-Hopping Spread Spectrum	跳频扩频
FSK	Frequency Shift Keying	频移键控
FTP	File Transfer Protocol	文件传输协议
G		
GFSK	Gauss Frequency Shift Keying	高斯频移键控
GI	Guard Interval	保护间隔
GMK	Group Master Key	组主密钥
GMSK	Gaussian Filtered Minimum Shift Keying	高斯最小相移键控
GPRS	General Packet Radio Service	通用分组无线业务
GSM	Global System for Mobile Communications	全球移动通信系统
GTK	Group Transient Key	组临时密钥
H		
HARQ	Hybrid Automatic Repeat Request	混合自动重传请求
HC	Hybrid Coordinator	混合协调器
HCCA	Hybrid Coordination Function Controlled Channel Access	HCF 混合控制的信道接入
HF	High Frequency	高频
Hi-Fi	High Fidelity	高保真度
HiperLAN	High performance radio Local Area Network	高性能无线局域网
HiperLAN1	High performance radio Local Area Network type 1	高性能无线局域网类型 1
HiperLAN2	High performance radio Local Area Network type 2	高性能无线局域网类型 2
HNB	Home NodeB	家庭基站
HR/DSSS	High Rate Direct Sequence Spread Spectrum	高速直接序列扩频
HRFWG	Home RF Working Group	家用射频工作组
HSDPA	High-Speed Downlink Packet Access	高速下行分组接入
HSUPA	High-Speed Uplink Packet Access	高速上行分组接入
HT	High Throughput	高吞吐量
HTTP	Hyper Text Transfer Protocol	超文本传输协议
HWMP	Hybrid Wireless Mesh Protocol	混合无线 Mesh 协议
I		
IAB	Internet Architecture Board	互联网架构委员会
IAPP	Inter-Access Point Protocol	接入点互操作协议
IBSS	Independent BSS	独立基本服务集

（续表）

英文缩写	英文全称	中文名
I		
ICANN	Internet Corporation for Assigned Names and Numbers	互联网名称与数字地址分配机构
ICMP	Internet Control Messages Protocol	网际控制报文协议
ID	Identity	身份
IDS	Intrusion Detection Systems	入侵检测系统
IEC	International Electrotechnical Commission	国际电工委员会
IEEE	Institute of Electrical and Electronics Engineers	电气和电子工程师协会
IESG	Internet Engineering Steering Group	互联网工程指导小组
IETF	Internet Engineering Task Force	互联网工程任务组
IFFT	Inverse Fast Fourier Transform	快速傅里叶逆变换
II	Intermodulation Interference	互调干扰
IMT-2000	International Mobile Telecom System-2000	国际移动电话系统-2000
Int-Serv	Integrated Service	综合服务模型
IoT	Internet of Things	物联网
IP	Internet Protocol	因特网协议
IPv6	Internet Protocol Version 6	第 6 版互联网协议
IR	Intentional Radiator	主动辐射器
IR	Infrared	红外线
IrDA	Infrared Data Association	红外数据协会
IRTF	Internet Research Task Force	互联网研究任务组
ISI	Inter-Symbol Interference	码间干扰
ISM	Industrial Scientific Medical	工业、科学和医疗
ISO	International Organization for Standardization	国际标准化组织
ISOC	Internet Society	国际互联网协会
ITS	Intelligent Transportation Systems	智能交通系统
ITU	International Telecommunications Union	国际电信联盟
IV	Initialization Vector	初始化向量
L		
LAN	Local Area Network	局域网
LBT	Listen Before Talk	侦听
LDPC	Low Density Parity Check Code	低密度奇偶校验码
LF	Low Frequency	低频
LLC	Logical Link Control	逻辑链路控制
LR-WPAN	Low-Rate Wireless Personal Area Network	低速无线个人区域网络
LSW	LAN Switch	局域网交换机
LTE	Long Term Evolution	长期演进
LWAPP	Light Weight Access Point Protocol	轻型接入点协议

（续表）

英文缩写	英文全称	中文名
M		
MAC	Medium Access Control	媒质访问控制层
MAN	Metropolitan Area Network	城域网
MBSS	Mesh Basic Service Set	Mesh 基本服务集
MBWA	Mobile Broadband Wireless Access	移动宽带无线接入
MC	Master Controller	主控制器
MCS	Modulation and Coding Scheme	调制编码方案
MF	Medium Frequency	中频
MIB	Management Information Base	管理信息库
MIC	Message Integrity Check	消息完整性校验
MIMO	Multiple-Input Multiple-Output	多输入多输出
MMSE	Minimum Mean Square Error	最小的均方误差
MPDU	MAC Protocol Data Unit	MAC 层协议数据单元
MPLS	Multi-Protocol Label Switching	多协议标签交换
MRC	Maximal Ratio Combining	最大比合并
MS	Mobile Station	移动台
MSDU	MAC Service Data Unit	MAC 服务数据单元
MSK	Minimum Shift Keying	最小频移键控
MU-MIMO	Multi User Multiple-Input Multiple-Output	多用户多输入多输出
N		
NAV	Network Allocation Vector	网络分配向量
NFE	Near-Far Effect	远近效应
O		
OFDM	Orthogonal Frequency Division Multiplexing	正交频分复用
OKC	Opportunistic Key Caching	随机密钥缓存
ONU	Optical Network Unit	光网络单元
OSI	Open System Interconnection	开放系统互连
OSS	the Office of Strategic Services	运营支撑系统
P		
P2MP	Peer to Multiple Peer	点对多点
P2P	Peer to Peer	点对点
PAE	Port Authentication Entity	端口认证实体
PAN	Personal Area Network	个人区域网络
PAR	Peak to Average Ratio	峰值平均功率比
PBCC	Packet Binary Convolutional Coding	分组二进制卷积码
PC	Point Coordinator	点协调器

（续表）

英文缩写	英文全称	中文名
P		
PCF	Point Coordination Function	点协调功能
PCS	Physical Carrier Sense	物理载波侦听
PD	Powered Devices	受电设备
PEAP	Protected EAP	受保护的可扩展身份验证协议
PHY	PHYsical Layer	物理层
PI	Power Interface	供电端口
PIM	Passive Inter-Modulation	无源互调
Ping	Packet internet groper	分组网间探测器
PLCP	Physical Layer Convergence Procedure	物理层汇聚过程
PLM	Physical Layer Management	物理层管理
PLME	Physical Layer Management Entity	物理层管理实体
PMD	Physical Medium Dependent	物理媒介相关
PMK	Pairwise Master Key	成对主密钥
PN	Pseudorandom Noise	伪噪声
PoE	Power over Ethernet	以太网供电
POS	Personal Operating Space	个人操作空间
PPDU	PLCP Protocol Data Unit	PLCP 协议数据单元
PPM	Pulse Position Modulation	脉冲位置调制
PPPoE	Point-to-Point Protocol over Ethernet	以太网上点对点协议
PS	Power Save	节能
PSDU	PLCP Service Data Unit	PLCP 服务数据单元
PSE	Power Sourcing Equipment	供电设备
PSK	Pre-shared Key	预共享密钥
PSU	Power Supply Unit	供电单元
PTK	Pairwise Transient Key	成对临时密钥
PVID	Port-base Vlan ID	端口的虚拟局域网 ID 号
PWE3	Pseudo-Wire Emulation Edge to Edge	边缘到边缘的伪线仿真
Q		
QAM	Quadrature Amplitude Modulation	正交幅度调制
QoS	Quality of Service	服务质量
QPSK	Quadrature Phase Shift Keying	正交相移键控/四相移相键控
R		
RA	Receiver Address	接收地址
RADIUS	Remote Authentication Dial In User Service	远程用户拨号认证服务
PAP	Random Access Protocol	随机存取协议

（续表）

英文缩写	英文全称	中文名
R		
RF	Radio Frequency	射频
RFC	Request For Comments	请求评议
RFID	Radio Frequency Identification	射频识别
RIFS	Reduced Inter Frame Spacing	精简帧间间隔
RNC	Radio Network Controller	无线网络控制器
RS	Reed-solomon	里所
RSN	Robust Security Network	强健安全网络
RSNA	Robust Security Network Association	强健安全网络关联
RSSI	Received Signal Strength Indicator	接收信号强度指示
RTS	Ready To Send	请求发送
RTS/CTS	Request To Send/Clear To Send	请求发送/清除发送
S		
SA	Source Address	源地址
SAP	Service Access Point	服务接入点
SDU	Service Data Unit	服务数据单元
SHF	Super High Frequency	超高频
SIFS	Short Inter-Frame Space	短帧间间隔
SINR	Signal to Interference plus Noise Ratio	信号与干扰及噪声比
SISO	Single Input Single Output	单输入单输出
SLA	Service Level Agreement	服务等级协议
SLAPP	Secure Light Access Point Protocol	安全轻量接入点协议
SLF	Super Low Frequency	超低频
SN	Serial Number	序列号
SNMP	Simple Network Management Protocol	简单网络管理协议
SNR	Signal to Noise Ratio	信噪比
SOHO	Small Office Home Office	家居办公
SS	Spread Spectrum	扩频
SSH	Secure Shell	安全外壳协议
SSID	Service Set Identifier	服务集标识
STA	STAtion	站点
STBC	Space Time Block Coding	空时块编码
T		
TA	Transmitter Address	传输地址
TBTT	Target Beacon Transition Time	目标信标传输时间
TFTP	Trivial File Transfer Protocol	简单文件传输协议

（续表）

英文缩写	英文全称	中文名
T		
TG	Task Group	任务组
TH	Time Hopping	跳时
TKIP	Temporal Key Integrity Protocol	临时密钥完整性协议
TOR	Top of Rack	机柜顶端
TPC	Transmission Power Control	传输功率控制
TS	Traffic Stream	通信流
TSM	Transmit Spectrum Mask	发射频谱掩膜
TTI	Transmission Time Interval	发送时间间隔
TTL	Time To Live	生存时间
TVWS	TV White Space	TV 空闲频段
TXOP	Transmission Opportunity	传输机会
TXOPLimit	Transmission Opportunity Limit	传输机会限制
U		
UDP	User Datagram Protocol	用户数据报协议
UHF	Ultra High Frequency	特高频
ULF	Ultra Low Frequency	特低频
UMTS	Universal Mobile Telecommunications System	通用移动通信系统
UNII	Unlicensed National Information Infrastructure	无许可证的国家信息基础设施
UP	User Priority	用户优先级
UPS	Uninterruptible Power Supply	不间断电源
V		
VAP	Virtual Access Point	虚拟接入点
VCS	Virtual Carrier Sense	虚拟载波侦听
VFIR	Very Fast InfraRed	甚高速红外
VHF	Very High Frequency	甚高频
VHT	Very High Throughput	甚高吞吐量
VLAN	Virtual Local Area Network	虚拟局域网
VLF	Very Low Frequency	甚低频
VPN	Virtual Private Network	虚拟专用网
VRP	Versatile Routing Platform	通用路由平台
VRRP	Virtual Router Redundancy Protocol	虚拟路由冗余协议
VSWR	Voltage Standing Wave Ratio	电压驻波比
W		
WAI	WLAN Authentication Infrastructure	无线局域网鉴别基础结构
WAPI	Wireless LAN Authentication and Privacy Infrastructure	无线局域网鉴别和保密基础结构

（续表）

英文缩写	英文全称	中文名
W		
WAVE	Wireless Access for the Vehicular Environment	车载环境下的无线接入
WCDMA	Wideband Code Division Multiple Access	宽带码分多址
WDS	Wireless Distribution System	无线分布式系统
WECA	Wireless Ethernet Compatibility Alliance	无线以太网兼容性联盟
WEP	Wired Equivalent Privacy	有线等效保密
WFA	Wi-Fi Alliance	Wi-Fi 联盟
Wi-Fi	Wireless Fidelity	无线保真
WiCoP	Wireless LAN Control Protocol	无线局域网控制协议
WIDS	Wireless Intrusion Detection System	无线入侵检测系统
WIEN	Wireless InterWorking with External Networks	与外网的无线互联
WIPS	Wireless Intrusion Prevention System	无线入侵防御系统
WLAN	Wireless Local Area Networks	无线局域网
WM	Wireless Medium	无线介质
WMAN	Wireless Metro Area Network	无线城域网
WMN	Wireless Mesh Network	无线网状网
WMM	Wi-Fi MultiMedia	Wi-Fi 多媒体
WMM-PS	WMM Power Save	Wi-Fi 多媒体省电
WPA	Wi-Fi Protected Access	Wi-Fi 保护接入
WPA2	Wi-Fi Protected Access 2	Wi-Fi 保护接入第二版
WPAN	Wireless Personal Area Network	无线个域网
WPI	WLAN Privacy Infrastructure	无线局域网保密基础结构
WPS	Wi-Fi Protected Setup	Wi-Fi 保护设置
WSN	Wireless Sensor Network	无线传感器网络
WWAN	Wireless Wide Area Network	无线广域网

参考文献

[1] 华为技术有限公司. HCNA-WLAN 原始胶片以及实验手册[EB/OL]. http://e.huawei. com/cn/, 2014.06.

[2] 华为技术有限公司. 华为 eSight 简版彩页[EB/OL]. http://e.huawei.com/cn/, 2014.06.

[3] 华为技术有限公司. 华为企业无线接入控制器简版彩页[EB/OL]. http://e.huawei. com/cn/, 2014.06.

[4] 华为技术有限公司. 华为企业 AP 系列 802.11n 无线接入点简版彩页[EB/OL]. http://e. huawei.com/cn/, 2014.06.

[5] 华为技术有限公司. 华为企业 AP 系列 802.11ac 无线接入点简版彩页[EB/OL]. http://e.huawei.com/cn/, 2014.06.

[6] 华为技术有限公司. 华为 X1E 系列随板无线接入控制单板详版彩页[EB/OL]. http://e. huawei.com/cn/, 2014.06.

[7] 华为技术有限公司. 华为 AT815SN 室外接入终端详版彩页[EB/OL]. http://e.huawei. com/cn/, 2014.06.

[8] 华为技术有限公司. 华为 AP2010DN 接入点详版彩页[EB/OL]. http://e.huawei.com/ cn/, 2014.06.

[9] 华为技术有限公司. 华为 AP2030DN 接入点详版彩页[EB/OL]. http://e.huawei.com/ cn/, 2014.06.

[10] 华为技术有限公司. 华为 AP3010DN-AGN 接入点详版彩页[EB/OL]. http://e.huawei. com/cn/, 2014.06.

[11] 华为技术有限公司. 华为 AP3030DN 接入点详版彩页[EB/OL]. http://e.huawei.com/ cn/, 2014.06.

[12] 华为技术有限公司. 华为 AP4030DN&AP4130DN 接入点详版彩页[EB/OL]. http://e. huawei.com/cn/, 2014.06.

[13] 华为技术有限公司. 华为 AP5010 系列接入点详版彩页[EB/OL]. http://e.huawei.com/ cn/, 2014.06.

[14] 华为技术有限公司. 华为 AP5030DN&AP5130DN 接入点详版彩页[EB/OL]. http://e. huawei.com/cn/, 2014.06.

[15] 华为技术有限公司. 华为 AP6010 系列接入点详版彩页[EB/OL]. http://e.huawei. com/cn/, 2014.06.

[16] 华为技术有限公司. 华为 AP6310SN-GN 接入点详版彩页[EB/OL]. http://e.huawei. com/cn/, 2014.06.

[17] 华为技术有限公司. 华为 AP6510DN-AGN&AP6610DN-AGN 接入点详版彩页[EB/OL]. http://e.huawei.com/cn/, 2014.06.

[18] 华为技术有限公司. 华为 AP7030DE 接入点详版彩页[EB/OL]. http://e.huawei.com/ cn/, 2014.06.

[19] 华为技术有限公司. 华为 AP7110 系列接入点详版彩页[EB/OL]. http://e.huawei.com/cn/, 2014.06.

[20] 华为技术有限公司. 华为 AP9330DN 接入点详版彩页[EB/OL]. http://e.huawei.com/cn/, 2014.06.

[21] 华为技术有限公司. 华为 AC6605&AC6005&ACU2 产品文档[EB/OL]. http://e.huawei.com/cn/, 2014.06.

[22] 华为技术有限公司. 华为 WLAN 认证和加密技术白皮书.

[23] 华为技术有限公司. 华为 WLAN AC 间漫游技术白皮书[EB/OL]. http://e.huawei.com/cn/, 2014.06.

[24] 华为技术有限公司. 华为 WLAN 射频调优技术白皮书[EB/OL]. http://e.huawei.com/cn/, 2014.05.

[25] 华为技术有限公司. 华为 WLAN WDS 技术白皮书[EB/OL]. http://e.huawei.com/cn/, 2013.05.

[26] 华为技术有限公司. 华为 WLAN MESH 技术白皮书[EB/OL]. http://e.huawei.com/cn/, 2013.05.

[27] 华为技术有限公司. 华为 WLAN 定位技术白皮书[EB/OL]. http://e.huawei.com/cn/, 2014.05.

[28] 华为技术有限公司. 华为 WLAN AC 双链路备份白皮书[EB/OL]. http://e.huawei.com/cn/, 2012.12.

[29] 高峰, 高泽华, 文柳等. 无线城市：电信级 Wi-Fi 网络建设与运营（第二版）[M]. 北京：人民邮电出版社, 2012.11.

[30] David D. Coleman, David A. Westcott. CWNA 官方学习指南(第 3 版)：认证无线网络管理员 PW0-105[M]. 北京：清华大学出版社.2014.02.

[31] 龚书喜, 刘英, 傅光等. 微波技术与天线[M]. 北京：高等教育出版社, 2014.01.

[32] 吴伟陵, 牛凯. 移动通信原理（第 2 版）[M]. 北京：电子工业出版社，2009.10.

[33] 谢希仁. 计算机网络（第 6 版）[M].北京：电子工业出版社，2013.06.

[34] 周峰, 高峰, 张武荣等. 移动通信天线技术与工程应用[M]. 北京：人民邮电出版社，2015.2.

[35] 高峰, 高泽华, 文柳等.WLAN 技术问答[M]. 北京：人民邮电出版社，2012.5.

[36] 刘乃安, 李晓辉, 张联峰等. 无线局域网（WLAN）——原理、技术与应用[M].西安：西安电子科技大学出版社，2004.4.

[37] 高泽华, 高峰, 林海涛等. 室内分布系统规划与设计——GSM/TD-SCDMA/TD-LTE/WLAN[M]. 北京：人民邮电出版社，2013.1.

[38] 中国通信建设集团设计院有限公司. LTE 组网与工程实践[M].北京：人民邮电出版社，2014.7.

[39] 高泽华, 赵国安, 宁帆等. 宽带无线城域网--WiMAX 技术与应用[M]. 北京：人民邮电出版社，2008.10.

[40] 张智江, 胡云, 王健全等.WLAN 关键技术及运营模式[M].北京：人民邮电出版社，2014.8.

[41] 李浩，高泽华，高峰等. IEEE 802.11 无线局域网标准研究[J]. 计算机应用研究，vol.26, no.5, pp.1616~1620, 2009.

[42] 孙舒鹏，高泽华，高峰. 电信级 WLAN 相关标准研究[J]. 数据通信，2013.5：28~31.

[43] 高峰，文柳，丰雷等. Wi-Fi 无线网络 2.4GHz 频率规划研究[J]. 数据通信，2011.1：43~45.

[44] 欧阳红升，高泽华，高峰等. Wi-Fi 网络 5GHz 频率规划研究[J]. 数据通信，2012.6：17~21.

[45] 潘翔，高泽华，高峰. IEEE802.11ac 物理层关键技术研究[J]. 数据通信，2013.05.

[46] 欧阳红升. WLAN 网络频率规划与干扰分析[D]. 北京，北京邮电大学，2014.

[47] 刘鲲汉，张隽辉，赵建军. WLAN 校园业务密集区域频率规划研究[J]. 数据通信，2011.5：49~52.

[48] 信息产业部无线电管理局综合处. 信息产业部无线电管理局（国家无线电办公室）简介[J]. 中国无线电管理. 1998(05):1~2.

[49] 陆乃靓，蔡东辉. 无线电发射设备型号核准认证[J]. 上海信息化,2014.05:76~77.

[50] 关于使用 5.8GHz 频段频率事宜的通知. 工信部无函〔2002〕277 号.

[51] 肖雳. 解析美国 EMC 标准——FCC PART 15[J]. 安全与电磁兼容，2007.04:29~32.

[52] Mattbew S. Gast. 802.11 无线网络权威指南 第二版（中文版）[M]. 东南大学出版社，2007.12.

[53] IEEE. IEEE Std 802.11—1997 Part 11, Wireless LAN Medium Access Control (MAC) and Physical Layer (PHY) Specifications[S]. 1997.

[54] IEEE. IEEE Std 802.11a—1999 Part 11, Wireless LAN Medium Access Control (MAC) and Physical Layer (PHY) Specifications: High-speed Physical Layer in the 5 GHz Band[S]. 1999.

[55] IEEE. IEEE Std 802.11b—1999 Part 11, Wireless LAN Medium Access Control (MAC) and Physical Layer (PHY) Specifications: Higher-speed Physical Layer Extension in the 2. 4 GHz Band[S]. 1999.

[56] IEEE. IEEE Std 802.11g—2003 Part 11: Wireless LAN Medium Access Control (MAC) and Physical Layer (PHY) Specifications-Amendment 4: Further Higher Data Rate Extension in the 2.4 GHz Band[S]. 2003.

[57] IEEE. IEEE Std 802.11i[TM]—2004 Part 11, Wireless LAN Medium Access Control (MAC) and Physical Layer (PHY) Specifications-Amendment 6: Medium Access Control (MAC) Security Enhancements[S]. 2004.

[58] IEEE. IEEE Std 802.11n —2009 Part 11，Wireless LAN Medium Access Control (MAC) and Physical Layer (PHY) Specifications-Amendment 5: Enhancements for Higher Throughput[S]. 2009.

[59] Eldad Perahia, Robert Stacey. Next Generation Wireless LANs: Throughput, Robustness, and Reliability in 802.11n[M]. Cambridge University Press, 2008.8.

[60] P. Calhoun, Ed. Control And Provisioning of Wireless Access Points (CAPWAP) Protocol Specification [S]. 2009.03.

[61] P. Calhoun, Ed. Control and Provisioning of Wireless Access Points (CAPWAP) Protocol Binding for IEEE 802.11[S]. 2009.03.

[62] IEEE. IEEE Std 802.11^{TM}—2012 Part 11, Wireless LAN Medium Access Control (MAC) and Physical Layer (PHY) Specifications[S]. 2012.3.

[63] IEEE. IEEE std 802.11acTM—2013 Part 11: Wireless LAN Medium Access Control (MAC) and Physical Layer (PHY) Specifications, Amendment 4:Enhancements for Very High Throughput Operation in Bands below 6GHz[S]. 2013.12.